“碳中和多能融合发展”丛书编委会

"十四五"国家重点出版物出版规划项目

国家出版基金项目
NATIONAL PUBLICATION FOUNDATION

碳中和多能融合发展丛书

刘中民　主编

氧气转炉煤气节能降碳原理及全干法技术

魏小林　李　森　等　编著

科学出版社
龍門書局
北　京

内 容 简 介

转炉作为钢铁冶金的核心工艺装备，存在大量余能、余热难以高效利用的问题。本书针对氧气转炉炼钢工艺，抓住转炉煤气间歇性、多尘性、爆炸性的特点，从理论上阐述了转炉煤气节能降碳原理，包括煤气波动与多尘特性、爆炸机制、放散煤气有组织燃烧和催化燃烧；从工程技术角度提出了全干法节能技术的实现途径，包括转炉煤气遏爆技术、急冷换热器清灰技术、煤气余热高效回收技术、转炉余能利用控制技术以及转炉节能新技术的发展趋势。

本书可作为从事钢铁行业节能降碳研究的科研人员的基础读物，也可供转炉炼钢行业工程技术人员参考。

图书在版编目(CIP)数据

氧气转炉煤气节能降碳原理及全干法技术 / 魏小林等编著. -- 北京 :龙门书局, 2024. 10. -- (碳中和多能融合发展丛书 / 刘中民主编). -- ISBN 978-7-5088-6444-0

Ⅰ. TF72

中国国家版本馆 CIP 数据核字第 2024CL6550 号

责任编辑：吴凡洁　罗　娟 / 责任校对：王　瑞
责任印制：师艳茹 / 封面设计：有道文化

科学出版社
龍門書局 出版
北京东黄城根北街 16 号
邮政编码：100717
http://www.sciencep.com
涿州市般润文化传播有限公司印刷
科学出版社发行　各地新华书店经销
*
2024 年 10 月第　一　版　开本：787×1092　1/16
2024 年 10 月第一次印刷　印张：17 3/4
字数：418 000

定价：168.00 元

(如有印装质量问题，我社负责调换)

丛书序

2020年9月22日，习近平主席在第七十五届联合国大会一般性辩论上发表重要讲话，提出“中国将提高国家自主贡献力度，采取更加有力的政策和措施，二氧化碳排放力争于2030年前达到峰值，努力争取2060年前实现碳中和”。“双碳”目标既是中国秉持人类命运共同体理念的体现，也符合全球可持续发展的时代潮流，更是我国推动高质量发展、建设美丽中国的内在需求，事关国家发展的全局和长远。

要实现“双碳”目标，能源无疑是主战场。党的二十大报告提出，立足我国能源资源禀赋，坚持先立后破，有计划分步骤实施碳达峰行动。我国现有的煤炭、石油、天然气、可再生能源及核能五大能源类型，在发展过程中形成了相对完善且独立的能源分系统，但系统间的不协调问题也逐渐显现，难以跨系统优化耦合，导致整体效率并不高。此外，新型能源体系的构建是传统化石能源与新型清洁能源此消彼长、互补融合的过程，是一项动态的复杂系统工程，而多能融合关键核心技术的突破是解决上述问题的必然路径。因此，在“双碳”目标愿景下，实现我国能源的融合发展意义重大。

中国科学院作为国家战略科技力量主力军，深入贯彻落实党中央、国务院关于碳达峰碳中和的重大决策部署，强化顶层设计，充分发挥多学科建制化优势，启动了“中国科学院科技支撑碳达峰碳中和战略行动计划”（以下简称行动计划）。行动计划以解决关键核心科技问题为抓手，在化石能源和可再生能源关键技术、先进核能系统、全球气候变化、污染防控与综合治理等方面取得了一批原创性重大成果。同时，中国科学院前瞻性地布局实施“变革性洁净能源关键技术与示范”战略性先导科技专项（以下简称专项），部署了合成气下游及耦合转化利用、甲醇下游及耦合转化利用、高效清洁燃烧、可再生能源多能互补示范、大规模高效储能、核能非电综合利用、可再生能源制氢/甲醇，以及我国能源战略研究等八个方面研究内容。专项提出的“化石能源清洁高效开发利用”、“可再生能源规模应用”、“低碳与零碳工业流程再造”、“低碳化、智能化多能融合”四主线“多能融合”科技路径，为实现“双碳”目标和推动能源革命提供科学、可行的技术路径。

“碳中和多能融合发展”丛书面向国家重大需求，响应中国科学院“双碳”战略行动计划号召，集中体现了国内，尤其是中国科学院在“双碳”背景下在能源领域取得的关键性技术和成果，主要涵盖化石能源、可再生能源、大规模储能、能源战略研究等方向。丛书不但充分展示了各领域的最新成果，而且整理和分析了各成果的国内国际发展情况、产业化情况、未来发展趋势等，具有很高的学习和参考价值。希望这套丛书可以为能源领域相关的学者、从业者提供指导和帮助，进一步推动我国“双碳”目标的实现。

中国科学院院士

2024 年 5 月

序

我国改革开放的四十多年，也是我国初级工业化的四十多年。钢铁工业是我国初级工业化阶段最具代表性的快速发展的基础产业之一。

氧气顶吹转炉炼钢是现代炼钢的主流技术。我国炼钢技术的发展经历了对国外先进氧气转炉的引进、消化和实践阶段，正在进入改进和引领阶段。我国“双碳”目标的提出也给转炉炼钢的能耗和污染物排放提出了更高的要求，我国的科技工作者不能不对国外转炉炼钢技术的能耗和排放水平加以审视，进而研究改进。

该书的作者——中国科学院力学研究所魏小林团队在氧气转炉技术节能方面进行了长期的基础研究和应用改进工作，并取得了系列改进成果。在此基础上撰写此书，是非常值得鼓励的。

该书首先对转炉炼钢流程及基本原理做了一个简要而又系统的介绍，使读者能够对氧气转炉炼钢有全面的认识。同时阐述了转炉煤气余热、余能特点和利用难点，特别对已经引进的转炉煤气降温除尘 OG 法和 LT 法的原理及优缺点进行客观的介绍，并提出了转炉煤气全干法绿色低碳新工艺的关键科学问题，从科学理论上阐述了转炉煤气节能降碳原理，从工程技术角度提出了全干法节能技术的实现途径。这也正是我国转炉一次除尘工艺从引进到消化吸收，最终加以改进的必由之路。

该书可以作为转炉炼钢行业工程技术人员的基本参考书，让工程技术人员对转炉炼钢的原理有更深层的认识，也可作为钢铁行业节能研究者的入门读物，使研究人员理解工程需求。

中国工程院院士，清华大学教授

2023 年 6 月 27 日

前言

目前我国每年粗钢产量达到 10 亿 t 规模，超过世界钢产量的 50%，其中 80%为转炉冶炼。转炉炼钢作为钢铁冶金的核心工艺，通过氧气顶吹铁水进行脱碳，产生大量高温煤气（可达 1500℃以上），存在大量余能、余热。转炉煤气具有间歇性、多尘性、爆炸性等特点，煤气中低温（850℃以下）余热一直难以高效利用，导致转炉煤气浪费 50%以上的能源。2021 年，国家发展改革委等五部门公布《冶金、建材重点行业严格能效约束推动节能降碳行动方案（2021-2025 年）》，要求到 2025 年，通过在钢铁等行业实施节能降碳行动，不断增加转炉工序能效达到标杆水平（–30kgce/t）的产能比例，明显降低碳排放强度。

在日本 OG 法、德国 LT 法等转炉烟气净化及回收的基础上，我国从 20 世纪 70 年代就开始了转炉煤气的余热利用技术研发工作，到 80 年代国内许多转炉通过汽化冷却烟道余热锅炉回收了高温煤气（1500℃以上）的显热并产生蒸汽，但是国内外一直没有利用转炉煤气中低温（850℃以下）显热的成熟技术。在 20 多年前，我国冶金行业的专家就开始探讨转炉煤气全部显热回收的问题，推动了此领域的技术进步，中国科学院力学研究所一直参与转炉煤气爆炸方面的技术研发工作。2006 年后，作者在国家 863 目标导向类课题、中国科学院节能减排重点项目与战略性先导科技专项（A 类）课题以及 4 项国家自然科学基金项目的支持下，开展了实验研究、中试研究和现场示范等研发工作，实现了转炉煤气全干法显热回收技术的实际应用。本书是此领域研究工作的总结和展望。

本书从氧气转炉炼钢工艺特点出发，阐述转炉煤气余热、余能特点和利用难点，提出转炉煤气全干法绿色低碳新工艺的关键科学问题，从科学理论上阐述转炉煤气节能降碳原理，从工程技术角度提出全干法节能技术的实现途径，同时介绍目前转炉节能新技术的发展趋势。本书可为转炉工序达到能效标杆水平提供有力的技术支撑，促进钢铁工业实现技术转型升级。

本书共十章，系统性地介绍转炉炼钢工艺概况，转炉煤气余能间歇性、多尘性、爆炸性的特点，转炉煤气全干法余热回收技术。针对转炉煤气余热波动性问题，分析转炉煤气生成特性；针对转炉煤气余能回收利用中多尘性问题，研究转炉冶炼周期内灰尘沉积特性与清灰方法；针对转炉煤气余能回收利用中存在的爆炸问题，研究转炉煤气爆炸特性和遏制爆炸的措施及技术。针对转炉煤气余能、余热回收技术，探究转炉煤气有组织燃烧和催化燃烧机制，开发放散煤气高效有组织可控燃烧技术、放散煤气的催化燃烧技术、煤气全干法余热高效回收技术、转炉余能利用控制技术以及转炉节能新技术。

本书各章节内容由中国科学院力学研究所魏小林、李森统筹编著。本书各章作者如下：第 1 章由魏小林撰写，第 2 章由李森、魏小林撰写，第 3 章由赵京、刘迪、李博撰写，第 4 章由李腾、刘迪、魏小林撰写，第 5 章由李森、石强、杨本超撰写，第 6 章由宾峰、张梓睿、康润宁撰写，第 7 章由黄俊钦、康润宁、宾峰撰写，第 8 章由姚远、魏小林、李森撰写，第 9 章由李博、赵京、周晴撰写，第 10 章由潘利生、杨本超、刘迪、刘欢撰写。全书由魏小林、李森、赵京进行校对和整理。在编写过程中，得到了工程技术人员李博、刘俊松、盛军、赫连荣斌、郝建秀、许永宏和屈洪绿等的帮助。同时，陈恩鉴、余立新、程珩、张宇、张良、罗家松、郭啸峰和张婉婧等也参与了前期的研究工作。

清华大学能源与动力工程系岳光溪院士审阅了本书的初稿，给予作者鼓励与支持，并亲自为本书作序，特此表示感谢。

本书得到中国科学院战略性先导科技专项（A 类）“变革性洁净能源关键技术与示范”的大力支持，谨致衷心感谢。此外，也特别感谢关心转炉煤气绿色低碳新技术的学术界和企业界的前辈和朋友，没有大家的关怀和共同努力，该项任务的研发工作和工程实施是无法实现的，在此表示衷心的感谢。

我们铭记吴承康院士生前对科研团队的悉心指导。吴院士审阅了包头钢铁（集团）有限责任公司显热回收现场试验项目 2021 年已经通过 168h 考核运行的相关文件后，回复我们：“初步看了一下，确实是产学研的成功典范……这项工作多年来投入大量精力，取得重大成果，实在是难能可贵。祝贺你们！”。吴院士的鼓励和支持一直是我们从事工业炉窑绿色低碳科研工作的动力，我们将以实际行动践行他当年发展我国节能技术的前瞻性思想。

限于作者的水平与实践经验，书中难免有不足之处，恳请广大读者批评指正。

作　者

2023 年 6 月

目录

第 1 章

转炉炼钢工艺及能源消耗

炼钢(steel making)是按一定工艺将生铁进行熔炼得到碳含量小于 2.11% 的铁碳合金，同时调控 Si、Mn、Ni、Cr 等有益元素，并消除 P、S、O、H、N 等有害元素的工艺过程。炼钢方法包括转炉法、平炉法和电炉法等，转炉炼钢是长流程炼钢过程的核心工序。过去几十年我国钢铁工业飞速发展，目前钢产量已经达到每年 10 亿 t 规模(超过世界钢产量的 50%)，其中 80%来自转炉炼钢。随着全社会的废钢产量不断增加，我国短流程电炉炼钢也开始增加。“十四五”以来，在全球控制碳排放总量和碳排放强度的大背景下，国家印发了《2030 年前碳达峰行动方案》，中国科学院公布了“中国科学院科技支撑碳达峰碳中和战略行动计划”。目前冶金行业面临降低二氧化碳排放、为绿色转型发展提供新动能的紧迫形势，因此亟须开展转炉工序节能降碳新技术的研发与应用。本章从转炉炼钢工艺和设备的介绍开始，分别叙述转炉炼钢的物理化学过程、转炉工艺的原料与能源消耗以及转炉烟气净化与回收等。

1.1 转炉炼钢工艺简介

1.1.1 炼钢的发展历程

转炉炼钢主要以液态生铁为原料，加入少量废钢和冷生铁块、矿石以及造渣料(如石灰、石英、萤石等)，转炉工作时不依赖外加热源，而是通过吹氧，主要靠铁水的物理热和铁水组分间化学反应产生的热量，使炉内金属达到出钢要求的成分和温度。转炉按炉衬的耐火材料性质分为碱性(用镁砂或白云石为内衬)转炉和酸性(用硅质材料为内衬)转炉，碱性炉衬有利于脱除铁中的硫和磷；按气体吹入炉内的部位分为底吹转炉、顶吹转炉和侧吹转炉；按吹炼采用的气体分为空气转炉和氧气转炉[1-3]。

1856 年，英国贝塞麦爵士(Sir Henry Bessemer，1813～1898 年)发明了空气底吹酸性转炉炼钢法，开创了近代炼钢工艺的先河，即贝塞麦法，此法只需 10min 就可将 10～15t 铁水炼成钢，但由于采用酸性炉衬和酸性渣操作，吹炼过程中无法去除磷、硫，炼出的钢太脆，因此贝塞麦法只适用于低磷铁矿冶炼的低磷铁水。1879 年，英国冶金学家吉尔克里斯特(Percy Carlyle Gilchrist，1851～1935 年)和他表兄托马斯(Sidney Gilchrist Thomas，1850～1885 年)提出了碱性转炉炼钢法，其碱性耐火砖炉衬使用白云石烧成的熟料和 10%焦油结合而成，冶炼中吹入空气并加入生石灰，使整个反应在碱性高温条件下进行，硫磷氧化后与钙镁结合留于渣内，解决了脱磷脱硫问题，这一改进工艺称为

Thomas-Gilchrist 法或者碱性贝塞麦法。以上采用普通空气吹炼转炉的缺点是，空气中 78%无用的氮会带走较多的热量。

德裔英国发明家西门子爵士（Charles William Siemens，1823～1883 年）和法国炼钢专家马丁（Pierre-Émile Martin，1824～1915 年）发明了平炉炼钢法（open hearth steelmaking）。平炉炼钢法使用气态燃料，熔融的金属处于平炉底部或炉床的浅槽中。1857 年，西门子发明了带有蓄热室的炼钢炉。1864 年，马丁在西门子平炉的基础上，发明了生铁-废钢平炉炼钢法，通过废气预热的蓄热炉将空气和燃料进行预热以提高炉温，将生铁和废钢炼成了优质钢。1888 年出现了碱性平炉（basic open hearth，BOH）。平炉炼钢法原料既可用生铁、铁水，也可用废钢铁、熟铁和矿石，炼出的钢均匀、质量稳定，加之回收了炼钢过程的废气余热，所以在 20 世纪 50 年代之前的近百年时间内平炉钢占全世界钢产量的 85%。

早年，贝塞麦已经意识到氧气吹炼的优势，但由于无法得到大量氧气而未进行试验；到了 20 世纪 40 年代，随着空气分离制氧技术实现了工业化规模生产，1948 年德国杜雷尔教授（Robert Dürrer，1880～1978 年）在瑞士采用水冷氧枪垂直插入炉内吹炼铁水成功实现炼钢，但美国有观点认为氧气吹炼起始于此前一年（1947 年），加拿大和美国一些钢铁公司进行了氧气喷入平炉的试验并获得成功[1]。1952 年奥地利联合钢铁公司（Vereinigte Österreichische Eisen- und Stahlwerke AG，VÖEST）在林茨（Linz），1953 年奥地利-阿尔卑斯矿冶公司（Österreichische-Alpine Montange sellschaft，ÖAMG）在多纳维茨（Donawitz），分别建成了 30t 氧气顶吹转炉车间。由于奥地利这两个地名（Linz 和 Donawitz），氧气顶吹转炉炼钢法又称为 LD 炼钢法（美国称为 BOF（basic oxygen furnace）或 BOP（basic oxygen process）），因此一般认为氧气顶吹转炉是奥地利首先取得技术突破。转炉炼钢速度快（炼一炉钢前后约需 40min，而平炉需数小时），可以实现负能炼钢，节约能源，因此转炉炼钢法迅速传播到世界各国。20 世纪 60 年代，美国、德国、日本等国的钢铁公司完成了转炉技术的大型化发展，实现了 200～300t 转炉的技术成熟化。1970 年以后，发达国家基本淘汰了平炉炼钢法[2]。

1924～1925 年，德国在空气转炉上开始进行富氧鼓风炼钢的试验，1938 年在托马斯碱性转炉上实现了 30%富氧空气炼钢生产，随着氧气量增加，钢的质量明显提高，生产率提高，但是当采用 40%富氧空气时，炉底的风眼砖损坏严重（这也是 20 世纪 40 年代发展氧气顶吹转炉炼钢法的一个原因）。随着氧气顶吹转炉炼钢的迅猛发展，德国、美国、法国等国发明了氧气底吹转炉炼钢（oxygen bottom-blown maxhütte，OBM）法。该方法通过喷吹甲烷、重油、柴油等对氧气喷口进行冷却，使得纯氧能从炉底吹入熔池而不致损坏炉底。1965 年，加拿大莱尔奎特（Air Liquide）公司的 Savard 和 Lee（加籍华人李甘棠）研制成功双层同心套管式喷嘴（中心通氧、环缝吹入气态碳氢化合物作为冷却介质）。1967 年，联邦德国马克西米利安（Maxhütte）公司采用加拿大公司的套管式氧气喷嘴（也称为 Savard-Lee 或萨-李喷枪），在 20t 转炉上成功试验 OBM 法。1970 年，法国采用套管式喷嘴由中心供氧、环缝以液态燃油作为冷却介质，成功研制与 OBM 法类似的工艺方法——LWS（Laire, Wendel, and Strunck）法。1971 年，美国合众钢铁（US Steel）公司在引进 OBM 法的基础上，为了冶炼高磷铁水，在底部中心管供氧的同时，还向熔池喷吹石灰粉用于脱磷，该方法称为 Q-BOP（quiet-BOP）法，1973 年美国建成 200t 的 Q-BOP 法氧气底吹转炉。

氧气顶吹转炉炼钢法的优点是吹炼迅速、容易控制造渣，但是其操作特性也决定了它具有渣中铁含量高、钢水氧含量高、废气铁尘损失大和冶炼超低碳钢困难等缺点；而底吹法具有熔池搅拌能力强的优点，可使炉内反应接近平衡，吹炼平稳、铁损减少，因此结合两者的优点，氧气顶底复吹转炉炼钢技术逐渐发展起来。1973 年，奥地利 Eduard 等开始研究顶底复吹转炉炼钢，之后，欧洲、美国和日本等国家和地区普遍开展了转炉复吹的研究工作，到 1975 年法国研发的顶底复吹转炉开始正式用于生产。对于底部只吹入少量搅拌气体（N_2、Ar 或 CO_2 等）的复吹转炉，其代表性方法有 LBE（lance bubbling equilibrium）、LD-KG（LD-Kawasaki gas stirring）、LD-KGC（LD-Kawasaki gas control converter）等。对于顶底同时吹氧的复吹转炉，其代表性方法有 STB（Sumitomo top and bottom）、LD-OB（LD-oxygen bottom blowing）等，这时若在顶底同时通过氧气载石灰粉喷入熔池，则可以加速化渣、强化脱磷和脱硫，其代表性方法有 K-BOP（Kawasaki-basic oxygen process）等。图 1.1 为不同吹炼方式的转炉简图。复吹法比顶吹或底吹法都更优越，加之现场改造容易，因此顶底复吹转炉几年时间就在全世界范围内得到普遍应用，有的国家（如日本）已基本淘汰了单纯的顶吹转炉。从 20 世纪 70 年代起，逐渐形成了铁水“三脱”预处理—转底复吹—炉外精炼—连铸连轧的现代化转炉流程。

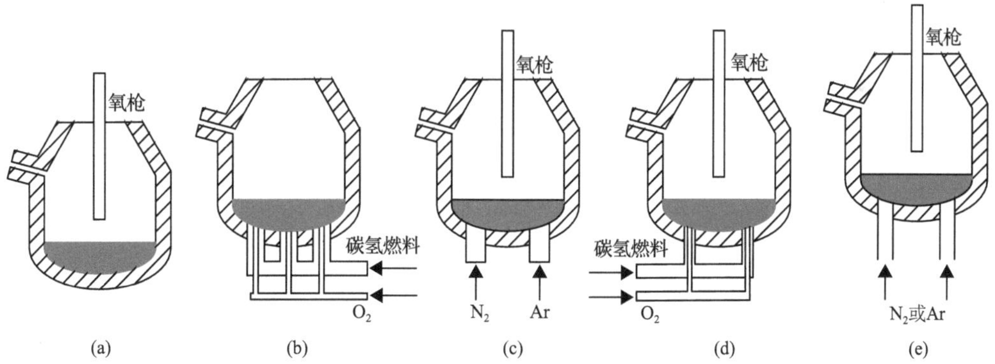

图 1.1　不同吹炼方式的转炉[2]

(a) 顶吹（LD/BOF/BOP）；(b) 底吹（OBM/Q-BOP，底部吹氧，带底部冷却介质（碳氢燃料）的喷口，由美国研发）；(c) 复吹（LBE，底吹采用透气型喷口，由法国研发）；(d) 复吹（K-BOP，底部吹氧，带底部冷却介质（碳氢燃料）的喷口，由日本研发）；(e) 复吹（LD-KGC，底吹 N_2、Ar 气体，不带底部冷却，由日本研发）

电炉炼钢法包括电弧炉（electric arc furnace，EAF）、感应炉和电渣炉炼钢法等，主要用于冶炼废钢，世界上电炉钢产量的 90%以上都是由电弧炉生产的。电弧炉炼钢起源于 1853 年，法国人皮松（Pinchon）成功地用两根水平电极在熔池上方产生电弧，间接加热熔池熔炼金属。1879 年，西门子采用一根直立石墨阴极，将电弧转移至与水冷底部阳极接触的金属熔池而加热熔池；西门子还发明了“非转移”电弧炉，利用熔池上方的两个水平电极之间起弧，通过辐射加热熔体。在 1888～1892 年，法国人埃鲁（Paul L. T. Héroult，1863～1914 年）发明了直流电弧炉，开始用于冶炼电石和铁合金生产，1899 年首次用于炼钢；1907 年美国出现埃鲁式电弧炉——三相交流电弧炉。早期的电弧炉容量多在 25～50t，至 1952 年日本 Chubu Kohan 公司已经有 250t 的电弧炉（40MV·A，炉膛直径 7.62m），产量为 1000t/d（42t/h）。1964 年，美国联合碳化物公司的 Schwabe 与西北钢线材公司的

Robinson 提出超高功率(ultra high power，UHP)电弧炉的概念，首先在美国的 135t 电弧炉上进行了提高变压器功率、增加导线截面等一系列改造，将功率提高至同吨位普通电弧炉功率的 2～3 倍。由于强大的交变电流对电网冲击严重，1982 年德国 MAN-GHH 公司研制了 12t 直流电弧炉，随后很快研制出 100t 以上的直流电弧炉。由于电弧炉功率大、工艺灵活，可用废钢为原料，产品质量高，可生产中、高合金钢和优质钢等，到 20 世纪 80 年代末，电弧炉钢已占世界粗钢年总产量的 30%左右。

1893 年，我国在湖北建成近代最大的钢铁联合企业——汉阳铁厂，其中包括贝塞麦底吹酸性转炉，但是在 1949 年前，我国主要靠平炉和电炉炼钢[3]。奥地利在 20 世纪 50 年代初研发成功氧气顶吹转炉技术不久，中国科学院化工冶金研究所的叶渚沛院士就意识到氧气转炉必将取代平炉而成为主要炼钢方法，因此在 1955 年开始组织 300kg 和 1.5t 氧气转炉的中间试验。与此同时，北京钢铁学院的石心圃教授等也开展了氧气顶吹转炉炼钢试验。1962 年首都钢铁公司(简称首钢)的 3t 空气侧吹转炉被改造为氧气顶吹转炉，1964 年首钢建成我国首台 30t 氧气顶吹转炉，1966 年上海钢铁公司一厂将空气侧吹转炉改建成了 3×30t 的氧气顶吹转炉，随后在 1971 年攀枝花钢铁公司建成 120t 大型氧气顶吹转炉。此外，我国还研发了氧气侧吹转炉，1951 年唐山钢铁公司(简称唐钢)首先试验成功碱性空气侧吹转炉炼钢，1972～1973 年在沈阳第一炼钢厂进行了 3t 转炉的侧吹氧炼钢试验，1977 年在唐钢进行了双排侧吹氧转炉炼钢试验。20 世纪 80 年代，宝山钢铁公司(简称宝钢)从日本引进 300t 大型转炉，此后转炉炼钢在我国快速发展。随后，由于废钢产量增加，我国转炉的废钢添加量不断增加，同时电炉炼钢也在快速发展。1992 年天津钢管公司引进了德国曼内斯曼 · 德马克(Mannesmann Demag)公司的 150t 交流电弧炉(UHP AC EBT)，炉壳直径 7m，变压器功率 90/100MV·A，通过喷吹碳粉、供电和电极调节人工智能技术应用后，冶炼时间小于 65min，最低电耗达 402kW·h/t。1994 年，我国宝钢分公司炼钢厂从法国 Clecim 公司引进了 150t 双炉壳超高功率直流电弧炉(UHP DC EAF)，配备 3 台容量为 33MV·A 的整流变压器，通过多功能氧枪、喷吹碳粉以及神经网络弧压控制等技术改造，最低电耗达到 260kW·h/t。

长流程炼钢包括焦炉、烧结线、高炉、转炉和连铸连轧等工序，为了缩短工艺流程，国内外研发出直接熔融还原铁技术，将煤、铁矿石在一体化工艺装置内实现铁水的生产，省去了炼焦和烧结的工序，典型的工艺有 COREX 工艺、FINEX 工艺和 HIsmelt 工艺等。近年来，氢气直接还原、酸性溶液电沉积铁和氢气熔融还原炼铁等工艺有望发展成为有竞争力的超低碳炼铁技术[4]。这些炼铁新技术具有节能、低碳等特征，未来的转炉技术如何与其融合发展值得深入思考。

1.1.2 转炉工作过程

1. 炼钢操作过程

转炉炼钢的基本过程如图 1.2 所示，包括：装料(加废钢、兑铁水)，摇正炉体，下降氧枪开始吹炼并加入第一批造渣料，吹炼中期加入第二批造渣料，终点前测温并取样，待碳、磷等成分及温度合格后，倾炉出钢、倒渣并进行脱氧合金化[5]。

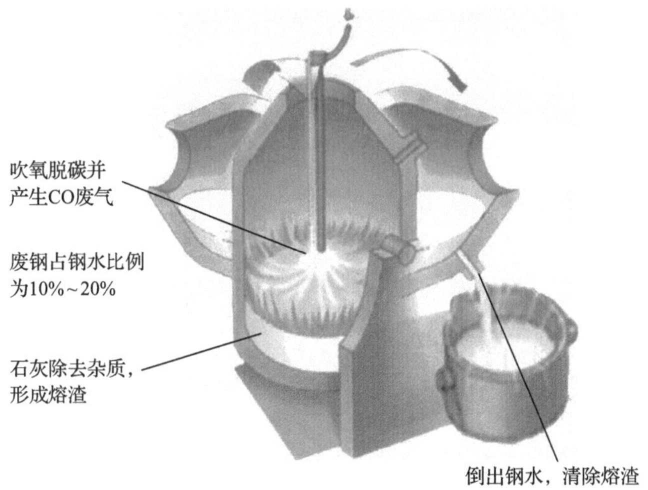
吹氧脱碳并
产生CO废气
废钢占钢水比例
为10%~20%
石灰除去杂质，
形成熔渣
倒出钢水，清除熔渣

图 1.2 转炉炼钢过程示意图

图 1.3 为转炉炼钢的流程示意图[6]。转炉开始炼钢时，装入废钢和兑入铁水，摇正炉体，下降氧枪进行吹炼，并由炉口上方的加料溜槽加入第一批渣料（约占总渣料量的 2/3）；当氧流与熔池接触时，硅、锰和碳等开始氧化，称为点火。吹炼初期，由于带出的铁尘和小铁珠与吸入的空气发生燃烧，炉口出现黄褐色的灰尘，这时渣未形成，氧气射流直接冲击金属液面产生较大的噪声。

点火后几分钟，初渣形成并覆盖于熔池表面；这时随着碳、硅、锰、磷、硫和铁的氧化放热，熔池温度升高，炉口冒出的浓烟急剧增多，火焰亮度增加；熔池内产生的大量 CO 气体生成气泡，在上升气泡携带钢水以及射流对于钢水冲击搅拌的共同促进作用下，在熔池内形成了金属-熔渣乳化液，从而生成泡沫渣；吹炼中炉口会有小渣块溅出，反应进入吹炼中期，这时控制好渣层的厚度很关键，否则容易形成喷溅事故。吹炼初期，通过吹氧，主要发生脱硅/锰反应，而脱碳反应速率较慢。

吹炼中期，脱碳反应剧烈，渣中氧化铁含量降低，出现炉渣熔点增高和黏度增大的趋势，此时适当提高氧枪枪位或降低氧压，分批加入铁矿石和第二批渣料（约占总渣料量 1/3 的其余部分），从而提高氧化铁的含量并调整炉渣性能，降低熔渣黏度。

吹炼后期，脱碳反应减弱，火焰变短而透明，根据火焰状况、供氧累积量和吹炼时间等因素，按所炼钢种成分和温度要求确定吹炼终点，并提枪停止供氧（俗称拉碳），进行倒炉、测温、取样；根据分析结果，确定出钢或补吹时间。

转炉吹炼结束时提枪，转炉处于垂直位置。当钢水中碳、硫、磷等成分和温度合格时，打开出钢口，倒炉、挡渣出钢。摇炉倒渣时转炉慢速向前倾动，逐步将转炉摇平，这时少量炉渣从大炉口开始流出，保持转炉在流渣的角度上（必要时向下点动几次转炉），维持缓慢的正常流渣状态；倒渣结束后，将炉口向上回正，结束摇炉倒渣操作（这时炉里仍有部分炉渣）。

出钢时向后摇炉，至开出钢口位置，打开出钢口，同时摇炉并操纵钢包车，出钢时要保证钢包车刚好位于钢流预估的落点位置；然后开始摇炉出钢，刚开始转炉要快速下降，使得出钢口很快冲过前期下渣区（钢水表面渣层），钢水正常流出，同时不断移动钢包车，保证钢水流入钢包。根据钢流及渣流的颜色判断钢水状态，钢流颜色为白亮，形

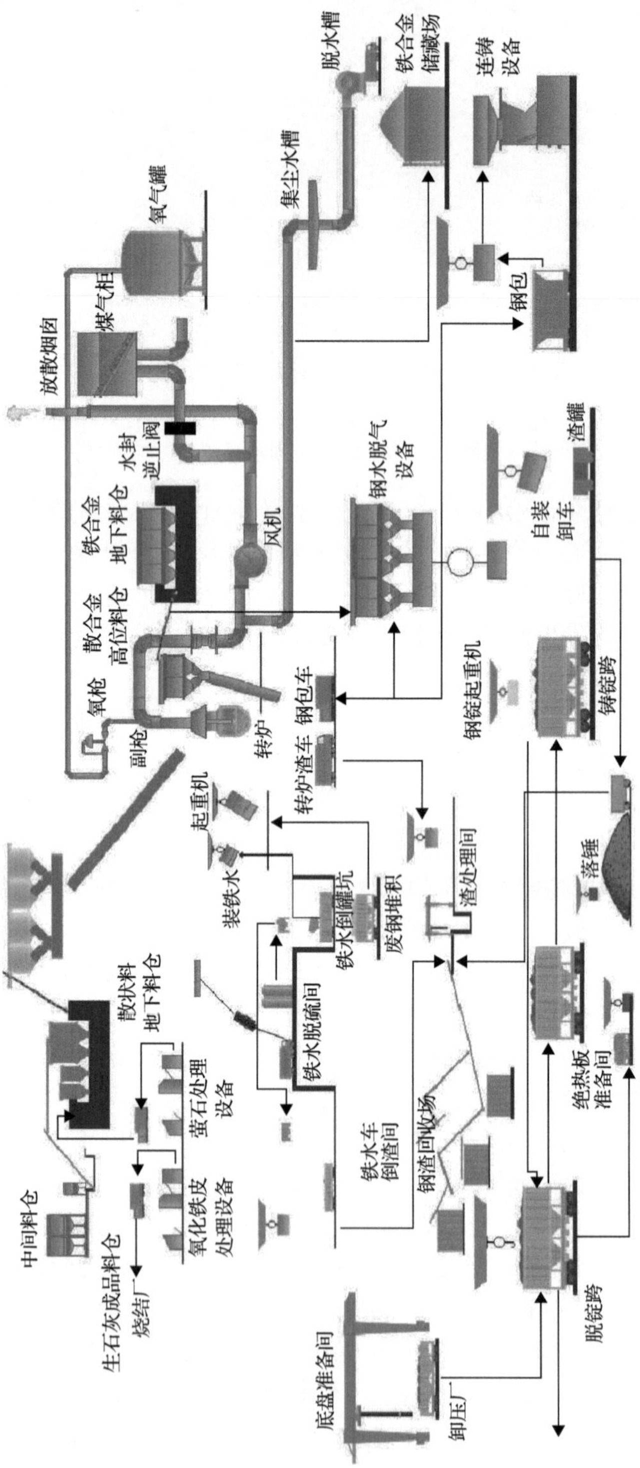

图1.3 转炉炼钢的流程示意图[6]

状稳重；渣流颜色为暗红，形状轻飘。出钢时钢流见渣即为出钢结束，然后摇起转炉进行堵出钢口操作，再摇正转炉。

当钢水量流出 1/4 时，向钢包内加入铁合金进行脱氧合金化。出完钢后，根据炉况加入调渣剂调整熔渣成分，并进行溅渣护炉(必要时还需补炉)，倒完残余炉渣，然后堵出钢口；组织装料，进行下一炉炼钢。

2. 转炉基本工艺

转炉炼钢的工艺制度包括装入制度、供氧制度、造渣制度、温度制度、终点控制、出钢制度、脱氧和合金化等。装入制度需要确定转炉合理的装入量及合适的铁水废钢比，计算装入量需要考虑合适的炉容比、熔池深度和金属的收得率等；对于铁水废钢比还需要考虑废钢吸热等引起的热量平衡问题。

供氧制度确定合理的向熔池供氧的方法，创造良好的炉内物理化学条件，保证吹炼任务的完成。供氧制度是去除钢中杂质，促使熔池升温和成渣、减少喷溅、保证终点控制和炉衬寿命的关键，具体包括选取氧枪的喷头结构、尺寸和类型，确定合理的供氧强度、氧压和枪位等。吹炼开始时一般采用高枪位化渣，然后降枪脱碳，在加入第二批渣料时应提枪化渣，吹炼末期进行降枪，保持熔池成分和温度均匀，稳定火焰，减少吹损，冶炼终点时拉碳出钢。吹氧过程枪位的控制原则是：化好渣、不喷溅、快速脱碳、熔池均匀升温，当然实际冶炼过程中，不同转炉的氧枪具体操作方法(氧压、枪位和氧流量等)也会有所变化。

炼钢过程的核心是造渣，因此就有“炼钢就是炼渣”的说法。造渣制度确定合适的造渣方法，渣料的加入量和时刻，以及如何加速成渣。转炉在冶炼过程中，需要加入造渣材料，如石灰和助熔剂(萤石、铁矾土、白云石和氧化铁皮等)，使之与吹炼过程中的氧化物相结合，形成有适当碱度、黏度和氧化性的炉渣，以满足脱磷、脱硫，减少炉衬侵蚀、金属喷溅和溢渣，同时降低炉渣终点氧化性的要求。转炉开吹后，由于加入白云石造渣或炉衬中 MgO 被侵蚀，MgO 与 FeO、Fe_2O_3、SiO_2、MnO 生成较低熔点的铁、锰、镁橄榄石相($2FeO \cdot SiO_2$、$2MnO \cdot SiO_2$、$2MgO \cdot SiO_2$)和镁铁矿($MgO \cdot Fe_2O_3$)，因此形成最初的酸性氧化渣。然后石灰开始快速溶解，CaO 逐渐取代橄榄石中的 FeO、MnO、MgO，依次生成较高熔点的 $CaO \cdot SiO_2$、$3CaO \cdot 2SiO_2$、$2CaO \cdot SiO_2$ (C_2S)、$3CaO \cdot SiO_2$ (C_3S) 等，而且渣中同时形成 FeO、MnO、MgO 等 RO 相矿物，炉渣碱度提高到 2 左右(碱度一般简单地定义为 $R= w(CaO)/w(SiO_2)$)。在吹炼中期，当 C_2S 等一些高熔点物质析出后，炉渣变得黏稠，出现返干现象。在吹炼后期，由于脱碳速率降低，渣中 FeO 含量增加和炉温上升，石灰又迅速溶解，渣中 RO 相矿物和 $2CaO \cdot Fe_2O_3$ 生成较多，炉渣黏度又变得较小，容易出现喷溅，转炉终渣的碱度将进一步提升至 3 以上。表 1.1 为转炉炉渣中典型氧化物的熔点[5]。

表 1.1 转炉炉渣中典型氧化物的熔点

氧化物	名称	熔点/℃
Al_2O_3	氧化铝	2054*
CaO	石灰	2615*

续表

氧化物	名称	熔点/℃
CaF_2	氟化钙	1418
FeO	方铁矿	1370
Fe_2O_3	赤铁矿	1457
SiO_2	石英	1713
MgO	方镁石	2825*
MnO	氧化锰	1783
$CaO \cdot CaF_2$	—	1400
$CaO \cdot Fe_2O_3$	铁酸钙(钙铁矿)	1220
$CaO \cdot 2Fe_2O_3$	—	1240
$2CaO \cdot Fe_2O_3$	黑钙铁矿	1420
$3CaO \cdot P_2O_5$	白磷钙石	1730*
$CaO \cdot SiO_2$	偏硅酸钙(硅灰石)	1550
$2CaO \cdot SiO_2(C_2S)$	原硅酸钙(硅酸二钙)	2130
$3CaO \cdot SiO_2(C_3S)$	硅酸三钙	2070*
$3CaO \cdot 2SiO_2$	硅钙石	1485
$CaO \cdot FeO \cdot SiO_2$	钙铁橄榄石	1205
$CaO \cdot 2FeO \cdot SiO_2$	—	1205
$CaO \cdot MgO \cdot SiO_2$	钙镁橄榄石(蒙脱石)	1390
$CaO \cdot MgO \cdot 2SiO_2$	透辉石	1391
$2CaO \cdot MgO \cdot 2SiO_2$	钙镁黄长石	1454
$3CaO \cdot MgO \cdot 2SiO_2$	镁硅钙石	1550
$CaO \cdot MnO \cdot SiO_2$	钙锰橄榄石	1350*
$FeO \cdot SiO_2$	硅酸铁	1140
$2FeO \cdot SiO_2$	原硅酸铁(铁橄榄石)	1205
$Fe_2O_3 \cdot SiO_2$	—	1217
$MgO \cdot Al_2O_3$	铝酸镁(尖晶石)	2135
$MgO \cdot Fe_2O_3$	铁酸镁	1750
$MgO \cdot SiO_2$	硅酸镁	1557
$2MgO \cdot SiO_2$	原硅酸镁(镁橄榄石)	1890
$MnO \cdot SiO_2$	硅酸锰(蔷薇辉石)	1285
$2MnO \cdot SiO_2$	原硅酸锰(锰橄榄石)	1345

*来自文献[7]。

温度制度包括过程的温度控制和终点的温度控制，转炉吹炼过程温度控制的目的是保持均衡升温、吹炼平稳和终点温度准确。转炉炼钢的热量来源是铁水的物理热和化学热，若出钢时热量仍有富余，可加入冷却剂(废钢、氧化铁皮和铁矿石等)降温。吹炼初期，铁水温度为 1250～1300℃。吹炼过程中，若熔池温度过低(通过观察炉口碳焰或火焰判断)，可通过降枪提温；若温度过高，可适当加冷却剂和渣料降温。吹炼前期结束时，熔池温度应控制在 1450～1550℃，吹炼中期为 1550～1600℃，吹炼后期为 1600～1680℃，具体温度取决于所炼钢种。在冶炼中若发现温度较低，则可以加入硅铁、硅铝和硅碳等增温剂；若出现碳含量低、温度高时，则可以再兑入一些铁水。

终点控制主要是控制终点成分和温度，使钢中碳含量达到要求，硫、磷等含量低于限值。终点控制的核心是碳含量和钢水温度的控制，需要按照出钢要求进行吹炼，当达到终点碳含量和终点温度要求时，提枪(拉碳)停止吹炼。操作控制好时，一次就可做到测温、取样合格；若碳含量不合格，则可以进行适当补吹(也称为点吹)，就可以达到出钢要求。

出钢制度需要在倒钢水过程中，尽量使其少携带钢渣、减少吸气，同时有利于合金加入钢包后搅拌均匀。出钢需要设定合理的持续时间，出钢快慢主要受出钢口内径的影响，100t 以上转炉出钢持续时间为 4～8min。出钢过程中，钢流受到冷空气的强烈冷却(包括对流和辐射散热)、钢包耐火材料的吸热和加入铁合金熔化时的耗热等，使钢水降温，因此采用红包出钢，即在出钢时提前烘烤钢包，使其内衬温度达到 800～1000℃，可降低出钢温度 15～20℃。转炉内的高氧化性、高碱性炉渣流入钢包会导致钢水与炉渣发生氧化反应，降低合金元素的收得率，侵蚀钢包内衬，并使钢水夹杂物增多和回磷，因此必要时可采用不同的挡渣方法(如挡渣帽、挡渣球、挡渣塞、气动挡渣器、气动吹渣和电磁挡渣等)，以取得良好的效果。

对于转炉冶炼，脱氧与合金化一般是同时进行的。转炉出钢前后，钢中有一定量的溶解氧，需要加入适量的脱氧剂(硅铝、硅锰和硅钙合金等)进行脱氧，使钢水达到符合规定的脱氧程度。另外，不同的合金钢要求有一定量的合金元素，需要加入一种或几种合金元素，使钢水达到成品钢成分规格要求。在脱氧合金化时，首先需要考虑加入料对于钢水温度和钢水成分的影响及脱氧元素和合金元素收得率，计算好脱氧剂与合金的加入量。脱氧剂中的元素按脱氧能力排序为 Al＞Si＞Mn，根据脱氧剂和合金元素的加入方法，可分为炉内脱氧合金化和钢包内脱氧合金化。炉内脱氧合金化是在转炉冶炼结束时倒掉大部分炉渣，加入部分脱氧剂预脱氧，然后加入合金，最后在钢包中终脱氧。钢包内脱氧合金化是在出钢过程中，将全部脱氧剂和合金加入钢包内，操作时注意合金应加在钢流的冲击部位，以充分利用钢水的回旋流动达到均匀成分的目的。在生产高质量钢时，还需要在后续的精炼炉内进行终脱氧和成分的精确调整。

转炉冶炼时，吹损和喷溅也属于炼钢工艺的重要部分。转炉吹炼过程中的金属损失称为吹损，包括化学、灰尘、渣中氧化物、渣中铁珠损失及喷溅损失等。化学损失是铁水中碳、硅、锰、磷和硫等被氧化后进入渣中造成的损失，占金属装入量的 4%～5%；灰尘损失是氧枪中心区的铁被氧化，生成红棕色灰尘随炉气排出而造成的损失，占金属装入量的 0.8%～1.3%；渣中氧化物损失是含氧化铁的炉渣被倒出而造成的损失，占金属装入量的 1%～1.5%；渣中铁珠损失是含一部分悬浮金属液滴的炉渣被倒出而造成的损失，与渣中氧化物损失的量相当；喷溅损失是吹炼时一部分金属随炉渣一起喷出炉外造成的金属损失，占金属装入量的0.5%～2.5%，喷溅损失与原料条件和操作水平有关。

喷溅是指随炉气携带、从炉口溢出或喷出炉渣和金属的现象，会造成金属和热量损失，加剧对炉衬的冲刷，甚至造成黏枪、烧枪，引起炉口和烟罩挂渣，影响操作的稳定性，限制供氧强度的提高。根据喷溅形成的机理不同，分为金属喷溅、泡沫渣喷溅和爆发性喷溅等。转炉初期炉渣尚未形成或冶炼中期炉渣返干时，固态物质或高黏度炉渣被顶吹氧气射流和反应区的CO气体推向炉壁，裸露的金属液面在氧气射流冲击作用下，使金属液滴喷出炉口，称为金属喷溅。当低枪位时间过长、二批料加入过早以及炉渣未熔化完全就急于降枪脱碳时，很容易发生金属喷溅。转炉吹炼过程中，炉渣表面活性物质较多时会生成大量的泡沫渣，在炉内排出的CO气体作用下会从炉口溢出夹带金属液滴的泡沫渣，形成泡沫渣喷溅。当铁水Si、P含量高，渣量大且熔渣内全铁(TFe)含量高时，熔渣的表面张力降低，容易发生泡沫渣喷溅。吹炼时当炉渣中FeO积累较多时，加入渣料或冷却剂过多，会造成熔池温度过低，一旦温度升高，熔池内碳氧反应剧烈，产生大量的CO气体急速排出，使大量金属和炉渣喷出炉口，称为爆发性喷溅。当炉渣氧化性过高(FeO量大)，熔池突然冷却，或者由于操作不当，炉渣返干而阻碍CO气体排出时，就容易发生爆发性喷溅。此外，在采用留渣操作时，渣的氧化性很强，兑铁水时若速度过快，可能使铁水中的碳与炉渣中的氧(FeO等)发生反应，会造成铁水喷溅。为了防止喷溅现象，需要采取措施使吹炼过程中的碳氧反应均衡发生，适当减轻熔池的泡沫化，降低液面高度并减小液面波动。

1.2 转炉炼钢设备简介

转炉将半成品的铁水、废钢和熔剂等，通过吹氧发生高温化学反应，将它们熔炼成钢水和熔渣。虽然转炉体积、质量不大，只占全车间投资的百分之几，但是转炉是炼钢连铸车间的核心装置。转炉依靠炉身使整个炉体与托圈等支撑装置连接，具体包括托圈(耳轴)部件、炉体与托圈的连接装置、支撑托圈部件的轴承和轴承座等。转炉炉体的全部重量通过支撑系统传递到基础上，倾动机构又通过耳轴和托圈使炉体转动。

转炉工作及操作，需要其他辅助系统的密切配合、协同工作，这些系统包括原材料(如铁水、废钢、散装料、铁合金及氧气等)供应、铁水预处理(脱硅、脱硫和脱磷)、钢水炉外精炼和烟气净化及回收等辅助系统。以下主要介绍转炉炉体与转炉氧枪。

1.2.1 转炉炉体

图1.4为转炉炉体的基本结构。转炉炉体主要有三种炉型[8]：筒球型炉体的熔池由圆筒体和球冠体组成，一般用于50～150t的中型转炉；锥球型炉体的熔池由倒置的截头圆锥体和球冠体组成，一般用于200～300t的大型转炉；截锥型炉体的熔池由倒置的截头圆锥体组成，早期一般用于30t的小型转炉，对于大型顶底复吹转炉，由于在炉底要布置底吹喷嘴，也采用平底的截锥型炉体。从图1.4的转炉结构可见，图1.4(a)为筒球型，

图 1.4(b)为锥球型。

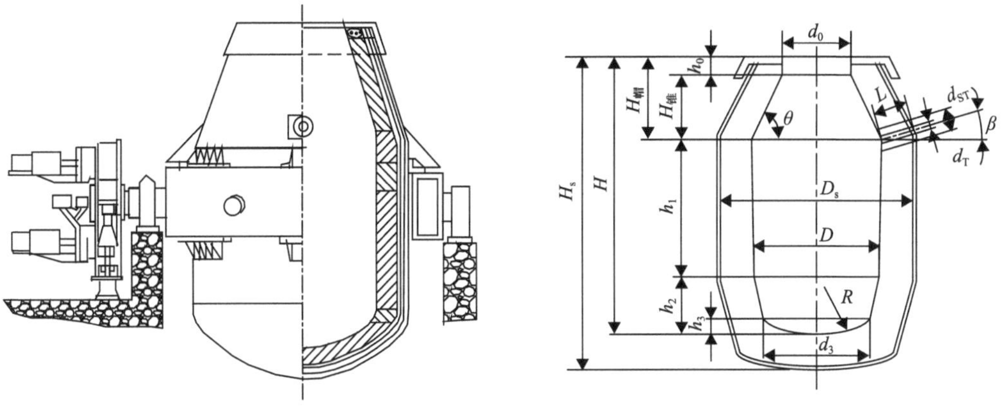

(a) 筒球型炉体结构　　　　(b) 锥球型结构尺寸

图 1.4　转炉炉体的基本结构[1,8]

转炉炉容比为新炉炉膛有效容积 V 与公称容量 T 的比值(m^3/t)，对于吹炼操作、喷溅、炉衬寿命等都有重要影响。炉容比过小时，容易喷溅和溢渣，加剧钢、渣对炉衬的冲刷侵蚀，不利于提高供氧强度；炉容比过大会增加设备高度和倾动力矩，导致厂房与设备投资及电耗增加。

转炉炉容比一般在 0.90～1.05 范围内变化，大型转炉取下限。小型转炉因炉膛小，考虑到进、出料的方便，炉容比可以适当选大些。此外，当铁水中 Si、P、S 含量高时，产生的渣量大，炉容比应大些；供氧强度大时，气体产生量大，容易喷溅，炉容比也应大些。炉容比基本符合以下拟合公式[9]：

$$\frac{V}{T}=0.75\sqrt{B}\left[7.5w(\mathrm{C})+0.12\sqrt{100w(\mathrm{Si})}+0.15\sqrt[3]{100w(\mathrm{P})}\right]+0.26 \tag{1-1}$$

式中：w(C)为铁水碳含量，%；w(Si)为铁水硅含量，%；w(P)为铁水磷含量，%；B 为供氧强度，$Nm^3/(t\cdot min)$，可用吨钢供氧量(Nm^3/t)除以吹氧时间得到，对于低磷铁水，供氧强度为 3～4$Nm^3/(t\cdot min)$。

转炉炉膛直径由熔池直径确定，转炉熔池直径 D 可采用式(1-2)进行计算：

$$D=K\sqrt{\frac{G}{t}} \tag{1-2}$$

式中：D 为熔池直径，m；t 为吹氧时间，min；K 为比例系数；G 为新炉金属装入量，t，可按式(1-3)进行计算：

$$G=\frac{2T}{(2+F)\eta_{\mathrm{m}}} \tag{1-3}$$

其中：F 为老炉比新炉多产钢系数，一般取 0%～20%，大型转炉取下限；η_{m} 为金属收得率，一般变化范围为 0.83～0.94，大型转炉取上限。

对于比例系数 K，可采用式(1-4)估算：

$$K=1.938-0.0017T \tag{1-4}$$

对于 50～250t 转炉，K 在 1.5～1.8 范围内变化，大型转炉取下限。

合适的高径比既要保证喷溅和起泡需要的高度，又要使炉体不至于过高，以免造成厂房高度和倾动力矩增加。炉膛内的高径比可用式(1-5)计算[9]：

$$\frac{H}{D}=\frac{2.65}{T^{0.1}}+0.1B-0.3 \tag{1-5}$$

式中：B 为供氧强度，$Nm^3/(t \cdot min)$。转炉越大，炉膛高径比越小，对于 25～300t 转炉，此值在 1.4～2.2 范围内变化[8]。对于底吹转炉，炉膛内高径比的计算式为[9]

$$\frac{H}{D}=\frac{2.65}{T^{0.1}}+0.05B-0.65 \tag{1-6}$$

另外，炉底的孔数为

$$n=(0.9\sim1.1)\left(T^{0.56}+0.5\right) \qquad (n\text{ 取整数}) \tag{1-7}$$

由于炉衬厚度的影响，炉体外壳的高径比要比炉膛内高径比的数值小，其值近似符合以下拟合式：

$$H_s/D_s=2-0.122\ln T \tag{1-8}$$

对于 25～300t 转炉，炉体外壳高径比在 1.3～1.6 范围内变化，转炉越大，高径比越小。转炉高径比主要用于校核炉型设计是否合理，设计炉体时并不用高径比直接计算。

转炉熔池深度直径比可用式(1-9)计算：

$$h/D=(0.17\sim0.19)\frac{H/D}{(V/T)^{1/3}} \tag{1-9}$$

大多数转炉 h/D 的变化范围为 0.23～0.54，一般为 0.31～0.33。对于 100t 转炉，典型的熔池深度为 1.25m；对于 50～300t 转炉，熔池深度从 1m 增加到 2m[5]。合适的熔池深度在吹炼时既要保证有良好的搅拌效果，又不能使氧气流穿透炉底。

转炉炉口直径比推荐为 $d_0/D=0.43\sim0.54$，对于小型转炉取上限，大型转炉取下限。炉口在加料和倒出钢渣时起到重要作用。为了确定合适的炉口直径，考虑快速装料、炉气顺利逸出时，炉口直径不能过小；考虑减少喷溅和散热、防止钢渣混出时，炉口直径不能过大。

另外，为了在出钢时实现钢渣分离，转炉专门设置了出钢口，通常位于炉身与炉帽耐火材料的交界处。对于 30～300t 转炉，出钢口内径在 0.11～0.20m 范围内变化。合适的出钢口可以保证钢水以一定速度和角度流入钢包，钢流对于包内钢水起到搅拌作用，有利于进行包内的脱氧合金化操作。

转炉炉帽位于炉身上端与炉口之间，炉帽锥体与炉身交界处，炉帽与水平线的夹角称为帽锥角 θ，一般取 60°～68°，大型转炉取下限。一般帽锥部分的体积占炉膛体积的30%。转炉炉帽受高温炉气、喷溅钢渣和烟罩中高温气体的辐射，工作条件恶劣，因此设计有水箱式或铸铁盘管式水冷炉口。

转炉炉壳承受高温、高压作用引起的各种应力，从上至下由钢板加工为截头圆锥体炉帽、圆筒体炉身和球冠体或截头圆锥体炉底[8]。转炉炉壳一般用低合金钢制造，炉身厚度为炉壳外径的 0.89%～1.15%，随着容量不断增加，对于 250t 的转炉，炉身厚度为80～85mm。炉身受力最大，应使用最厚的钢板，炉底为炉身厚度的 80%左右。

转炉炉体由金属炉壳和炉衬组成，炉壳内侧选择优质的耐火材料做炉衬，炉衬对于炼钢生产和转炉寿命非常重要，影响炉衬寿命的因素有出钢渣的成分、铁水成分、倒炉温度、造渣材料的 MgO 含量、煅烧石灰的质量、炉型与氧枪设计及吹炼终止到出钢的时间等[1]。由图 1.4(a)可见，炉衬由外向里分为永久层、填充层和工作层[8]。转炉炉身部位的工作层基本砌筑高强度酚醛树脂结合镁碳砖，炉底、炉帽和出钢口均采用焦油结合镁碳砖。永久层紧贴炉壳钢板，其作用是保护炉壳，修炉时不拆除，一般采用烧结镁砖砌筑，有条件时也可以选用镁砖，炉身永久层厚度为 113～115mm，而炉底永久层要厚一些，厚度为 300～500mm。填充层位于永久层和工作层之间，其作用是减轻工作层受热膨胀对炉壳的挤压，一般用焦油镁砂捣打而成，厚度为 80～100mm。工作层受到钢水、炉渣和炉气的冲刷及侵蚀，工作条件非常恶劣，一般采用镁碳砖砌筑，炉身工作层厚度为 550～850mm，炉底工作层稍薄一些，为 550～750mm。表 1.2 为典型转炉的基本尺寸参数。

镁碳砖具有耐高温、耐渣侵和耐剥离等优良的使用性能，一般采用天然菱镁矿和鳞片石墨为原料，用沥青和酚醛树脂做复合黏合剂，加工成型后经过 200～250℃硬化处理而成。目前，转炉采用镁碳砖作为工作层，并配合溅渣护炉等技术，炉衬寿命可以达到1 万炉钢以上。

表 1.2　典型转炉的基本尺寸参数[9]

项目	符号/单位	中国 炉型 PS-1	中国 炉型 BS-1	日本 大分	美国 扬斯敦	法国索拉克 (底吹)
转炉形式	—	筒球型/活底	锥球型	锥球型	筒球型	截锥型/活底
转炉容量	T/t	120	300	330	265	240
全高	H_s/mm	9750	11575	12500	10100	9600
外径	D_s/mm	6670	8670	8200	7950	7950
外高径比	H_s/D_s	1.46	1.335	1.53	1.27	1.21
炉膛内高	H/mm	8150	10458	11578	9250	8400
炉膛内径	D/mm	4900	6832	6520	5950	6200
内高径比	H/D	1.66	1.53	1.77	1.55	1.36
炉口直径	d_0/mm	2200	3600	4138	4120	3000
炉口直径比	d_0/D	0.45	0.527	0.635	0.69	0.484

续表

项目	符号/单位	中国 炉型 PS-1	中国 炉型 BS-1	日本 大分	美国 扬斯敦	法国索拉克 （底吹）
池底外径	d/mm	5390	6718	6148	5190	—
池底外径比	d/D	1.10	0.983	0.94	0.87	—
炉膛容积	V/m^3	129.1	315	325	215	214
炉容比	$V/T/(m^3/t)$	1.075	1.05	0.985	0.85	0.89
熔池深度	h/mm	1474	~2100	~2000	1690	1450
帽锥角	$\theta/(°)$	62	62	~60	~73	~50
池锥角	$\alpha/(°)$	0.0	15	~15	0.0	~25
池锥底直径	d_3/mm	4900	5834	5250	5950	4200
炉口衬厚	T_1/mm	683	475	435	~700	750
直筒衬厚	T_2/mm	815	924	840	1000	800
炉底衬厚	T_3/mm	970	1002	922	920	1200
筒身钢板厚	δ/mm	70	85	80	—	—
炉壳容积	V_s/m^3	243	523	560	428	—
出钢口直径	d_T/mm	170	200	200	—	170
出钢口角度	$\beta/(°)$	20	10	16	23/0	—
炉衬总重	W_l/t	278.4	661.8	~680	~596	—
耳轴高度	H_g/mm	4490	5680	5680	4705	4240
倾动速度	n_t/(r/min)	0.1~1.0	0.15~1.5	0.1~1.5	1.0~1.5	0.1~0.2
最大力矩	M_{max}/(t·m)	295	650	700	420	—
电动机	N/(kW×台数)	65×4	150/300×4	185/370×4	745×4	—
投产时间	—	1978 年	1986 年	1972 年	1970 年	1978 年

1.2.2 转炉氧枪

氧气顶吹转炉炼钢时依靠氧枪将高压高纯度氧气喷射出超声速氧气射流，吹入转炉内金属熔池上方，氧气射流与熔池的相互作用形成了完整的吹炼过程，实现炉内升温、脱碳、去除杂质等反应及熔池搅拌、造渣等功能。氧枪是氧气转炉炼钢中的核心设备，它支配着氧气射流与熔池的接触面积、氧气射流的穿透深度、熔池的搅拌状态、元素的氧化程度、熔池的升温速度及渣中氧化铁含量等重要工艺因素，因而对造渣、喷溅、杂质的去除、转炉炼钢终点控制及各项炼钢技术经济指标都起着重要作用，其性能特征直接影响冶炼效果和吹炼时间及产品质量、产量。

在吹炼过程中，氧枪不但要承受反应区 2200~2500℃的高温热辐射，还要承受钢水和炉渣强烈的冲刷，工作条件十分恶劣。因此，氧枪要有牢固的金属结构和强水冷系统，以保证它能耐受高温、抗冲刷侵蚀和抵抗振动。氧枪由喷头、枪身和枪尾组成（图 1.5）。喷头由导热性能良好的紫铜锻造或铸造而成，喷嘴采用多喷孔的拉瓦尔喷管，在熔池上方形成多个反应中心。与单喷孔相比，多孔喷头的设计具有分散氧流、增大反应接触面积及气体逸出均匀、吹炼平稳、喷溅较少等优势。一般 100t 转炉采用 3 孔喷头，更高容量转炉可采用 4 孔或 5 孔喷头。枪身由三层无缝钢管组合的套管制成，氧管在最中心，氧管和最外层管之间是两层中间管，从内向外分别是冷却水进出的隔水套管。氧枪尾部结构包括氧气管路、进水和出水软管等与氧枪的连接，需要保证这些管路及三层套管之间的耐压与密封。

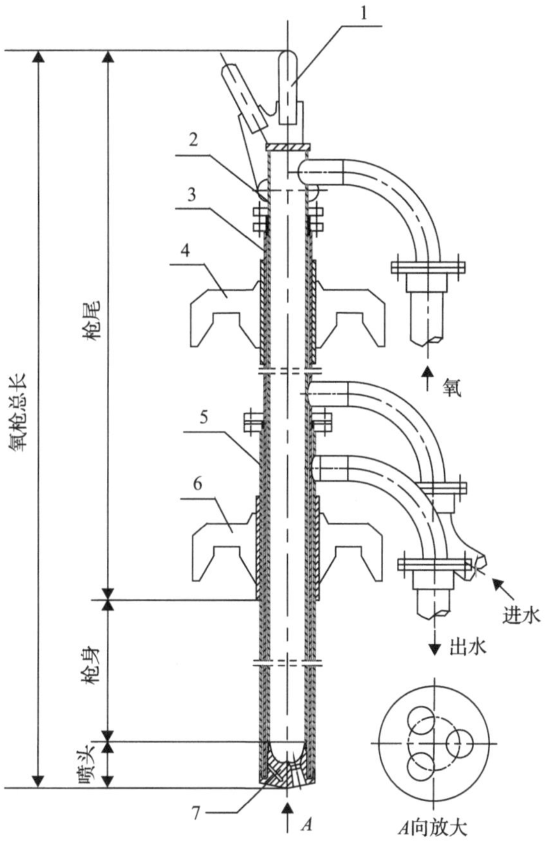

图 1.5　转炉氧枪的基本结构[10]

1-吊环；2-内管；3-中间管；4-上卡板；5-外管；6-下卡板；7-氧枪喷头

喷头是构成氧枪的核心部件，设计时必须考虑喷孔孔型、尺寸和个数，氧枪多孔喷头一般由 3～8 个拉瓦尔喷管组成，设计首先需要确定供氧强度、孔数、喷嘴出口马赫数、炉膛压力(即喷头出口压力)、喷孔夹角和喷孔间距及喷头端面和喷孔形状等。供氧强度可由式(1-10)计算：

$$B=\frac{Q_{T,O}}{t_0} \tag{1-10}$$

式中：B 为供氧强度，$Nm^3/(t\cdot min)$；$Q_{T,O}$ 为吨钢耗氧量，Nm^3/t；t_0 为吹氧时间，min。

吨钢耗氧量可根据铁水成分、铁水比、终点钢水成分和铁矿石加入量等由物料平衡计算得到，对于低磷铁水一般为 50～57Nm^3/t，高磷铁水一般为 62～69Nm^3/t。吨钢耗氧量在设计喷头前已经确定，因此供氧强度主要由吹氧时间决定，而吹氧快慢由熔池反应速度和喷溅情况等综合因素决定，吹氧时间一般为 12～18min。另外，吨钢耗氧量乘以出钢量就可以得到氧气流量。实际吹炼时，氧气流量随冶炼过程有一定的变化。

喷嘴出口马赫数为出口气流速度与当地条件下的声速之比，典型值为 Ma=2。炉膛压力在吹炼初期泡沫渣形成以前一般高于当地气压 0.2～1.2kPa，当泡沫渣形成以后，氧枪喷头就淹没在渣中，这时炉膛压力可达到 125kPa。喷孔夹角是指喷孔中心线和喷头几何中心线之间的夹角，其设计需要考虑氧气射流在熔池面形成具有一定冲击半径的反应区域。例如，对于 3 孔喷头，射流的冲击半径应保持在熔池半径的 10%～20%，喷孔夹角为 8°～12°，设计时一般取 9°～11°。喷孔间距是指喷头断面上喷孔出口喷孔中心线与喷头轴线之间的距离，其影响射流之间的相互作用及喷头鼻部的冷却效果，合适的喷孔间距为（0.9～1.0）$d_{出}$，$d_{出}$为喷孔出口直径。另外，喷头端面应设计成喷孔出口断面与喷孔中心线相垂直的形状，而喷孔设计为拉瓦尔喷管，包含收缩段、喉口段和扩张段，为简化设计扩张段一般采用圆锥形喷管。

根据喷管的等熵流动，推导得到喉口面积的计算公式为

$$A_c=\frac{Q_m\sqrt{RT_0}}{C_D p_0\sqrt{\kappa\left(\frac{2}{\kappa+1}\right)^{\frac{\kappa+1}{\kappa-1}}}} \tag{1-11}$$

式中：A_c为喉口面积，m^2；Q_m为氧气的质量流量，kg/s；R为氧气的气体常数，259.8J/(kg·K)；T_0为氧气的滞止温度，可取为 298K；κ 为比热比系数，对于氧气为 1.4；p_0为氧气的滞止压力，设计时一般取 700～800kPa；C_D为喷孔流量系数，是指实际流量与理论流量的比值，由于喷管表面边界层等因素的影响，氧气实际流过喉口时，有效流通面积变小，因此 C_D=0.90～0.96。将 R、κ 的值代入式（1-11），并将氧气的质量流量（kg/s）换算为体积流量（Nm^3/min）就得到

$$A_c=\frac{Q_m\sqrt{T_0}}{0.04248C_D p_0}=\frac{1.43}{60}\frac{Q_V\sqrt{T_0}}{0.04248C_D p_0}=\frac{Q_V\sqrt{T_0}}{1.782C_D p_0} \tag{1-12}$$

式中：Q_V为氧气的体积流量，Nm^3/min；系数 1.43 为标准状态时的氧气密度，kg/Nm^3。

从喉口面积 A_c 可以计算得到喉口直径 D_c，在喷管设计中，为方便加工与减少边界层摩擦损失，喉口长度应取为（1/3～1/2）D_c；同时，为了减少摩擦损失，在收缩段和扩张段与喉口的连接处应尽量圆滑连接，不留棱角。另外，圆锥形喷管的扩张角为 8°～12°（半锥角为 4°～6°），喷管出口的面积 A_e 由式（1-13）计算：

$$A_e=\frac{A}{A_0}A_c \tag{1-13}$$

式中：A/A_0 为等熵流表中喷管出口马赫数 Ma 对应的值，可查表获得，例如，对于 Ma=2，

其值约为 1.69。喷管扩张段长度可由喷管喉口与出口面积及选取的半锥角计算得到，一般扩张段长度为(1.2～1.5)D_e，D_e为喷管出口直径，m。

氧枪枪身设计主要是确定氧枪长度和行程，计算冷却水流量及阻力损失并确定各层套管的管径。氧枪枪身长度从下往上包括氧枪最低位置至炉口下沿的高度、炉口至烟罩下沿的高度、烟罩下沿至烟道拐点的高度、烟道拐点至氧枪插入孔的高度、氧枪插入孔至氧枪把持器下端的高度(用于清理结渣和换枪所需)，以及氧枪把持器下端至把持器上端的高度等。氧枪最低点距熔池液面的高度，对于大型转炉应大于 400mm，对于中小型转炉应大于 200mm；炉口至烟罩下沿的高度一般取 350～500mm，而烟罩下沿至烟道拐点的高度为 3000～4000mm，清理结渣和换枪需要的高度一般取 500～800mm；氧枪的最大行程为换枪点(把持器下端)标高减去氧枪最低点标高，实际的有效行程为氧枪最高点(位于氧枪插入孔和把持器下端之间)标高减去氧枪最低点标高，比最大行程稍小。

氧枪的冷却水流量由氧枪吸收的热量决定，转炉正常冶炼时氧枪外表面的热负荷为 9.83×10^5kJ/(m^2·h) (相当于 273kW/m^2)，而氧枪下部枪头及其附近，热负荷可达 1.38×10^6kJ/(m^2·h) (相当于 383kW/m^2) [10]，氧枪的吸热量由热负荷与氧枪外表面积的乘积确定，而换热面积用枪身的外层管长度和外径计算得到；换热量确定后，可以按热平衡计算冷却水量，设计时冷却水温进口为 25℃，出口为 50℃。

中心氧管管径由氧气流量和氧气流速确定，氧气流量由供氧强度和吹氧时间确定，流速综合考虑管径和阻力大小，一般选取 40～50m/s，设计时根据计算的氧管内径选取相应规格的钢管，氧管壁厚一般取 4～6mm。冷却水先进入内层管与中层管之间的环隙，然后进入中层管和外层管的环隙；环隙的尺寸由冷却水流量与流速决定，当水流量根据冷却换热的需求被确定后，即可根据水的流速计算得到环隙的尺寸，从而确定中层管和外层管的直径，设计时中层管和外层管的壁厚一般分别选取 3～5mm 和 6～10mm；水的流速选择需要考虑阻力等因素，对于中层环隙，水流速选用 5～6m/s，对于外层环隙，水流速选用 6～7m/s。氧枪的阻力取决于管路的局部阻力和沿程阻力，与阻力系数及水的流速相关。表 1.3 为典型氧枪喷头的基本参数。

表 1.3　典型氧枪喷头的基本参数[10]

项目	单位	数值
喷孔数目和布置	孔	5(周边均布)
氧枪外径	mm	355.6
喉口直径	mm	43
出口直径	mm	55.6
喉口段长度	mm	40
扩张段长度	mm	80
喷孔扩张角	(°)	9
喷口与氧枪中心线夹角	(°)	16
出口断面面积与喉口段面积比	—	1.67

续表

项目	单位	数值
喷管出口马赫数	—	1.99
气体出口与入口压力比	—	0.1298
气体出口与入口密度比	—	0.2326
气体出口与入口温度比	—	0.558
氧气流量	Nm^3/h	40000～45000
工作氧压	MPa	1.01～1.12
供氧强度	$Nm^3/(t\cdot min)$	3.33～3.75
供氧时间	min	16～17
过程枪位	m	1.9～2.5；终点前降枪至 1.7

氧枪尾部结构需保证氧气管路、进出水软管与氧枪的可靠连接。氧枪尾部通过把持器连接到氧枪升降机构(升降小车)，升降机构采用起重卷扬机垂直升降氧枪。连接固定氧枪的升降小车在固定导轨引导下，可以使氧枪严格沿垂线升降，同时能够减轻吹炼时氧气流不稳定所造成的管体振动。除卷扬机、升降小车与固定导轨外，氧枪升降机构还包括安全装置(断电事故保护、断绳保护、紧急制动、失载保护、氧枪限位、电气联锁等)、氧枪更换装置等；氧枪更换装置由横移小车及其传动机构、T 型块(用于氧枪升降)组成。

氧气转炉车间的供氧系统包括制氧机、低压储气柜、压氧机、中压储气罐、输氧管、控制闸阀、测量仪表和氧枪等。制氧机利用氧气和氮气沸点(0.1MPa 时，空气、氧气和氮气的沸点分别为–193℃、–183℃和–195.8℃)不同，在空气液化后，使氮气蒸发逸出，从而得到液态工业纯氧(纯度在 99%左右)。从制氧机分馏塔出来的氧气进入低压储气柜，氧压为 0.0392MPa，然后采用压氧机将氧气加压到 2.45～2.94MPa，进入中压储气罐，转炉吹氧时，通过控制闸阀(减压阀、流量调节阀、快速与手动切断阀)、测量仪表等，将氧气减压至 0.785～1.177MPa 送入输氧管道(总管、支管)等，然后将氧气稳定可控地供给转炉。

转炉车间可以采用专供的制氧机。以有两座 100t 转炉的车间为例，良坯收得率为 93%，废钢加入率为 20%，冶炼周期为 45min，吹氧时间为 15min，吨钢耗氧量为 $50Nm^3/t$，则单位时间转炉车间的平均耗氧量为

$$\frac{2\times100\times(1-0.2)\times93\%\times50}{45}\times60=9920(Nm^3/h) \tag{1-14}$$

吹氧时间只有冶炼周期的 1/3，因此该转炉车间的高峰用氧量远大于平均耗氧量，但是通过在制氧机和转炉间设置储气罐及采取错峰生产，能够满足车间高峰用氧，从而制氧机的总容量仍可根据平均耗氧量来确定。制氧机系列包括 $1000Nm^3/h$、$1500Nm^3/h$、$3200Nm^3/h$、$6000Nm^3/h$、$10000Nm^3/h$、$20000Nm^3/h$、$26000Nm^3/h$、$35000Nm^3/h$、$60000Nm^3/h$ 等，可供不同容量的转炉车间选用。

1.3 转炉炼钢的物理化学过程

1.3.1 氧气射流与熔池的相互作用及泡沫渣的形成

1. 氧气射流与熔池的相互作用

氧气顶吹转炉工作时，氧气射流垂直吹入熔池(图 1.6)，使得熔池中心下凹，同时搅动熔液在熔池内形成循环运动，提高了熔池内气-渣-金的接触面积和反应速率，大大加快了冶炼过程。李远洲[11]详细分析和总结了国内外在氧气射流与熔池相互作用方面的研究成果，在弗林、Chatterjee、鞭严、Ito 以及蔡志鹏等的工作基础上，结合他的实验，给出顶吹氧气射流冲击熔池的深度(h_0)公式：

$$\frac{h_0}{L}\left(\frac{L+h_0-Z}{L}\right)^2=\frac{2k_1'^2}{\pi}\cdot\frac{M_j}{\rho_1 g L^3}\cdot\left(\frac{\rho_0''}{\rho_j}\right)^{1.5} \tag{1-15}$$

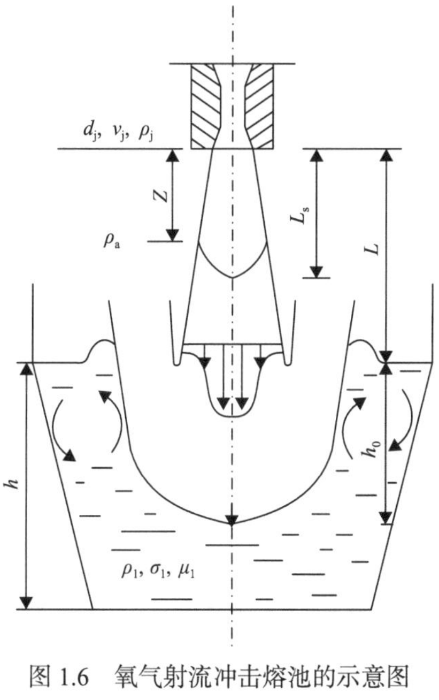

图 1.6 氧气射流冲击熔池的示意图

图 1.6 中给出了式(1-15)的主要符号含义，L 为氧枪位置，即氧枪喷口距静止熔池液面的高度，m，满足经验公式 $L=35\sim50d_t/1000$[6]，d_t 为喷嘴喉口直径，mm；ρ_0'' 为温度为 T_j 的超声速射流通过周围高温(可达 1800K)炉气后到达熔池液面时轴心上的密度，kg/m^3；ρ_j 为射流周围介质的密度(如求式(1-16)中的 ρ_0' 时，$\rho_j=1.74kg/m^3$；当求式(1-15)中 ρ_0'' 时射流周围介质温度按高温炉气考虑，气体成分主要为 CO，$\rho_j=\rho_{CO}$)。式(1-15)中系数 k_1' 采用式(1-16)计算：

$$k_1'=20\left(\frac{\rho_j}{\rho_0'}\right)^{0.5}\left(\frac{d_j}{L}\right)^{0.38} \tag{1-16}$$

式中：ρ_0'为膨胀冷却后的低温超声速射流通过常温(300K)下的大气后到达熔池液面时轴心上的密度，kg/m^3，其他符号含义见图 1.6；对于单孔喷嘴的氧枪，k_1'为 7.1～7.9[11]。

M_j为射流喷口处的初始总动量，kg·m/s^2，采用式(1-17)计算：

$$M_j=\frac{\pi}{4}\rho_j v_j^2 d_j^2 \tag{1-17}$$

对于多孔喷头的氧枪，可以借用单孔喷头的射流冲击熔池深度公式，先求出多孔氧枪的当量总喉口直径 d_T，再依据 d_T求出 M_j和$h_{0,单}$，从而多孔喷头的射流冲击熔池深度公式为

$$h_{0,多}=h_{0,单}/\sqrt[3]{N} \tag{1-18}$$

式中：N为喷孔数目。

在确定合适的氧枪枪位时，需要考虑两个因素：一是要有一定的冲击面积；二是要保证炉底不会被击穿损坏。因此，一般要求射流冲击熔池的深度与熔池深度之比满足$h_0/h \leqslant 0.70$，通常$h_0/h \approx 0.5$，对于顶底复吹转炉，还可以更低些。

2. 泡沫渣的形成

转炉吹炼时顶吹的氧气射流冲击熔池，形成强烈的搅拌作用，很多金属液滴(有些仅有几微米)进入炉渣，产生乳化液；同时，熔池内升起的大量 CO 气泡也携带金属液膜，进入渣层；此外，气泡渣内金属中 C 与 FeO 反应生成的 CO 微气泡附着在金属液滴上，有助于金属液滴克服重力，在以上因素共同作用下，熔池上方形成一厚层金属-渣-气乳化液，其在池内上升的大气泡作用下形成泡沫渣(图 1.7)。

泡沫渣形成和稳定的条件是泡沫中气泡的内压力(p_i)等于其上方炉气的压力(p_g)、泡沫渣柱的压力(p_c)与气泡表面张力所引起的附加压力($2\sigma/r$)之和[11]，即

$$p_i \approx p_g+p_c+\frac{2\sigma}{r} \tag{1-19}$$

式中：r为气泡的半径，m；σ为气泡膜的表面张力，N/m。当气泡内压力小于等式右侧的压力时，气泡将无法产生。当泡沫中小气泡数目稳定增加时，气泡表面张力所引起的附加压力增加，气泡所能承受的内压力随之增加，即等式左侧的数值增加，有利于维持气泡的稳定，从而因为气泡容积的增加将引起泡沫渣层增厚。当泡沫的表面张力下降时，气泡表面张力所引起的附加压力减小，若维持p_i和p_g不变，则p_c将随之增加，即泡沫渣层厚度将增加，有利于维持气泡和泡沫渣的稳定。

显然，泡沫渣的形成和稳定与 CO 微气泡的产生和炉渣的表面性质关系密切，渣膜表面张力低且渣具有一定黏度(呈韧性状态)时，容易形成稳定的泡沫渣。为了炼钢过程的正

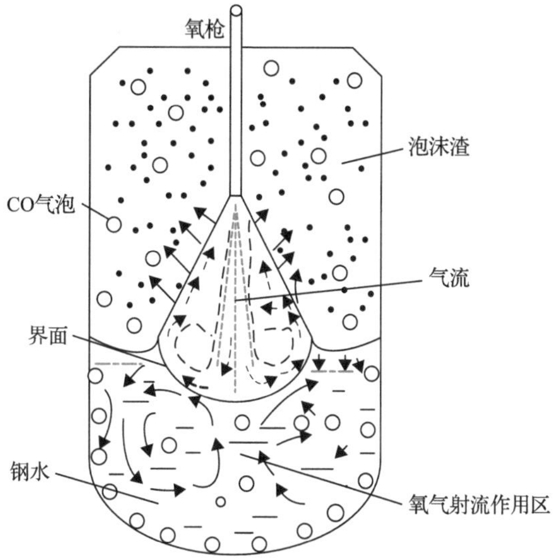

图 1.7 氧气顶吹转炉的流动模式与 CO 气泡

常操作，一般要求炉渣的熔点低于所炼钢种熔点 50～200℃。在吹炼初期，渣中(SiO_2)、(P_2O_5)和(Fe_2O_3)等酸性物质较多，炉渣表面张力虽然较小，但是由于炉温低，炉渣黏度大、渣中固体颗粒(容易黏附在气泡表面使其机械强度增加或者颗粒分散在熔渣中增加其表面张力所引起的附加压力)较多，炉渣呈韧性状态，从而形成泡沫渣。随着氧气射流冲击引起的悬浮金属液滴不断进入渣中，炉渣开始发泡，引起体积膨胀，渣层不断上升。当渣层到达氧枪上部后，气流冲击熔池的噪声消失，炉口的喷出物从吹炼初期带火花的金属粒变为泡沫渣喷出后形成的渣片。在吹炼中期，泡沫渣依靠炉内产生的大量 CO 气泡维持。对于熔渣中的(FeO)和(Fe_2O_3)含量，一般用全铁法将(Fe_2O_3)折合为(FeO)，用 $\sum w(\text{FeO})$ 表示，若此时渣中 $\sum w(\text{FeO})$ 较低并出现一定量 C_2S 等高熔点物质的固体颗粒悬浮于渣中，则形成所谓的“饱和型”泡沫渣，这种炉渣的过热度不足；若渣中没有析出 C_2S 固体颗粒，则称为“非饱和型”泡沫渣，这种渣过热度高，温度高出炉渣本身熔点 100～300℃，高出熔池温度 50～200℃。如果在吹炼中期，造成渣中 $\sum w(\text{FeO})$ 过高、碳氧反应剧烈、炉渣黏度较大，那么会出现非正常的溢渣、涌冲的过饱和渣或瘪渣(渣层很稀或太稠、出现返干)，需要及时处理，如保持合理的枪位和采用合适的二批料加入制度。在吹炼末期，由于脱碳速率降低、温度较高，一般不出现严重的泡沫渣现象，这时若炉渣碱度较高，则渣中 C_2S、CaO 等固体悬浮物增加、黏度增大，可以维持稳定的泡沫渣层。

高温熔渣的动力黏度、表面张力、密度和表观气流速度等是影响泡沫渣层厚度的主要因素。关于泡沫渣层厚度的预测有很多研究[12-14]，对于高温下的 SiO_2-FeO-MgO-Al_2O_3 等熔渣，通过无量纲分析，Lotun 和 Pilon[12]得到包含三个无量纲数的泡沫渣层厚度拟合计算式：

$$\frac{\Delta H}{r}=2617\frac{\mu^{0.73}(j-j_{\text{m}})^{0.79}\sigma^{1.01}}{\rho^{1.74}g^{1.77}r^{3.51}} \tag{1-20}$$

式中：ΔH 为泡沫渣层的厚度，等于吹炼时熔渣膨胀后的熔池高度减去熔池静止时的高度，mm；μ为泡沫熔渣的动力黏度，mPa·s；j为泡沫渣层的表观气流速度，mm/s；j_m为泡沫渣层的最小表观气流速度，mm/s，文献[13]给出了j_m的确定方法，在实验范围内j_m为0.1～5.0mm/s；σ为熔渣的表面张力，mN/m；ρ为熔渣密度，kg/m^3；g为重力加速度，m/s^2；r为泡沫渣层内的气泡平均半径，mm。

气泡半径可以用式(1-21)估算[12]：

$$r \propto \sqrt{\frac{\sigma}{\rho}} \tag{1-21}$$

显然，若将式(1-21)代入式(1-20)，气泡半径即可消去，可见泡沫渣层厚度主要与表观气流速度、熔渣特性(动力黏度、表面张力和密度等)相关。一般熔渣特性与炉渣的组成及温度有关。转炉合适的炉渣黏度为0.02～0.10Pa·s，相当于轻机油的黏度；而钢水的黏度较低，一般仅为0.0025Pa·s，相当于松节油的黏度。炉渣表面张力为0.2～0.6N/m，而钢水的表面张力为1.5N/m；炼钢炉渣与钢水间的表面张力为0.2～1.0N/m。转炉液态碱性渣的密度为3000kg/m^3，钢水密度约为7000kg/m^3。

表1.4给出了不同实验容器的内径、泡沫渣层初始厚度(H_0)、表观气流速度变化范围、熔渣特性(动力黏度、表面张力和密度等)、温度及气泡半径等参数[13]。图1.8给出根据式(1-20)计算得到的泡沫渣层厚度与实验值的比较，可以看出两者误差在±35%

表1.4　高黏度渣液的实验基础数据汇总[13]

渣液	容器内径/cm	H_0/cm	气体/喷嘴个数	表观气流速度/(mm/s)	σ/(mN/m)	μ/(mPa·s)	ρ/(kg/m^3)	T/℃	r_0/mm
40%CaO-40%SiO_2-5%FeO-15%Al_2O_3	9.2	4.5	Ar/单或多	0～50	463.0	398	2743	1500	7.8～13.5
48%CaO-32%SiO_2-10%FeO-10%Al_2O_3	4.1	4.2	Ar/单	0～30	477.2	381	2733	1600	12
75%SiO_2-15%NaO_2-10%CaO玻璃液	6.5	2.0	空气/单	0～2.5	297.7～307.7	7450～12100	2346.6～2358.6	1425～1500	15～20
水+78%～95% 甘油+SDBS	10.7	16.7	N_2/耐热玻璃盘	0.83～1.5	69.5～72.3	46.5～520.8	1204～1251	20	0.7～1.1
30% FeO-42% SiO_2- 28%CaO	3.2/5	—	Ar/单	0～27	477.9	1605	3055	1300	12
3%FeO(CaO/SiO_2=1.25(质量比))	9.2	4.5	Ar/单	0～30.3	477.2	381	2733	1500	12
0%FeO(CaO/SiO_2=1.25(质量比))	9.2	4.5	Ar/单	0～40.4	472.8	396	2693	1500	12
30%CaO-60%SiO_2-10%CaF_2	4.1	4.5	Ar,He,H_2/单	0～40	338	533	2534	1400,1500	13
34.78%CaO-33.76%SiO_2-22.52%FeO-8.94%MgO	4.5	4	Ar/单	0～67.3	502	270	2958	1600	17
37.39%CaO-35.57%SiO_2-20.87%FeO-6.17%MgO	4.5	4	Ar/单	0～67.4	493	291	2936	1600	17

注："—"表示未分析；SDBS表示十二烷基苯磺酸钠(sodium dodecyl benzene sulfonate)。

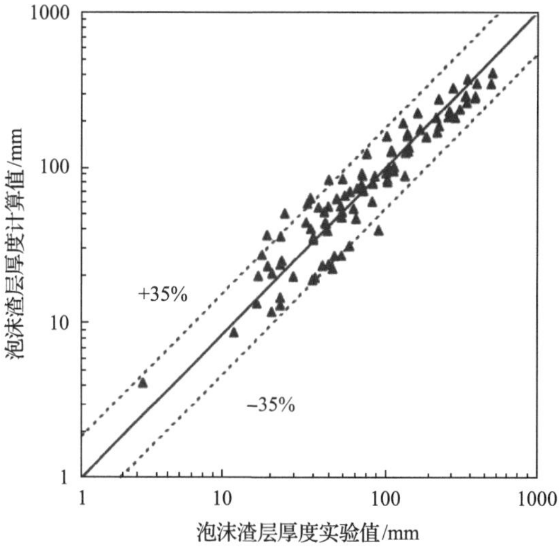

图 1.8 转炉泡沫渣层厚度计算值与实验值的比较[13]

左右[13]。图 1.8 中最大的泡沫渣层厚度达到 400～500mm，对比初始的渣层厚度(40～45mm)可以看出，随表观气流速度的增加，泡沫渣层厚度会增加一个数量级。

泡沫渣在炼钢过程中发挥着重要的作用。在合适的泡沫渣层下吹炼，高速氧流能将炉渣带入反应区，发生强烈的搅拌、氧化和过热，加速了石灰的溶解；同时，分散在泡沫中的金属液滴与炉渣大大增加了渣-金-气之间的接触面积，加速了脱碳、脱磷等反应的进行，可见泡沫渣可以缩短冶炼时间、提高产品质量。泡沫渣虽然会造成渣中的 FeO 总量和铁粒含量有所增加并造成铁损(进入渣内的金属质量有时可以达到泡沫渣质量的30%以上[1])，但是一层较厚的泡沫渣层能保护高温反应区的铁液，缩短铁液暴露时间、减少金属喷溅、避免铁液吸收炉气中的氮，从而可以减少总的铁损、降低金属中的氮含量，并提高转炉的热利用效率。

泡沫渣的缺点是不利于脱硫，渣内缺少炉气中的氧，渣中硫和氧的反应被抑制，因此当泡沫渣层较厚时气化脱硫被阻碍。此外，炉渣脱硫通过渣中 FeS 与 CaO 反应生成 CaS 进行，但是泡沫渣中的(FeO)和(Fe_2O_3)含量(可用$\sum w(\mathrm{FeO})$表示)较高，对炉渣脱硫不利，因此顶吹转炉脱硫的效果不好。目前，一般钢厂有铁水预处理环节，在转炉吹氧前进行脱硫、脱硅和脱磷，这样会减少转炉熔渣的生成量，同时减少吹炼时间，提高转炉的生产效率。

1.3.2 转炉熔池搅拌强度

1. 顶底复吹气体

氧气顶吹转炉吹炼快速、容易控制造渣，而底吹转炉则具有熔池搅拌能力强、吹炼平稳、铁损小及炉内反应接近平衡等优点，结合两者的优点，国内外普遍开始在大型转炉上采用顶底复吹转炉。由于需要在炉底安装底吹喷嘴，因此炉底采用平底，熔池为截锥形。炉底喷嘴类型分为喷嘴型供气单元和砖型供气单元，喷嘴型供气采用双层套管式喷嘴，即最早由加拿大发明的萨-李喷枪，中心管内通入氧气和石灰粉，外层套管内通入冷却介质，如氩气、氮气、二氧化碳及碳氢燃料(甲烷、丙烷、柴油及重油等)。砖型供气单元采用直孔型透气砖，在砖内分布很多贯通的直孔道或细金属管，直径约为 1.5mm，工作时可以保证较高的气量调节比，通过适当控制供气压力也可以做到中断供气，同时不发生内孔道的黏结堵塞。

顶底复吹转炉冶炼时氧气分别由顶、底同时供给，顶部典型的供氧强度为 2～3Nm³/(t·min)；底吹供氧量为总氧气量的 5%～30%，对应的底吹供氧强度为 0.1～0.8Nm³/(t·min)，典型的底吹供氧强度为 0.2Nm³/(t·min)。

为了使底吹气体具有足够大的动量，保证熔池充分搅拌，一般要求喷嘴出口处气流达到声速，这时供气参数不会受到喷嘴出口外界压力波动的影响。当喷嘴气流达到声速时，仍然可以采用计算氧枪喉口面积的公式计算喷嘴出口面积，即

$$f=\frac{Q_V\sqrt{T_0}}{1.782\alpha p_0} \tag{1-22}$$

式中：f 为喉口面积，m^2；Q_V 为底吹氧气的体积流量(由底吹供氧强度乘以转炉钢容量可得到)，Nm^3/min；T_0 为氧气的滞止温度，可取为 298K；p_0 为氧气的进口压力，Pa；α为喷嘴流量系数，可采用式(1-23)估算：

$$\alpha=0.68\left(\lambda\frac{l}{d}\right)^{-0.18} \tag{1-23}$$

式中：λ为喷管的平均摩擦系数，对于光滑管，一般$\lambda=0.025\sim0.035$；l 为喷管等截面段的直径，m；d 为喷管等截面段的水力学直径，m。喷嘴流量系数α一般为小于 1 但接近 1 的数值(0.90～0.96)。当选定底吹供氧强度和转炉钢容量后，即可得到底吹氧气的体积流量，从而由式(1-23)计算得到喷嘴出口面积，对于布置有 n 个单管的底部喷嘴，即可得到单管的直径；对于套管喷嘴，由于 $f_{单管}=f_{内管}+f_{环缝}$，根据气体在内管和环缝的流量分配比 $1\leqslant f_{内管}/f_{环缝}\leqslant 3$ 和壁厚关系 $\delta_{内管}/\delta_{环缝}\leqslant 3$，即可以选取套管式喷嘴内外管的直径。此外，式(1-23)只适用于底吹氧气喷嘴，若底吹气体为二氧化碳、一氧化碳、氩气、氮气等其他气体，比热比系数 κ 和气体密度不同，因此计算式还需要重新修正。

由于双层套管式喷嘴气量调节范围小，冶炼中、高碳钢时脱磷困难。研究发现，当内外管的压力差增大时，喷射的气流变得更稳定，因此将套管式喷嘴的内管用泥料堵塞，形成环缝式喷嘴。这种喷嘴只用环缝供气，适合喷吹具有自冷却能力的气体，环缝宽度一般为 0.5～3mm，其最大供气量与最小供气量之比可在 2～10 范围内大幅度变化，同时喷嘴烧蚀损失速率由 0.7～1.2mm/炉下降为 0.6mm/炉以下。

2. 底吹气体的搅拌强度

底吹气体进入熔池后，形成气泡而上浮，同时驱动熔池内液体向上流动，气泡在上浮中会发生分裂、聚集，至液面时发生破裂，而高温液体在气泡区域外部向下流动，从

而对熔池产生良好的混合搅拌作用。底部吹氧气或二氧化碳时，发生反应 O_2+[C] ⟶ CO_2 和 CO_2+[C] ⟶ 2CO，后者会生成两倍的 CO 气体，从而产生较大的搅拌力，因此比底吹氮气、氩气或一氧化碳时的搅拌力强。

底吹气体气泡对于熔池所做的功可分为[15]：在喷嘴附近喷吹气体流股动能所做的功、气体喷吹时残余静压力使气体膨胀所做的功、气泡在上浮过程中所做的浮力功，以及气体温度升高引起体积膨胀而做的膨胀功，前两者只在喷嘴附近发生作用，因此只对喷嘴周围的液体产生作用，而对熔池的搅拌主要来自浮力功，同时气体温度升高而做的膨胀功也有较小的作用。

中西恭二（Kyoji Nakanishi）和藤井徹也（Tetsuya Fujii）等最早推导出转炉底吹时的质量搅拌能量密度[16,17]：

$$\varepsilon_B=\frac{28.5T_1Q_B}{M_1}\lg\left(1+\frac{h}{1.48}\right) \tag{1-24}$$

式中：ε_B 为底吹时熔池质量搅拌能量密度，W/t 钢；T_1 为熔池温度，典型值为 1873 K；Q_B 为单位时间底吹气体的标准体积，Nm^3/min；M_1 为熔池液体质量，t；h 为熔池高度，m。式（1-24）也可以写为

$$\varepsilon_B=\frac{28.5T_1Q_B}{M_1}\left[\frac{1}{2.3}\ln\left(1+\frac{h}{1.48}\right)\right]=\frac{12.38T_1Q_B}{M_1}\ln\left(1+\frac{h}{1.48}\right) \tag{1-25}$$

中西恭二等通过水模型以及各种反应器测量，总结出转炉熔池底吹时的搅拌混匀时间（t_B）与质量搅拌能量密度（ε_B）的–0.4 次幂成正比[16-19]：

$$t_B=800\varepsilon_B^{-0.4}N_B^{1/3}=800\left(\varepsilon_B N_B^{-0.833}\right)^{-0.4} \tag{1-26}$$

式中：N_B 为底吹气体喷嘴数目，个。图 1.9 为根据式（1-26）计算得到的精炼炉熔池搅拌混匀时间与底吹气体质量搅拌能量密度的比较[16,17,20]，可见，典型的搅拌混匀时间为 50～500s。随着质量搅拌能量密度增加至 400W/t 钢，搅拌混匀时间下降为不足 100s。

3. 顶吹气体的搅拌强度

顶吹气体的搅拌力显然不如底吹气体。加藤嘉英等[19]推导出转炉顶吹时的熔池质量搅拌能量密度：

$$\varepsilon_T=\frac{0.0453Q_T DU^2\cos^2\varphi}{M_1X} \tag{1-27}$$

式中：ε_T 为顶吹时熔池质量搅拌能量密度，W/t 钢；Q_T 为单位时间顶吹气体的标准体积，Nm^3/min；D 为喷嘴出口直径，m；U 为喷嘴出口气体速度，m/s；φ 为喷嘴出口与氧枪轴线的夹角，(°)；M_1 为熔池液体质量，t；X 为氧枪距熔池高度，m。

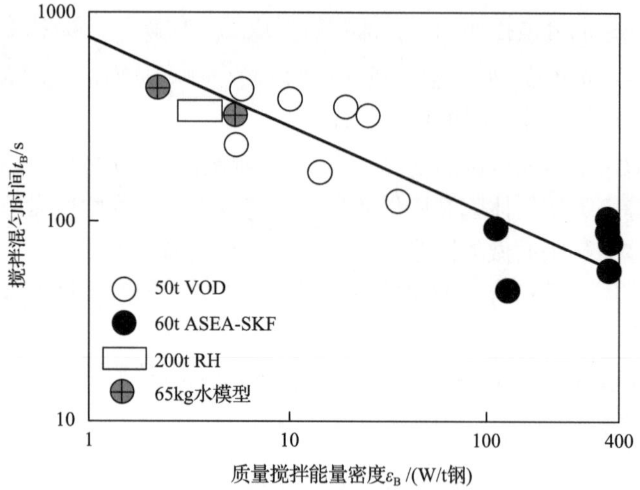

图 1.9 精炼炉熔池搅拌混匀时间与底吹气体质量搅拌能量密度[16,17,20]

VOD-真空吹氧脱碳精炼炉；ASEA-SKF-电弧加热电磁搅拌精炼炉；RH-真空钢水循环脱气精炼炉

同样，转炉顶吹时的熔池搅拌混匀时间 t_T (s) 为

$$t_T=800\varepsilon_T^{-0.4}N_T^{1/3}=800\left(\varepsilon_T N_T^{-0.833}\right)^{-0.4} \tag{1-28}$$

4. 顶底复吹转炉的熔池搅拌混匀时间

根据式(1-26)和式(1-28)，加藤嘉英等[19]将顶底复吹转炉的熔池搅拌混匀时间表示为

$$t=800(\varepsilon N^{-0.833})^{-0.4}=800\left(\varepsilon_T N_T^{-0.833}+\varepsilon_B N_B^{-0.833}\right)^{-0.4} \tag{1-29}$$

图 1.10 为顶底复吹转炉底吹气体量对于熔池搅拌混匀时间的影响[19]。由图可见，随底吹气体量的增加，熔池搅拌混匀时间快速减小，当底吹气体占 20%以上时，熔池搅拌混匀时间的变化开始缓慢减小。底吹气体占 30%左右时，搅拌混匀时间约为 20s；底吹气体占 100%时，搅拌混匀时间仅减小至 15s 左右。

川上正博和伊藤公允[21]经过分析，认为在吹炼过程中，考虑到供氧后生成的 CO 体积使气体体积增加一倍，因此式(1-29)需乘以系数 2，如果底吹气体也为氧气，计算底吹转炉的质量搅拌能量密度时也应该乘以系数 2，即有

$$t=800\left(\varepsilon N^{-0.833}\right)^{-0.4}=800\left(2\varepsilon_T N_T^{-0.833}+2\varepsilon_B N_B^{-0.833}\right)^{-0.4} \tag{1-29'}$$

将式(1-24)和式(1-27)代入式(1-29′)后，可以推导出顶底复吹转炉熔池的搅拌混匀时间为[21]

$$t=800\left[\frac{57T_1 Q_B N_T^{-0.833}}{M_1}\lg\left(1+\frac{h}{1.48}\right)+\frac{0.0906Q_T DU^2 N_B^{-0.833}\cos^2\varphi}{M_1 X}\right]^{-0.4} \tag{1-30}$$

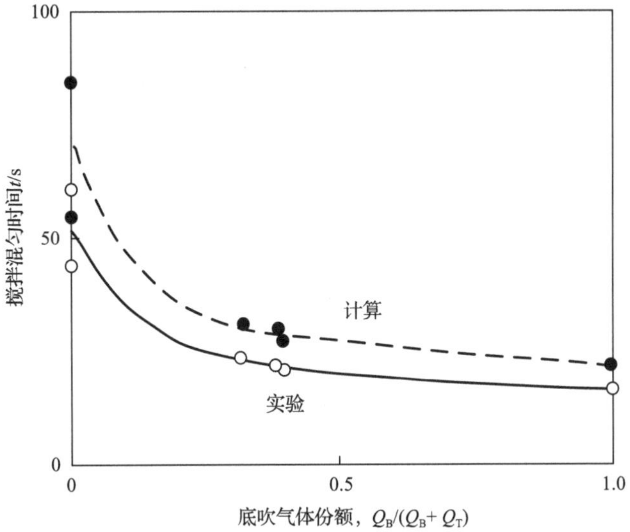

图 1.10 顶底复吹转炉底吹气体量对于熔池搅拌混匀时间的影响[19]

5. 底吹气体搅拌强度的其他表达式

森一美和佐野正道[15]推导得出底吹转炉熔池搅拌的功率 P_B(W)为

$$P_B=\dot{n}RT_1\left[\ln\left(\frac{p_1}{p_2}\right)+0.06\left(1-\frac{T_0}{T_1}\right)\right] \tag{1-31}$$

式中：$\dot{n}$ 为单位时间底吹气体物质的量，mol/s；R 为通用气体常数，8.314J/(mol·K)；p_1 为底吹气体出口压力，Pa；p_2 为熔池周围大气压，Pa，常压冶炼时可取为 101.3kPa；T_0 为底吹气体初温，可取为 300K；T_1 为熔池温度，典型值为 1873K。

因为

$$\dot{n}=\frac{Q_B}{V_N} \qquad 以及 \qquad p_1=p_2+\rho_1 gh$$

式中：Q_B 为单位时间底吹气体的标准体积，Nm^3/s；V_N 为气体的标准摩尔体积，$0.0224Nm^3/mol$；ρ_1 为熔池液体密度，可取为 $7000kg/m^3$；g 为重力加速度，取为 $9.81m^2/s$；h 为熔池高度，m。因此，有

$$P_B=\frac{RQ_BT_1}{60V_N}\left[\ln\left(1+\frac{\rho_1 gh}{p_2}\right)+0.06\left(1-\frac{T_0}{T_1}\right)\right]=6.19Q_BT_1\left[\ln\left(1+\frac{h}{1.46\times10^{-5}p_2}\right)+0.06\left(1-\frac{T_0}{T_1}\right)\right] \tag{1-32}$$

森一美和佐野正道[15]认为，除浮力功外，还有同样大小的气体膨胀功作用于熔池，因此式(1-32)中等号右侧第一项需乘以 2，这时单位体积熔池液体的搅拌能(即熔池体积搅拌能量密度)为

$$\varepsilon_{V,B}=\frac{6.19Q_B T_1}{V_1}\left[2\ln\left(1+\frac{h}{1.46\times10^{-5}p_2}\right)+0.06\left(1-\frac{T_0}{T_1}\right)\right] \tag{1-33}$$

式中：$\varepsilon_{V,B}$ 为底吹时熔池体积搅拌能量密度，W/m^3；V_1 为熔池液体体积，m^3。当式(1-33)分母中的 V_1 被替代为 M_1(熔池液体质量)时，就得到熔池质量搅拌能量密度 ε_B (W/t)。对照中西恭二推导的式(1-25)，可见式(1-33)第一项与中西恭二推导的熔池搅拌能量密度公式是完全一致的。由于底吹气体初温 T_0 远小于熔池温度，式(1-33)第二项是一个很小的量，熔池搅拌能量密度主要来自第一项。可见，对于中西恭二推导的熔池搅拌能量密度公式(1-25)进行较小的修正，即可得到式(1-33)，目前常用式(1-33)计算熔池搅拌能量密度[15,20]。

6. 顶底复吹转炉熔池搅拌的其他表达式

甲斐幹等[22,23]开展了顶底复吹转炉水模型实验，基于加藤嘉英等[19]的工作，推导出转炉顶吹时的体积搅拌能量密度：

$$\varepsilon_{V,T}=\frac{6.32\times10^{-7}Q_T^3 M\cos\varphi}{V_1 N_T^2 D^3 X} \tag{1-34}$$

式中：$\varepsilon_{V,T}$ 为顶吹时熔池体积搅拌能量密度，W/m^3；M 为顶吹气体的摩尔质量，kg/kmol；N_T 为顶吹气体喷嘴出口数目，个；V_1 为熔池液体体积，m^3；D 为喷嘴出口直径，m；X 为氧枪距熔池高度，m。其他符号的意义与式(1-27)相同。若认为熔池液体的密度为 $7000kg/m^3$，顶吹气体为氧气(M=32kg/kmol)，则单位质量熔池液体的搅拌能量密度为

$$\varepsilon_T=\frac{1.42\times10^{-4}Q_T^3\cos\varphi}{M_1 N_T^2 D^3 X} \tag{1-35}$$

式中：ε_T 为顶吹时熔池质量搅拌能量密度，W/t，可见式(1-35)与式(1-27)有所不同。

甲斐幹等[23]考虑到顶吹气体的能量大多消耗于熔池液面的变形和喷溅等，研究认为顶吹转炉的搅拌能量只相当于底吹时搅拌能量的 1/10，从而根据水模型试验总结出顶底复吹转炉的熔池体积搅拌能量密度和搅拌混匀时间为

$$\varepsilon_V=\varepsilon_{V,B}+0.1\varepsilon_{V,T} \tag{1-36}$$

$$t_w=540\varepsilon_V^{-0.5} \tag{1-37}$$

式中：ε_V 为顶底复吹时单位体积熔池的体积搅拌能量密度，W/m^3；t_w 为顶底复吹时根据水模型试验得到的液体搅拌混匀时间，s；$\varepsilon_{V,B}$ 由式(1-33)计算。

考虑到水模型实验时转炉熔池的液深(0.125m)与高温熔池的液体密度($7000kg/m^3$)，顶底复吹转炉的实际搅拌混匀时间修正为[22,23]

$$t=\left(\frac{h_1}{h_w}\right)^{2/3}\left(\frac{\rho_1}{\rho_w}\right)^{1/3}t_w=\left(\frac{h_1}{0.125}\right)^{2/3}\left(\frac{7000}{1000}\right)^{1/3}540\varepsilon_V^{-0.5} \tag{1-38}$$

计算整理并将式(1-36)代入式(1-38)后得到

$$t=4132h_{l}^{0.667}\varepsilon_{V}^{-0.5}=4132h_{l}^{0.667}\left(\varepsilon_{V,B}+0.1\varepsilon_{V,T}\right)^{-0.5} \tag{1-39}$$

式中：h_l为顶底复吹时熔池的高温液体深度，m；h_w为顶底复吹水模型实验时熔池的水深，m。

甲斐幹等[23]根据式(1-39)计算了实际顶吹转炉的搅拌混匀时间，对于 75t、175t 和 320t 转炉，熔池体积搅拌能量密度分别为 15654W/m^3、30955W/m^3 和 34574W/m^3，对应的搅拌混匀时间分别为 101s、97s 和 104s。

顶吹转炉的熔池搅拌强度受到喷嘴结构、枪位和供氧强度等因素的影响，而底吹转炉的熔池搅拌强度除受到搅拌能量密度影响外，还受到熔池环流运动的影响，具体的影响因素包括喷嘴结构、数目、直径、布置、熔池深度和底气量等。李远洲[11]从相似理论分析出发，综合考虑以上因素，得到顶底复吹转炉熔池搅拌混匀时间符合以下拟合公式：

$$t_C=1.048t_T^{0.13}t_B^{0.778} \tag{1-40}$$

式中：t_C为顶底复吹转炉熔池搅拌混匀时间，s；t_T和t_B分别为顶吹转炉和底吹转炉熔池搅拌混匀时间，s，其具体的计算拟合式与喷嘴结构和布置相关，详见文献[11]。

为了减少氧气顶吹时的熔池搅拌混匀时间，国内外研发了旋流喷头、双角度低喷溅喷头和聚合射流喷头等顶吹氧枪喷头[10]，从而强化了熔池搅拌，减少了喷溅。近年来，对于底吹转炉的熔池搅拌研究主要包括合适的底吹孔数量、底吹孔位置、气体流量及吹气模式等，目的是获得最佳的混匀时间、熔池中流体的流动状态和底吹布置对侵蚀面积的影响特性。钟良才等[24]研究表明，复吹转炉底枪尽量不要布置在靠近炉底中心，以防止底吹搅拌气体的上升流股与顶吹氧枪向下的氧气射流相碰撞造成能量损失；底枪布置在(0.40～0.65)D(D为熔池直径)的位置较优。非对称相对集中布置底枪，可以使转炉熔池形成水平搅拌趋势，有利于缩短复吹转炉熔池的混匀时间，降低熔池混匀时间约 30%。

7. 顶底复吹转炉熔池搅拌特性的讨论

图 1.11 给出了底吹、顶底复吹和顶吹转炉熔池搅拌混匀时间变化范围。对于底吹转炉(Q-BOP)，熔池搅拌混匀时间最短(5～10s)；对于顶底复吹转炉(如 K-BOP、LD-AB(agitation by bottom blowing)、LD-OB(oxygen bottom blowing)、NK-CB(NKK-combined blowing system)、BSC-BAP(British Steel Corporation-bottom argon process)、LBE、LD-KGC 等)，搅拌混匀时间为 10～90s，随着炉底吹气量的增加，搅拌混匀时间缩短；对于顶吹转炉(BOF)，搅拌混匀时间为 100～120s。此外，有许多关于顶吹和底吹气体比例影响炼钢过程的研究[25]，结果发现当底吹气体量占总气体量的 10%以上时，顶底复吹转炉的冶炼特性将与底吹转炉(Q-BOP)接近，这时的熔池搅拌混匀时间为 20～30s。

转炉熔池搅拌混匀时间对于冶炼过程有较大的影响，例如，混匀时间会明显影响渣中全铁的含量。图 1.12 给出了不同类型转炉熔池搅拌混匀时间与渣中全铁量的关系。对于底吹转炉，由于熔池搅拌混匀时间很短，脱碳反应非常迅速，接近化学平衡状态，因此渣中的全铁量 w(TFe)和氧含量 w(O)很低；对于顶吹转炉，由于熔池搅拌混匀时间很长，脱碳反应相对变慢，因此渣中的全铁量 w(TFe)和氧含量 w(O)较高[2]。例如，对于转炉吹炼1630℃和0.04%C条件下的炉渣，底吹转炉（Q-BOP）渣中的 w(TFe)约为12%，顶吹转炉（LD）约为23%。

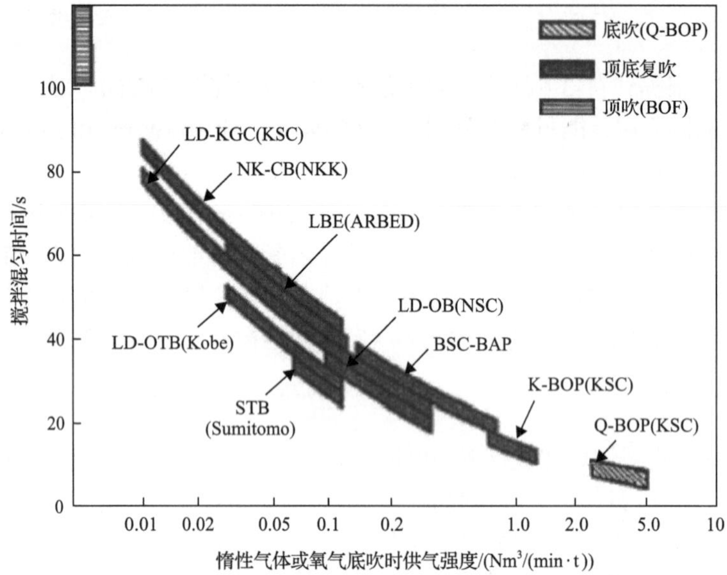

图 1.11　不同类型转炉的熔池搅拌混匀时间[2]

图中括号内字母代表钢铁公司名称，如 ARBED 为卢森堡阿尔贝德公司，Kobe 为日本神户制钢公司，KSC 为 Kawasaki Steel Corporation，NKK 为日本钢管株式会社，NSC 为 Nippon Steel Corporation，Sumitomo 为日本住友金属工业公司

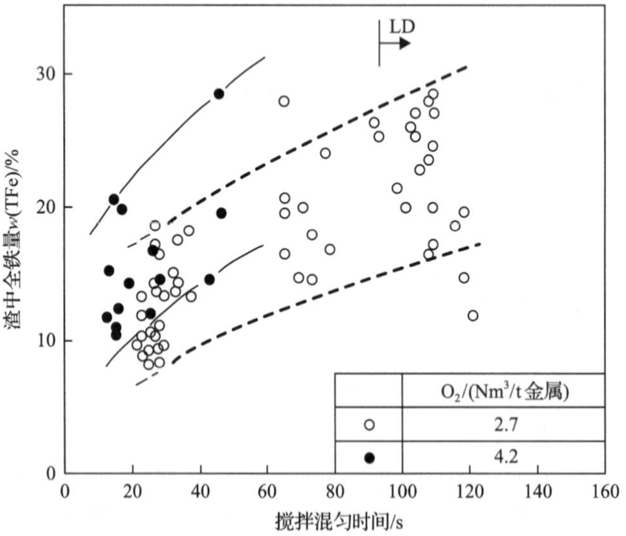

图 1.12　不同类型转炉熔池搅拌混匀时间与渣中全铁量的关系[2]

基于5t实验规模和商业规模转炉的冶金性能研究，以及用铜示踪剂测量混合时间的结果，中西恭二等提出了选择性碳氧化指数（ISCO）作为解释转炉内反应的指标[18,20,25]，其定义式如下：

$$ISCO=\left(\frac{2Q_{O_2}}{2Q_{O_2}+Q_d}\right)\left(\frac{Q_{O_2}}{W/t}\right) \tag{1-41}$$

式中：Q_{O_2} 为氧气流量，Nm^3/min；Q_d 为稀释气体流量，Nm^3/min；W 为熔融金属质量，t；t为熔池搅拌混匀时间，s。

式(1-41)右侧第一项代表转炉吹氧程度，与 CO 分压直接相关，第二项代表氧气流量和钢水循环流量的比值，即钢水过氧化反应的程度。指数 ISCO 由供氧强度($Nm^3/(t·min)$)与熔池搅拌混匀时间(s)的乘积决定，在供氧强度不变的情况下，若搅拌混匀时间较短，这时熔池搅拌能量密度较大，则 ISCO 对应的值也较小。当渣中碳含量 w(C)=0.05%时，图 1.13 给出了不同类型转炉吹炼终点的指数ISCO与渣中全铁量 w(TFe)的关系，随指数 ISCO 减小，渣中全铁量 w(TFe)变小；可以看出，随着熔池搅拌作用的增强，渣中的全铁量 w(TFe)和氧含量 w(O)将减少。ISCO 值在熔池搅拌度和熔渣中元素氧化之间，找到了其内在的关联规律，对于转炉炼钢冶金过程的理解具有比较重要的意义。例如，当铁水中碳含量较低时(如在吹炼后期或精炼过程中)，ISCO 值越小，渣中的铁损越少，同时也越有利于脱碳。

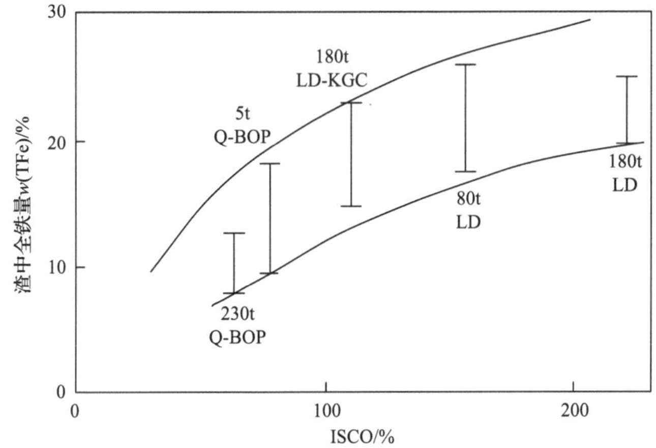

图 1.13　不同类型转炉吹炼终点的指数 ISCO 与渣中全铁量 w(TFe)的关系(w(C)=0.05%)[20]

1.3.3　转炉炼钢的基本反应

1. 直接氧化与间接氧化

图 1.14 给出了炼钢过程中的主要氧化反应途径和涉及的反应，其中处于铁水或钢水中的物质放入[ ]中，处于炉渣中的物质放入( )中，对于炉气中的物质不加括号[3,5]。氧化反应主要通过两个路径进行，一是氧气与铁水或钢水中的杂质元素直接反应，即直接氧化。二是氧气在熔池中与[Fe]先发生反应，生成(FeO)，然后与杂质发生反应；由于熔池中的氧化物仅有(FeO)能在金属液中溶解，从而生成[O]原子，再与杂质发生反应，这两种通过(FeO)的氧化反应称为间接氧化。因为熔池中存在大量[Fe]原子，氧气将优先

与[Fe]反应，所以熔池中的氧化被认为主要是通过间接氧化进行的。

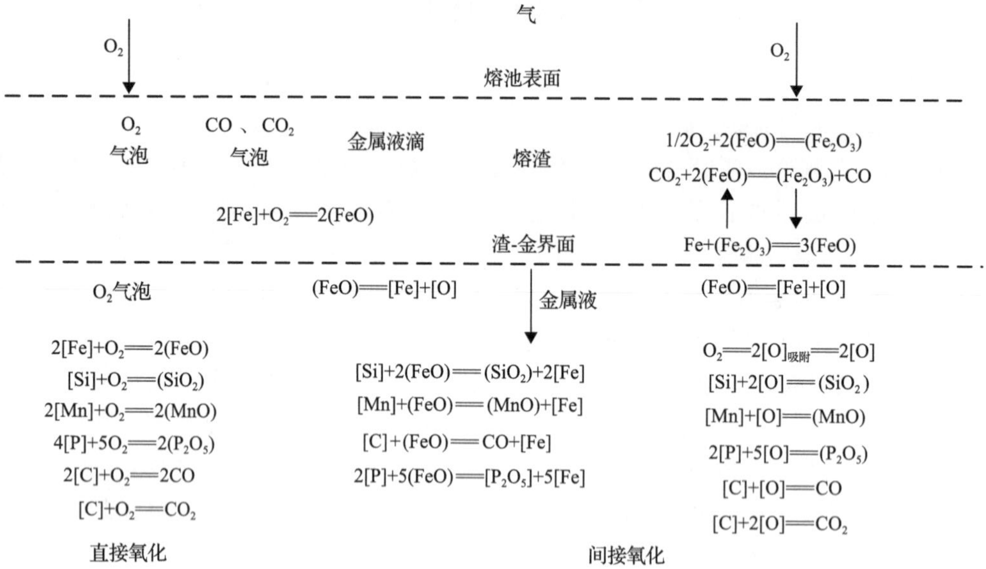

图 1.14　炼钢过程中的主要氧化反应途径和涉及的反应

当氧气射流进入熔池后，在熔池表面、悬浮在熔渣中的金属液滴、渣-金界面及进入熔池的氧气气泡表面，氧气可以直接与其中的 Fe、C、Si、Mn、P 等杂质发生直接氧化反应。氧气与杂质元素的接触面积和时间有限，因此直接氧化反应在转炉中不起主导作用。

间接氧化反应主要通过(FeO)发生，一般认为是转炉中氧化反应的主要方式。熔池中的[Fe]很多，因此氧气首先与其反应，氧化生成(FeO)；而(FeO)能在金属液中溶解，通过反应(FeO)══[Fe]+[O]生成[O]，从而可以在渣-金界面上与 Fe、C、Si、Mn、P 等杂质发生间接氧化反应。在熔渣中，(FeO)与 O_2、CO_2 等气体接触时，将被氧化为高价氧化铁，如(Fe_2O_3)，而后者与金属接触时，又被还原为更多的(FeO)，从而将气相中的 O_2 通过熔渣层传递给金属液。此外，进入金属液中的 O_2，能够吸附在铁的表面并发生分解，生成溶解于金属液中的[O]，这些都促进了间接氧化反应的发生。

2. 吹炼过程的反应

氧气顶吹转炉在短短的十几分钟内，需要完成造渣、脱碳、脱硅/锰、脱磷/硫、去杂质、去气和升温等任务，熔池内的金属成分、温度、炉渣成分和气体成分是不断变化的，这与熔池的化学反应过程密切相关。

1) 硅的反应

铁水中的硅在吹炼初期与氧容易发生反应并放热，可使熔池温度升高，因此在吹炼开始 5min 内硅就基本被反应完。此外，硅氧化生成的 SiO_2 比较稳定，一般不会与碳发生还原反应；硅的氧化反应会降低熔渣碱度，不利于脱硫、脱磷，同时还会侵蚀炉衬、降低熔渣的氧化性、增加渣料消耗。硅涉及的主要反应包括以下几个。

(1)钢水：

$$[Si]+2[O]=(SiO_2) \tag{R1-1}$$

$$[Si]+O_2=(SiO_2) \tag{R1-2}$$

(2)渣-金界面：

$$[Si]+2(FeO)=(SiO_2)+2[Fe] \tag{R1-3}$$

(3)熔渣内：

$$(SiO_2)+2(FeO)=(2FeO\cdot SiO_2) \tag{R1-4}$$

$$2(CaO)+(2FeO\cdot SiO_2)=(2CaO\cdot SiO_2)+2(FeO) \tag{R1-5}$$

熔渣中(SiO_2)与(FeO)发生反应，生成较不稳定的铁橄榄石组分($2FeO\cdot SiO_2$)；随着吹炼进行，石灰石逐渐溶解为(CaO)，炉渣碱度不断提高，因此($2FeO\cdot SiO_2$)将与(CaO)发生反应，转变为稳定的硅酸二钙($2CaO\cdot SiO_2$)，并生成氧化性较强的(FeO)，从而使反应不断发生，直到硅被氧化至较低的程度。

2)锰的反应

铁水中的锰在吹炼初期与氧容易发生反应并放热，可使熔池温度升高，锰氧化生成的 MnO 可帮助化渣，减轻酸性渣中 SiO_2 对于炉衬的侵蚀。由于锰是钢中的有益元素，在吹炼过程中应尽量控制锰的氧化，以保持钢水中的残锰量。锰涉及的主要反应包括以下几个。

(1)钢水：

$$[Mn]+[O]=(MnO) \tag{R1-6}$$

$$2[Mn]+O_2=2(MnO) \tag{R1-7}$$

(2)渣-金界面：

$$[Mn]+(FeO)=(MnO)+[Fe] \tag{R1-8}$$

(3)熔渣内：

$$(MnO)+(SiO_2)=(MnO\cdot SiO_2) \tag{R1-9}$$

$$2(CaO)+(MnO\cdot SiO_2)=(2CaO\cdot SiO_2)+(MnO) \tag{R1-10}$$

$$(MnO)+[C]=[Mn]+CO \tag{R1-11}$$

熔渣内锰的反应与硅相似，即随着吹炼的开始，熔渣中(MnO)与(SiO_2)发生反应，生成较不稳定的组分($MnO\cdot SiO_2$)；炉渣碱度逐渐提高，($MnO\cdot SiO_2$)将与(CaO)发生反应，转变为稳定的硅酸二钙($2CaO\cdot SiO_2$)，并生成自由态的(MnO)。与硅反应的不同之处在于，在吹炼后期，(MnO)会与碳发生还原反应，从而生成[Mn]，可以提高钢水中的残锰量(该过程也称为回锰)。

3)碳的反应

吹炼初期，铁水中的硅、锰氧化较快，碳的氧化反应比中期慢；吹炼中期，碳的氧化反应很快并释放大量热量，可使熔池温度升高至1600℃以上；吹炼末期，碳含量下降，碳的氧化反应变慢。碳涉及的主要反应包括以下几个。

(1)钢水：

$$[C]+[O] = CO \quad (R1\text{-}12)$$

$$2[C]+O_2 = 2CO \quad (R1\text{-}13)$$

$$[C]+CO_2 = 2CO \quad (R1\text{-}14)$$

(2)渣-金界面和熔渣内：

$$[C]+(FeO) = [Fe]+CO \quad (R1\text{-}15)$$

熔池中的气泡和渣-金界面会强化碳的氧化反应，影响碳氧化的主要因素包括熔池温度、熔池中的金属成分、熔渣中的(FeO)和(Fe_2O_3)含量($\sum w(FeO)$)以及炉内搅拌强度等。

4)磷的反应

吹炼初期，温度较低，铁水中的磷氧化较快；吹炼中期，温度升高，磷的氧化反应比前期低；吹炼末期，磷的氧化反应进一步变慢。磷涉及的主要反应包括以下几个。

(1)钢水：

$$2[P]+5[O] = (P_2O_5) \quad (R1\text{-}16)$$

$$4[P]+5O_2 = 2(P_2O_5) \quad (R1\text{-}17)$$

(2)渣-金界面：

$$2[P]+5(FeO) = (P_2O_5)+5[Fe] \quad (R1\text{-}18)$$

(3)熔渣内：

$$(P_2O_5)+3(FeO) = (3FeO\cdot P_2O_5) \quad (R1\text{-}19)$$

$$n(CaO)+(3FeO\cdot P_2O_5) = (nCaO\cdot P_2O_5)+3(FeO) \quad (R1\text{-}20)$$

在吹炼前期，熔渣中的(P_2O_5)与(FeO)发生反应，生成($3FeO\cdot P_2O_5$)；随着吹炼进行，炉渣碱度不断提高，因此在吹炼中期和后期，($3FeO\cdot P_2O_5$)将与(CaO)发生反应，转变为(nCaO·P_2O_5)，其中n为3或4。

在氧气顶吹转炉中，要求同时进行脱磷和脱碳，并防止出现回磷现象(当熔渣中氧含量低时，发生 $2(P_2O_5)+5[Si]=4[P]+5(SiO_2)$ 等反应[3]）。为了有利于脱磷，吹炼前期炉渣碱度较低，需要尽快形成碱度大于 2 的熔渣；吹炼中期渣中的 $\sum w(FeO)$ 较低，要控制其达到 10%～12%，避免炉渣返干；吹炼后期熔池温度升高，控制终点温度不要过高。必要时在吹炼和出钢过程中，可以采取措施防止回磷现象。

5）硫的反应

硫在铁水中的存在形式有[FeS]、[S]和 S^{2-}。钢水中的脱硫方式主要有炉渣脱硫（包括渣-金界面脱硫）和气化脱硫，在炼钢过程中，一般氧化渣脱硫占总脱硫量的 90%（也有观点认为占 2/3）。

（1）钢水：

$$[S]+2[O]=SO_2 \tag{R1-21}$$

$$2(S^{2-})+3O_2=2(O^{2-})+2SO_2 \tag{R1-22}$$

$$(S^{2-})+6(Fe^{3+})+2(O^{2-})=6(Fe^{2+})+SO_2 \tag{R1-23}$$

$$4(Fe^{2+})+O_2=4(Fe^{3+})+2(O^{2-}) \tag{R1-24}$$

反应（R1-23）和反应（R1-24）表明，渣中的铁离子起到气化脱硫媒介的作用。在转炉熔池的氧流冲击区，由于温度很高，硫也可能以 S、S_2、SO 和 COS 的形态挥发，并发生以下反应：

$$S_2+2CO=2COS \tag{R1-25}$$

（2）渣-金界面：

$$[S]+(CaO)=(CaS)+[O] \tag{R1-26}$$

$$[S]+(MnO)=(MnS)+[O] \tag{R1-27}$$

$$[S]+(MgO)=(MgS)+[O] \tag{R1-28}$$

$$[FeS]=(FeS)\quad \text{（钢-渣间的转移反应）} \tag{R1-29}$$

（3）熔渣内：

$$(FeS)+(CaO)=(CaS)+(FeO) \tag{R1-30}$$

[FeS]通过钢-渣间的转移反应（R1-29）成为（FeS）进入渣中，然后与渣中的碱性氧化物（CaO）通过反应（R1-30）生成（CaS），因此炉渣内总的脱硫反应可表示为 $[FeS]+(CaO)=(CaS)+(FeO)$。

1.3.4　铁水预处理的基本反应

为了提高钢材性能和质量，通过铁水预处理技术进行炉外脱硫、脱硅和脱磷等成为钢铁生产的重要环节，也大大减轻了转炉炉内脱除这些杂质元素的压力[3,5]。

1. 铁水炉外脱硫

铁水炉外脱硫的原理是选择与硫结合力大于铁与硫结合力的元素或化合物，使硫转化为微溶或不溶于铁水的硫化物，同时通过机械搅拌法或喷吹法，促进脱硫剂与铁水的混合，加速脱硫反应的进行。常用的铁水脱硫剂包括电石粉、石灰粉、石灰石粉和镁基材料等。

电石粉加入铁水后，发生的脱硫反应为

$$CaC_2(s)+[FeS]=\!=\!=CaS(s)+[Fe]+2[C] \tag{R1-31}$$

CaC_2有很强的脱硫能力，脱硫反应又是放热反应，可减少脱硫过程中铁水的温度降低。脱硫产物 CaS 熔点达 2450℃，在铁水液面形成松散的固体渣，容易扒渣。缺点是电石粉较贵，遇水易生成乙炔气体。

石灰粉加入铁水后，发生的脱硫反应为

$$4CaO(s)+2[FeS]+[Si]=\!=\!=2CaS(s)+2[Fe]+(2CaO\cdot SiO_2) \tag{R1-32}$$

$$2CaO(s)+2[FeS]+[Si]=\!=\!=2CaS(s)+2[Fe]+(SiO_2) \tag{R1-33}$$

以上脱硫反应(R1-32)不但生成了(CaS)，还生成了$(2CaO\cdot SiO_2)$，即进行了脱硅的反应。另外，该反应会在石灰粉颗粒表面生成硅酸二钙$(2CaO\cdot SiO_2)$致密物，阻碍脱硫反应的进一步发生，这时在石灰粉中添加适量的CaF_2、Al 和Na_2CO_3等成分，可以破坏硅酸二钙致密层，以提高脱硫效率。石灰粉脱硫产物为固态，易于扒渣，而且价格便宜。

石灰石粉加入铁水后，石灰石粉受热发生分解反应：

$$CaCO_3(s)=\!=\!=CaO(s)+CO_2 \tag{R1-34}$$

该反应可以生成细微的石灰粉粒，活性很高，有利于脱硫反应。生成的CO_2气体还可以与铁水中的Si反应并释放热量。排出的CO_2气体还可以搅动铁水，有利于脱硫反应。

镁基材料(镁焦、镁硅合金和钝化金属镁)加入铁水后，先在铁水中溶解为[Mg]，然后发生脱硫反应：

$$[Mg]+[FeS]=\!=\!=MgS(s)+[Fe] \tag{R1-35}$$

镁的脱硫能力很强，脱硫效率高(可达 70%以上)，消耗量少，可实现自动控制。缺点是价格较贵。

2. 铁水炉外脱硅和脱磷

铁水的脱硅剂主要为氧化铁皮和烧结矿粉，由于铁水中的氧化脱硅反应(例如，通过反应(R1-32)、反应(R1-33)以及反应$[Si]+2(FeO)=\!=\!=(SiO_2)+2(Fe)$等)进行得很快，因此脱硅反应主要受制于硅在铁水中的动力学扩散。强化脱硅反应的主要方法是将脱硅剂喷吹进入出铁沟内或混铁车、铁水罐内，通过促进铁水与脱硅剂的混合，可以达到 70%～

80%的脱硅率。脱硅反应容易形成泡沫渣，为了改善熔渣的流动性，在脱硅剂中可以添加适量的石灰和萤石，使得碱度达到 0.9～1.2。

铁水的脱磷剂主要为苏打系和石灰系。苏打粉加入铁水后，发生的脱磷反应为

$$5Na_2CO_3(s)+4[P]=2(P_2O_5)+5[C]+5(Na_2O) \qquad (R1\text{-}36)$$

苏打粉在脱磷的同时还可以脱硫，当其加入铁水后先受热分解，然后与铁水中的硫发生反应：

$$Na_2CO_3(s)=Na_2O(s)+CO_2 \qquad (R1\text{-}37)$$

$$3Na_2O(s)+2[FeS]+[Si]=2(Na_2S)+(Na_2O\cdot SiO_2)+2[Fe] \qquad (R1\text{-}38)$$

$$Na_2O(s)+[FeS]+[C]=(Na_2S)+[Fe]+CO \qquad (R1\text{-}39)$$

苏打粉可以同时脱磷、脱硫，金属损失少，可回收铁水中的 V、Ti 等贵重金属。缺点是价格较贵，脱磷过程中会降低铁水温度。此外，虽然苏打粉脱磷效率较高，但是钠容易发生挥发反应：

$$Na_2CO_3(s)+2[C]=2Na(g)+3CO \qquad (R1\text{-}40)$$

$$Na_2O(s)+[C]=2Na(g)+CO \qquad (R1\text{-}41)$$

钠的挥发会造成苏打粉的损失，侵蚀耐火材料，造成烟道结渣，污染环境。同样，为了促进铁水与脱磷剂的混合，一般采用机械搅拌法和喷吹法。

1.4 转炉工艺的原料与能源消耗

1.4.1 转炉炼钢的基本原料

转炉炼钢的基本原料分为金属料、非金属料和气体等。金属料包括铁水、废钢和铁合金等。非金属料是在转炉炼钢过程中为了去除硅、锰、磷、硫等杂质，同时控制好过程温度而加入的材料，非金属料主要包括造渣料（石灰、白云石）、熔剂（萤石、氧化铁皮）、冷却剂（铁矿石、石灰石）、增碳剂和燃料（焦炭等）。气体包括氧气、氮气、氩气和二氧化碳等，其中氧气是转炉吹氧脱碳的主要用气，其他气体往往用于钢水精炼过程或转炉工序的其他设备[3,5]。

1. 金属料

炼钢所用的铁水，其碳含量为 3.5%～4.5%，温度为 1250～1350℃，铁水中含有硅、锰、磷、硫等杂质元素。铁水中的 Si 含量为 0.5%～0.8%，Mn 含量为 0.3%～0.5%，P 含量为 0.15%～0.4%（高磷铁水中 P 含量可达 0.8%～1.1%），S 含量为 0.3%～0.6%。当转炉吹氧时，C、Si、Mn、P 和 S 发生氧化放热反应，可以增加冶炼的热收入，其中 C、Si 可

明显提高熔池温度。另外，Si、Mn、P、S 等杂质元素与造渣料反应，生成转炉炉渣。

废钢的碳含量在 1%以下，氧气转炉一般可以加入废钢 10%～30%，增加废钢用量可以减少转炉冶炼成本。废钢在炼钢过程中，既是金属料，又是冷却剂，其吸热量可达 1400～1500kJ/kg。入炉废钢需小于炉口直径的 1/2，单重也不能太大，以免造成入炉困难及冲击炉衬、熔化太慢等问题。为了减少夹杂物对钢水质量的影响，冶炼时废钢要尽量保持较少的泥沙、耐材、油污、橡胶等杂物。废钢有两个来源：一是社会的工业废钢和生产废钢，二是钢厂自身的返回料，随着社会经济的发展，前者所占比例越来越大。当冶炼合金钢时，采用合金返回钢可以回收合金元素，节省资源。

铁合金作为炼钢过程的脱氧剂和合金元素添加剂，主要用于脱除钢中杂质和调整钢水成分，包括硅铁、锰铁和硅锰。含有两种及以上合金元素的铁合金称为复合铁合金，可同时加入合金或脱氧元素，对炼钢工艺十分有利。实际应用时，要严格控制铁合金中的成分和杂质；使用块状料时，一般选用尺度为 10～40mm 的铁合金为宜，可以减少烧损，并保持钢水成分均匀。

2. 非金属料

石灰（CaO）一般由石灰石（$CaCO_3$）煅烧而成，是炼钢过程中用量最大的造渣材料，具有很强的脱磷、脱硫能力，不损坏炉衬，而且价格便宜。炼钢用石灰一般要求 $w(CaO) \geqslant 85\%$，$w(MgO) \leqslant 5\%$，石灰的灼减率≤3%，石灰块度以 20～50mm 为宜。石灰应新鲜、清洁、干燥、活性好。

采用白云石（$CaCO_3 \cdot MgCO_3$）造渣可以提高炉渣中 MgO 的含量，减少熔渣对炉衬的侵蚀，同时还可以加速石灰的溶解，调节熔渣的黏性等。生白云石分解吸热较多，因此转炉炼钢中常采用轻烧白云石，一般要求灼减率≤10%，$w(MgO) \geqslant 35\%$，$w(CaO) \geqslant 50\%$。

萤石（CaF_2）是炼钢过程的助溶剂，能与 CaO 组成共晶体，加速石灰溶解，迅速改善熔渣的流动性，但使用量多时容易造成喷溅，并侵蚀炉衬，因此转炉中萤石用量一般不超过 4kg/t。转炉用萤石要求 $w(CaF_2) \geqslant 85\%$，萤石含有氟元素，随着环保要求的提高，正在被其他代用品（如硼酸钙等）所替代。

复合造渣剂是用石灰和熔剂（氧化铁、氧化锰和萤石等）在炉外制备的低熔点造渣材料，具有碱度高、颗粒小、成分均匀、高温下易碎裂等特点。此外，高碱度烧结矿、球团矿及转炉尘泥等也可作为复合造渣剂。

铁矿石和氧化铁皮既是炼钢中的氧化剂，又是冷却剂。铁矿石中的铁氧化物包括 Fe_2O_3、Fe_3O_4 和 FeO，氧含量分别为 30.06%、27.64%和 22.28%，全铁量 $w(TFe) \geqslant 56\%$。块度为 30～100mm 的铁矿石容易穿过渣层，与铁水直接接触，可以加速氧化反应的进行。氧化铁皮是轧钢车间的副产品，全铁量 $w(TFe)$ 为 70%～75%，可以帮助化渣和冷却。

常用的增碳剂有沥青焦粉、电极粉、焦炭粉和生铁等，当钢冶炼过程中碳含量未达到预期要求或者冶炼高碳钢时，需要用到增碳剂。转炉用增碳剂要求固定碳 $w(C) \geqslant 96\%$，硫含量 $w(S) \leqslant 0.5\%$，粒度以 1～5mm 为宜。

转炉的耐火材料被熔渣和铁水侵蚀，也会成为炼钢过程的一小部分原料。转炉炉衬在冶炼各部位蚀损的原因和程度各不相同，因此一般采用综合砌炉法，即为了达到炉衬的均匀侵蚀，在炉体不同部位砌筑不同材质的耐火材料，从而延长炉衬寿命。炉衬的工作层多由镁碳砖砌筑，因此熔入铁水的多为 MgO。一般转炉炼钢的炉衬消耗约为 5kg/t 钢。

1.4.2 转炉冶金过程、物料平衡和热平衡

转炉冶金过程的基础理论包括冶金化学反应热力学、化学反应动力学和传输过程理论[8]。热力学理论利用反应的标准吉布斯自由能变化得到反应的平衡常数，从而获得反应达到平衡时温度、压力和各组分活度之间的关系式，不但可以判断该反应进行的方向，而且能够计算出一定条件下反应在平衡态时产物的浓度或反应物的最大转化率。文献[1]、[5]和[26]已经给出关于转炉炼钢基本反应的标准吉布斯自由能变化与温度的关系式，可以用于热力学计算。随着计算热力学的快速发展，FactSage 软件已经广泛应用于冶金、材料、化工等学科，具体已用于转炉炼钢工艺的炉渣返干、脱碳反应等研究中[27]。

当研究冶金化学反应时，需要涉及反应的机理和速率，分析冶金反应的路径和控制环节，另外，要考虑反应物达到反应区和生成物离开反应区的物质传递过程，因此需要研究动量传递、热量传递和质量传递等传输现象。李森[28]从热力学和动力学理论等出发，考虑渣-金、金-气和渣-气等界面反应速率，反应物和生成物的质量传递速率及氧枪冲击凹坑表面积等因素，建立了转炉炼钢数学模型，得到了氧枪运行操作参数（氧枪枪位和吹氧压力）影响脱碳速率、炉气温度与成分等的规律。王楠和邹宗树[29]也建立了复吹转炉冶炼过程数学模型，模拟了转炉中的脱碳和炉气生成等过程。

随着计算流体力学的发展，对转炉炉内流动、传热、传质和多相反应的定量模拟计算得以实现。Ersson 和 Tilliander[30]综述分析了 1998～2016 年对于脱碳过程的 CFD 模拟工作，通过数值模型可以深入了解很多影响转炉冶金过程的工艺参数，如化学反应、混合时间、温度分布和热损失、炉气二次燃烧与除尘及喷嘴配置等。Cao 等[31]综述了转炉中的多相流数学物理模型，指出还需要进一步考虑泡沫渣行为及数据驱动的在线钢水质量监测与控制等因素。以上全尺寸转炉模拟涉及的物理化学因素复杂，计算量较大，主要用于转炉冶炼过程的基础研究。目前建立在经验知识上的物料平衡和能量平衡计算仍然在转炉设计与运行中发挥作用，显然比较精确的模拟计算对于未来修正这些经验计算式将是非常有用的。

转炉冶炼过程中，物料的收入项包括钢铁料（铁水、废钢）、造渣料（石灰、萤石、白云石、铁皮或铁矿石）、炉衬受到侵蚀而剥落下来的耐火材料及氧气等，而物料的支出项包括钢水、炉渣、炉气、灰尘、渣中的铁珠及喷溅金属等。根据铁水的成分和温度、原材料成分及冶炼钢种和成分等参数，就可以进行物料平衡计算[8]。计算时，渣中铁珠量为渣量的 8%；喷溅铁损为铁水量的 1%；灰尘量按铁水量的 1.6%计算，其中 $w(\mathrm{FeO})=77\%$，$w(\mathrm{Fe_2O_3})=20\%$；炉衬侵蚀量按铁水量的 0.5%计算；关于金属中碳的氧化，按照 90%的碳氧化为 CO，10%的碳氧化为 CO_2；炉气中的自由氧含量为 0.5%。表 1.5 为 120t 转炉的物料平衡表，其中废钢比为 9.45%（废钢占钢水的质量份额）。由表 1.5 可以看出，转炉

冶炼时，炉渣量约为钢水的 13.55%，而炉气质量与炉渣质量相当。

表 1.5 转炉物料平衡表(以吨钢为基准)

收入项			支出项		
项目	质量/(kg/t 钢)	占比/%	项目	质量/(kg/t 钢)	占比/%
铁水	992.5	76.91	钢水	1000.0	77.39
废钢	103.6	8.03	炉渣	135.5	10.49
石灰	64.8	5.02	炉气	120.0	9.29
铁矿石	10.0	0.78	灰尘	15.9	1.23
萤石	4.9	0.38	铁珠	10.7	0.83
白云石	29.8	2.31	喷溅金属	10.0	0.77
炉衬	4.9	0.38			
氧气	79.9	6.19			
总计	1290.4	100.00	总计	1292.1	100.00

数据来源：原始数据来源于文献[8]，表中数据按照 1000kg 钢水为基准进行了重新计算。

转炉热量的收入项包括铁水物理热、铁水中各元素(C、Si、Mn、Fe、P 等)氧化放热与成渣热(如反应 $2CaO+SiO_2=\!=\!=2CaO\cdot SiO_2$ 和 $4CaO+P_2O_5=\!=\!=4CaO\cdot P_2O_5$ 等的放热)及灰尘氧化放热，而热量的支出项包括钢水物理热、废钢物理热、炉渣物理热、炉气物理热、灰尘物理热、铁珠物理热、喷溅金属物理热、铁矿石分解热、白云石分解热及其他热损失(指转炉吹炼过程中转炉热辐射、对流、导热、冷却水等带走的热量)等。表 1.6 为 120t 转炉的热量平衡表。可以看出，转炉热量支出项中钢水物理热约占 60%，炉渣物理热约占 14%，而炉气物理热约占 9%，约为炉渣物理热的 2/3，因此在研究转炉烟气余热利用技术时，炉渣余热的利用也亟须考虑。

表 1.6 转炉热量平衡表(以吨钢为基准)

收入项			支出项		
项目	热量/(MJ/t 钢)	占比/%	项目	热量/(MJ/t 钢)	占比/%
铁水物理热	1137.05	52.15	钢水物理热	1285.31	58.95
元素氧化放热和成渣热	979.24	44.91	废钢物理热	148.22	6.80
C	(541.56)	(24.84)	炉渣物理热	302.46	13.87
Si	(238.91)	(10.96)	炉气物理热	194.45	8.92
Mn	(28.57)	(1.31)	灰尘物理热	25.86	1.19
P	(25.36)	(1.16)	铁珠物理热	15.36	0.71
Fe	(87.19)	(4.00)	喷溅金属物理热	14.22	0.65
P_2O_5	(15.75)	(0.72)	铁矿石分解热	42.92	1.97
SiO_2	(41.90)	(1.92)	白云石分解热	42.37	1.94

续表

收入项			支出项		
项目	热量/(MJ/t 钢)	占比/%	项目	热量/(MJ/t 钢)	占比/%
灰尘氧化热	64.08	2.94	其他热损失	109.02	5.00
总计	2180.37	100.00	总计	2180.19	100.00

数据来源：文献[8]。
注：括号内的数据为对应元素氧化或化合物反应所能释放的能量。

1.4.3　转炉工序的能源消耗

国内十分重视转炉工序的能源消耗分析[32]，国家标准《转炉工序能效评估导则》(GB/T 34194—2017)中比较详细地给出了转炉工序的能源消耗评估方法[33]。转炉工序的能源消耗包括电力、煤气、油品、炭粉等能源，以及氧气、氮气、氩气、压缩空气和新水等耗能工质，工序能耗的统计范围如图 1.15 所示，具体有铁水预处理(预处理剂的上料、处理过程、扒渣、渣处理和除尘等辅助设备)、转炉冶炼(转炉本体、原料供应、煤气净化及回收、二次及三次除尘、钢渣处理、水处理、钢包烘烤及废钢加热等)、辅助生产系统(机修、检验、化验、运输、控制系统和照明等)，同时包括各种能源在工序内的损失量，但不包括回收并外供的转炉蒸汽和煤气、炉外精炼、钢渣后处理等过程，以及与生产无关的用于生活目的的能源消耗。

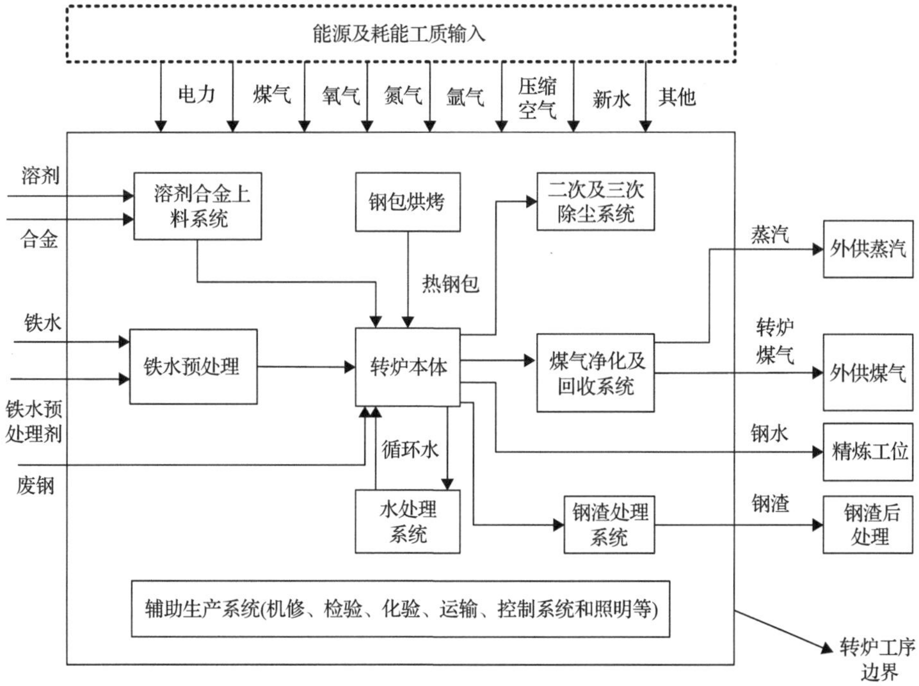

图 1.15　转炉工序边界划分图[33]

转炉吹氧脱碳等过程属于强烈的放热过程，因此转炉工序通过回收煤气和蒸汽等能源可以实现“负能”炼钢。评估转炉工序能效时，通常按照先进、成熟和经济的原则，选择能代表行业先进水平的能耗作为基准能耗，考虑到转炉工序的统计边界和基准条件，根据理论计算、统计分析和现场检测，国家标准中将转炉工序的基准能耗确定为–20kgce/kg[33]。显然，基准能耗受到主观因素和客观因素的影响，主观因素由企业的技术装备水平和管理水平决定，客观因素包括原料条件（如铁钢比、铁水温度及其平均碳含量与硅含量、碳质发热剂加入量等）、产品条件（要求的平均出钢温度、钢水平均碳含量、钢种）及环境温度等。主观因素对于基准能耗的影响可以通过技术装备优化（如采用先进的节能技术）与管理水平提升等途径进行改进，客观因素对于基准能耗的影响则通过国家标准推荐的修正量来考虑[33]，例如，基准能耗对应的铁钢比取值为 85%（铁水占钢水的质量份额），在实际转炉中若铁钢比每增加或减少 1%，则对应的基准能耗值减少或增加 0.35kgce/kg；基准能耗对应的平均出钢温度为 1660℃，若该温度增加或减少 10℃，则对应的基准能耗值增加或减少 0.28kgce/kg。通过考虑原料条件、产品条件和环境温度等客观因素的修正，即可得到修正的基准能耗值 e_0'。

在计算转炉工序实际能耗时，首先采集现场数据（如产量信息、原料条件、产品条件、能源及耗能工质消耗情况、蒸汽与煤气回收情况、主要耗能单元与设备情况、环境温度等），然后根据式（1-42）计算实际能耗[33]：

$$e_x = \frac{e_{in} - e_{out}}{p} \tag{1-42}$$

式中：e_x 为统计期内转炉工序的实际能耗，kgce/t；e_{in} 为统计期内转炉工序的直接能耗，kgce/t；e_{out} 为统计期内转炉工序回收并外供的能耗，kgce/t；p 为统计期内转炉工序的合格产品量，t。目前，国内运行的大型转炉，其实际能耗为–25～–10kgce/t。2021 年国家发展改革委等五部委联合发布《冶金、建材重点行业严格能效约束推动节能降碳行动方案（2021-2025 年）》，明确提出转炉工序能效基准水平为–10kgce/t、能效标杆水平为–30kgce/t，因此今后 3～5 年转炉工序达到能效标杆水平，将成为许多大型钢铁企业的技改目标。

计算 e_{in} 时，先根据统计期内转炉工序使用的各种能源量（油品、气体燃料、电力等）乘以该种能源的折合标准煤系数[33]，得到不同能源和耗能工质的实际能耗量（标准煤），然后采用式（1-43）进行加和，即可获得转炉工序的直接能耗：

$$e_{in} = \sum_{j=1}^{n} c_j \cdot g_j \tag{1-43}$$

式中：n 为统计期内转炉工序直接能耗的能源品种数；c_j 为统计期内转炉工序使用的第 j 种能源的量，单位为 kg（油品）、m^3（气体燃料）或 kW·h（电）；g_j 为第 j 种能源的折合标准煤系数，单位为 kgce/kg（油品）、kgce/m^3（气体燃料）或 kgce/(kW·h)（电）。

计算 e_{out} 时，先根据统计期内转炉工序回收并外供的某种能源量（蒸汽、煤气、电力等)乘以该种能源的折标准煤系数[33]，得到不同能源的实际外供量(标准煤)，然后采用式(1-44)进行加和，即可获得转炉工序回收并外供的能量：

$$e_{\text{out}}=\sum_{k=1}^{r}c_k\cdot g_k \tag{1-44}$$

式中：r 为统计期内转炉工序回收能源的品种数；c_k 为统计期内转炉工序回收第 k 种能源的量，单位为 kg(油品)、m^3(气体燃料)或 kW·h(电)；g_k 为第 k 种能源的折标准煤系数，单位为 kgce/kg(油品)、kgce/m^3(气体燃料)或 kgce/(kW·h)(电)。

表 1.7 和表 1.8 分别给出了不同能源和耗能工质的折标准煤系数推荐值。蒸汽以其焓值为基础折算成标准煤，转炉余热的蒸汽压力参数对热焓影响不大，对于 0.1～2.0MPa 的饱和蒸汽，其热焓变化范围为 2674.9～2798.3kJ/kg，折标准煤系数范围为 0.0914～0.0956kgce/kg；对于 1.0MPa 的转炉余热锅炉饱和蒸汽，其热焓为 2777.1kJ/kg，折标准煤系数为 0.0949kgce/kg[33]。

表 1.7 一次、二次能源(燃料)平均低位发热量及折标准煤系数推荐值

能源名称	平均低位发热量	折标准煤系数
柴油	42704kJ/kg	1.4571kgce/kg
汽油	43123kJ/kg	1.4714kgce/kg
天然气	35588kJ/m^3	1.2143kgce/m^3
焦炉煤气	16746kJ/m^3	0.5714kgce/m^3
转炉煤气	7327kJ/m^3	0.2500kgce/m^3
高炉煤气	3139kJ/m^3	0.1071kgce/m^3
电(当量)	3602kJ/(kW·h)	0.1229kgce/(kW·h)

表 1.8 耗能工质折标准煤系数推荐值

名称	单位耗能工质耗能量/(kJ/m^3)	折标准煤系数/(kgce/m^3)
新水	1213	0.0414
工业水	1392	0.0475
软水	5539	0.1890
压缩空气	445	0.0152
氧气	2350	0.0802
氮气	495	0.0169
氩气	17994	0.6140

国家标准中将转炉工序的能效指数(EEI_X)表达为[33]

$$EEI_X=\frac{e_x+\Delta e_x}{e_0'+33} \tag{1-45}$$

式中：Δe_x 为实际过程中原料携带的有效能量与产品携带的有效能量之差，kgce/t；e_0' 为转炉工序修正后的基准能耗值，kgce/t；33 为基准条件下原料携带的有效能量与产品携带的有效能量之差，kgce/t。式(1-45)中的 Δe_x 按式(1-46)计算：

$$\Delta e_x=(Q_{wi}+Q_{hi})-Q_{wo} \tag{1-46}$$

式中：Q_{wi} 为统计期内铁水带入的有效物理热，kgce/t；Q_{hi} 为统计期内铁水中碳和硅氧化放热，kgce/t；Q_{wo} 为统计期内钢水带出的有效物理热，kgce/t。

转炉工序的能效指数越大，表明能效水平越低，节能潜力越大。能效指数 $EEI_X \leqslant 1$，统计期内转炉工序能效等级为Ⅰ级；能效指数 $EEI_X \geqslant 1.2$，能效等级为Ⅲ级；能效指数 EEI_X 介于两者之间，能效等级为Ⅱ级。为了提高转炉工序的能效水平，需要从主观上提升工艺操作水平（如缩短炼钢周期、减少喷溅与点吹频次等）和能源管控水平（如提高煤气和蒸汽回收量等），同时采用先进的转炉工序技术，如转炉干法除尘技术、少渣冶炼技术、余热高效回收技术（如全干法煤气显热回收技术等）、钢包蓄热式烘烤技术、钢包全程加盖技术、废钢加热技术，以及变频调速、永磁调速和高效电机等节电技术。

1.5 转炉烟气净化与回收

1.5.1 转炉煤气

转炉是炼钢的核心工艺装备，通过氧气吹入铁水脱碳，产生大量的 CO 和少量的 CO_2 气体，随少量的其他气体一起排出炉口，生成转炉炉气[8]。炉气采用未燃法处理时，仅在炉口与活动烟罩漏入的少量空气发生部分混合燃烧（严重贫氧），形成高温煤气（1500～1600℃），因此煤气存在大量的余能、余热。在吹炼前期，碳氧化速度较低，炉气中 CO 含量相对也较低；随着碳、硅等元素的氧化放热，熔池温度不断升高。吹炼到中期，熔池出现剧烈的碳氧化反应，煤气中 CO 含量逐渐增加，煤气量随之增加达到最大值。到达吹炼后期，熔池中碳含量逐渐减少，煤气中 CO 含量及煤气量也相应减少。转炉吹炼时，煤气的主要成分为 CO、CO_2 和少量 O_2，同时夹带氧化铁、金属铁粒和其他微小尘粒，形成转炉灰尘。

转炉最大炉气量可采用以下经验公式计算[8]：

$$q_{V_0}=1.8G\left[w_1(C)-w_2(C)\right]\frac{22.4}{12}\cdot\frac{60}{t} \tag{1-47}$$

式中：q_{V_0} 为转炉最大炉气量，m^3/h；$w_1(C)$、$w_2(C)$ 为铁水和终点钢水中碳的质量分数，%；t 为吹氧时间，min；G 为炉役后期最大铁水装入量，kg；1.8 为经验系数，假设平均炉气量为 1，考虑强化冶炼和加矿石时炉气量突然增加的因素，取最大值为平均值的

1.8 倍。

转炉炉气量与铁水装入量、供氧强度、加入冷却剂、氧枪及炉口混入的空气量等因素相关。供氧强度大时，吹炼时间缩短，熔池反应速率加快，炉气量增加。加入冷却剂，如铁矿石时，Fe_2O_3 与碳反应会生成 CO，因此引起炉气增加。采用多孔喷枪时，可使供氧均匀、脱碳平稳且炉气生成稳定。氧枪枪位降低时，钢渣搅拌强烈，炉内反应剧烈，炉气量随之增加。炉气出炉口后，少量空气（过量空气系数为 0.08～0.1）从烟罩和炉口之间的缝隙混入炉气，使炉气中的少量 CO（8%～10%）燃烧为 CO_2。另外，空气中含 N_2，使煤气量有所增加。

转炉煤气含有大量的化学热，因此一般采用未燃法处理，可以回收煤气（热值为 7750～10050kJ/m^3）。根据我国的生产实践，转炉可以回收煤气 100m^3/t 钢，煤气中的 CO 浓度约为 60%。一般符合转炉煤气回收条件（CO≥35%且 O_2＜2%时）的煤气被回收，否则煤气被放散。转炉煤气包含回收和放散两部分，转炉烟气包含转炉煤气及在转炉加铁水、出钢等过程未吹氧期间产生的含尘气体。显然，在转炉未吹氧期间，烟气中的 CO 含量很低，同时烟气的温度也不高（100～200℃）。可见，转炉的间歇性工作模式，导致转炉烟气成分、温度和流量均会大幅波动。

转炉煤气是一种很好的燃料，可用于转炉工序钢水包、中间包，铁合金、废钢的烘烤及轧钢加热炉等。转炉煤气还可用于制备甲烷、碳氢燃料等高附加值产品。转炉煤气温度很高，其物理热可以通过汽化冷却烟道或余热锅炉以蒸汽形式回收，同时使煤气降温后便于除尘。转炉汽化冷却烟道的热负荷为 2×10^6kJ/(m$^2\cdot$h)（相当于 556kW/m^2），平均产汽量为 60～100kg/t 钢（1MPa 左右蒸汽压力）。

1.5.2 转炉烟气净化方法

目前，国内外转炉烟气降温除尘主要采用湿法（oxygen converter gas recovery process，OG 法）和干法（Lurgi-Thyssen process，LT 法）工艺系统[8]，其共同特点是：采用余热锅炉（汽化冷却烟道）回收转炉高温煤气显热，对于 850℃左右煤气采用喷水/水雾的方式进行降温和除尘。符合回收条件的煤气进行回收，不符合回收条件（CO＜35%或 O_2≥2%时）的煤气进行放散点燃。

转炉烟气净化回收系统（OG 法）是由日本新日铁（新日本制铁）公司的前身八幡制铁所和横山工程有限公司于 20 世纪 60 年代初最早研发的，后与川崎重工业株式会社联合开发改进而成，在 OG 法除尘系统中，转炉 1400～1600℃的高温煤气先经过汽化冷却烟道降至 800～1000℃，然后煤气进入一级文氏管（简称一文）、重力脱水器、二级文氏管（简称二文）、弯头脱水器及湿旋脱水器，经喷水处理后，除去煤气中的灰尘，净化后的煤气经三通阀、水封逆止阀进入煤气柜，不回收的低热值煤气经三通阀放散烟囱点火放散。带灰尘的污水经分离、沉淀、浓缩和脱水等处理后，可制成泥饼送至烧结使用。

原 OG 法由于颗粒物排放超标（100mg/Nm^3），近年来出现了新 OG 法或半干法[34]。这些方法将一文喉口用喷水饱和器或高效洗涤塔代替，二文可调喉口用环缝洗涤器代替，系统具有阻力小、除尘效率高及容易控制等特点。

转炉煤气干法净化回收系统(LT法)是由德国鲁奇公司和蒂森公司在20世纪60年代末联合开发的，LT法主要是由汽化冷却烟道、蒸发冷却器(evaporative cooler，EC)、静电除尘器(electrostatic precipitator，EP)和煤气冷却器(gas cooler，GC)等部分组成的。较OG法除尘工艺,转炉LT法除尘工艺没有废水处理设备和污泥脱水设备等,具有能耗低、无污水处理系统、风机运行稳定及除尘效率高等优点。

尽管LT法相对OG法更具优势，但LT法喷水/水雾降温工艺和OG法一样，无法回收煤气中850℃以下的显热资源，仍然造成煤气近50%的显热资源浪费。

1.5.3 转炉煤气全干法显热回收节能新技术

转炉间歇性剧烈吹氧的工作过程决定了煤气具有多尘性、爆炸性、波动性等三个特点，因此在目前的转炉工艺中，煤气经过汽化冷却烟道降温至 850℃左右不得不采用喷水/水雾的降温方式(图 1.16)，导致 850℃以下的显热资源完全浪费。转炉煤气吹炼过程灰产量占钢产量的 2%左右，因此转炉煤气具有含尘量高的特点。转炉煤气的爆炸性主要是因为在吹炼前期和后期(也称为前烧期和后烧期)存在CO和O_2共存的区域，使煤气回收过程存在爆炸的风险。转炉煤气的波动性则是由转炉周期性冶炼工序造成的，导致煤气流量和温度在较大范围内波动，余热资源不稳定。

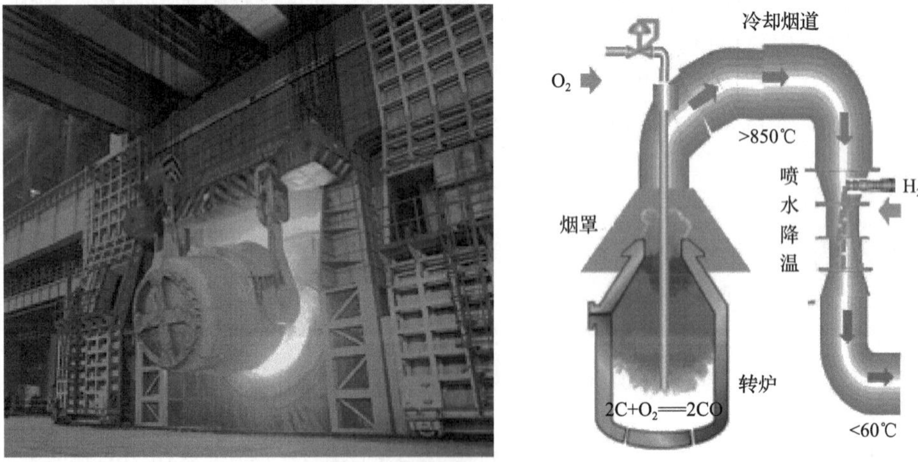

图 1.16 转炉喷水/水雾降温工艺

中国科学院力学研究所针对以上转炉煤气显热回收的三个难点，提出研发转炉煤气高温除尘、全干法显热回收及放散煤气催化燃烧等技术(图 1.17)，彻底取消转炉OG法和LT法原有的喷水/水雾降温工艺及低热值煤气放散方式，形成转炉煤气全干法显热回收节能新工艺[35]。2021 年 8 月，中国科学院力学研究所科研团队在内蒙古包钢钢联股份有限公司一台 100t 转炉上成功进行了转炉全干法工艺的集成示范，实现超过 168h 的连续稳定运行，当月累计炼钢量约 600 炉①。该技术的应用，能够帮助钢铁企业在转炉炼钢过程中实现吨钢额外产蒸汽 60kg 以上，经济效益和社会效益显著。

① 由于疫情影响，该项目在 2023 年 3 月正式投运，目前累计运行超过 1 年，炼钢超 1 万炉。

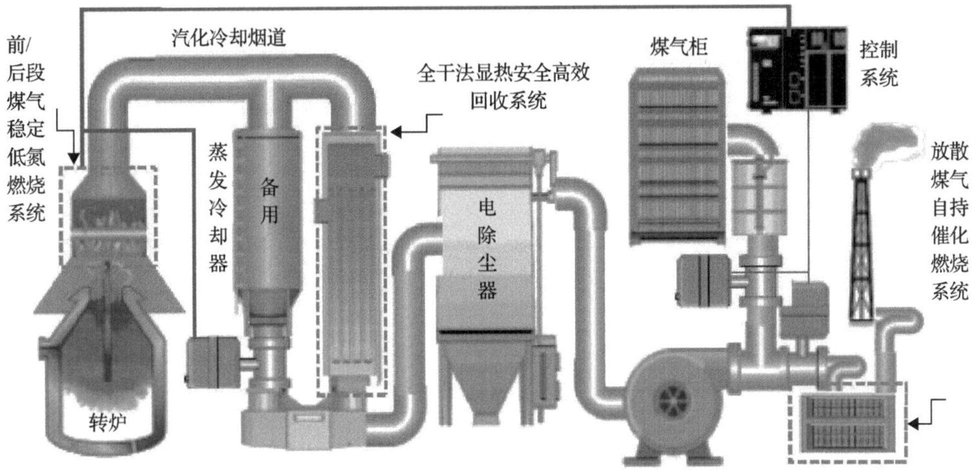

图 1.17　转炉煤气全干法显热回收节能新工艺

本节比较详细地总结了转炉煤气全干法显热回收技术的研究与应用成果，同时也指出了实践过程中存在的困难和解决思路。"十四五"期间，钢铁企业节能空间已越来越小，这就要求相关部门大力鼓励钢铁行业节能新技术和新设备的研发、推广及应用。转炉煤气全干法显热回收工艺与装备技术能够显著提高转炉的"负能炼钢"水平，助力企业转炉工序达到能效标杆水平，推动钢铁企业生产过程实现节能降碳。该技术的应用必将帮助钢铁企业向着"双碳"目标阔步前进。

参 考 文 献

[1] 佩尔克 R D. 氧气顶吹转炉炼钢(上、下册)[M]. 邵象华, 楼盛赫, 等译. 北京: 冶金工业出版社, 1980.

[2] Emi T. Steelmaking technology for the last 100 years: Toward highly efficient mass-production systems for high-quality steels[J]. ISIJ International, 2015, 55(1): 36-66.

[3] 王社斌, 宋秀安. 转炉炼钢生产技术[M]. 北京: 化学工业出版社, 2008.

[4] 朱庆山. 超低碳炼铁技术路径分析[J]. 化工进展, 2022, 41(3): 1391-1398.

[5] 雷亚, 杨治立, 任正德, 等. 炼钢学[M]. 北京: 冶金工业出版社, 2010.

[6] 冯捷, 贾艳. 转炉炼钢实训[M]. 北京: 冶金工业出版社, 2004.

[7] 叶大伦, 胡建华. 实用无机物热力学数据手册[M]. 2 版. 北京: 冶金工业出版社, 2002.

[8] 冯聚和. 炼钢设计原理[M]. 北京: 化学工业出版社, 2005.

[9] 贾凌云. 转炉-连铸工艺设计与程序[M]. 北京: 冶金工业出版社, 2005.

[10] 袁章福, 潘贻芳. 炼钢氧枪技术[M]. 北京: 冶金工业出版社, 2007.

[11] 李远洲. 氧气转炉炼钢过程的解析与控制[M]. 北京: 冶金工业出版社, 2018.

[12] Lotun D, Pilon L. Physical modeling of slag foaming for various operating conditions and slag compositions[J]. ISIJ International, 2005, 45(6): 835-840.

[13] Pilon L, Viskanta R. Minimum superficial gas velocity for onset of foaming[J]. Chemical Engineering and Processing: Process Intensification, 2004, 43(2): 149-160.

[14] Wang R F, Zhang B, Hu C, et al. Modeling study of metallurgical slag foaming via dimensional analysis[J]. Metallurgical and Materials Transactions B, 2021, 52B: 1805-1817.

[15] 森一美, 佐野正道. インジェクション冶金の動力学[J]. 鉄と鋼, 1981, 67(6): 672-695.

[16] 中西恭二, 藤井徹也. 各種取鍋精錬炉内における攪拌力と均一混合時間の比較[J]. 鉄と鋼, 1973, 59(11): S460.

[17] Nakanishi K, Fujii T, Szekely J. Possible relationship between energy dissipation and agitation in steel processing operations[J]. Ironmaking and Steelmaking, 1975, 2(3): 193-197.

[18] 中西恭二, 加藤嘉英, 鈴木健一郎, 他. 酸化精錬炉々内反応を特徴づける装置特性値について(底吹き転炉々内反応機構の解明-2)[J]. 鉄と鋼, 1978, 64(4): S169.

[19] 加藤嘉英, 中西恭二, 斎藤健志, 他. 上吹き底吹き併用転炉における鋼浴の振動と掩拌(上底吹き転炉の開発 IV)[J]. 鉄と鋼, 1980, 66(4): S881.

[20] 岸本康夫, 齊藤敬高. 我が国における複合転炉の開発, 発展の歴史と今後の展望[J]. 鉄と鋼, 2014, 100(4): 445-455.

[21] 川上正博, 伊藤公允. 複合吹錬転炉の冶金反応特性[J]. 鉄と鋼, 1990, 76(11): 1791-1800.

[22] 甲斐幹, 大河平和男, 平居正純, 他. 上底吹き転炉の冶金反応特性に対する鋼浴撹拌強さの影響[J]. 鉄と鋼, 1982, 68(14): 1946-1954.

[23] 甲斐幹, 大河平和男, 樋口満雄, 他. 上底吹き転炉特性のコールドモデルによる検討[J]. 鉄と鋼, 1983, 69(2): 228-237.

[24] 钟良才, 朱英雄, 曾兴富, 等. 复吹转炉熔池搅拌技术及应用[J]. 炼钢, 2016, 32(5): 1-10.

[25] Kikuchi N. Development and prospects of refining techniques in steelmaking process[J]. ISIJ International, 2020, 60(12): 2731-2744.

[26] 黄希祜. 钢铁冶金原理[M]. 北京: 冶金工业出版社, 2007.

[27] 李松, 吕超. FactSage 在冶金和材料研究中的应用[M]. 沈阳: 东北大学出版社, 2020.

[28] 李森. 冶金炉炉气和烟气的发生、流动和反应过程研究[R]. 北京: 中国科学院力学研究所, 2010.

[29] 王楠, 邹宗树. 钢铁冶金过程数学模型[M]. 北京: 科学出版社, 2011.

[30] Ersson M, Tilliander A. Review on CFD simulation and modeling of decarburization processes[J]. Steel Research International, 2018, 89(1): 1700108.

[31] Cao L L, Wang Y N, Liu Q, et al. Physical and mathematical modeling of multiphase flows in a converter[J]. ISIJ International, 2018, 58(4): 573-584.

[32] 郦秀萍, 蔡九菊, 殷瑞钰, 等. 转炉炼钢工序最小能耗的研究[J]. 钢铁, 2003, 38(5): 50-52.

[33] 中华人民共和国国家质量监督检验检疫总局, 中国国家标准化管理委员会. 转炉工序能效评估导则: GB/T 34194—2017[S]. 北京: 中国标准出版社, 2017.

[34] 马春生. 转炉烟气净化与回收工艺[M]. 北京: 冶金工业出版社, 2014.

[35] 魏小林, 余立新, 陈恩鉴, 等. 炼钢转炉煤气干法回收及其显热发电系统: 中国, CN200810102268.0[P]. 2010-07-21.

第 2 章

转炉煤气波动特性

大多数工业炉窑在煅烧或冶炼等生产过程中可持续产生稳定的高温烟气或炉气，而转炉炼钢工艺由于其间歇性的工作特征，所产生转炉煤气的参数(如流率、温度和煤气组分等)随吹炼进程而发生变化，具有明显的波动特性。转炉煤气的波动性直接影响煤气余能余热回收系统中设备运行的安全性、可靠性及稳定性等，掌握转炉煤气变化特性对余能余热回收、节能降碳具有重要意义。本章从转炉煤气波动成因出发，分析煤气变化特性，并介绍炼钢过程中煤气生成模型，预测分析煤气变化规律。

2.1 转炉煤气波动成因

转炉炼钢通过吹氧使转炉熔池中的生铁水实现脱碳和脱除杂质，并产生转炉煤气。转炉炼钢工艺最明显的特点是冶炼过程的间歇性，该过程是一个周期性的升温、脱碳和去杂质的过程，包含非常复杂的多元、多相、高温反应及传输过程[1]。每个冶炼周期包括装料、吹炼、脱氧、出钢、溅渣护炉及倒渣等几个阶段(图 2.1)，吹氧时间通常为 12～18min，冶炼周期(相邻两炉之间的间隔时间)通常为 30～40min。

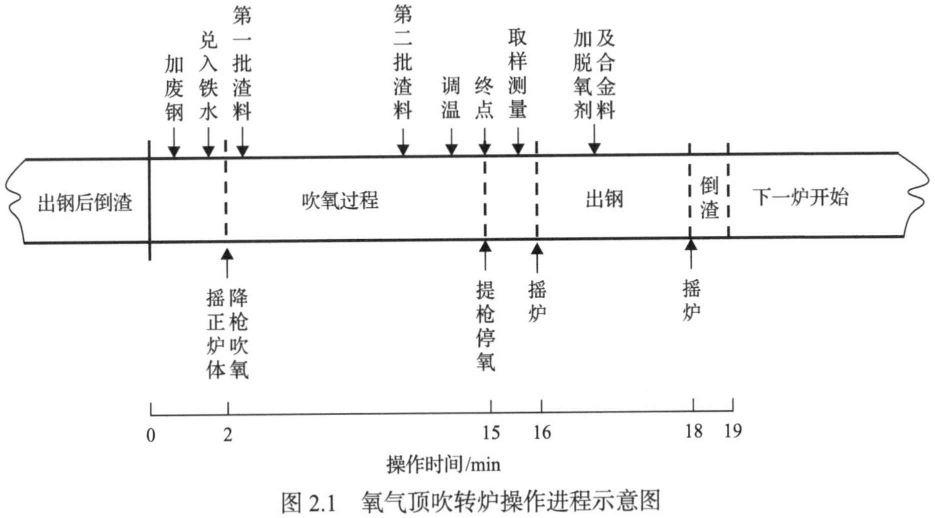

图 2.1 氧气顶吹转炉操作进程示意图

转炉冶炼工艺的间歇性工作特点，使得伴随着吹炼产生的转炉煤气也具有间歇性。转炉煤气不仅与铁水初始成分浓度有关，还与吹炼过程中氧枪吹炼操作方式有关。供氧吹炼脱碳是转炉冶炼工序中最重要的一个环节。转炉炼钢过程复杂，脱碳和造渣反应进程并不随吹炼时间呈线性关系，这使冶炼供氧参数随时间变化，所产生的转炉煤气也随时间发生波动。

供氧制度包括确定合理的氧枪喷头结构、供氧强度、氧压和枪位控制等。供氧制度是为吹炼氧气射流最合理地与熔池作用创造良好的物理化学条件，保证熔池杂质去除速度、熔池升温速度、造渣、控制喷溅并去除钢水中气体与夹渣物。供氧制度主要参数如下。

(1) 供氧压力，保证氧气在氧枪喷嘴出口流速达到超声速，通常吹炼工作压力为0.8～1.2MPa。

(2) 供氧强度，指单位时间每吨铁水的供氧量，一般取3.0～4.0m^3/(t·min)。

(3) 枪位，对于不同氧枪射流参数，存在一个最大冲击面积的最佳枪位。

(4) 氧枪喷头结构，通常采用多孔型，以增大与熔池接触面积，使吹炼平稳、成渣快。

供氧制度中，吹氧参数的变化直接影响转炉煤气流率、组分浓度和温度等变化。该工艺参数包含吹氧流量、供氧强度、氧压及枪位等。供氧操作类型包含下面几种：①恒流量变枪位；②恒氧压变枪位；③恒枪位变流量；④恒枪位变氧压；⑤变枪位变流量；⑥变氧压变枪位。

恒流量变枪位操作是在吹炼过程中，吹氧流量保持不变的情况下，通过调整枪位来改变氧气射流与熔池相互作用来控制吹炼。在转炉容量、氧枪喷头结构、铁水成分及所炼钢种等不同的情况下，氧枪操作也不完全一样。以下为两种典型的氧枪操作模式[1]。

(1) 高-低-高-低枪位吹炼模式。如图2.2所示，开始吹炼枪位较高，以便及早形成早期渣，二批料加入后适时降枪，吹炼中期熔渣返干时可提枪或加入适量助熔剂调整熔渣流动性，以缩短吹炼时间，吹炼终点拉碳出钢。

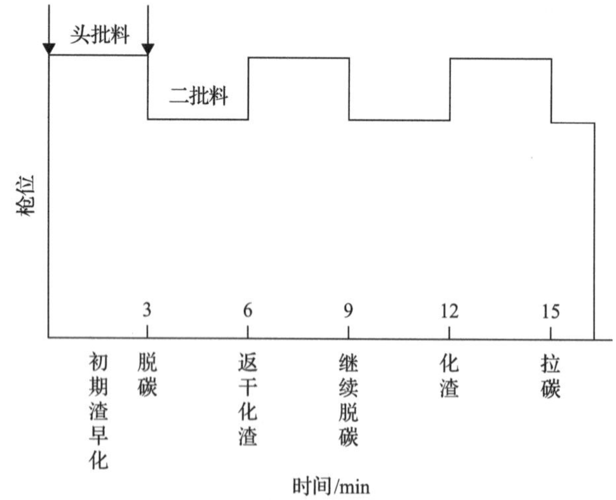

图2.2 高-低-高-低枪位吹炼模式

(2) 高-低-低枪位吹炼模式。如图2.3所示，开始吹炼枪位较高，快速形成早期渣，吹炼过程中枪位逐渐降低；在吹炼中期加入适量的助熔剂，以调整熔渣流动性，吹炼终点拉碳出钢。

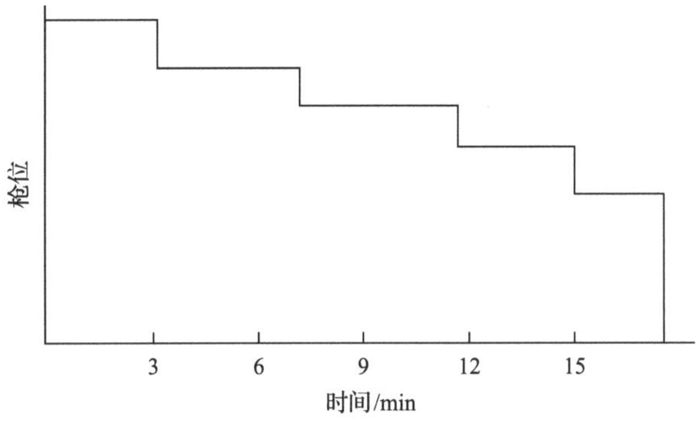

图 2.3 高-低-低枪位吹炼模式

转炉冶炼工艺的间歇性和吹氧冶炼供氧参数根据吹炼时间调控，使得在吹炼不同阶段转炉内物理化学过程发生不同的变化，所产生转炉煤气的组分浓度和流量等随之发生波动。在吹炼前期，熔池温度较低，铁水中的硅、锰首先被氧化，而碳的氧化速率较小，产生的煤气量较少，煤气中 CO 含量较低。随着各种元素氧化，大量放热使熔池温度升高。在吹炼中期，熔池温度高，出现剧烈的碳氧反应，煤气中 CO 含量逐渐增加，煤气量也随之增加而达到最大值。在吹炼后期，铁水中碳含量逐渐减少，脱碳速率减小，煤气量减少，CO 含量也相应减少，煤气温度随着溶池温度的不断上升而增高。由此可知，在整个吹炼过程中，转炉煤气量和成分是不断变化的，其变化过程如图 2.4 所示。由图 2.4 可以看出，在转炉吹氧冶炼过程中，随着吹炼进程进行，转炉煤气成分和流量发生剧烈波动。

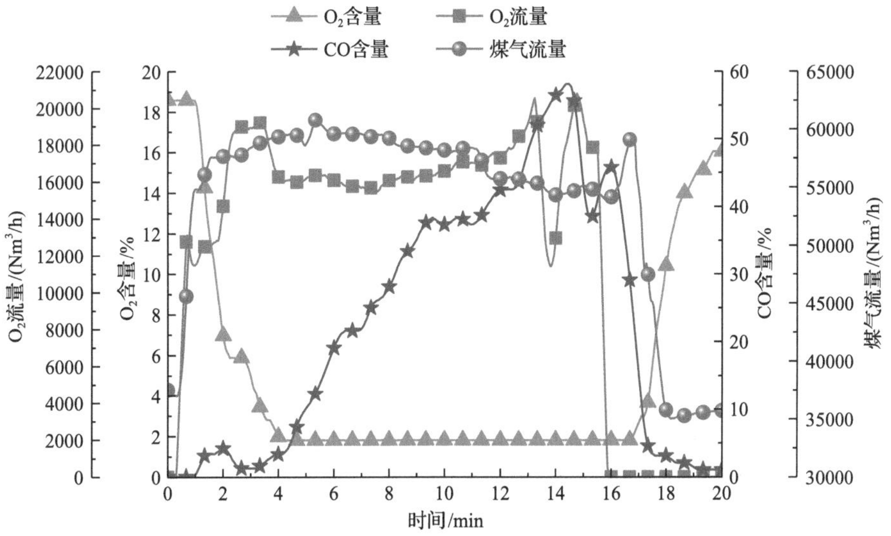

图 2.4 100t 转炉典型煤气量及其成分变化情况

2.2 转炉煤气波动特点

在转炉冶炼过程中，脱碳反应生成的 CO 在转炉内会发生炉内再次燃烧，部分氧化生成 CO_2，最终形成主要由 CO、CO_2 及残余 O_2 等气体组成的转炉初始一次煤气，从转炉炉口排出进入转炉烟罩，因此也可称为炉气。当初始煤气上升至炉口与烟罩衔接处时，其中未燃烧的 CO 与从烟罩间隙卷吸的部分外界空气中的 O_2 在汽化冷却烟道内进行炉外再次燃烧，加上底吹气体（Ar/N_2 气），最终形成含有 CO、CO_2、O_2、N_2 及 Ar 等组分的转炉二次煤气[1-3]。然而，在转炉冶炼间歇阶段，烟道内充满了大量的冷空气，这对转炉煤气余热回收造成困难。

由于转炉冶炼过程气液作用复杂，吹炼产生的煤气从炉口进入汽化冷却烟道时，一次煤气中携带大量灰尘，甚至存在钢水微滴，无法在转炉炉口直接在线测量煤气特性参数。为了获取转炉一次煤气特性（流量、组分浓度及温度等），通常在汽化冷却烟道最顶端、降温除尘之前的位置安装探头，采集气样[2,3]，经过气样预处理系统的降温、除尘、除湿和过滤等处理后，再对气样进行分析处理，获得转炉二次煤气特性。由于转炉煤气前烧和后烧阶段的烟罩抬升，从炉口卷吸的大量外界空气进入汽化冷却烟道参与燃烧，因此在汽化冷却烟道最顶端、降温除尘之前的位置所测量的煤气特性，不能真实反映转炉前烧和后烧阶段的转炉一次煤气特性。

转炉煤气的生成与铁水中各组分含量、炼钢品质要求及吹氧制度等密切相关，所以煤气波动特性与这些因素难以分开，然而波动变化规律基本一致。例如，某钢厂采集了 100 多炉钢吹炼过程中煤气的 CO 和 O_2 组分浓度数据（LT 法煤气回收系统工艺）[4]，不同吹炼时刻 CO 和 O_2 浓度散点见图 2.5。吹炼初期和末期 CO 和 O_2 浓度变化剧烈，中期变化平稳，不同阶段持续时间均与原料条件、供氧强度和钢种要求等因素有关。

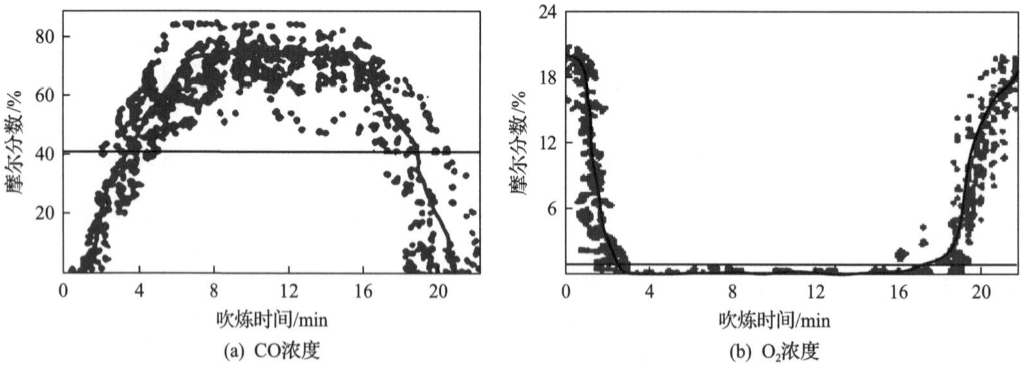

图 2.5 转炉吹炼过程中煤气的 CO 和 O_2 组分浓度数据[4]

一钢厂采用质谱仪在转炉汽化冷却烟道最顶端（降温除尘之前）在线采样监测煤气组分浓度[2]，各数据的时间间隔为 3s，正常炉况下煤气中 CO 和 CO_2 浓度的变化见图 2.6(a)。在吹炼初期，活动烟罩处于抬升状态，开始生成的 CO 与炉口卷吸的空气燃烧生成 CO_2（前烧），虽然钢水中的碳未被大量氧化产生 CO 和 CO_2 气体，但是其快速增长；在 2～3min

(图 2.6(a) 中检测 40～60 次) 后脱碳速率较大且变化平稳，此时进入吹炼中期，脱碳产生大量 CO 和 CO_2；在吹炼末期，由于熔池碳含量急剧下降，同时活动烟罩的抬升使得炉口卷吸外界空气发生煤气燃烧(后烧)，这时 CO 浓度大幅度下降，而 CO_2 浓度高于 CO 浓度，所卷吸的外界空气中的 N_2 使 CO 和 CO_2 浓度呈下降趋势。

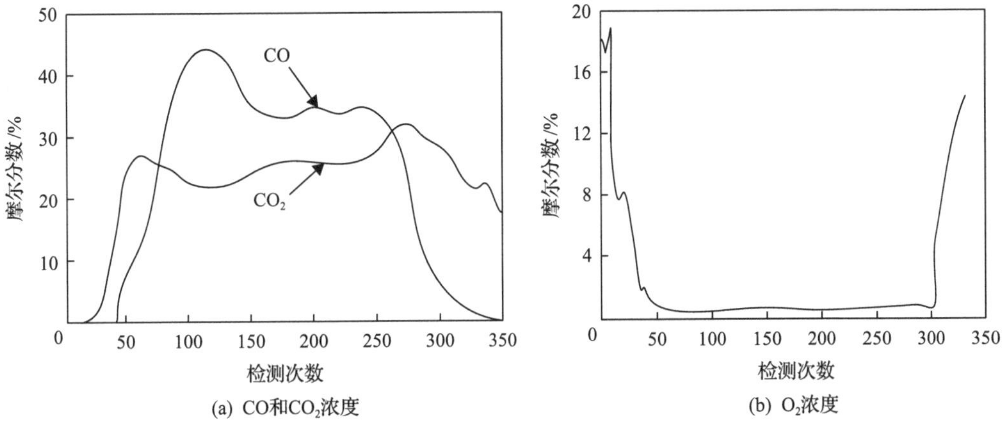

图 2.6 转炉煤气 CO、CO_2 和 O_2 浓度的变化情况[2]

相对于转炉煤气中 CO 和 CO_2 浓度的复杂变化，煤气中 O_2 浓度的变化规律比较清晰(图 2.6(b))。在吹炼初期，脱碳速率较小，吹炼存在残余的 O_2，同时转炉炉口烟罩抬升而卷吸外界空气量较大(前烧)，存在大量的 O_2，这样就形成 CO、CO_2、O_2、N_2 等共存的混合气体；在吹炼中期，吹炼脱碳反应产生大量的 CO 和 CO_2 气体，烟罩降罩避免外界空气卷吸进入烟罩，而吹氧脱碳时残余的 O_2 几乎全部消耗于 CO 在汽化冷却烟道中的二次燃烧，该阶段 O_2 极其微量($<0.5\%$)；在吹炼末期，熔池钢水中碳含量减少，脱碳速率减小，吹炼过剩的 O_2 和烟罩抬升卷吸的空气量再次增加(后烧)，O_2 浓度快速上升。如果吹炼过程中出现炉渣的返干或喷溅异常现象，CO 和 CO_2 也伴随出现相应的异常变化(图 2.7)。在转炉吹炼过程中，吹炼氧枪操作和添加辅料同样也会对煤气中 CO 和 CO_2

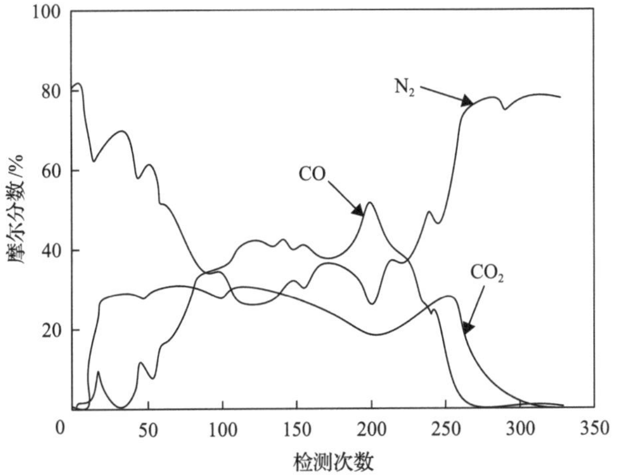

图 2.7 炉渣返干时 CO 和 CO_2 浓度的变化[2]

的浓度变化产生影响。

2.3 转炉煤气波动特性预测

转炉冶炼是一个复杂的高温物理化学过程，吹炼过程直接影响转炉煤气的特性。在转炉冶炼中，熔池内的化学反应在1300～1600℃高温下剧烈进行，炉内灰尘量很大，直接观察或测量炉内的信息存在困难。吹炼中产生的煤气从炉口排出，煤气温度可高达1600℃以上，而且煤气中含有大量的熔融或半熔融状灰尘，因此从炉口排出的煤气，其成分与温度也难以检测。

转炉煤气的间歇性、波动性及爆炸性，使煤气显热难以全部利用，为了实现煤气显热高效回收，掌握转炉一次煤气波动特性至关重要。目前，转炉煤气经过汽化冷却烟道降温后，在煤气进入一文之前或在煤气回收系统尾部煤气风机之前进行检测，但是这些位置测得的煤气相关数据属于前文所述的二次煤气数据，与在转炉炉口处一次煤气(炉气)有一定差异。利用转炉冶炼过程的基础理论，建立转炉冶炼数学模型，研究转炉煤气成分在冶炼过程中的变化规律，对于实现转炉全程动态控制、转炉煤气显热高效回收系统设计及现场控制操作等都具有重要的参考价值。

2.3.1 转炉炼钢数学模型概况

转炉炼钢数学模型通过方程式来表示吹炼过程中所关心的主要运行控制参数对冶炼过程的影响，达到定量描述转炉吹炼过程的目的[5]。依据模型建立所采用的方法，可分为理论模型(机理模型)、统计数学拟合模型、经验模型和人工智能模型等[5-8]。

机理模型从冶金机理出发，以质量平衡和能量平衡为基础，通过理论推导确定各变量之间的关系[8]。由于转炉冶炼过程机理相当复杂，单纯的机理模型常常难以反映实际复杂冶炼过程。统计数学拟合模型则是单纯采用统计的方法，通过对现场数据的收集、整理与统计分析，建立冶炼模型。统计数学拟合模型相对简单，但其结果受到冶炼过程众多干扰因素的影响。

从1960年开始，在转炉吹炼过程中开始采用计算机控制技术，从而开展了转炉冶炼方面的机理研究和技术开发工作。Slatosky[9]采用质量平衡和热量平衡原理建立了转炉吹炼静态数学模型，用于装入量和供氧量的计算，以控制转炉钢水终点温度。鞭严等提出了转炉内钢水脱碳反应模型[10-13]，进行了脱碳研究。他们认为在转炉吹炼过程中，碳含量的控制可以分为两个阶段：第一阶段，脱碳速率与碳含量无关，而与吹炼气体中的氧含量成正比；第二阶段，在碳浓度低时，脱碳速率与碳含量成正比，而吹炼气体中氧含量对脱碳速率影响较小。对于转炉冶炼熔池中氧的传递方式，大量的研究结果表明，在吹炼中一次氧化产物主要是氧化铁，熔池内氧传递主要取决于炉渣中的氧化铁。

目前转炉冶炼数学模型主要有六种典型类型[14,15]，见表2.1。模型1中需要确定的参数很多，而实验室与实际工况条件有很大差异，因而难以应用到工业生产中；模型2完全从动力学角度出发，忽略了热力学的影响，其应用面较窄；模型3应用面最广，但模型中的传质系数和反应界面区域，受吹炼气体动力学和反应动力学因素影响很大，尤其在原料条件波动大的情况下，很难确定；模型4考虑了所有气-液、渣-液间的反应平衡问题，但在实际工况条件下不可能同时达到平衡；模型5是按实验和经验数据建立的反应参数拟合模型，其移植性差；模型6只从热力学影响出发，忽略反应速率，很难解释反应进行的程度。

表 2.1　转炉冶炼数学模型的六种典型类型

序号	模型类型	特点
1	反应区模型	以氧气反应区反应机理为核心
2	氧气分配率模型	计算氧气在各元素中的分配率
3	反应界面模型	反应在界面达到平衡，反应速率取决于气、渣相中的传质
4	反应平衡模型	反应在气-液和渣-液区达到平衡
5	经验与统计模型	按照实验和经验数据建立反应参数拟合模型
6	反应系统自由能最小模型	反应进行程度根据自由能最小原理决定

综上所述，理想的转炉冶炼数学模型应是各种理论优势的综合，以热力学和反应动力学作为理论描述的基础，从气-液反应、液-液反应、氧枪射流特征等出发，全面剖析转炉冶炼反应机理，建立符合现代转炉吹炼特征的数学模型，才能准确地预测转炉冶炼过程中煤气特性的变化(组分浓度、温度和流量等)。

2.3.2　转炉炼钢煤气生成数学模型

转炉炼钢煤气生成数学模型可对转炉吹炼过程进行定量描述，用数学方程表示吹炼过程中主要参数的变化，模拟计算煤气发生过程，预测炉气组分浓度、流量和温度等的变化，分析冶炼操作参数变化对炉气发生过程的影响。以下模型中未考虑转炉烟罩卷吸空气发生燃烧时对煤气成分的影响，因此预测的是转炉一次煤气(炉气)。

转炉是一个复杂的多相反应器，涉及渣-金、金-气和渣-气等反应界面，包括脱碳、脱硅、脱锰、脱磷及渣还原等一系列复杂反应[16]。在转炉冶炼过程中，化学反应以氧气射流与钢水之间的气-液界面反应和炉渣与钢水之间的渣-金界面反应为主[17]。图 2.8 为氧气顶吹转炉炼钢中炉内的物理化学过程，其中氧气顶吹钢水时形成的凹坑，对于炼钢的物理化学过程非常重要[17-19]。

1. 转炉炼钢吹炼冲击反应界面面积计算模型[17-20]

氧枪是转炉供氧的关键设备，它由喷头、枪身和枪尾组成，见图 2.9。对于氧气顶吹转炉，氧枪为拉瓦尔喷管。高压氧气经过氧枪喷头的拉瓦尔喷管，以超声速(450～500m/s)射流进入转炉炉膛。氧流先和炉气及灰尘等相互作用，吸入氧流周围的气体，使流量不断加大而流速逐渐降低，从而形成一个“射流”冲击熔池面，同时熔池中心会被冲成一个旋转抛物面形的凹坑(图 2.10)。

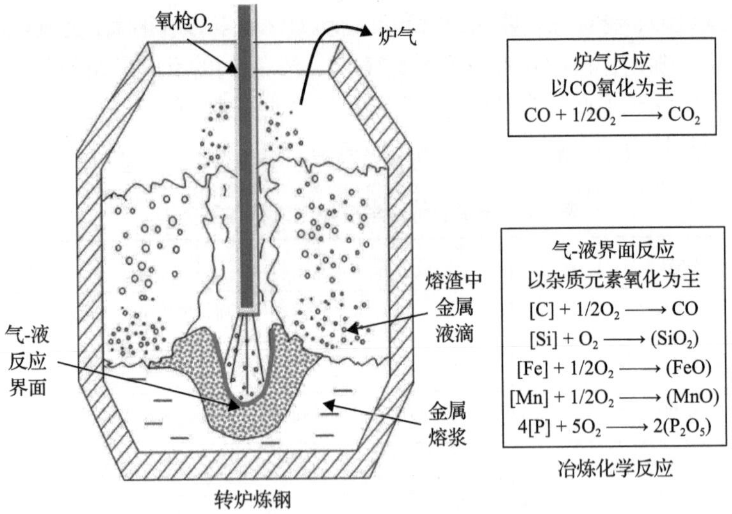

图 2.8 氧气顶吹转炉炼钢过程的物理化学模型

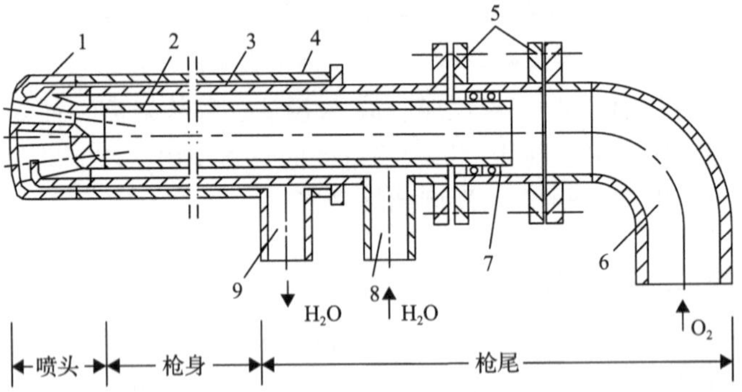

图 2.9 氧枪的基本结构

1-喷头；2-内管；3-中管；4-外管；5-法兰盘；6-进氧管；7-密封胶圈；8-进水管；9-出水管

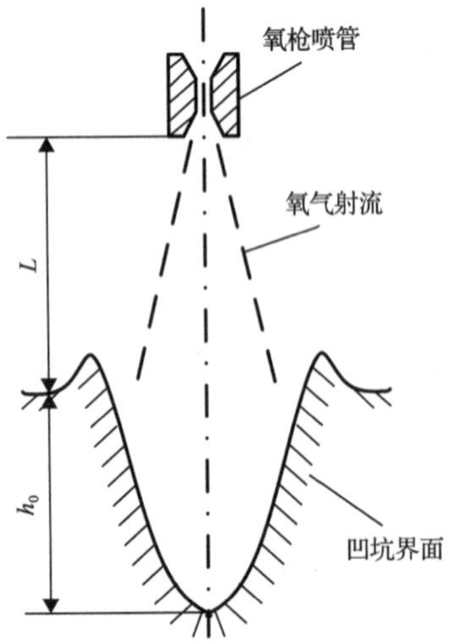

图 2.10 氧气射流冲击钢水液面凹坑示意图[18]

L-氧枪喷口距熔池液面高度；h_0-冲击深度

凹坑中心处的最大深度称为冲击深度(h_0)，凹坑顶部水平面的面积称为冲击面积，凹坑为主要的反应区。该冲击坑的形状、大小影响冲击坑的气-液界面反应，凹坑表面积对转炉冶炼反应进程极为重要。供氧强度和氧枪枪位(氧枪枪位是指氧枪喷口距熔池液面的高度，见图2.10中的L)决定冲击坑的形状和表面积，而供氧强度直接取决于吹氧压力和氧枪喷头孔径的大小与喷孔数量等。氧气在氧枪喷头内的流动可视为稳定等熵流动。下面依据能量守恒定律，计算冲击坑的表面积。拉瓦尔喷管的出口流速为

$$u_1=\left\{\frac{2\gamma}{\gamma-1}\frac{p_0}{\rho_0}\left[1-\left(\frac{p_1}{p_0}\right)^{\frac{\gamma-1}{\gamma}}\right]\right\}^{\frac{1}{2}} \tag{2-1}$$

式中：u_1为氧枪喷嘴出口流速，m/s；p_0为氧枪喷嘴入口氧气压力，Pa；p_1为氧枪喷嘴出口氧气压力，Pa；γ为氧气比热比，1.4；ρ_0为氧枪喷嘴入口氧气密度，kg/m^3。

假设凹坑为旋转抛物面，凹坑半径增量为dr，曲面长度增量为ds，则冲击坑表面积A为

$$A=\int_0^{h_0}2\pi r\mathrm{d}s=\int_0^{h_0}2\pi r\sqrt{1+(\mathrm{d}r/\mathrm{d}h)^2}\,\mathrm{d}h \tag{2-2}$$

转炉炼钢吹炼有两种模式，即硬吹和软吹。硬吹是指枪位低或压力高的吹炼模式，氧气射流与熔池接触时氧气射流的速度较快、断面面积较小，因而熔池的中央被冲出一个面积较小而深度较大的作用区，枪位越低，熔池内部搅拌越充分。软吹是指枪位较高或氧压较低的吹炼模式，与熔池接触时氧气射流的速度较慢、断面面积较大，其对熔池内部的搅拌相对较弱。

基于动量守恒定律和旋转抛物面凹坑假设，依据氧枪喷嘴出口动量和射流排开液体体积的关系，并结合硬吹和软吹两种条件下射流冲击液面时形成的凹坑形状经验关系式，计算转炉冶炼硬吹和软吹射流冲击液面面积的方法见表2.2。

表2.2 转炉冶炼硬吹和软吹射流冲击液面面积的计算方法

求解量	表达式
硬吹深凹坑无量纲深度 h/h_0	$\frac{h}{h_0}=1-\beta\left(\frac{r}{L+h_0}\right)^2$
硬吹冲击凹坑深度 h_0 函数	$h_0^3+2Lh_0^2+L^2h_0-\frac{2\beta M}{\pi\rho_1 g}=0$
硬吹条件下射流排开的液体体积 $V_{1,d}$	$V_{1,d}=\frac{\pi h_0(h_0+L)^2}{2\beta}=n_z\frac{\pi d_1^2\rho_1u_1^2}{4\rho_L g}$
硬吹时冲击坑的表面积 A	$A=\frac{\pi(h_0+L)}{6\beta^2h_0^2}\left\{\left[4h_0^2\beta+(h_0+L)^2\right]^{\frac{3}{2}}-(h_0+L)^3\right\}$
氧枪喷嘴出口动量流率 M	$M=n_z\frac{\pi d_1^2}{4}\rho_1u_1^2$

续表

求解量	表达式
软吹浅凹坑无量纲深度 h/h_0 函数	$\frac{h}{h_0}=\exp\left[-\beta'\left(\frac{r}{L+h_0}\right)^2\right]$
软吹时冲击坑的表面积 A	$A=2\pi\int_0^{h_0}\sqrt{-\frac{(h_0+L)^2}{\beta'}\ln\left(\frac{h}{h_0}\right)+\left[\frac{(h_0+L)^2}{2\beta' h}\right]^2}\,\mathrm{d}h$

注：$\beta=p_0^2/0.1632$（硬吹，经验关系）；$\beta'=p_0^2/0.0816$（软吹，经验关系），其中 p_0 为氧枪的滞止压力，Pa；h_0 为冲击凹坑深度，m；L 为氧枪喷口距熔池液面的高度，即枪位，m；d_1 为氧枪喷孔出口内径，m；n_z 为氧枪喷孔数量；ρ_l 为钢水密度，kg/m^3；A 为冲击坑的表面积，m^2；M 为氧枪喷孔出口动量流率，kg·m/s^2。

根据氧枪操作参数(氧枪枪位 L、氧枪喷孔出口内径 d_1、氧枪喷孔数量 n_z 及氧枪出口速度 u_1 等)，通过表 2.2 中关键参数迭代计算，可求解出冲击坑表面积 A。

由于在吹氧冶炼过程中，熔池渣-金界面波动剧烈，很难直接计算其面积。通过测量其容积传质系数，可以得到渣-金界面面积(A_{sm})与传质系数(k_m)的关系：

$$A_{sm}k_m\rho_l/W_m=4.48\times10^{-3} \tag{2-3}$$

式中：W_m 为熔池钢水质量，kg。

2. 转炉炼钢吹炼反应模型[17-23]

在转炉吹氧冶炼中，氧气射流冲击熔池坑表面，氧被凹坑表面所吸附，并向钢水内传递氧，溶解的氧与钢水中的[C]、[S]、[Fe]、[Mn]和[P]反应，生成渣液中的主要氧化物(SiO_2)、(FeO)、(MnO)和(P_2O_5)等。吹炼化学反应主要集中在以元素直接氧化为主的气-液界面和以磷、锰等杂质元素间接氧化为主的渣-金界面两部分，熔池中金属组分浓度的变化由两部分反应共同决定，该过程主要化学反应见表 2.3。

表 2.3 转炉吹炼过程炉内主要化学反应

冲击坑气-液界面反应			
R1	$O_2 \longleftrightarrow 2[O]$	R5	$[C]+[O] \longrightarrow CO$
R2	$[Si]+2[O] \longrightarrow (SiO_2)$	R6	$[Fe]+[O] \longrightarrow (FeO)$
R3	$[Mn]+[O] \longrightarrow (MnO)$	R7	$2[P]+5[O] \longrightarrow (P_2O_5)$
R4	$[FeO] \longleftrightarrow (FeO)$	R8	$[FeO] \longleftrightarrow [Fe]+[O]$
渣-金界面反应			
R9	$(Fe_2O_3)+[Fe] \longleftrightarrow 3(FeO)$	R11	$2[P]+5(FeO)+n(CaO) \longleftrightarrow (nCaO\cdot P_2O_5)+5[Fe]$
R10	$[Mn]+(FeO) \longleftrightarrow (MnO)+[Fe]$	R12	$[FeO] \longleftrightarrow [Fe]+[O]$

续表

铁矿石和石灰石（冶炼中加入熔池）分解反应			
R13	$Fe_2O_3 \longrightarrow 2[Fe]+3[O]$	R14	$CaCO_3 \longrightarrow CaO(s)+[O]+CO(g)$
炉内气相空间二次燃烧反应			
R15	$CO+1/2O_2 \longleftrightarrow CO_2$		

注：以上反应式中，[ ]表示钢水中组分浓度，( )表示渣液中组分浓度。

在冲击坑表面各元素向冲击坑气-液界面扩散并在界面处产生氧化反应。假定化学反应速率与反应物浓度的一次方成正比，各元素含量通过质量平衡计算可得。为了计算冲击坑气-液表面氧浓度，假设冲击坑表面 FeO 处于饱和状态。表 2.4 给出了氧气吹炼气-液界面反应耗氧速率表达式。

表 2.4　氧气吹炼气-液界面反应耗氧速率

求解量	表达式
气-液界面组分浓度变化率	$\frac{\partial C_{[i]}}{\partial t}=D_{[i]}\frac{\partial^2 C_{[i]}}{\partial n^2}-\sum k_i C_{[i]} C_{[O]}$
气-液界面氧浓度	$C^*_{[O]}=\exp\left[-14554/\left(T_w+273\right)+6.30\right]/1600$
气-液界面氧扩散质量流量	$J_O = 2\varphi\sqrt{\frac{D_{[O]}}{\pi t_e}}C^*_{[O]}\rho_m$
冲击坑进入熔池氧量	$S_{O_2}=J_O A$
熔池铁矿石分解产生的氧量	$S_{Fe_2O_3}=3\times\frac{W_{Fe_2O_3}(\tau)}{M_{Fe_2O_3}}$
熔池石灰石分解产生的氧量	$S_{CaCO_3}=\frac{W_{CaCO_3}(\tau)}{M_{CaCO_3}}$
进入冶炼熔池参与反应的总氧量	$S=S_{O_2}+S_{Fe_2O_3}+S_{CaCO_3}$
各反应所消耗氧的比例	$\sigma_i=\frac{k_i C^b_{[i]}}{\sum k_i C^b_{[i]}}$

注：$C_{[i]}$为钢水中 i 元素的浓度，kmol[i]/kg(Fe)；$C_{[O]}$为钢水中 O 元素浓度，kmol[O]/kg[Fe]；$C^*_{[O]}$为气-液界面氧浓度，kmol[O]/kg(Fe)；$D_{[i]}$为元素 i 在钢水中的扩散系数，m^2/s；k_i 为化学反应速率常数；φ 为冲击坑表面吸收系数（见表 2.5 注）；T_w 为冲击坑表面温度（见表 2.7），K；ρ_m 为金属密度，kg/m^3；t_e 为钢水微元体在冲击坑气液界面附近的平均停留时间，s；$W_{Fe_2O_3}(\tau)$ 和 $W_{CaCO_3}(\tau)$ 分别为在 τ 时刻所加入的铁矿石和石灰石量，kg；$M_{Fe_2O_3}$ 和 M_{CaCO_3} 分别为 Fe_2O_3 和 $CaCO_3$ 的摩尔质量，kg/kmol；A 为吹炼冲击坑表面积，m^2；σ_i 为各元素在吹炼过程中所消耗氧的比例；i=C、Si、Fe、Mn、P。

对于氧气顶吹转炉，脱锰和脱磷反应主要发生在渣-金界面，这些反应之间存在相互影响。为了计算氧化反应速率，假设渣-金界面间的各化学反应处于平衡，在渣-金界面的渣侧和金属侧的传质速率为渣-金界面化学反应速率的控制环节。表 2.5 给出了渣-金界面化学反应速率和反应物浓度计算表达式。

表 2.5 渣-金界面化学反应速率和反应物的浓度

渣-金界面化学反应速率	
钢水侧各组元的传质速率	$R_i = A_{sm}k_m\rho_m\left(C_{[i]}^b - C_{[i]}^*\right)$，$i$=P, Mn, O
熔渣侧反应物的传质速率	$R_j = A_{sm}k_s\rho_s\left(C_{(j)}^* - C_{(j)}^b\right)$，$j$=FeO, MnO, CaO, nCaO·P$_2O_5$
渣-金界面反应的化学反应平衡常数	$K_P = \dfrac{C_{(n\text{CaO}\cdot\text{P}_2\text{O}_5)}^*}{C_{[P]}^{*2}C_{(\text{FeO})}^{*5}C_{(\text{CaO})}^{*n}}$，$K_{Fe} = \dfrac{C_{[O]}^*}{C_{(\text{FeO})}^*}$，$K_{Mn} = \dfrac{C_{(\text{MnO})}^*}{C_{[\text{Mn}]}^*C_{(\text{FeO})}^*}$
各反应组元间的传质速率化学计量关系	$2R_P = R_{n\text{CaO}\cdot\text{P}_2\text{O}_5}$，$2R_{Mn} = R_{\text{MnO}}$ $-R_{\text{FeO}} = \dfrac{2}{5}R_P + R_{Mn} - R_O$，$2R_P = -nR_{\text{CaO}}$
渣-金界面反应物的浓度	
反应 R10 中 Mn	$C_{[\text{Mn}]}^* = \dfrac{C_{(\text{MnO})}^b - AC_{[\text{Mn}]}^b}{\varphi + \dfrac{1}{\varphi K_{(\text{FeO})}}\left(C_{(\text{FeO})}^b - \varphi\left\{\dfrac{5}{2}\left[C_{[P]}^b - C_{[P]}^* + \left(C_{[\text{Mn}]}^b - C_{[\text{Mn}]}^*\right) + C_{[O]}^b\right]\right\}\right)}$
反应 R10 中 MnO	$C_{(\text{MnO})}^* = K_{Mn}C_{[\text{Mn}]}^*C_{(\text{FeO})}^*$
反应 R11 中 P	$C_{[P]}^* = C_{[P]}^b + \dfrac{1}{2A}C_{(n\text{CaO}\cdot\text{P}_2\text{O}_5)}^b - \dfrac{K_P}{2\varphi}C_{(\text{FeO})}^5C_{(\text{CaO})}^{*n}$
反应 R11 中 CaO	$C_{(\text{CaO})}^* = -\dfrac{2A}{n}\left(C_{[P]}^b - C_{[P]}^*\right) + C_{(\text{CaO})}^b$
反应 R11 和反应 R12 中 FeO	$C_{(\text{FeO})}^* = \dfrac{1}{1+AK_{Fe}}\left\{C_{(\text{FeO})}^b - \varphi\left[\dfrac{5}{2}\left(C_{[P]}^b - C_{[P]}^*\right) + C_{[\text{Mn}]}^b - C_{[\text{Mn}]}^* + C_{[O]}^b\right]\right\}$

注：$C_{[i]}^*$ 为渣-金界面反应物的浓度，i = P、CaO、FeO、Mn、MnO, kmol[i]/kg(Fe)；$C_{[i]}^b$ 为气-液界面元素 i 在钢水本体处的浓度，kmol[i]/kg(Fe)；k_m 和 k_s 分别为金属侧和熔渣侧的传质系数，m/s；ρ_m 和ρ_s 分别为钢水和熔渣密度，kg/m^3；A_{sm} 为渣-金界面面积，m^2；$\varphi = \dfrac{k_m\rho_m}{k_s\rho_s}$。

为了表述吹炼过程中各组元的浓度变化率，可以认为钢水中的碳和硅仅在氧气射流冲击坑的气-液反应区参与反应，而锰和磷不仅在冲击坑的气-液反应区参与反应，还在渣-金界面的反应区参与反应(表 2.6)。因此，锰和磷这两个组元的浓度随吹炼时间的变化率为这两个反应区的变化率之和。

表 2.6 吹炼过程中各组元的浓度和钢水/熔渣质量变化速率

钢水中各组元的浓度变化率	
钢水中 C 组元	$\dfrac{d\left(W_mC_{[C]}^b\right)}{dt} = -\sigma_C S$
钢水中 Si 组元	$\dfrac{d\left(W_mC_{[\text{Si}]}^b\right)}{dt} = -\dfrac{1}{2}\sigma_{\text{Si}} S$
钢水中 Mn 组元	$\dfrac{d\left(W_mC_{[\text{Mn}]}^b\right)}{dt} = -\left[\sigma_{\text{Mn}}S + A_{sm}k_m\rho_m\left(C_{[\text{Mn}]}^b - C_{[\text{Mn}]}^*\right)\right]$
钢水中 P 组元	$\dfrac{d\left(W_mC_{[P]}^b\right)}{dt} = -\left[\dfrac{2}{5}\sigma_P S + A_{sm}k_m\rho_m\left(C_{[P]}^b - C_{[P]}^*\right)\right]$

续表

熔渣中各组元的质量随吹炼时间的变化率	
渣中 SiO_2	$\frac{dW_{(SiO_2)}}{dt}=\frac{1}{2}\sigma_{Si}SM_{SiO_2}$
渣中 MnO	$\frac{dW_{(MnO)}}{dt}=M_{MnO}\left[\sigma_{Mn}S+A_{sm}k_m\rho_m\left(C^*_{[Mn]}-C^b_{[Mn]}\right)\right]$
渣中 P_2O_5	$\frac{dW_{(P_2O_5)}}{dt}=M_{P_2O_5}\left[\frac{1}{5}\sigma_P S+\frac{1}{2}A_{sm}k_m\rho_m\left(C^*_{[P]}-C^b_{[P]}\right)\right]$
渣中 FeO	$\frac{dW_{(FeO)}}{dt}=M_{FeO}\left[\sigma_{Fe}S+A_{sm}k_m\rho_m\left(C^*_{[FeO]}-C^b_{[P]}\right)\right]$
钢水质量和熔渣质量随吹炼时间的变化率	
钢水质量变化率	$\frac{dW_m}{dt}=\sum M_i\frac{d\left(W_m C^b_{[i]}\right)}{dt}-\frac{M_{Fe}}{M_{FeO}}\frac{dW_{(FeO)}}{dt}+\frac{d\left(W_{SC}F_{SC}(t)\right)}{dt}+\frac{M_{Fe}}{M_{Fe_2O_3}}W_{Fe_2O_3}(t)$
熔渣质量变化率	$\frac{dW_s}{dt}=\frac{dW_{(SiO_2)}}{dt}+\frac{dW_{(MnO)}}{dt}+\frac{dW_{(P_2O_5)}}{dt}+\frac{dW_{(FeO)}}{dt}+\frac{dW_{(CaO)}}{dt}$

注：W_m 为熔池钢水质量，kg；W_s 为熔渣质量，kg；M_{SiO_2}、M_{MnO}、$M_{P_2O_5}$、M_{FeO} 分别为 SiO_2、MnO、P_2O_5、FeO 的摩尔质量，kg/kmol；σ_C、σ_{Mn}、σ_P、σ_{Si} 分别为脱碳反应、脱锰反应、脱磷反应、脱硅反应所消耗氧的比例，具体反应见表 2.3；σ_{Fe} 为表 2.3 中反应 R6 中所消耗氧的比例；W_{SC} 为熔池中废钢质量，kg；$F_{SC}(t)$ 为废钢熔化率函数；S 为进入熔池参与反应的总氧量(表 2.4)，kmol。

在冲击坑的气-液界面上，存在脱碳、脱硅、氧化铁和脱锰的反应，产生的反应热一部分传给钢水，一部分被上升的气体带走。表 2.7 给出了冲击坑表面温度和钢水熔池温度计算方法。

表 2.7 冲击坑表面温度和钢水熔池温度计算

求解量	表达式
单位时间反应热总和	$q=S_{O_2}\left(\sigma_C\Delta H_C+\frac{1}{2}\sigma_{Si}\Delta H_{Si}+\sigma_{Mn}\Delta H_{Mn}+\frac{2}{5}\sigma_P\Delta H_P+\sigma_{Fe}\Delta H_{Fe}\right)$
反应热向熔池侧钢水传递的热流	$q_L=h_L\left(T_w-T_b\right)A$
上升气体带走的热流	$q_G=h_G\left(T_w-T_g\right)A$
钢水温度	$T_b=1600-50w[C]$
冲击坑表面温度	$T_w=\frac{q+h_L T_b+h_G T_G}{(h_L+h_G)A}$

注：σ_C、σ_{Si}、σ_{Mn}、σ_P、σ_{Fe} 分别为碳、硅、锰、磷和铁元素在冶炼过程中的耗氧率；ΔH_C、ΔH_{Si}、ΔH_{Mn}、ΔH_P、ΔH_{Fe} 分别为碳、硅、锰、磷和铁元素的反应热，J/kmol；h_L 和 h_G 分别为气、固两侧换热系数，W/(℃·m^2)。

氧枪喷管向熔池中吹入的氧气，一部分或全部被钢水吸收，消耗于脱碳的氧最终形成 CO。由于炉内的气体完全混合，在整个吹炼过程中容积一定，不断产生过剩气体从炉口排出，上升进入烟罩。设表 2.3 中反应 R15 在单位时间内消耗的一氧化碳为

R_{CO}(kmol/s)。从炉口排出的炉气摩尔流量为 F_{out}。炉内气体的总物质的量为 n_v(kmol)，其中 O_2、CO、CO_2 和 N_2 物质的量分别为 n_{O_2}、n_{CO}、n_{CO_2}、n_{N_2}，单位为 kmol。煤气流量和组成及温度计算方法见表 2.8。

表 2.8　煤气流量和组成及温度计算

求解量	表达式
吹氧冶炼剩余氧气摩尔流量	$F_{O_2}=\frac{Q_{O_2}\times 1000}{22.4}-\frac{d\left(W_m C_{[C]}^b\right)}{dt}-2\left[\frac{d\left(W_m C_{[Si]}^b\right)}{dt}\right]-\frac{d\left(W_m C_{[Mn]}^b\right)}{dt}-\frac{5}{2}\left[\frac{d\left(W_m C_{[P]}^b\right)}{dt}\right]-\frac{d\left(W_m C_{[Fe]}^b\right)}{dt}$
脱碳反应产生的 CO 摩尔流量	$F_{CO}=\sigma_C J_O A$
炉内煤气中各组元(O_2、CO、CO_2 和 N_2)的物质的量随时间变化率	$\frac{dn_{O_2}}{dt}=F_{O_2}-F_{out}\frac{n_{O_2}}{n_v}-\frac{R_{CO}}{2}$
	$\frac{dn_{CO}}{dt}=F_{CO}-F_{out}\frac{n_{CO}}{n_v}-R_{CO}$
	$\frac{dn_{CO_2}}{dt}=-F_{out}\frac{n_{CO_2}}{n_v}+R_{CO}$
	$\frac{dn_{N_2}}{dt}=-F_{out}\frac{n_{N_2}}{n_v}+\frac{Q_{O_2}V\left(N_2\right)}{28}$
煤气总物质的量	$n_v=n_{CO_2}+n_{CO}+n_{O_2}+n_{N_2}$
煤气温度随吹炼时间的变化	$\frac{dT_g}{dt}=\frac{q-\frac{F_{out}}{n_v}\left(n_{O_2}C_{P,O_2}+n_{CO}C_{P,CO}+n_{CO_2}C_{P,CO_2}+n_{N_2}C_{P,N_2}\right)T_g+R_{CO}(-\Delta H_{CO})}{n_{O_2}C_{P,O_2}+n_{CO}C_{P,CO}+n_{CO_2}C_{P,CO_2}+n_{N_2}C_{P,N_2}}$

注：$R_{CO}=\frac{E-A\times D}{C+D\times B}$；$F_{out}=A+B\times R_{CO}$；$C=\frac{1}{n_{CO_2}}+\frac{1}{n_{CO}}+\frac{1}{4n_{O_2}}$；$E=\frac{F_{CO}}{n_{CO}}+\frac{F_{O_2}}{2n_{O_2}}$；$D=\frac{1}{2n_v}$；$A=\frac{T_g+273}{2T_g+273}\left[F_{O_2}+F_{CO}+\frac{Q_{O_2}V\left(N_2\right)\times 10}{22.4}+\frac{qn_v}{F\left(T_g+273\right)}\right]$为冲击坑表面积；$B=\frac{2(-\Delta H_{CO})n_v-F\left(T_g-273\right)}{2F\left(2T_g+273\right)}$，其中，$F=n_{O_2}C_{P,O_2}+n_{CO}C_{P,CO}+n_{CO_2}C_{P,CO_2}+n_{N_2}C_{P,N_2}$；$C_{P,i}$为气体比热($i$=$O_2$、CO、$CO_2$、$N_2$)，J/(mol·K)；$T_g$为炉气温度，℃；$Q_{O_2}$为吹氧体积流率，$Nm^3/s$；$V\left(N_2\right)$为吹氮中氮气体积分数。

在转炉炼钢吹炼反应模型中，表 2.4～表 2.8 计算所涉及的相关参数见表 2.9。

表 2.9　模型中相关常数[11,21]

参数	数值	参数	数值
t_e	10^{-5}s	ΔH_P	–1176563J/mol
h_L	41800J/(m^2·s·K)	ΔH_{Mn}	–361740J/mol
h_G	33440J/(m^2·s·K)	C_{P,O_2}	29.39J/(mol·K)
k_m	0.002m/s	$C_{P,CO}$	29.33J/(mol·K)

续表

参数	数值	参数	数值
k_s	10^{-4}m/s	C_{P,CO_2}	37.23J/(mol·K)
k_{CaO}	10^{-3}m/s	C_{P,N_2}	20.8J/(mol·K)
ΔH_C	–139420J/mol	ρ_m	7020kg/m^3
ΔH_{Si}	–817682J/mol	ρ_s	3500kg/m^3
ΔH_{Fe}	–722432J/mol		

2.3.3 转炉吹氧期间的煤气生成模拟分析

在转炉吹炼过程中，氧枪运行操作参数(氧枪枪位和吹氧压力)影响脱碳速率，从而直接影响炉气的生成(如炉气的组分浓度、流率和温度等)，使转炉煤气发生波动。本节以一台典型的顶吹氧气转炉为研究对象，建立转炉炼钢数学模型，对转炉吹氧期间的初始煤气生成进行模拟分析。

1. 煤气生成模拟初始条件、边界条件及计算方法

所研究的转炉在实际生产中，平均铁水装入量 203t，平均废钢装入量 30.4t，表 2.10 列出了冶炼实际生产铁水初始成分和吹氧工作参数，以此作为冶炼初始条件和边界条件，进行吹炼煤气生成模拟分析。在实际生产中，铁水中原始化学成分：w[C]=3.84%，w[Si]=0.38%，w[Mn]=0.322%，w[P]=0.102%；温度：1320℃；造渣料：白灰为 54.7kg/t，铝矾土为 2.62kg/t，铁皮为 13.01kg/t，轻烧白云石为 14.63kg/t。表 2.10 中的基本数据来源于文献[23]，氧气流量和氧枪参数等数据来源于文献[21]。

表 2.10 冶炼初始条件和边界条件

参数	数值	参数	数值
铁水装入量	203t	吹氧流率	12～13m^3/s
废钢装入量	30.4t	氧纯度	99%
铁水碳含量	3.84%	氧枪喷孔直径	0.047m
铁水硅含量	0.38%	氧枪喷孔数量	8 个
铁水锰含量	0.322%	吹氧时间	16min
铁水磷含量	0.102%	熔池温度	1320℃

在吹炼过程中，影响脱碳的主要因素是化学反应面积和熔池的混合程度，冲击坑化学反应面积与供氧量和氧枪枪位有关，而供氧量直接取决于吹氧压力、氧枪喷孔直径的大小。该转炉氧枪操作主要有两种类型：第一种是恒压变枪操作，即在吹炼过程中，其供氧压力基本保持不变，通过氧枪枪位高低变化来改变吹氧气流与熔池的相互作用，以控制吹炼过程，其特点是控制灵活、吹炼较稳定；第二种是变压变枪操作，在吹炼过程中，通过同时调节供氧压力和氧枪枪位来控制吹炼过程，其特点是化渣迅速，可以缩短

吹炼时间，但控制难度大[24]。

利用上述所建立的转炉炼钢数学模型，通过图 2.11 所示的转炉炼钢煤气生成数学模型计算方法，首先输入表 2.10 中的冶炼初始条件和边界条件，设置吹炼时间、迭代步长、氧枪枪位、吹氧压力；然后计算某吹炼时刻冲击坑面积、钢水和渣液组元氧化速度、熔池温度，并计算炉气组分浓度和温度，输出此时刻计算结果；最后循环计算至整个吹炼过程结束。

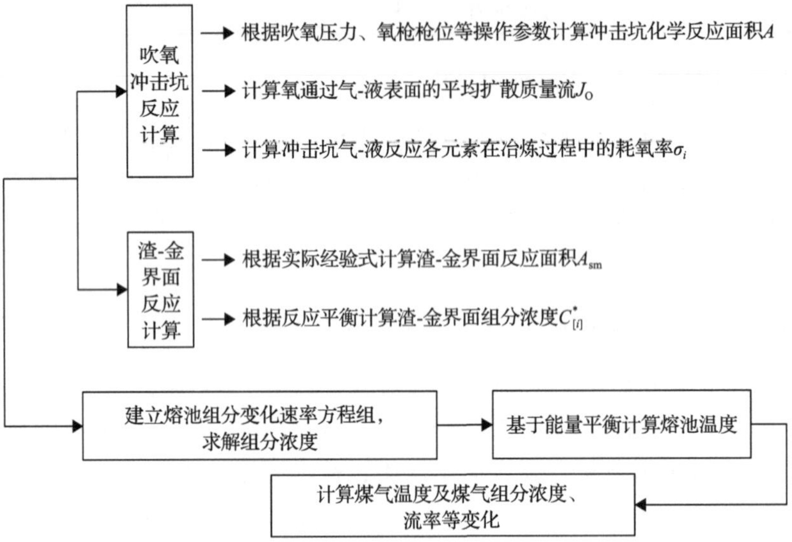

图 2.11　转炉炼钢煤气生成数学模型计算方法

2. 模拟结果分析

1) 模型验证

在吹炼过程中，控制脱碳速率和检测熔池碳含量是非常关键的。在实际转炉吹炼过程中，由于从炉口排出的煤气温度可达 1600℃，且携带大量处于熔融或半熔融态灰尘，难以在炉口测量气体组分浓度。目前，为了监测脱碳速率和熔池中的碳含量，通过监测煤气在燃烧冷却降温后烟气中 CO 和 CO_2 的含量及烟气流量，通过转炉冶炼过程中的碳平衡，可计算出熔池中的脱碳速率。转炉煤气组分通过质谱仪连续监测，质谱仪取样器对称安装在煤气进入汽化冷却烟道一文之前管道的两侧，同时在该部位安装流量计检测气体流量。近年来，国内很多转炉采用基于可调谐半导体激光吸收光谱术(tunable diode laser absorption spectroscopy，TDLAS)技术的煤气成分监测装置，取样器安装在一次除尘风机位置，温度和灰尘浓度较低，有利于仪器可靠工作。

转炉煤气发生过程与脱碳速率和熔池碳含量有密切的关系，熔池温度与冶炼过程换热有直接关系，为了验证所建立的转炉煤气生成数学模型的有效性，对比分析了脱碳速率、熔池碳含量和温度的实际测量结果与模拟结果[21]。为了表述冶炼过程的进程，采用吹氧时间百分数(i)表示吹炼时间进程：

$$\dot{t}=t/t_{\mathrm{T}}\times100\% \tag{2-4}$$

式中：t 和 t_{T} 分别为吹氧时间和总的吹炼时间，min。

在吹炼中，氧枪枪位和吹氧压力变化见图 2.12(该操作类型接近于恒压变枪)，脱碳速率和熔池温度的实际检测结果和模拟预测结果对比见图 2.13。

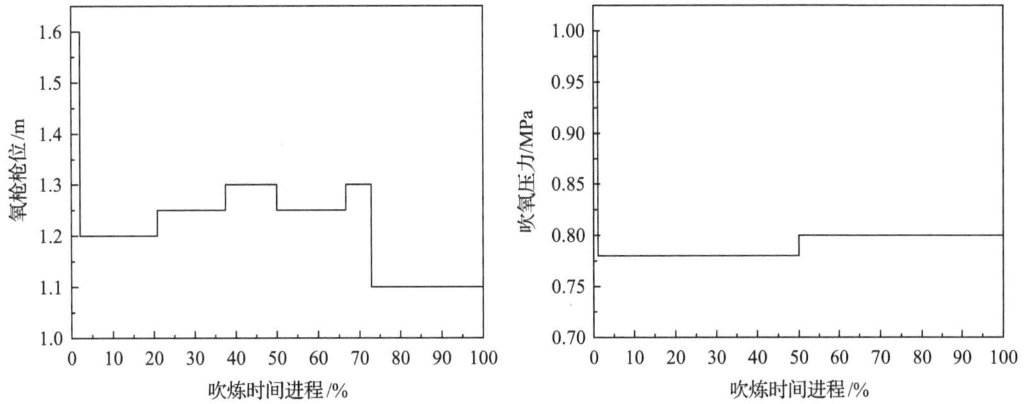

(a) 氧枪枪位　(b) 吹氧压力

图 2.12　吹炼过程中氧枪枪位与吹氧压力变化

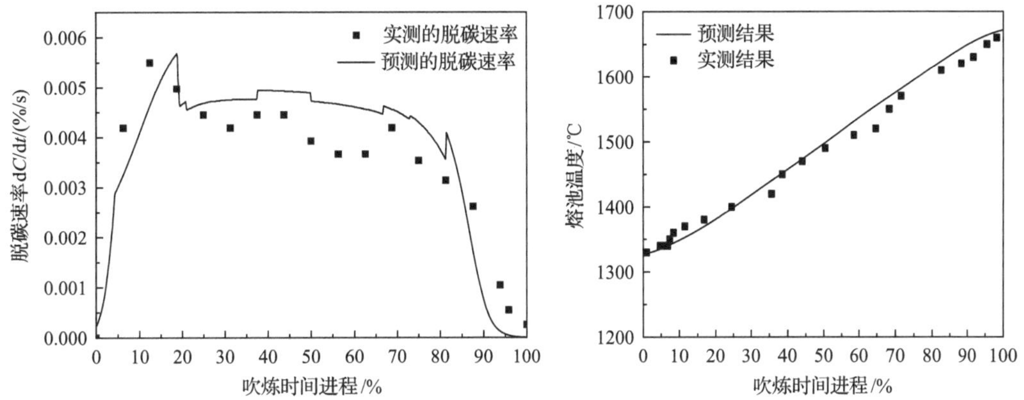

(a) 脱碳速率　(b) 熔池温度

图 2.13　吹炼过程中脱碳速率和熔池温度变化

由图 2.13 可知，预测结果与实测结果吻合较好，说明该数学模型是有效的，可以达到工程应用的要求。模拟存在一定的偏差是由于吹炼是一个复杂化学反应过程，其涉及传热、传质、动量交换，吹炼过程经常出现渣-金液喷溅，实际吹炼过程微小的波动都会对吹炼产生影响。

2) 恒压变枪操作对转炉煤气生成的影响

在转炉吹炼过程中，氧枪运行操作参数(氧枪枪位和吹氧压力)影响脱碳速率，因而直接影响转炉煤气的生成(如煤气的组分浓度、流率和温度等)，这里研究恒压变枪操作对转炉煤气生成的影响。前文已述，以下结果针对从转炉炉口排出的一次煤气(也可称为炉气）进行预测。

在模拟中，吹氧压力保持 0.9MPa 不变，研究两种氧枪吹氧位置变化模式下煤气变化规律（图 2.14）。图 2.14（a）为氧枪枪位高-低-高小幅度变化模式，图 2.14（b）为氧枪枪位递减变化模式。

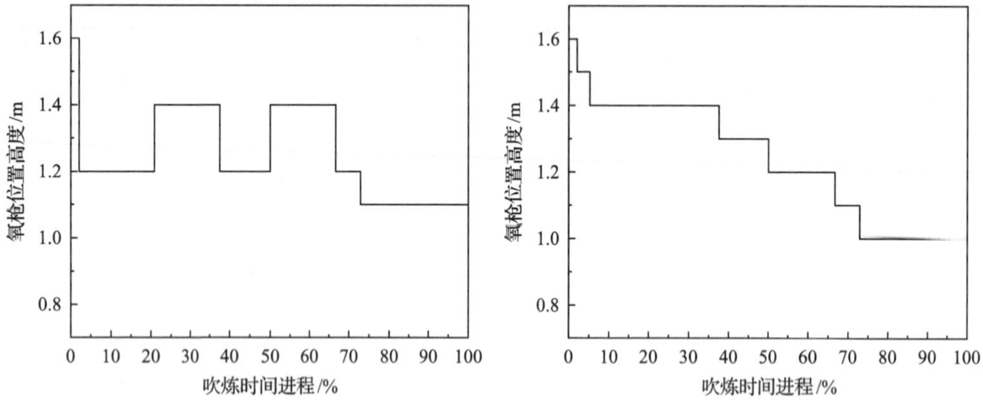

(a) 氧枪枪位模式A　　(b) 氧枪枪位模式B

图 2.14　氧枪枪位操作变化模式

图 2.15 为在不同氧枪枪位操作模式时转炉煤气组分浓度随吹炼时间的变化情况。结果表明，在吹炼初期，CO 浓度较低，随着吹炼时间延长，其浓度快速增大；在吹炼中期（20%～70%的吹炼时间段），转炉煤气组分浓度变化平缓，CO 浓度可达 80%；在吹炼末期（>70%的吹炼时间段），转炉煤气中 CO 浓度快速降低；在吹炼初期和末期，O_2 浓度较高。在实际转炉煤气回收中，由于在吹炼初期和末期，煤气中 CO 浓度较低，而 O_2 浓度较高，煤气品质差，该吹炼时间段煤气回收具有爆炸危险且煤气品位低，因此不宜回收。

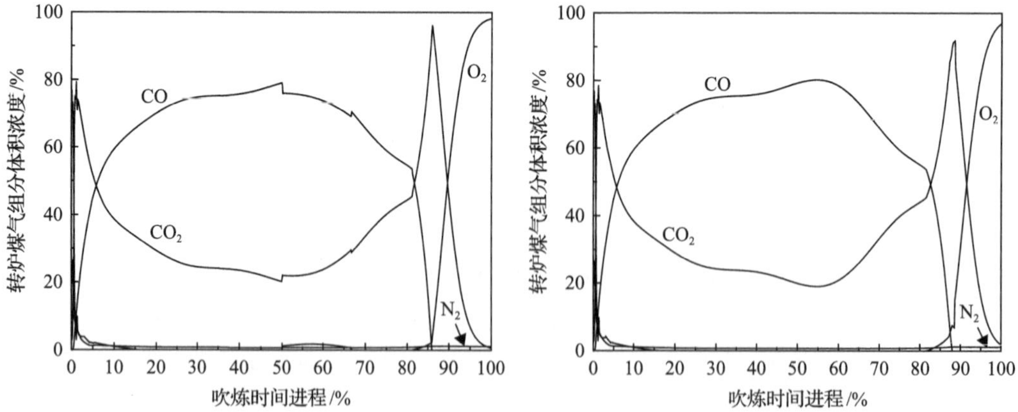

(a) 氧枪枪位模式A　　(b) 氧枪枪位模式B

图 2.15　不同氧枪枪位操作模式时转炉煤气组分浓度随吹炼时间的变化情况

在吹氧冶炼中，转炉熔池中碳被氧化生成 CO，碳氧化反应受熔池温度和传质过程控制。在转炉吹炼初期，尽管熔池中碳和氧含量较高，但由于熔池温度较低，碳氧化速度很慢，CO 生成量较少，吹炼氧过剩，CO 在转炉内发生二次氧化反应生成 CO_2；这时熔池中硅、锰元素反应活化能较低，硅、锰可快速被氧化而脱除，并释放热量使熔池温度上升，从而促进碳的氧化反应进行。因此，在吹炼初期，煤气中 O_2 浓度较高，然而随着碳的氧化反应速率加快，煤气中 O_2 浓度很快降低；同时，随着脱碳反应进行，过剩 O_2 降低，煤气中 CO 浓度升高，而 CO_2 浓度逐渐降低。在吹炼中期，熔池中硅、锰元素氧化脱除反应已结束，同时熔池温度高，脱碳反应可稳定进行，反应中 CO 生成稳定，因此煤气中各组分浓度变化较平缓。在吹炼末期（>70%的吹炼时间段），由于熔池中碳含量降低，脱碳反应速率降低，CO 生成量降低，同时由于吹炼中过剩 O_2 增加，脱碳反应生成的 CO 大量被氧化为 CO_2。因此，在吹炼末期，煤气中 CO 浓度快速降低，而 CO_2 浓度快速增加后又快速降低，O_2 浓度逐渐增大。

在吹氧冶炼过程中，氧枪枪位变化可引起煤气组分浓度的波动，氧枪枪位变化幅度越大，引起的煤气组分浓度波动也越大。在氧枪枪位操作模式 B 条件下，枪位逐渐降低，煤气组分浓度波动相对较小，见图 2.15(b)。氧枪枪位变化也会影响熔池冲击坑表面积，氧枪枪位下降使氧气射流靠近熔池液面，氧气射流动量在空间衰减程度减小，熔池冲击坑表面积增大，使脱碳反应面积增大，最终煤气中 CO 浓度增大。

图 2.16 为在不同氧枪枪位操作模式时煤气流率和温度随吹炼时间的变化情况。结果表明，在吹炼初期煤气流率逐渐上升，吹炼中期流率变化相对平缓，吹炼末期煤气流率下降并最终保持相对稳定；随着吹氧冶炼过程进行，煤气温度逐渐上升，可达 1600℃以上；氧枪枪位调节幅度越大，煤气流率波动越大，而对煤气温度影响不明显。

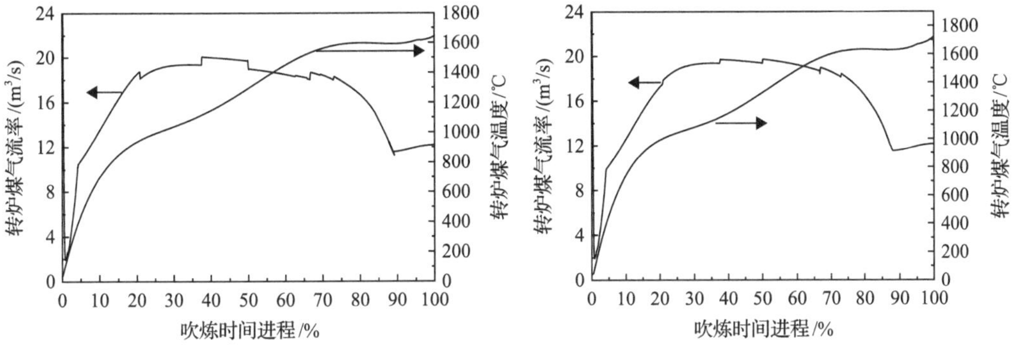

(a) 氧枪枪位操作模式A　　(b) 氧枪枪位操作模式B

图 2.16　不同氧枪枪位操作模式时煤气流率和温度随吹炼时间的变化情况

在吹炼初期，由于熔池温度较低，脱碳氧化反应进行缓慢，煤气产生量较小。随着熔池温度升高，脱碳氧化反应速率提高，煤气产生量增大。在吹炼中期，熔池温度较高，有利于脱碳氧化反应进行，氧枪枪位变化越大，熔池冲击坑表面积变化越大，碳氧化产生的煤气量随之发生较大波动。枪位下降使冲击坑表面积增大，从而增大脱碳反应面积使煤气产生量也增大。在吹炼末期，熔池中碳含量较低，脱碳速率逐渐减小，煤气产生量降低。

在吹炼初期，锰、硅元素氧化反应释放出大量热量，使煤气温度上升，随后脱碳反应速率提高，使煤气温度继续升高。在吹炼末期，虽然脱碳反应速率降低，但是脱碳反应产生的 CO 和过剩的 O_2 反应生成 CO_2，释放出热量使煤气温度上升，但上升幅度较小。

3) 变压变枪操作对转炉煤气生成的影响

在转炉氧枪吹炼过程中，可采用变压变枪操作，通过改变吹氧压力和调节氧枪喷口与钢水之间的距离，控制熔池杂质脱除进度。图 2.17 为两种吹氧压力变化模式，氧枪枪位变化模式见图 2.14(b)。

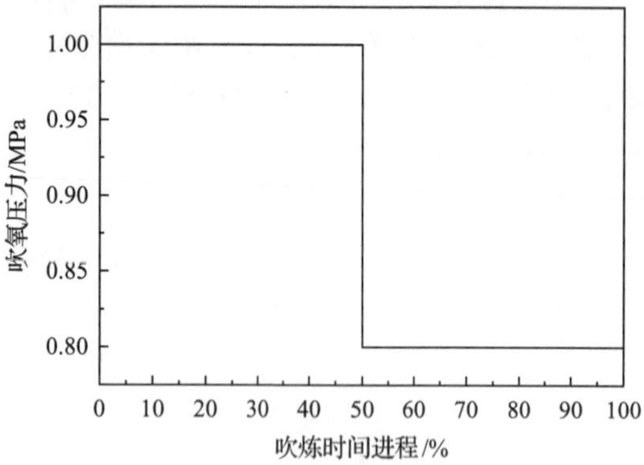

(a) 吹氧压力模式A

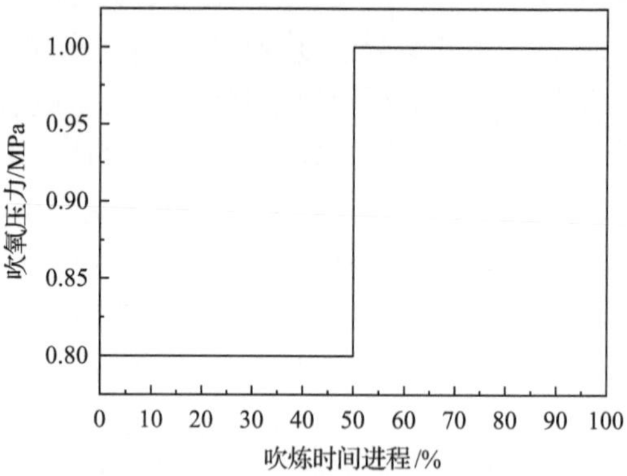

(b) 吹氧压力模式B

图 2.17　两种吹氧压力变化模式

采用变压变枪操作时，煤气组分浓度变化模拟结果见图 2.18。结果表明，吹氧压力波动对吹炼中后期煤气组分浓度变化有很大影响。在吹炼初期，吹炼的氧气主要与熔池中活性较高的硅、锰反应，脱碳反应进行缓慢，吹氧压力变化对煤气生成影响不明显。在吹炼中期，熔池高温高碳有利于脱碳反应进行，此时熔池氧的扩散传质控制脱碳反应的进行，高的吹氧压力提高了供氧强度，熔池冲击坑表面积增大，使熔池氧的扩散传质强化，脱碳反应速率提高，煤气中 CO 浓度提高，而 CO_2 浓度降低。

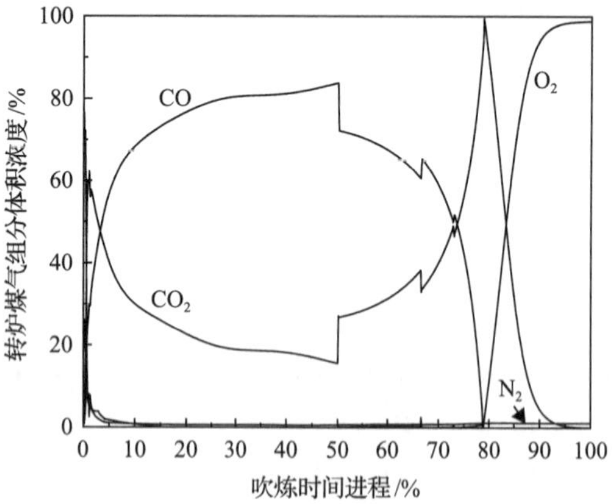

(a) 吹氧压力模式A

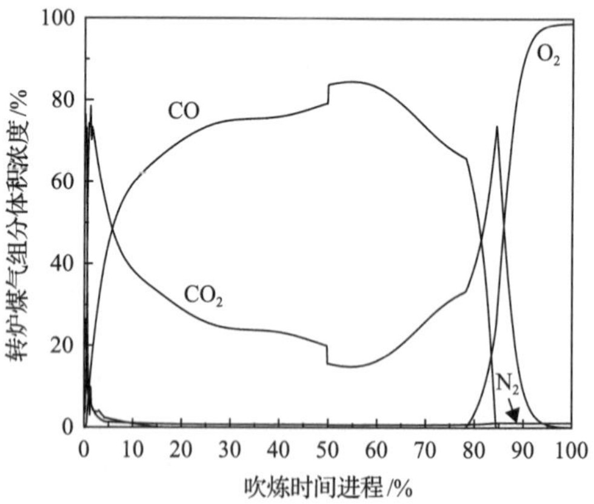

(b) 吹氧压力模式B

图 2.18　变压变枪操作时煤气组分浓度变化

图 2.19 为在变压变枪操作时煤气流率和温度变化的模拟结果。结果表明，吹氧压力波动对煤气流率影响显著，吹氧压力增大使供氧强度和脱碳反应速率增大，因而煤气产生量增大、流率增加。在煤气回收系统中，煤气流率突变使转炉炉口和汽化冷却烟道压

力波动，此时煤气可能向外界泄漏或外界空气漏入煤气回收系统，造成环境污染或煤气爆炸。因此，在吹氧冶炼过程中，吹氧压力调节幅度不宜太大。

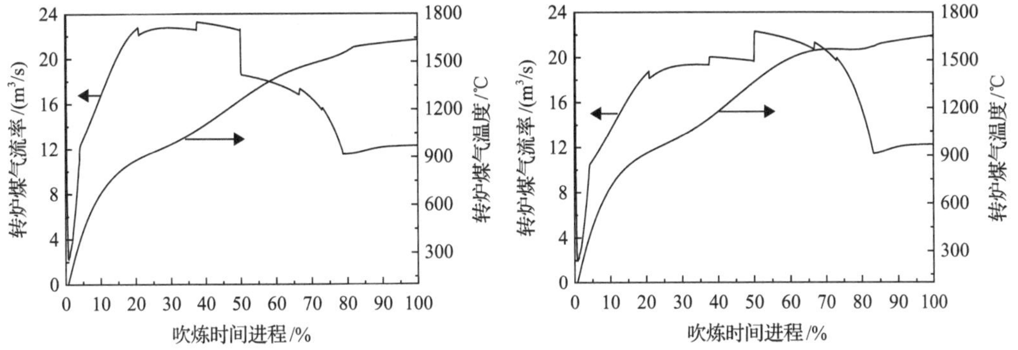

(a) 吹氧压力模式A (b) 吹氧压力模式B

图 2.19 变压变枪操作时煤气流率和温度随吹炼时间的变化情况

基于氧气顶吹转炉炼钢过程煤气生成模拟分析，氧枪枪位和吹氧压力操作模式影响煤气生成，得到以下主要结论。

(1)在吹炼初期，CO 浓度较低；在吹炼中期(20%～70%的吹炼时间段)，煤气组分浓度变化平缓，CO 浓度可达 80%；在吹炼末期(>70%的吹炼时间段)，煤气中 CO 浓度快速降低；在吹炼初期和末期，O_2浓度较高。

(2)氧枪枪位变化可引起煤气组分浓度的波动，氧枪枪位变化幅度越大，引起的煤气组分浓度和流率波动也越大。

(3)在吹炼初期煤气流率逐渐上升，吹炼中期煤气流率变化相对平缓，吹炼末期煤气流率下降并最终保持相对稳定。

(4)吹氧压力波动对吹炼中后期煤气组分浓度和流率变化有很大影响。

参考文献

[1] 郑沛然. 炼钢学[M]. 北京：化学工业出版社, 1994.

[2] 万雪峰, 张贵玉, 林东, 等. 转炉炉气成分变化规律的初步研究[J]. 中国冶金, 2006, 16(1): 23-26.

[3] 杨俊. 转炉煤气分析系统改造[J]. 中国科技纵横, 2010, 9(6): 63-64.

[4] 王爱华, 蔡九菊, 王鼎, 等. 转炉煤气回收规律及其影响因素研究[J]. 冶金能源, 2004, 23(4): 52-55.

[5] 李森. 冶金炉炉气和烟气的发生、流动和反应过程研究[R]. 北京：中国科学院力学研究所, 2010.

[6] 王永富, 李小平, 柴天佑, 等. 转炉炼钢动态过程预设定模型的混合建模与预报[J]. 东北大学学报(自然科学版), 2003, 24(8): 715-718.

[7] 林东, 赵成林, 张贵玉, 等. 复吹转炉炼钢过程机理模型[J]. 中国冶金, 2006, 16(5): 31-35.

[8] 陶钧, 谢书明, 柴天佑. 转炉炼钢控制模型的研究与展望[J]. 钢铁, 1999, 34(8): 69-72.

[9] Slatosky W J. End-point temperature control in LD steelmaking[J]. Journal of Metals, 1960, 12(3): 226-230.

[10] 李顺健. 基于 ANN 的攀钢转炉炼钢终点控制模型[D]. 成都：电子科技大学, 2008.

[11] 浅井滋生, 鞭严. 纯酸素上吹转炉の数学モデル[J]. 铁と钢, 1969, 55(2): 122-132.

[12] 三轮守, 浅井滋生, 鞭严. ソニとニガニの酸化反应ぉすび石灰の溶化速度を考虑した LD 转炉の数学的モデル[J]. 铁と钢, 1970, 56(13): 1677-1686.

[13] Zong J H, Yoon J K. Theoretical interpretation of the decarburization mechanism in convective oxygen steelmaking[J].

Metallurgical Transactions B, 1990, 21(1): 49-57.

[14] 巴普基兹曼斯基 B И. 氧气转炉炼钢过程理论[M]. 曹兆民译. 上海: 上海科学技术出版社, 1979.

[15] Ding R, Blanpain B, Jones P T, et al. Modeling of the vacuum oxygen decarburization refining process[J]. Metallurgical and Materials Transactions B, 2000, 31B(2): 197-206.

[16] 林文辉. 210t 转炉副枪自动炼钢技术的开发与应用[D]. 西安: 西安建筑科技大学, 2013.

[17] 王楠, 邹宗树. 钢铁冶金过程数学模型[M]. 北京: 科学出版社, 2011.

[18] 戴云阁, 李文秀, 龙腾春. 现代转炉炼钢[M]. 沈阳: 东北大学出版社, 1998.

[19] 鞭严, 大槻满, 浅井滋生. LD 转炉の脱炭反应と传热解析[J]. 铁と钢, 1967, 53(3): 424-427.

[20] 肖兴国, 谢蕴国. 冶金反应工程学基础[M]. 北京: 冶金工业出版社, 1997.

[21] Li S, Wei X L, Yu L X. Numerical simulation of off-gas formation during top-blown oxygen converter steelmaking[J]. Fuel, 2011, 90(4): 1350-1360.

[22] Dias Barão C, Da Silva C A, Da Silva I A. Analysis of parameters affecting end blow manganese content at oxygen steelmaking[J]. La Revue de Métallurgie, 2008, 105(11): 556-561.

[23] 彭继华. 应用炉气分析动态控制转炉的研究[D]. 包头: 内蒙古科技大学, 2007.

[24] 王社斌, 宋秀安. 转炉炼钢生产技术[M]. 北京: 化学工业出版社, 2008.

第 3 章

转炉煤气多尘特性

转炉炼钢通常具有冶炼强度高、吞吐量大、周期短及灰尘含量大等特点。转炉吹炼过程中会产生棕色的浓烟，它是转炉炉气（煤气）和灰尘的混合物。在转炉炼钢过程中，熔池上方温度高达 2000～2600℃，此时吹炼飞溅出来的氧化铁微粒、细微渣粒及原材料中的小颗粒会随着强大的煤气流一起从炉口排出，导致转炉汽化冷却烟道进口的煤气含尘浓度可达 80～150g/Nm^3，远远高于国家排放标准（≤50mg/Nm^3），更无法达到将要实施的超低排放标准（10mg/Nm^3），可见需要进一步的除尘工艺，使煤气中颗粒物浓度达标后才能进行排放。在转炉炼钢过程中，灰尘的生成量约占钢产量的 2%，即每吨钢约产生 20kg 灰尘[1]。

转炉煤气全干法显热回收工艺是转炉采用喷水/水雾降温除尘的 OG 法或 LT 法的升级换代工艺，能够将经汽化冷却烟道后 850℃左右的转炉煤气显热资源充分回收，符合“双碳”目标下我国钢铁企业节能降碳技术的紧迫需求。然而，转炉煤气的多尘性易造成显热回收系统设备的积灰，不仅降低换热效率，还严重影响系统的长期安全稳定运行。本章介绍转炉煤气灰尘的物理化学特性、迁移方式和路径及沉积灰的氧化烧结机制等，并探讨分析适用于转炉煤气全干法显热回收工艺的清灰方式及灰尘回收利用途径。

3.1 转炉煤气的降温除尘工艺

3.1.1 OG/LT 法降温除尘工艺

1. OG 法

OG 法降温除尘系统于 20 世纪 60 年代初由日本新日铁和川崎重工业株式会社（简称川崎重工）联合开发，主要由烟气冷却、除尘和污水处理等部分组成[2]，其工艺流程如图 3.1 所示。转炉煤气经汽化冷却烟道冷却后，进入一文（也称为溢流文氏管）收缩段时，被加速到 60m/s 左右，依靠高速气流把供给喉口的转炉浊环水分散成细小液滴，使气水充分混合，收缩段之后是扩散管，此时气流减速，有助于尘粒与加速了的水滴之间的进一步碰撞，这时水蒸气将以尘粒为核心而凝结。气流进入重力脱水器后，气水混合物速度进一步降低，产生了水气分离，流出重力脱水器的煤气温度降为 70～90℃。一文主要起粗除尘的作用，其除尘效率可达 95%左右，阻力一般为 4～6kPa。

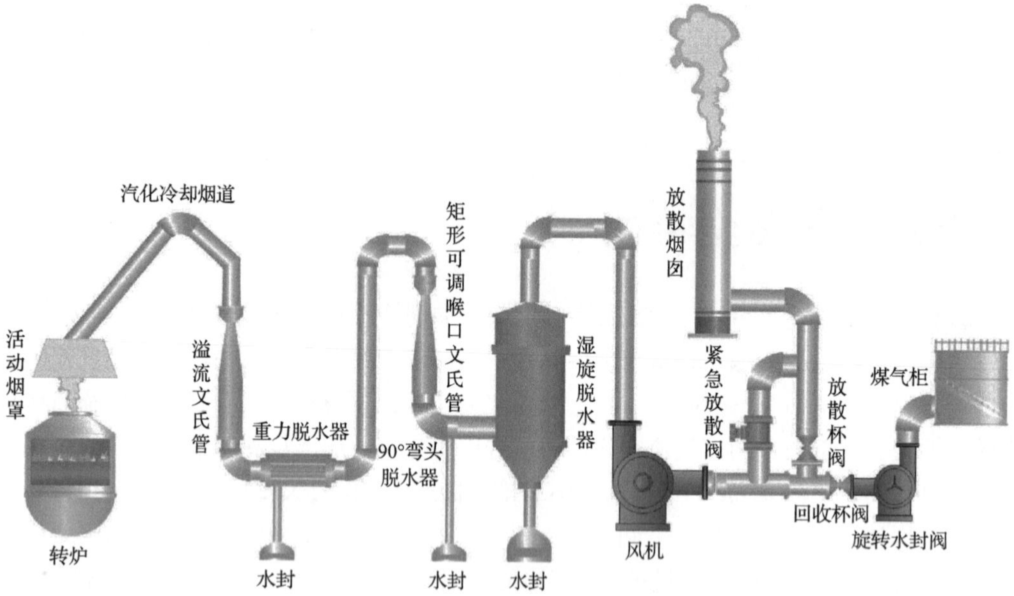

图 3.1 转炉 OG 法降温除尘系统

经粗除尘的煤气进入二文(矩形可调喉口文氏管，也称为 rice damper，即 RD 文氏管)，通过调节可调喉口翻板的开口角度，控制煤气流经喉口的流速为 80～120m/s，并且烟气通过喷出的水幕达到精除尘和降温的目的。二文的阻力一般为 10～14kPa。经二次除尘后的煤气进入弯头脱水器和湿旋脱水器脱去多余的水分,净化后的煤气含尘量为 100～150mg/Nm^3。

OG 法主要优点有：①空气吸入量少，炉气中燃烧的 CO 较少；②通过文氏管可以进行气流压力的控制，获得较大的煤气回收量；③OG 法工艺安全性较高。

OG 法主要缺点有：①需要通过大量的冷却水对煤气进行冷却，水量消耗较大，同时造成煤气热量不能有效地回收；②会产生大量的污水及污泥，处理起来比较困难，并增大了占地面积；③系统阻力大，需要大功率的风机，工艺能耗较高，并且风机容易积灰，设备维护难度大；④一文、二文喉口自动调节能力相对较弱，在煤气量波动较大时容易出现炉口煤气外溢或 CO 过烧的情况；⑤除尘效果相对较差，颗粒物排放浓度高。

2. LT 法

LT 法降温除尘系统于 20 世纪 60 年代末由德国鲁奇公司和蒂森公司联合开发，主要由煤气冷却、除尘两部分组成[3]，其工艺流程如图 3.2 所示。转炉 1400～1600℃的高温煤气经过汽化冷却烟道降至 800～1000℃后，进入蒸发冷却器(evaporative cooler，EC)和静电除尘器(electrostatic precipitator，EP)，除去煤气中的灰尘，净化后的合格煤气经过煤气冷却器(gas cooler，GC)降温到 70℃后进入煤气柜，不合格的煤气通过放散烟囱点火放散。蒸发冷却器捕获的粗颗粒灰尘和静电除尘器收集的细灰，分别通过输灰系统输送到粗、细灰仓，再外运至烧结厂使用。LT 法的系统阻力一般在 3.5kPa 左右。

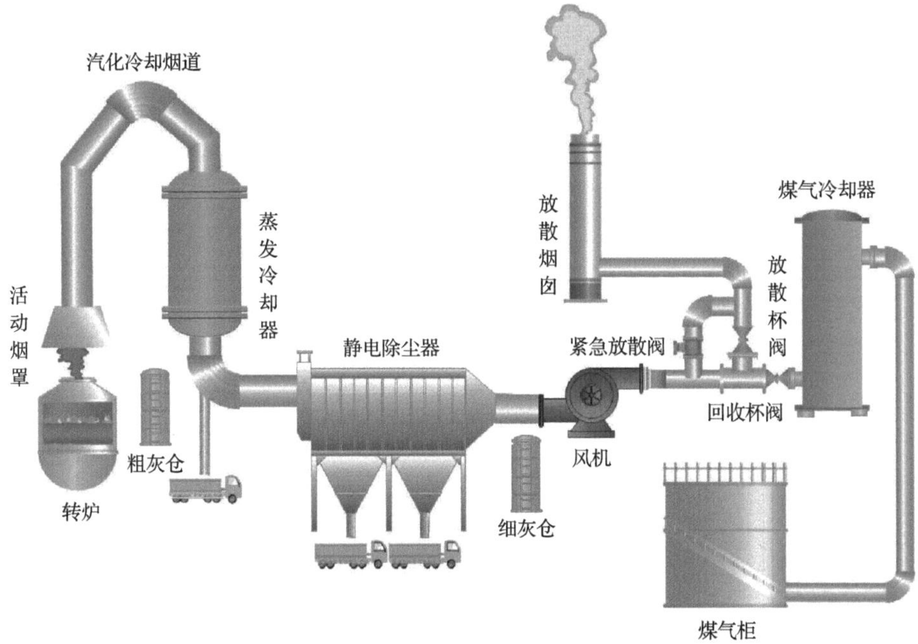

图 3.2 转炉 LT 法降温除尘系统

转炉高温煤气经汽化冷却烟道冷却后进入 EC，根据蒸发冷却的原理，通过 EC 内的双流体喷枪使冷却水形成雾化水滴，煤气与雾化水滴在 EC 内进行热质交换，水滴受煤气加热被蒸发，在汽化过程中吸收煤气热量，达到用少量的冷却水迅速将煤气从 800～1000℃降低到 180～200℃的目的，并使粗颗粒灰尘与煤气分离沉降。

经粗净化的煤气进入 EP，煤气尘粒通过高压静电场时，与电极间的正负离子和电子发生碰撞而荷电，带上电子和离子的尘粒在电场力的作用下向异性电极运动并积附在异性电极上，经振打使电极上的灰尘落入收集灰斗中，净化后的煤气含尘量为 10～25mg/Nm^3。经二次净化后符合回收条件的煤气进入 GC，其冷却方法是冷却水饱和冷却，将煤气进一步冷却到 70℃以下才进入煤气柜，实现煤气回收。

LT 法的主要优点有：①可减少冷却水的消耗，回收干灰尘，同时减少污水、污泥处理设备的投资；②系统阻损小，能量消耗低；③除尘效率高，灰尘浓度最高可降低至 10～30mg/Nm^3；④系统简化，占地面积小，便于维护和管理。

LT 法的主要缺点有：①采用蒸发冷却的方式对煤气进行降温除尘，虽然减少了冷却水的消耗，但仍造成煤气显热不能完全回收；②设备比较复杂，投资费用偏高；③蒸发冷却器对煤气进行降温除尘过程中明火未能完全熄灭，同时电除尘中的静电也会成为点火源，使得煤气进入静电除尘器后增加了泄爆的概率；④控制系统比较复杂，系统维护量大。

3. 新 OG 法

随着各国政策对颗粒物的排放浓度要求越发严格，原 OG 法的工艺已经不能满足环保的要求，于是德国鲁奇公司提出了新 OG 法工艺，日本川崎重工享有该技术的使用权。新 OG 法是在原 OG 法(溢流文氏管+RD 文氏管+脱水器)的基础上进行改进后的一种湿法除尘方式(喷淋塔+环缝文氏管+脱水塔)，如图 3.3 所示。新 OG 法较原 OG 法除尘效果显著提高(灰尘浓度≤50mg/Nm^3)，耗水量下降，但由于它仍然沿用大量浊环水循环洗涤含尘煤气的净化方式，耗水量和耗电量仍然较高。新 OG 法的系统阻力与原 OG 法相当，也在 20kPa 左右。

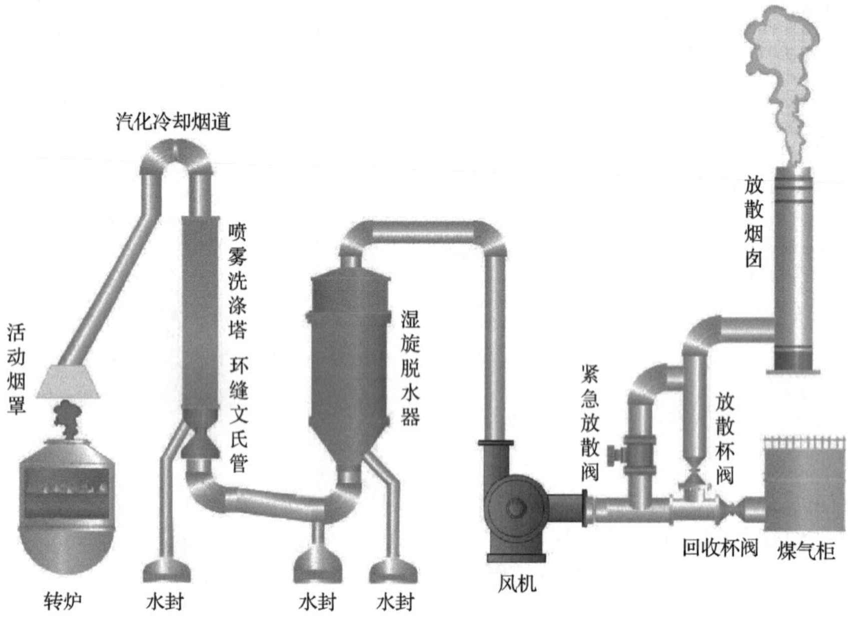

图 3.3　转炉新 OG 法降温除尘系统

新 OG 法的工作原理为：经过汽化冷却烟道后的煤气首先在喷淋塔内与浊环水进行热质交换、尘与水混合，降温后的大颗粒灰尘沉降。洗涤塔内设置双流体气雾喷枪及喷头，在洗涤塔内部形成层状微雾。经过粗净化的煤气再进入环缝装置(ring slit washer, RSW)文氏管，在环缝装置中气体高速流过形成负压，此时，气体带入的浊环水汽化蒸发，水的比表面积急剧增大，加大了与气体中灰尘的接触面积，使含尘煤气得到充分洗涤净化。净化后的饱和煤气通过 90°弯管进入一级湿旋脱水器进行精脱水，后再经管道进入二级高效脱水器，经过再次脱水后进行煤气回收或放散。

新 OG 法对排放浓度的控制机理是通过提高环缝文氏管的压差，增加环缝文氏管的烟气流速来达到降低煤气排放含尘量的目的。相对于干法除尘工艺故障率较低，更能适应粗放的冶炼操作，投资费用较低，占地面积小，施工周期短，可利用转炉年修期间进行改造。

4. 半干法

半干法工艺是在借鉴了湿法和干法降温除尘工艺的优缺点基础上提出的。早期的半干法工艺又称高效节水型塔文除尘系统，采用单个或多个空心的半干式高效喷雾冷却除尘塔进行冷却，也就是采用干法的蒸发冷却技术，不同的是除尘仍采用喷雾除尘，所产生的污水仍利用水冲的方式处理。目前的半干法工艺直接采用干法工艺的蒸发冷却器来代替喷雾冷却塔，其主要工艺路线如图 3.4 所示。从转炉炉口收集的高温转炉煤气首先经汽化冷却烟道冷却后，进入蒸发冷却器，转炉煤气被喷枪喷入的雾化水完全蒸发冷却降温至 200～300℃，然后通过管道送入环缝文氏管中，被喷入的循环水进一步降温除尘，净化后的转炉煤气进入脱水器进行脱水后再进行煤气回收或放散。半干法工艺的系统阻力为 15～18kPa。

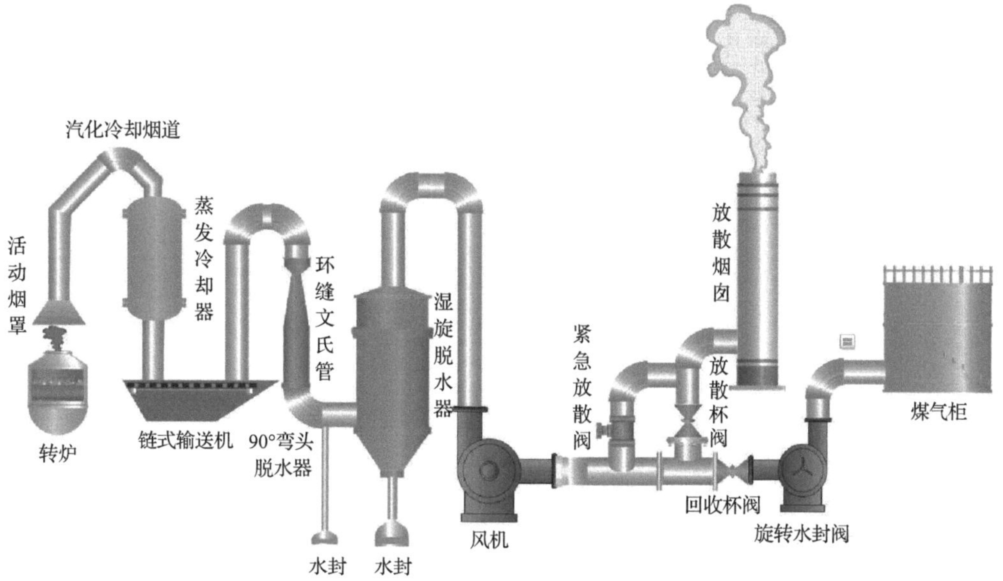

图 3.4　转炉半干法降温除尘系统

半干法降温除尘工艺最突出的创新点是采用蒸发冷却器代替了传统湿法中的第一级粗除尘设备，如固定喉口的溢流文氏管，使设备阻力有所降低，从而能以较低的投入解决转炉扩容和提高供氧强度引起的风机能力不足的问题，进而解决了转炉炉口和放散烟囱冒烟严重的问题。另外，由于蒸发冷却器采取喷雾完全蒸发冷却降温的方式来冷却煤气，大大降低了循环冷却水的消耗量，并且半干法工艺的第二级除尘设备仍采用的是成熟可靠的湿式环缝文氏管而不是干式静电除尘器，从而可以有效避免静电除尘器内可能发生的放电微爆隐患，使系统运行更加平稳、安全、可靠。

3.1.2　新型全干法降温除尘工艺

与现有的 OG 法和 LT 法，抑或是在它们基础上改进的新 OG 法和半干法工艺相比，转炉煤气全干法技术是一个全新的转炉煤气降温除尘工艺[4,5]，其主要特点是代替了传统的喷水/水雾降温的方式，利用高效余热回收系统，可靠回收 800～1000℃的转炉煤气显热资源，并将煤气温度降低至 200℃以下，符合未来国家在钢铁冶金行业节能降碳的战略部署，应用前景广阔。全干法技术工艺流程如图 3.5 所示。转炉的高温煤气(1400～1600℃)首先经过汽化冷却烟道后降至 800～1000℃；然后煤气进入高效气固耦合分离器(如旋风分离器)，除去煤气中绝大多数灰尘，再进入余热锅炉内，通过气-水换热将煤气温度降低至 200℃以下，回收煤气显热生产蒸汽；最后进行精除尘，并经过煤气冷却器降温至 70℃后进入煤气柜，不合格的低热值煤气通过放散烟囱进行点燃放散。全干法工艺取消喷水/水雾的工艺，因此灰尘中不含水分，当灰尘直接用于烧结或转炉工序的配料时，可减少水分蒸发的热损失。全干法的系统阻力在 5kPa 左右，与干法除尘的系统阻力相当。

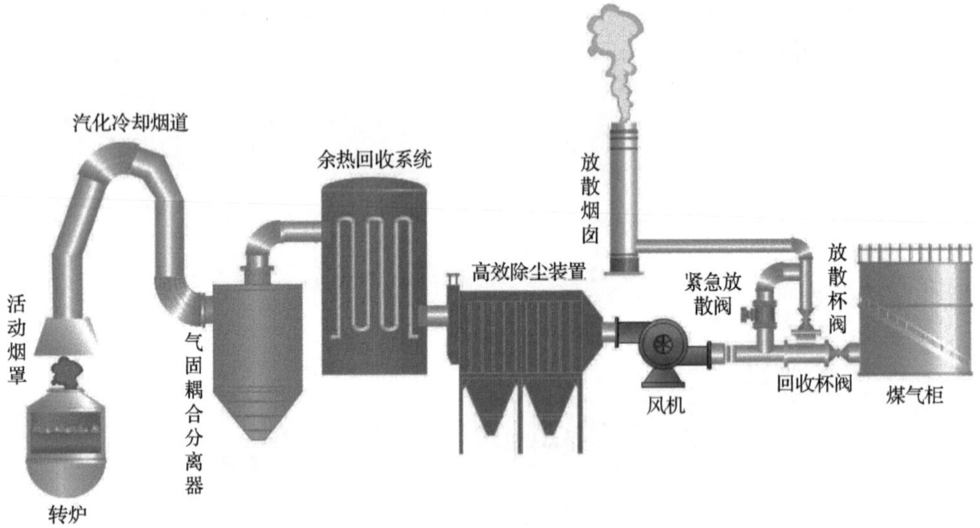

图 3.5　转炉煤气新型全干法降温除尘系统

1. 除尘工艺及高温旋风分离器

转炉煤气全干法显热回收工艺的灰尘分为三部分进行脱除：首先是气固耦合分离器（旋风分离器），转炉煤气进入该装置后做旋转运动，尘粒在惯性离心力的推动下，将向外壁移动，到达外壁的尘粒在气流和重力的共同作用下，沿壁面落入灰斗，该过程可分离 60%以上的高温灰，工作方式如图 3.6 所示；然后剩余转炉灰尘随转炉煤气进入显

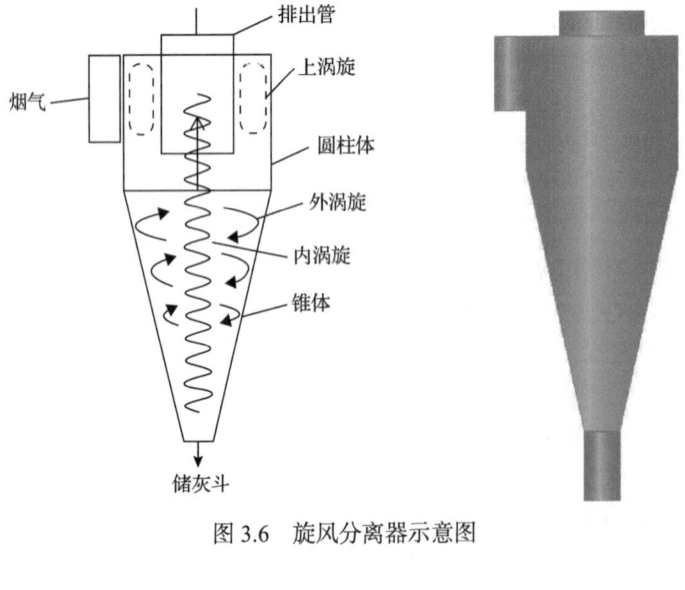

图 3.6　旋风分离器示意图

热回收系统，该装置设计为立式烟管锅炉，此时一部分转炉灰尘会掉落到余热锅炉底部的灰仓，还有一部分灰尘会挂到换热管的壁面上，如果不加以清除，会存在堵塞换热器的风险；最后转炉煤气中残余的灰尘将进入 LT 法或 OG 法的精除尘装置进行脱除，如静电除尘器或布袋除尘器，也可采取其他类型的精除尘方式，如湿式电除尘器。

2. 多管旋风除尘器

转炉煤气的高温除尘还可以采用多管旋风除尘器，即把多个旋风分离器(旋风子)并联使用，通常由铸铁或陶瓷制造。多管旋风除尘器是新一代高效低阻除尘设备，具有耐腐蚀、耐磨损、耐高温、不堵塞、使用寿命长、运行管理简单且费用少、没有二次污染等优点，是转炉理想的除尘设备。该除尘器也属于旋风类除尘器，当含尘气体进入除尘器后，通过陶瓷导向器，在多管旋风子内部高速旋转，在离心力的作用下，灰尘和气体分离，灰尘降落在集尘箱内，经放灰阀排出，净化的气体形成上升的旋流，通过排气管汇于集气室，经出口由烟囱排出，达到除尘效果。多管旋风除尘器的特点是多个旋风除尘器并联使用组成一体并共用进气室和排气室，以及共用灰斗，从而形成多管旋风除尘器，如图 3.7 所示。多管旋风除尘器中每个旋风子应大小适中，数量适中，内径不宜太小，因为内径太小容易堵塞。

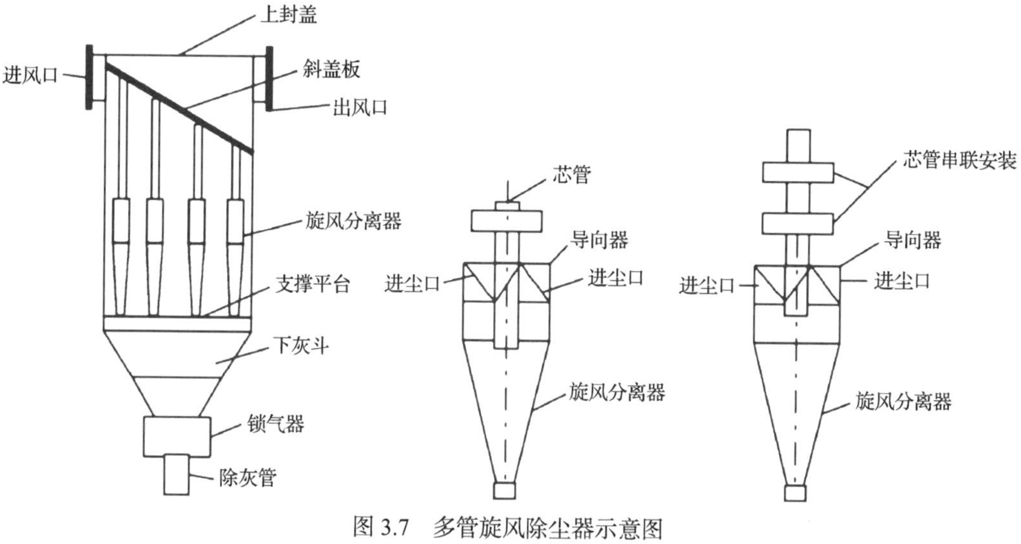

图 3.7 多管旋风除尘器示意图

多管旋风除尘器由旋风子、支撑平台、灰斗、密封箱体等组成，主要分为两大类：一类为立式，即旋风子垂直布置；另一类为卧式，即旋风子水平布置。旋风子又有切向进气和轴向进气两种形式，因此立式多管旋风除尘器又可以分为立式切向进气和立式轴向进气多管旋风除尘器两种形式。其中，旋风子的导向叶片有螺旋型和花瓣型两种。螺旋型导向叶片的流体阻力小，不易堵塞，但除尘效率低；花瓣型导向叶片有较高的除尘效率，但流体阻力大，且花瓣易堵塞。该除尘器的主要优点为：①由多个小型旋风除尘器并联组成，在处理相同风量的情况下除尘效率较高；②节约安装占地面积；③多管旋风除尘器比单管串联使用的除尘装置阻力损失小，通常在 1kPa 左右。

3. 过滤除尘技术

除采用旋风分离装置实现转炉煤气除尘外，高温除尘技术还包括颗粒层过滤除尘技术、陶瓷过滤除尘技术及金属多孔过滤除尘技术等[5]。其中，颗粒层过滤除尘技术通常利用一些耐高温、耐腐蚀的材料来形成颗粒的过滤层，当含尘气流穿过颗粒层时，在重力沉降、静电吸附及惯性碰撞等作用下进行颗粒分离。陶瓷过滤器具有较好的耐高温和抗腐蚀性能，可以利用自身的多孔性进行阻挡式除尘，但陶瓷的韧性较差，过滤元件比较容易损坏，并且除尘器的结构连接困难、价格相对较高。相比之下，金属过滤器具有良好的耐高温性能及优良的力学性能，韧性和导热性好，在高温除尘过滤方面具有很好的适用性和优越性，可以有效实现气固分离，达到气体净化的目的。通常，除尘器的压降变化是其性能的主要体现，以金属丝网除尘器为例，如图 3.8 所示，张婉婧等[5]通过实验和模拟研究，发现金属丝网除尘器的压降随着进口空气流量增大和温度的升高而增大，并且随着气体含尘浓度的增大，压降有增大的趋势。

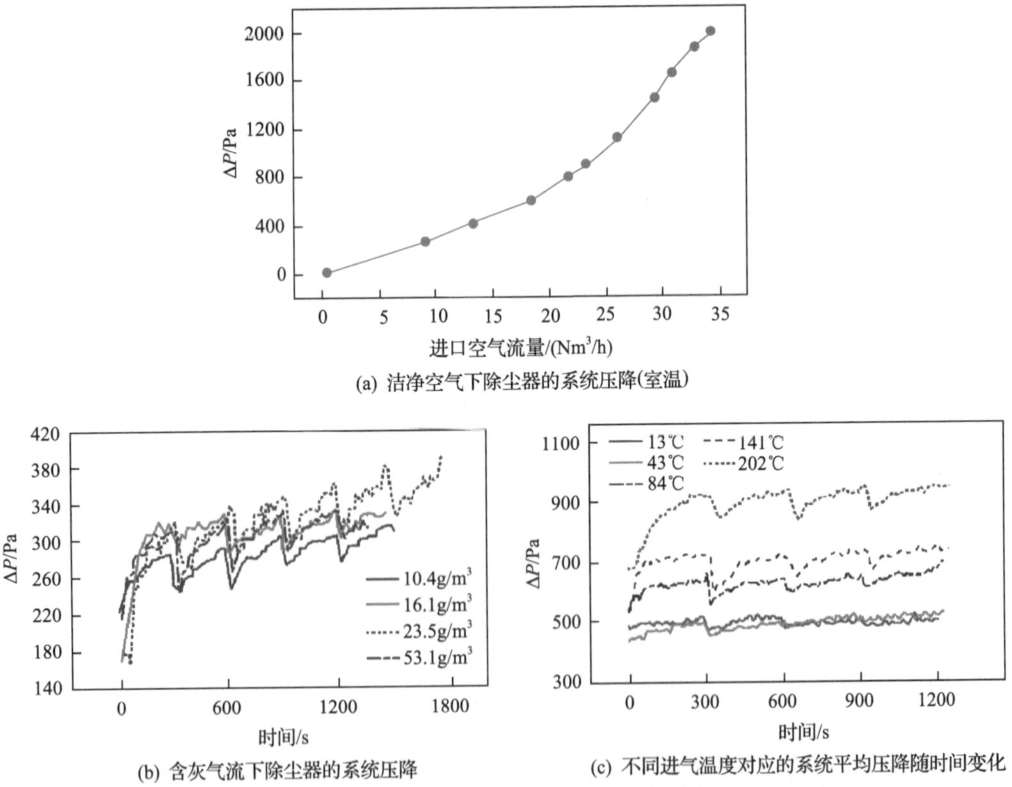

(a) 洁净空气下除尘器的系统压降(室温)

(b) 含灰气流下除尘器的系统压降

(c) 不同进气温度对应的系统平均压降随时间变化

图 3.8 金属丝网除尘器的系统压降[5]

从图 3.8(a)可以看出，金属丝网除尘器的压降随进口空气流量的增大而增大，进口空气流量越大，系统压降增大得越快。进口空气流量分别在 0～25Nm³/h 和 25～35Nm³/h

范围内变化时，系统压降与进气流量均呈线性相关，但后者的斜率更大，即在大流量范围内，随着进口空气流量的增大，系统压降增大得更快，这是由于压降损失与速度平方存在正相关关系。从图 3.8(b)可以看出，通入含尘气体后(总气体流量为 10.6m^3/h)，系统压降快速增大，经历时间间隔 300s 后，压缩空气反吹清灰，持续时间为 5s，此阶段内系统压降迅速减小，清灰结束后，系统压降重新增大，如此往复。但清灰后滤袋不能完全恢复到清洁状态，因此清灰结束时系统内存在残余压降，且残余压降不断增大，使得系统的最大压降也呈增大趋势。可见，进气含尘浓度对系统压降的总体影响比较大，由于颗粒吸附或沉降在滤袋表面，使滤袋孔隙率减小，易导致系统压降增大，因此当进气含尘浓度较小时，系统平均压降基本随进气含尘浓度的增大而增大。但是当进气含尘浓度增大到 53g/m^3 附近时，系统平均压降反而有所减小，这可能是灰尘浓度增大时，使滤袋表面已经吸附的灰尘层厚度不断增加并产生脱落，从而使滤袋表面的孔隙率增大导致的。根据图 3.8(c)可以发现，相同进气含尘浓度和进气速度的条件下(总气体流量为 10.5m^3/h，含尘浓度为 25.3g/m^3)，进气温度越高，系统平均压降越大，且进气温度越高，压降增大的趋势越明显。分析认为，进气温度升高导致气体密度减小，动力黏度增大，颗粒在滤袋表面的黏附性增强，滤袋表面孔隙率减小，滤袋表面压降升高。由于除尘器系统压降主要来自滤袋表面压降，因此系统压降将随进气温度的升高而增大。

3.1.3 转炉灰尘的输送方式

转炉煤气灰尘量和铁含量高，一次除尘量较大。根据工艺特点的不同，干法工艺回收干灰尘，可以用作转炉造渣剂或冷却剂，或者作为烧结/球团原料。干法回收的灰尘多数采用普通卡车输送，或少数用真空槽罐车输送到原料场。而湿法回收的灰尘成为污泥或泥浆，经过粗颗粒机、斜板沉淀池，再经过滤、压滤成含水量较小的污泥送至原料场。但在目前的湿法系统改造为干法系统的项目中，气力输送灰尘的优势相对于机械输送灰尘的优势越来越明显[6]。

机械输送灰尘的特点：①采用链式输送机和斗提机，因链条与导轨间为干摩擦，设备故障率高，经常因链条与刮板卡死而被迫停产；②下灰口及灰仓容易板结堵死，造成输送管道堵灰；③下灰口扬尘大，易造成二次污染(使用加湿机后效果也不明显)；④汽车运输增加厂区道路负担；⑤使用广泛，技术成熟，国内大部分干法除尘的灰尘均采用机械输送；⑥占地面积大，改造项目不易布置。

气力输送灰尘的特点：①收集到的细灰尘温度较高(300℃)，若灰尘湿度较大、管道过长等造成冷凝则会导致管道内板结堵死，通过对所有管道阀门做电伴热和保温，能够保证管道内部气体不冷凝；②气力输送设备内必须要达到防爆要求，可以采用干燥阻燃氮气作为输送气体，保证管道内部的安全稳定；③气力输送灰尘的仓泵大小将决定腹部链式输送机的启停，如果仓泵选择较小，则会导致链式输送机频繁启停，大大缩短链式输送机的寿命。

3.2 转炉冶炼过程灰尘的基本特性

3.2.1 转炉灰尘的形成

转炉灰尘的形成包含三个过程(图 3.9)：①转炉吹氧冶炼时生成的 CO 气泡在转炉炉口破裂造成熔池表面的液态金属和炉渣溅射；②金属元素在高温下的蒸发；③吹炼产生的转炉煤气对造渣炉料的夹带[7]。在吹炼初期，Si、Mn 元素被大量氧化，熔池温度迅速升高，此时灰尘的形成主要是由高温导致的 Fe 元素等的蒸发造成的；在吹炼中期，由于剧烈的脱碳反应，熔池内会产生大量的 CO 气泡，上升至熔池界面后发生破裂，溅射熔池表面处的金属液和炉渣至煤气中，形成灰尘；在吹炼末期，钢水中的碳含量降低，碳氧反应急剧减弱，转炉灰尘的形成将再次以金属元素在高温下的蒸发为主[8]。

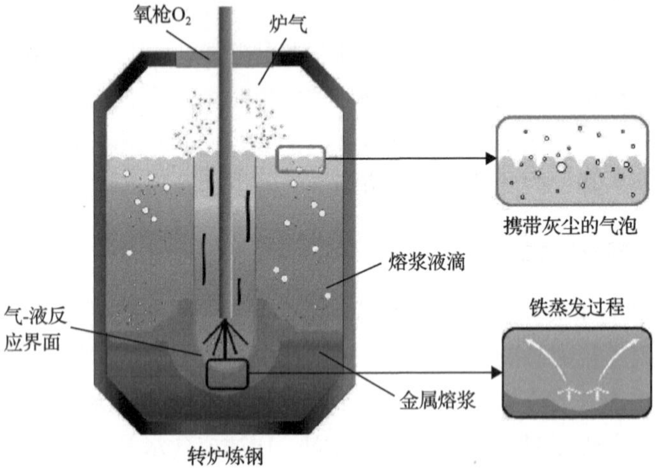

图 3.9 转炉冶炼过程灰尘的形成机制[8]

氧气顶吹转炉炼钢的吹氧时间仅为十多分钟，在这短短的时间内要完成造渣、脱碳、脱磷、脱硫、脱气、除渣及升温等基本任务[9]，这使转炉灰尘的主要组成除了铁的氧化物以外，还包括熔池内造渣反应形成的炉渣。因此，了解转炉工艺的造渣过程有助于理解转炉灰尘中的主要矿物组成。在吹炼前期(<20%吹炼时间段)，Fe、Si、Mn 元素被大量氧化，而且 Si、Mn 元素的含量降到很低，几乎为痕量(0.01%以下为痕量，0.01%～1%为微量)，继续吹炼，它们不再氧化。脱磷反应为放热反应，冶炼的中/后期若温度过高，会发生回磷，脱氧合金加入不当也会导致回磷现象发生。在吹炼开始后硫含量下降不明显，而在吹炼中/后期，高碱度活性渣形成后，温度升高才得以脱除。渣中 MgO 含量的变化与是否采用白云石或菱镁矿造渣工艺有关，还与加入的白云石或菱镁矿的质量有关。在转炉吹炼过程中，炉渣中保持一定的 MgO 含量，有利于减轻熔渣对炉衬的侵蚀。

3.2.2 转炉灰尘的基本组成成分

转炉灰尘的形成机制决定其主要以铁的氧化物为主，是在转炉吹炼过程中铁水与氧气剧烈反应生成的。此外，在转炉冶炼造渣过程中还会加入石灰、萤石、生白云石、菱镁矿、合成造渣剂、锰矿石、石英砂等造渣材料，因此转炉灰尘中通常还含有 CaO、MgO、SiO_2、P_2O_5 及少量碱金属氧化物。表 3.1 给出了一台 100t 转炉 LT 法和全干法转炉灰尘的 X 射线荧光谱(X-ray fluorescence spectroscopy，XRF)分析结果，其中 EC 灰取自 LT 工艺的蒸发冷却器，又称粗灰；EP 灰取自 LT 工艺的静电除尘器，又称细灰；旋风器灰取自全干法工艺的旋风分离装置；锅炉灰取自全干法工艺的余热锅炉。

表 3.1 转炉灰尘的化学成分 (单位：%)

项目	MgO	SiO_2	CaO	Fe_2O_3	其他
EP 灰(LT 法)	6.37	2.32	25.70	59.57	6.04
EC 灰(LT 法)	4.68	0.75	6.64	81.86	6.07
旋风器灰(全干法)	6.55	1.22	17.57	69.97	4.69
锅炉灰(全干法)	3.17	3.41	5.28	74.59	13.55

转炉灰尘的 X 射线衍射(X-ray diffraction，XRD)分析结果如图 3.10 所示。可以看出，转炉灰尘的主要晶相物质由 Fe_2O_3、Fe_3O_4、FeO 及 CaO 等组成。从晶相分析结果中可以看出，转炉灰尘中存在较多+2 价亚铁，这是由转炉灰尘在缺氧条件下发生反应生成的，后期这些灰尘若遇氧会发生氧化放热反应，可能引发灰尘的沉积和熔融烧结现象。

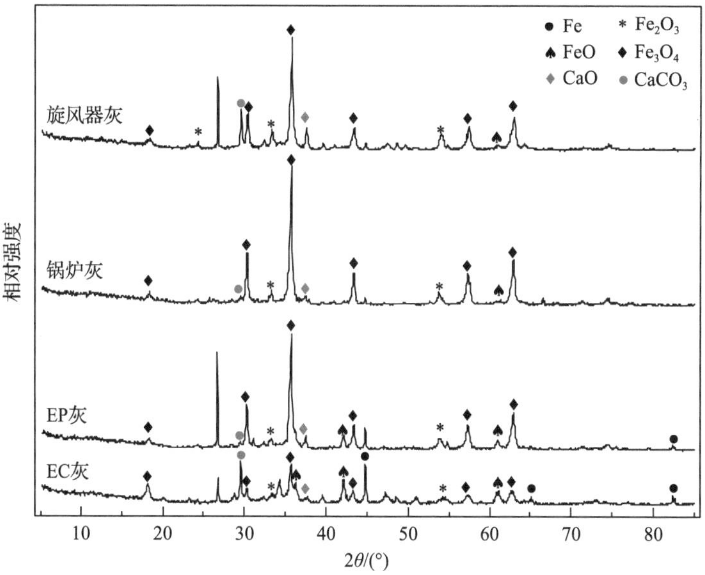

图 3.10 转炉煤气除尘降温工艺转炉灰尘 XRD 分析

3.2.3 转炉灰尘的物理化学性质

1. 转炉灰尘的密度

不同降温除尘工艺所产生的转炉灰尘物理化学性质通常存在一定差异。以 LT 法为例，EC 灰和 EP 灰的密度分别为 $1300kg/m^3$ 和 $660kg/m^3$。EC 灰是转炉煤气经过蒸发冷却器时沉淀下来的金属颗粒灰尘，粒度和密度相对较大；EP 灰则是转炉煤气经过静电除尘器时产生的灰尘，粒度和密度相对较小。

2. 转炉灰尘的粒径

采用转炉煤气燃烧和未燃时，颗粒粒径分布和成分是显著不同的。燃烧法烟气成分中 O_2 通常处于过量状态，烟气整体呈现氧化性，灰尘成分主要以 Fe_2O_3 为主，颜色呈红棕色；未燃法烟气成分中 CO 含量很高，烟气呈还原性，灰尘成分主要以 FeO 为主，颜色呈黑色。通常，FeO 颗粒熔点低，容易相互黏结聚集，而 Fe_2O_3 颗粒不易聚集，因此未燃法灰尘的颗粒物粒径通常比燃烧法颗粒物粒径大，常见燃烧法和未燃法颗粒物粒径分布比例如表 3.2 所示[10]。由于工艺设备及冶炼操作上的差异，也可能会出现燃烧法粒径更大的情况，根据 Ray 等[11]的研究，实验过程中从文丘里洗涤器下游分别采集燃烧法和未燃法的灰尘样品，然后将样品进行浓缩后作为分析原样，其结果表明燃烧法的颗粒相对较粗，粒径分布在 3～15μm 的颗粒占 60%左右；而未燃法的颗粒相对较细，粒径分布在 3μm 以下的颗粒占 50%以上。

表 3.2　燃烧法和未燃法的颗粒物粒径分布比例

粒径范围/μm	燃烧法/%	未燃法/%
＜0.5	50.0	—
0.5～1.0	45.0	—
1.0～2.0	5.0	—
2.0～10.0	—	30.0
10.0～40.0	—	53.0
＞40.0	—	16.0

就未燃法而言，传统的湿法（OG 法）产生的灰尘为沉淀的污泥，俗称“红泥”，其中含有的氧化钙已经充分水化，压制成球后不容易破裂。而干法（LT 法）捕集到的灰尘中通常含有较多的石灰粉、氧化铁和少量碳，粒度较细，约 70%以上粒度为 5～60μm，属于较细状态物质。图 3.11 展示了针对 LT 法 EC 入口处转炉灰尘的粒径分布分析结果，不同类型转炉及其操作工艺均会影响灰尘的组成及粒径分布，因此对于实际转炉需针对特定工艺进行具体分析。

3. 转炉灰尘的比电阻

对于 LT 法，转炉灰尘的特性将会直接影响静电除尘器的性能。电除尘的收尘原理如下：气体电离→粒子荷电→粒子沉积→清灰。在静电除尘器除尘时，含尘气体中的灰尘粒子被荷电，在电场力的作用下使带电灰尘沉降在收集极板的表面上。电晕电极又称为阴极或放电电极，与高压直流电源的负极连接，由不同形状界面的金属导线支撑。静电除尘器除尘效率影响因素如图 3.12 所示[12]，可见静电除尘器除尘效率会受到电晕放电、粒子荷电和灰尘比电阻等因素的综合影响。

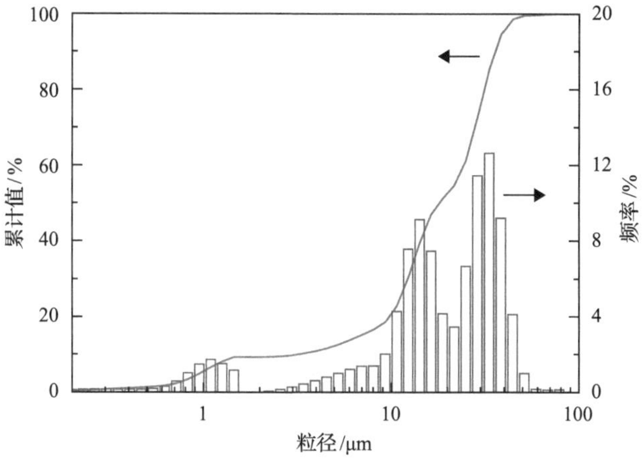

图 3.11 EC 入口转炉灰尘激光粒度分析

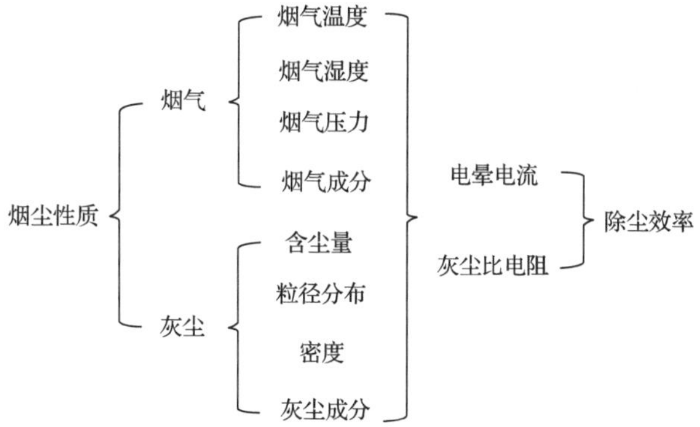

图 3.12 静电除尘器除尘效率的影响因素[12]

1) 气体电离

空气由于摩擦、辐射等，含有少量的电子及自由离子，这些电子和自由离子不能使空气中的灰尘充分荷电。利用静电使灰尘荷电分离需要具备两个条件：①存在使灰尘荷电的电场；②存在使荷电灰尘分离的电场。在静电除尘器中荷电电场和分离电场通常合为一体。当电场电压增加到一定数值后，电子和离子在放电电极附近电场获得能量，加速运动与空气中的中性原子撞击，使中性原子分解为正、负离子，从而增加极间运动的自由离子和电子数目，使空气成为导体。

2) 粒子荷电

离子在静电力的作用下定向移动，与灰尘中粒子撞击并黏附在粒子上使之荷电，这种荷电方式称为电场荷电；离子在无序的热运动作用下扩散，与灰尘粒子相互碰撞使之荷电，这种荷电的方式称为扩散荷电。

3) 灰尘比电阻

适用于静电除尘器的比电阻为 $10^4 \sim 10^{11} \Omega \cdot cm$。比电阻小于 $10^4 \Omega \cdot cm$ 的灰尘导电性

能好，在除尘器电场内被收集时，到达收集极板表面后会快速释放其电荷，变为与收尘极同性，然后又相互排斥，重新返回气流，可能在往返跳跃中被气流带出。相反，比电阻大于 $10^{11}\Omega\cdot cm$ 的灰尘，在到达收集极板后不易释放其电荷，使灰尘层与极板之间可能形成电场，产生反电晕放电，导致电能消耗增加，除尘器性能恶化，甚至无法工作。

在相同温度条件下，烟气湿度能够改变灰尘的比电阻，烟气中所含水分越大，其比电阻越小。当灰尘颗粒吸附了水分子，灰尘层的导电性增大。随着空气中湿度的上升，电场的击穿电压相应提高，火花放电较难出现，这对静电除尘器来说是有实用价值的，它可以使除尘器在提高电压的条件下稳定地运行。在采用全干法工艺进行转炉煤气显热资源回收时，由于煤气中含水量很低，需要重点关注煤气湿度改变对静电除尘器工作性能的影响，必要时可以适当对煤气进行一定的增湿调质。

气体温度也能够改变灰尘的比电阻。在温度较低时，电流主要通过表面进行传导，体积比电阻对有效电阻的影响较小，表面比电阻随温度上升而增加；在中温区时，表面比电阻和体积比电阻共同影响灰尘比电阻的大小；当温度较高时，电流传导主要受灰尘成分的影响，也即体积比电阻的影响，而不受表面比电阻的影响，此时体积比电阻随温度上升而下降。此外，烟气温度影响还表现为对气体黏滞性的影响，气体黏滞性随温度的升高而增大，使颗粒物在电场内驱进速度下降。通常，气体温度升高，其密度减小，电离效应加强，击穿电压下降，火花放电电压也下降。图 3.13 描述了静电除尘器灰尘比电阻受温度影响的特性。

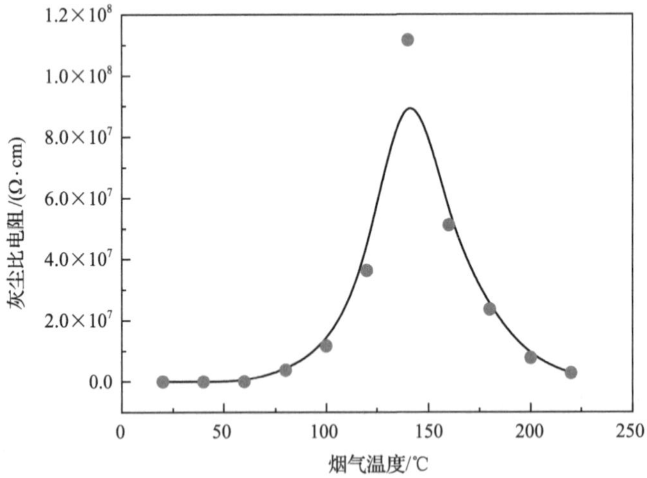

图 3.13　烟气温度对静电除尘器灰尘比电阻的影响[12]

总体来看，烟气温度高对静电除尘器的影响是负面的，较低温度条件则有利于除尘。对湿度较高和有 SO_3 等成分的烟气，其温度一定要保持在露点温度 20～30℃以上，以避免冷凝结露造成糊板、腐蚀破坏绝缘。

3.3 转炉冶炼周期内灰沉积特性与清理方法

3.3.1 OG 法和 LT 法应用过程中存在的积灰结垢问题

1. OG 法

OG 法存在的积灰问题主要表现在：①系统积灰严重，主要分布在汽化冷却烟道弯头、重力脱水器至二文入口管线的水平段及整个负压管线；②系统结垢严重，主要分布在一文、二文、水喷头、重力脱水器及 90°弯头脱水器，其中一文、二文的结垢会导致流通面积减小，而水喷头结垢将会导致供水量不足且不均，二文 R-D 翻板结垢，将会使其不能工作，失去调节机能；③积灰、结垢形成的系统堵塞，将会导致烟道流通不畅，炉前浓烟较多，工人的操作条件恶劣，不能维持正常生产。

系统积灰的原因主要有以下三方面：①一文、二文水量不足或供水不均，不能使所有灰尘充分浸润，存在一定范围的大颗粒灰尘或微细灰尘；②脱水器能力不足，一文含尘泥水如果不能在重力脱水器内脱净，则会进入二文，进而加大二文的负担，导致二文不能在 90°弯头脱水器脱净，在进入负压管线后会沉积而引起积灰，同时煤气含尘量大、带水，会导致风机转子磨损严重，造成风机检修频繁，使用寿命降低；③风机能力小，导致整个系统负压偏低，也会造成系统沉降积灰。

系统结垢原理为：转炉炼钢过程中，造渣用的生石灰（CaO）部分粉末随烟气进入除尘系统，遇水后发生如下反应[13]：

$$CaO + H_2O = Ca^{2+} + 2(OH)^- \quad (R3\text{-}1)$$

$$CO_2 + H_2O = 2H^+ + (CO_3)^{2-} \quad (R3\text{-}2)$$

$$Ca^{2+} + (CO_3)^{2-} = CaCO_3\downarrow \quad (R3\text{-}3)$$

在实际生产过程中可以通过添加防垢剂来解决系统结垢问题。例如，在浊水池加入 Na_2CO_3，可以通过控制除尘浊水的 pH（控制在 8～9）来控制结垢，其原理如下：

$$Na_2CO_3 + CO_2 + H_2O = 2NaHCO_3 \quad (R3\text{-}4)$$

$$2NaHCO_3 + Ca(OH)_2 = Na_2CO_3 + 2H_2O + CaCO_3\downarrow \quad (R3\text{-}5)$$

Na_2CO_3 在一文、二文水雾喷淋过程中，可以充分吸收煤气中的 CO_2，生成 $NaHCO_3$，与反应（R3-2）中 $(CO_3)^{2-}$ 相比，$(HCO_3)^-$ 有助于浊水 pH 的降低，使其碱性减弱，从而抑制反应（R3-3）的发生，同时生成的 $NaHCO_3$ 还能够与浊水中的 $Ca(OH)_2$ 发生反应（R3-5），在浊水池中形成 $CaCO_3$ 沉淀与分离，并使 Na_2CO_3 再生，因此一文、二文管道中可以减轻结垢。实践证明[13]，严格控制工艺中 CaO 和 CO_2 的浓度，并添加 Na_2CO_3，使浊水 pH（控制在 8～9）呈弱碱性，除尘浊水结垢问题将会减弱。此外，严格控制 CaO 的粒度，将生石灰在加入转炉前进行筛分，从而控制烟气中 CaO 的含量，可以稳定水质，有效地减少系统的积灰和结垢。

2. LT 法

转炉 LT 法降温除尘技术是一种先进的转炉煤气除尘与回收工艺方法，其煤气净化效果、能耗及工厂占地面积等方面都明显优于传统的 OG 湿法除尘技术，但仍存在蒸发冷却器长期运行后筒壁积灰、粗灰尘潮湿等问题，造成蒸发冷却器清灰工作量大，影响转炉的正常生产。由蒸发冷却器实际使用经验发现，喷枪的雾化粒径、喷射速度、角度布置间隔、安装高度等因素对积灰、湿灰问题的影响显著。造成蒸发冷却器内壁积灰结垢的原因是喷枪喷水易发生湿壁而不能完全蒸发，烟气中的细小液滴在流场作用下发生撞壁，进而黏附积灰，在高温状态下发生层结现象，如图 3.14 所示[14]。

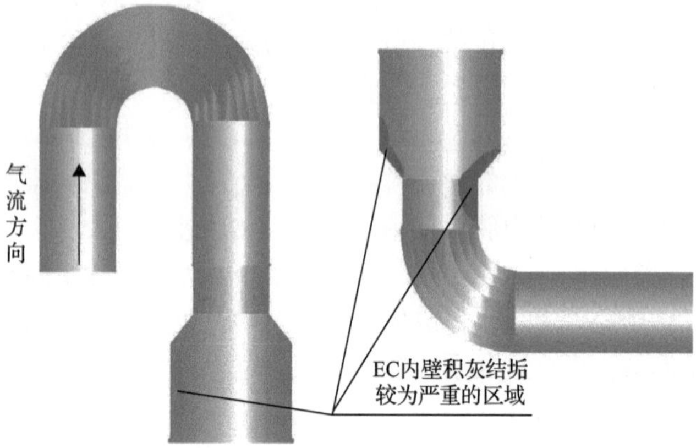

图 3.14　蒸发冷却器内壁积灰结垢较严重区域[14]

蒸发冷却器背风侧上部区域内壁积灰结垢的原因是在蒸发冷却器背风侧上部区域易形成烟气低速低温区，通常在喷枪雾化效果良好的情况下，喷水可以完全蒸发，但如果喷嘴状态发生变化，如水路喷孔的变化或者蒸汽喷孔的变化，两者中的任何一个都可能引起喷嘴不能按照原先设计的雾化粒径和角度去喷水，甚至有可能出现与设计角度相反的斜喷现象。一旦发生这些现象，未及时蒸发的喷水便容易在喷枪安装位置以下 4～8m 甚至更广的范围内，以及在烟气流速相对缓慢和温度相对偏低的背风侧上部区域出现灰尘黏附层结现象。为解决上述问题，可以在实际生产过程中在转角烟道上增加观察人孔，更换喷枪时通过观察人孔调整插入深度和角度，并通过人孔观测喷枪雾化效果。同时，可以在喷枪的冷却水支管上增加电磁流量计，实时测量喷枪支管的冷却水流量，既可以判断喷枪喷嘴是否堵塞，也可以根据温度场调节每支喷枪的喷水流量。

蒸发冷却器直筒段底部和香蕉弯入口锥段区域内壁积灰结垢的原因是蒸发冷却器蒸发容积设计预留余量不足，在烟气量瞬时增大或蒸发冷却器入口烟气温度升高的情况下，喷水量增加后，液滴不能完全蒸发。此外，转炉间歇性周期运行，喷枪老化、堵塞等，也易造成喷枪喷嘴雾化粒径变大、雾化效果变差，进而使喷水在蒸发冷却器内蒸发速度降低，不能及时蒸发。未蒸发的液滴在与黏附性较强的灰尘混合后，会在蒸发冷却器直筒段底部和香蕉弯入口锥段发生撞壁，出现灰尘黏附层结现象。因此，在实际设计过程中，可以考虑适当增大蒸发冷却器的预留余量。

静电除尘器入口分布板积灰结垢的原因是经蒸发冷却器降温后的烟气中含有未蒸发的液滴，在到达静电除尘器入口分布板时，未蒸发的液滴混合灰尘中石灰等容易发生结垢的成分会黏附在入口分布板上，这将导致静电除尘器入口分布板上出现积灰结垢问题。此外，蒸发冷却器发生严重积灰时，也会造成系统煤气流动阻力增大，一次除尘风量降低，在煤气管道中的煤气速度降低，导致灰尘沉降积灰。

3.3.2 全干法工艺应用过程中存在的积灰结垢问题

1. 积灰现象

转炉煤气全干法余热回收技术的特点是采用高效气固耦合分离装置与余热回收系统代替目前OG法/LT法的喷水/水雾降温除尘的方式，因此全干法工艺的积灰问题通常出现在余热锅炉系统中。尽管高效气固耦合分离器可以除掉大部分粗颗粒灰尘，但未除掉的细灰尘会随着烟气进入余热回收系统中，如果没有相应的清灰措施，这部分灰尘将会不断地在换热管壁上沉积，直至完全堵塞换热设备的通道，导致烟气流通不畅，系统整体阻力增大，影响整个转炉工艺的正常生产。中国科学院力学研究所团队在未运行任何清灰设施的情况下，开展了余热锅炉的积灰问题测试，结果如图3.15所示，发现沉积的灰尘会不断在换热管内累积，导致换热通道出现堵塞问题。

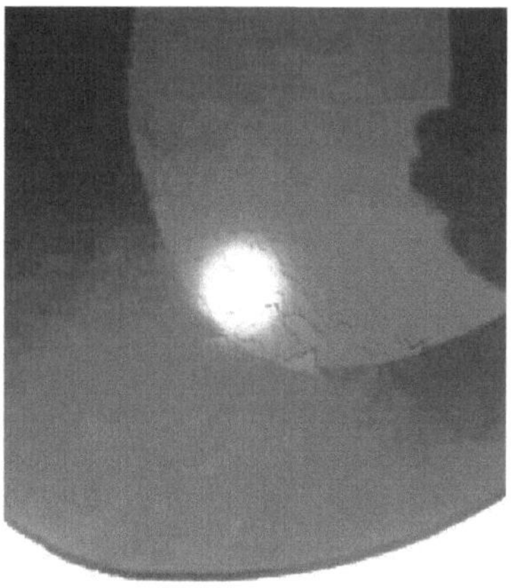

图3.15 全干法工艺运行过程出现的余热锅炉积灰问题

2. 转炉灰尘的变化特性

在实验过程中发现，转炉煤气中的灰尘在余热锅炉内沉积后，发生了明显的烧结现象，使形成的积灰致密且坚硬。由3.2.2节分析可知，沉积灰的主要成分为铁的氧化物，通过X射线光电子能谱(X-ray photoelectron spectroscopy，XPS)表征手段，定量对照分析了LT法的EC灰、EP灰及全干法的旋风器灰和锅炉灰中不同类型氧化铁的含量，结果如表3.3所示。

表3.3 余热锅炉沉积灰中不同类型氧化铁XPS定量分析结果 （单位：%）

项目	FeO	Fe_3O_4	Fe_2O_3
EP灰	7.89	47.44	44.67
EC灰	14.11	54.07	31.82
旋风器灰	5.78	51.05	43.17
锅炉灰	7.19	47.97	44.84

从表 3.3 中可以看出，沉积灰中存在大量含有+2 价亚铁的 Fe_3O_4 及 FeO，在转炉停止吹炼后，遇到空气中的氧气很容易发生氧化放热反应。通过化学平衡软件 HSC 计算分析了 500℃下 FeO 的反应(表 3.4)。以 Fe_3O_4 为例，如果认为 Fe_3O_4 氧化放出的热量完全被产物 Fe_2O_3 吸收，那么会引起近 150℃的理论温升，使转炉灰尘在高温下出现熔融烧结现象，造成换热设备出现积灰结焦问题。

表 3.4　500℃下积灰中 FeO 氧化放热反应

序号	反应式	ΔH/(kJ/mol)
1	$4FeO(s) + O_2(g) = 2Fe_2O_3(s)$	−140.1
2	$6FeO(s) + O_2(g) = 2Fe_3O_4(s)$	−100.8
3	$4Fe_3O_4(s) + O_2(g) = 6Fe_2O_3$	−118.0

3.3.3　转炉全干法工艺清灰方式探讨

由前述分析可知，转炉沉积灰引起换热设备堵塞的机制主要包括以下两个因素：①低价态 FeO 的氧化放热；②低熔点 FeO 的熔融烧结。作者团队在转炉全干法工艺试验过程中，针对转炉煤气的“多尘性”特点，在煤气进入余热锅炉前，增设了高效气固耦合分离器(特殊的旋风分离器)，并采用了具备自清灰能力的锅炉(烟气走管程，冷却水走壳程)，但处于高温状态的转炉灰尘通常具有一定黏性，如果不采用合适的清灰设备，灰尘仍易在锅炉换热设备上沉积，严重时甚至会堵塞换热管道。因此，及时清理掉换热设备上的积灰，才可以确保全干法显热回收系统长期运行。常见的清灰方式有以下几类[15-17]。

(1)蒸汽吹灰。蒸汽吹灰是以蒸汽作为介质来处理飞灰，其工作原理是利用高压蒸汽作为工作介质，通过吹灰管道和吹灰器使高压蒸汽以喷射的方式进行吹扫，利用高压蒸汽的冲击动能进行除灰。

(2)机械振打清灰。机械振打清灰是由电动机带动一长轴做低速转动，在轴上按等分的相位挂上许多击锤，按顺序对锅炉受热面进行锤击，使其产生振动，积灰在反复作用的应力下产生微小的裂痕而从附着面脱离，达到清灰的目的。

(3)空气/氮气炮清灰。空气/氮气炮清灰是利用气压平衡的原理，先将压缩空气/氮气储存于钢制容器，即空气/氮气炮体中，当炮体内气压达到 0.4～0.8MPa 时，透过电动或自动元件，切断气源，同时打开排气口，使压缩空气/氮气瞬时向预定方向以超声速喷出，直接冲入余热锅炉积灰区域，利用冲击波进行清灰。

(4)声波清灰。基于声波的物理特性，声波清灰选用低频波，通过扩声装置把声波辐射到有积灰结渣的空间(如锅炉烟道、热交换器、静电除尘器及布袋除尘器)，对灰、渣起“声致疲劳”的作用，即声波振荡的反复作用施加于灰、渣进行拉压循环变化，当达到一定的循环应力次数时，灰、渣的结合因疲劳而被破坏。

(5)燃气脉冲清灰。燃气脉冲清灰的工作原理是利用可燃气体和空气/氧气以一定比例混合实施爆燃。混合气体爆燃膨胀产生的冲击力通过喷嘴产生冲击波，瞬间产生的巨大声能和大量高温高速气体，以冲击波的形式振荡、撞击和冲刷受热面管束，使其表面积灰飞溅，随烟气带走。

以上清灰方式的技术比较见表 3.5。蒸汽吹灰的优点为蒸汽来源方便，对结渣性强、黏性大的积灰清灰效果显著，并且可安装于高温区域；缺点则是清灰范围受限，投资大、成本高，运行产生的高温高压蒸汽成本及水处理费用高，并且操作使用不方便，可靠性差，投入率低，同时水蒸气的凝结有可能会加剧积灰问题。机械振打清灰的优点是适用性广，清灰效率高；缺点则是结构复杂，数量多，能耗大，维护量大，并且有噪声。空气/氮气炮清灰的优点为结构简单，能耗低，安装方便等，但对烧结成块的灰清除效果并不显著，操作不当，甚至可能会加剧积灰。声波清灰的优点是不受声源位置的影响，有效作用范围大，清灰不留死区，对锅炉受热面金属也不会产生冲击；缺点则是强度相对较低，对烧结灰的清除效果差。燃气脉冲清灰的主要优点是强度高、能量大，但燃气易爆，在实际应用过程中存在一定的安全隐患，尤其是针对转炉煤气，采用该方式的危险性更高。

表 3.5 不同清灰方式的技术比较[15-17]

清灰方式	投资费用	设备系统	能耗种类	清灰效果	清灰范围	运行费用
蒸汽吹灰	高	复杂	蒸汽	较好	受限制	高
机械振打清灰	高	复杂	电能	较好	受限制	高
空气/氮气炮清灰	低	简单	空气、氮气	较好	受限制	低
声波清灰	较高	简单	空气、氮气	较好	不受限制	低
燃气脉冲清灰	低	简单	燃气、氧气	好	不受限制	低

针对以上清灰方式的优缺点，作者团队借鉴空气/氮气炮清灰及声波清灰方式，提出了采用高压氮气吹扫及宽频声波清灰的方式。与氮气炮短时工作相比，氮气吹扫通过连续 5s 的高强度吹扫，可以确保积灰被有效清理；与常规声波清灰相比，宽频声波清灰的强度更高，声波穿透能力更强，可以有效清除余热锅炉表面及管道内部的积灰。

对上述两种清灰方式进行冷态试验，设计安装的氮气吹扫管道均分布在烟箱内，使高压氮气可以将换热管表面区域全面覆盖，达到全面清灰的目的。经过高压氮气吹扫后，端面及管内均无积灰，清灰效果显著。

同时，为验证宽频声波清灰装置的清灰效果，也使用该装置进行多次余热锅炉清灰实验，结果如图 3.16 所示。实验发现，该清灰装置通过“宽频共振”方式，可以使沉积灰有效脱离余热锅炉的壁面，运行时落灰效果明显，且运行后管内无积灰，可确保系统的长期运行。

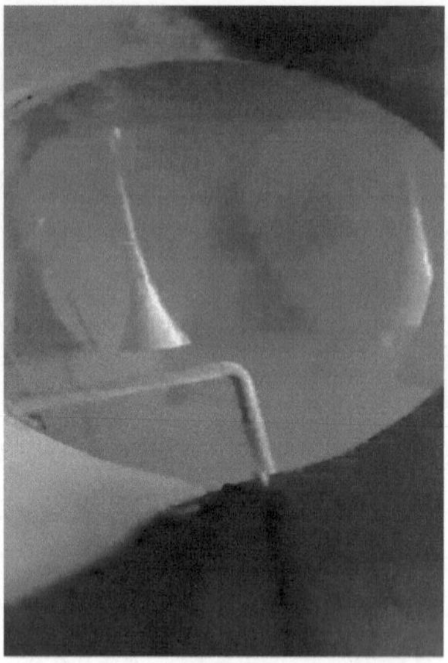

图 3.16　宽频声波清灰装置

3.4　转炉灰尘的回收利用

转炉灰尘是炼钢过程中产生的废弃物料，散落生产现场，不仅污染环境，还损害职工的身体健康。随着国家环保力度的不断加强，相继出台全方位的环保政策和地方行政法规，加强环保管理，规范企业的环保行为，环保投入不断加大，企业干部职工的环保意识不断增强。炼钢灰尘的治理与利用势在必行，采用先进的技术与方法，收集、处理、利用炼钢过程中产生的转炉灰尘，可以变废为宝，降低污染，同时增加企业收益。转炉灰尘的全铁量较高，CaO、K_2O、Na_2O 等含量根据灰尘的类别差别较大。目前，转炉灰尘的利用方法较多，主要针对其中的铁资源进行回收利用，包括生产烧结矿、压块及制备铁系颜料等[18]。

3.4.1　转炉灰尘的利用方法

1. 炼钢法

将转炉灰尘压球压块返回炼钢工艺，用作炼钢的冷却剂，灰尘可部分取代废钢作为冷却剂，1kg 灰尘可取代 2.7kg 废钢，可降低钢水温度约 25℃，同时灰尘对钢水成分和炉渣成分没有太大影响。由于转炉灰尘块中 CaO、FeO 含量很高，用于炼钢工艺中可起到一定的造渣剂、助溶剂的作用。炼钢工艺的特点对压块强度要求相对较低，因此造块多选用冷压块、加黏结剂压团、热压块或中温固结压团等工艺。其中，热压块工艺是利用灰尘的自燃特性将灰尘加热，利用其在高温下的塑性，经高压压球机压制成块，然后在氮气密封状态下冷却后输送到转炉，代替废钢或矿石。该方法不需要另外添加黏结剂，灰尘团块的强度也高，可直接用于转炉作为冷却材料使用，是现在 LT 法灰尘处理应用最多的一种方法。但是，热压块生产需要在高温和隔绝空气的条件下进行，对设备和工艺控制要求很高，一次性投资大、工艺条件苛刻、设备故障率很高，难以长期顺利生产。冷压块则是在除灰尘机污泥中加入部分添加剂，通过冷固工艺制成转炉造渣剂压块，用于转炉造渣，可以强化造渣，改善脱磷效果，提高脱磷率，同时良好的化渣还能起到防喷溅的作用。

2. 直接烧结法

在有烧结厂的企业中，将转炉灰尘作为原料，把干、湿灰直接与精矿粉等原料混合进行烧结，经烧结后进入炼铁高炉进行循环利用。加入一定量的转炉灰尘，有利于混合料的制粒，但随着灰尘量的增加，因其粒度细、易黏糊成块而各自成团，影响混合料制粒和烧结效果。同时，灰尘中含有的有害杂质，在烧结过程中很难除去，入炉后将影响高炉的正常操作和炉衬的使用寿命。但这种方法的优点是投入少、见效快。烧结的工艺流程如图 3.17 所示。

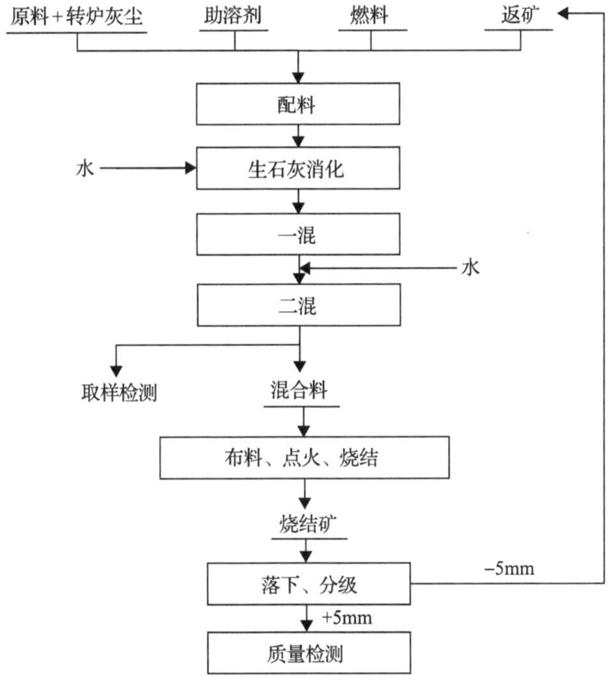

图 3.17 烧结的工艺流程

3. 金属的回收

转炉灰尘中通常含有大量有价值的金属元素，具有很高的回收价值。转炉灰尘经过适当细磨后，经磁选再磨，然后摇床分选，铁元素可以得到有效分离，从而提高转炉灰尘综合回收利用价值。近些年，随着废钢添加比例的增加，转炉灰尘中的 Zn 含量也逐渐增加，目前 Zn 的回收通常采用火法冶金进行回收，利用 Zn 沸点低、高温易挥发的特性，通过还原反应使灰尘中的 Zn 挥发并重新冷凝富集。火法工艺根据条件的不同又可以分为直接还原法与熔融还原法。目前处理转炉灰尘的煤基直接还原工艺，如转底炉(rotary hearth furnace，RHF)工艺及回转窑工艺，由于具有反应温度低、操作流程简单等优点，被认为是目前最成熟的火法冶金工艺，缺点则表现为产品质量不高，设备容易发生故障。常见的转底炉工艺和回转窑工艺流程如图 3.18(a)与图 3.18(b)所示[19]。

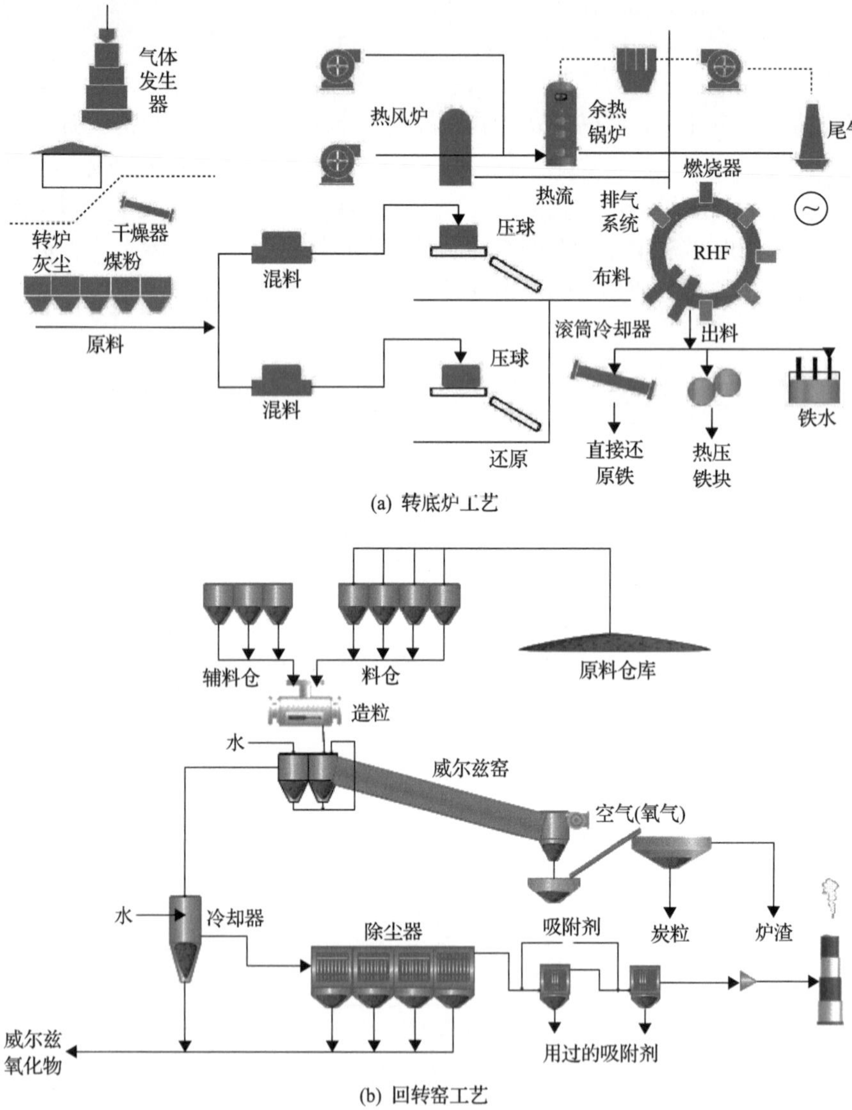

图 3.18　转炉灰尘直接还原法制 Zn 工艺流程[19]

4. 改性水玻璃

利用转炉灰尘颗粒高度的表面效应和潜在水化活性，采用水力漂洗处理分离粗颗粒组分后，将其过滤脱水浓缩成含水量为 40%～50%(质量分数)的悬浊液浆，将水玻璃液与灰尘按质量 100：(70～100)混合，改性后的水玻璃胶凝能力没有明显下降，耐高温性能得到很大改善。

5. 制备氧化铁红

以转炉灰尘为原料，煅烧除碳，然后经酸浸除杂、过滤、燃烧氧化后制得铁红。制备铁红的基本方法是利用硫酸将灰尘中铁浸出，得到含 Fe^{2+}、Fe^{3+}、SO_4^{2-}的混合溶液，对混合溶液进行中和，控制条件可制备生成铁黄、铁棕、铁黑、铁绿等颜料，再将这些颜料进行高温煅烧，即可获得铁红颜料。虽然生产的颜料颜色不如普通合成法氧化铁红那么鲜艳，但是在底漆和防锈涂料中使用并无影响。此外，该颜料易分散，遮盖能力好，且具有优良的防沉性能。

6. 其他利用方法

转炉灰尘的其他利用方法：①转炉灰尘的悬浮液是一种性能较好的铁系脱硫剂，可作为常用脱硫剂替代品。②利用铁及其氧化物的化学特性与水中重金属发生一系列反应，然后在一定的 pH 下使重金属与未溶的灰尘及生成的氢氧化物一起从水中分离出来。③转炉污泥是一种比较有效的废水吸附剂。

3.4.2 转炉灰尘利用存在的问题

转炉灰尘利用可能存在的问题有以下几个。

(1)转炉灰尘回收后主要采用造球法，难以去除转炉灰尘中有害杂质(K、Na、Pb、S、Zn 等)，易造成高炉内有害杂质的恶性循环，降低烧结矿的品质，不利于高炉的正常长期运行。如何去除该部分有害杂质，是目前亟须解决的问题。

(2)转炉灰尘的元素组成根据地区矿种的不同而有一定差别，有些地区的转炉灰尘中含有大量的有用元素，现有的回收方法不能有效利用其中的有用成分，在某种程度上也是一种资源浪费。目前，已经有一些钢厂对这部分转炉灰尘有新的回收和利用工艺。

(3)转炉灰尘的利用会降低炼钢成本，给钢厂的炼钢带来不少经济效益。但是在处理转炉灰尘的副产物时，如果利用或处理不当，会造成新的二次污染，如转炉灰尘作为吸附剂或脱硫剂使用。

(4)转炉灰尘的利用必然需要新的场地或新的设备。对目前很多钢厂来说，场地十分受限，如何能在有限的空间内，设计出满足工艺要求的转炉灰尘处理系统，也是目前面临的问题。

参 考 文 献

[1] Li Z, Zhu R, Ma G, et al. Laboratory investigation into reduction the production of dust in basic oxygen steelmaking[J]. Ironmaking & Steelmaking, 2017, 44: 601-608.

[2] 杨莹莉，李静，丁岳峰，等. 转炉一次除尘超低排放技术应用现状及挑战[J]. 冶金能源, 2020, 39(5): 60-64.

[3] 马春生. 转炉烟气净化与回收工艺[M]. 北京：冶金工业出版社, 2014.

[4] 李博，魏小林，李腾，等. 一种转炉烟气全干式集尘余热回收装置及方法：中国, CN112342336B[P]. 2023-09-08.

[5] 张婉婧，魏小林，李腾，等. 工业炉窑高温含尘烟气金属丝网除尘技术研究[J]. 洁净煤技术, 2020, 26(5): 1-8.

[6] 高燕军，吕平. 转炉煤气尘泥的研究利用[J]. 世界有色金属, 2016, 31(24): 222-223.

[7] Nedar L. Dust formation in a BOF converter[J]. Steel Research, 1996, 67(8): 320-327.
[8] Han B C, Wei G S, Zhu R, et al. Utilization of carbon dioxide injection in BOF-RH steelmaking process[J]. Journal of CO_2 Utilization, 2019, 34: 53-62.
[9] 王新华. 钢铁冶金——炼钢学[M]. 北京: 高等教育出版社, 2007.
[10] 冯聚和. 炼钢设计原理[M]. 北京: 化学工业出版社, 2005.
[11] Ray S K, Chattopadhyay G, Ray A K. Evaluation of dust generated from basic oxygen furnace steel making[J]. Journal of the Air & Waste Management Association, 1997, 47: 716-721.
[12] 张滔. 转炉干法除尘烟气粉尘特性研究[D]. 唐山: 华北理工大学, 2016.
[13] 张臣, 齐小燕. 本钢转炉OG系统结垢成因分析及改进实践[C]// 第八届中国钢铁年会, 北京, 2011.
[14] 黄成永, 汤先岗, 魏传岱, 等. 转炉炼钢一次除尘蒸发冷却器严重积灰问题及解决方案[J]. 环境工程, 2019, 37(5): 146-149.
[15] 王新建, 魏永杰, 彭岩. 水泥窑余热锅炉清灰方式选择[J]. 水泥工程, 2010, 21(5): 65-69.
[16] 王涌, 郑博闻, 王威. 声波清灰技术的理论研究与仿真[J]. 计算机仿真, 2011, 28: 401-404.
[17] 邓文俭. 燃气爆炸冲击波的分布规律及其在锅炉清灰上的应用[D]. 济南: 山东大学, 2005.
[18] 张沅, 徐铁, 陈高亮. 转炉除尘灰的循环利用技术和应用[J]. 包钢科技, 2017, 43(6): 17-19.
[19] Wang J, Zhang Y Y, Cui K K, et al. Pyrometallurgical recovery of zinc and valuable metals from electric arc furnace dust—A review[J]. Journal of Cleaner Production, 2021, 298: 126788.

第 4 章

转炉煤气爆炸特性

钢铁冶炼过程中会产生大量的中低温煤气，其显热和化学热的回收利用对钢铁企业节能减排具有重要意义。转炉炼钢是钢铁生产中的关键环节，产生的转炉煤气中 CO 摩尔分数可高达 60%～80%。而含有较高浓度 CO 的转炉煤气在余能余热回收利用过程中，前烧期和后烧期会出现 CO 和 O_2 共存的情况，存在爆炸的危险。转炉煤气的间歇性和波动性，使煤气组分浓度不断发生变化，同时煤气携带大量可以作为点燃源引发爆炸的高温灰尘颗粒，导致管道存在较高的爆炸(爆燃)风险。为了安全高效回收转炉煤气的显热和化学热，必须掌握转炉煤气爆炸特性并采取合理的遏爆措施。

4.1 转炉煤气的爆炸机理

4.1.1 转炉煤气的组成及其爆炸特性

1. 转炉煤气的组成

转炉煤气主要来自转炉炼钢的吹氧脱碳过程，其组成成分与转炉的吹氧冶炼工艺密切相关。在吹氧冶炼中，氧气使铁水中的碳迅速氧化，生成大量 CO，部分 CO(约 10%)从熔池液面逸出与炉内残余氧气发生氧化反应(炉内二次燃烧)，生成 CO_2，从炉口排出，从而形成主要由 CO、CO_2 和残余 O_2 等组成的转炉一次煤气。由于炉体炉口和烟罩之间存在一定的空隙，炉气进入烟罩时会混入少量的空气，进行炉外二次燃烧后，形成的转炉煤气(二次煤气)的主要成分是 CO 及少量的 CO_2、O_2、N_2 和 Ar 等，典型转炉煤气成分见表 4.1[1]。

表 4.1 典型转炉煤气成分表(煤气回收期间)[1]

成分	CO	CO_2	N_2	O_2	其他
摩尔分数/%	70	15	14.5	0.45	0.05

转炉煤气的成分在整个生产过程中是不断变化的，变化过程见图 4.1。在吹炼前期，熔池的温度较低，铁水中的硅和锰首先发生反应，被大量氧化，碳的氧化速度较慢，导致这一阶段转炉产生的炉气量较少，且 CO 在炉气中的占比也较低。在吹炼中期，随着各种氧化反应不断释放热量，熔池的温度不断升高，当熔池温度大于 1470℃时，会发生剧烈的碳氧反应，生成大量的 CO，使煤气总量和煤气中的 CO 占比不断提升至最大值。

到达吹炼后期，脱碳反应不断地消耗碳，铁水中的碳含量不断降低，导致反应速率和脱碳速率下降，煤气中的 CO 含量也降低。在整个过程中，煤气温度随熔池温度的不断上升而升高。

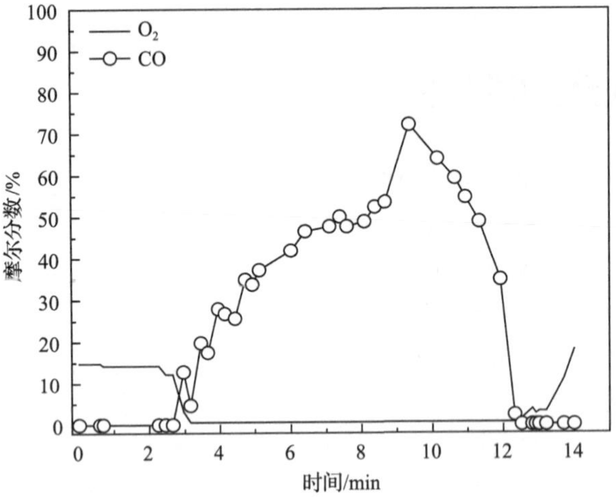

图 4.1　生产过程中的转炉煤气成分变化

转炉煤气主要采用中间回收法进行回收。煤气成分随转炉吹炼过程的具体变化为：转炉吹炼初期，在烟罩未降下时吹氧，氧气主要与铁水中的硅、锰、硫、磷等反应，碳未被大量氧化，生成的 CO 很快被剩余氧气和炉口吸入的空气氧化，煤气中 O_2 摩尔分数较高，CO 摩尔分数较低。2～3min 后脱碳条件趋于成熟，碳大量氧化，煤气中 CO 和 CO_2 摩尔分数迅速升高，O_2 摩尔分数很快趋于 0，并放下活动烟罩。吹炼中期，脱碳速率相对稳定，CO 和 CO_2 摩尔分数变化较为平缓，并达到最大值，当 CO 摩尔分数大于 30%～40%时开始回收煤气，同时保证回收煤气中的 O_2 摩尔分数低于 2%。在吹炼末期，活动烟罩重新抬起，由于熔池中碳含量急剧下降，且从炉口吸入的空气量增加，二次燃烧充分，CO 摩尔分数大幅度下降，CO_2 比 CO 的量多，吸入空气时造成 O_2 量增加；当 CO 摩尔分数小于 35%或 O_2 摩尔分数大于 2%时，停止回收煤气并将煤气点燃放散。

从转炉煤气的回收过程可以看出，转炉正常工作情况下，吹炼中期（包括煤气回收段）煤气中的 CO 摩尔分数在 0%～80%变化，O_2 摩尔分数低于 2%，不会发生爆炸；而在吹炼初期与末期（也称为前烧期和后烧期）的几分钟内，在前烧段，O_2 摩尔分数从 15%下降至 0.5%左右，CO 摩尔分数从接近 0%升高至 20%，在后烧段，CO 摩尔分数从 30%下降至 0.5%，O_2 摩尔分数从接近 0%升高至 15%左右。高温条件下 CO 与 O_2 迅速反应，因此两者在前烧和后烧期的大多数时间没有共存，不会发生爆炸，但 CO 与 O_2 可以在 1～2min 的交叉转换段里共存，这时 CO 和 O_2 摩尔分数一般均低于 10%，如果有明火等条件，有可能发生速燃或轻微爆炸事故。根据转炉煤气干法除尘的经验，这种轻微爆炸也几乎不发生，或发生时危害极小。

以上为转炉在正常冶炼过程中的煤气爆炸可能性，经过详细的转炉干法和湿法除尘运行状况的调研后，发现转炉在工作中会发生一些异常现象，如开始吹氧时脱碳反应异常、炉渣喷溅、吹氧管泄漏、吹炼末期点吹等。在转炉吹炼初期，废钢与铁水混合不好，导致一些吹入的氧气直接接触到废钢，没有与铁水充分混合，从而引起脱碳反应异常及转炉煤气氧含量超标。例如，一台干法除尘转炉在运行中发生煤气速燃事故，火焰喷出炉口几米远。在转炉吹炼中期，有时会发生炉渣喷溅事故，此时红渣喷入文氏管，煤气中残留火种，如果氧枪切断阀关闭不严，造成氧气泄漏，就可能发生煤气爆炸。例如，某厂湿法除尘转炉发生三次溢流文氏管部位爆炸事故，所幸安装防爆板而未造成大的损失。在转炉吹炼末期实施点吹，氧气与煤气未完全反应，也有可能造成煤气爆炸。例如，干法除尘转炉运行时，在电除尘设备部位常发生轻微爆炸，其原因可能是点吹造成煤气中氧含量超标，且电晕放电产生火花而点燃煤气。

在吹氧冶炼的全过程，铁水均为高温熔融状态，这会使少量的铁水蒸发，进入转炉煤气。同时，在转炉煤气从熔融状态铁水中析出的过程中，也会因为物理夹带作用而携带少量的物质微粒。随着转炉煤气离开熔池后温度降低，高温蒸发的物质会冷凝成固体微粒，形成转炉煤气携带的灰尘。转炉煤气的典型灰尘成分见表4.2[2]，转炉煤气中这些高温灰尘冷却速度较慢，有可能成为煤气燃烧的点火源。

表4.2 转炉煤气的典型灰尘成分表(质量分数)[2] (单位：%)

灰尘成分	Fe	FeO	Fe_2O_3	SiO_2	MnO	P_2O_5	CaO	MgO	C
未燃法	0.58	67.16	16.20	3.64	0.74	0.57	9.04	0.39	1.68
全燃法	0.4	2.3	92	0.8	1.6	—	1.6	1.6	—

2. 转炉煤气的爆炸特性

1)爆炸的基本概念

对于可燃气体，燃烧和爆炸是一种快速化学反应，其结果是把化学能转化为热能(爆炸时，一部分转化为机械能)。相对于燃烧，爆炸是一种急剧突变的物理化学过程，伴随着能量快速释放，使周围物体遭受猛烈冲击和破坏。按照爆炸速度分类，爆炸可以分为爆燃(deflagration)和爆轰(detonation)。

爆燃是一种带有前驱压力波的燃烧，其与定压燃烧不同，产物不能及时排放从而产生一定的压力，一般属于定容燃烧。这个压力差(或称压力扰动)以当地的声速向前传播，即压力波。压力波的传播速度比燃烧波要快，因此也称为前驱冲击波。当压力波传播速度等于燃烧波速时，爆燃压力达到最大。对于大多数碳氢化合物和空气的化学计量浓度混合物，典型的爆燃压力可达0.8MPa量级，爆燃速度为900m/s量级。典型的爆燃是一种不稳定状态的燃烧波，可以因约束的减弱而减弱，直至压力波消失变为定压燃烧。

爆轰是波前未反应物以超声速传播的带化学反应的冲击波，其借助强烈冲击波的压缩作用将物质加热，然后触发化学反应，化学反应支持冲击波达到平衡。对于大多数碳氢化合物和空气的化学计量浓度混合物，典型的爆轰压力为1.5MPa量级，爆轰速度为1.8km/s量级。由于形成强冲击波需要快速的化学反应，只有H_2和C_2H_2等化学活性很强的可燃气体才容易出现爆轰，而CO一般以爆燃形式为主，不会发生爆轰及爆燃转爆轰

(deflagration-to-detonation transition，DDT)的现象。

2) 转炉煤气发生爆炸的基本条件

发生爆炸反应过程必须同时具备反应过程放热、反应速率极快、形成大量气体产物及能自动迅速传播四个条件。对转炉煤气而言，其存在以下三个特点就容易发生爆炸。

(1)煤气中的CO在空气中的浓度达到爆炸极限。CO的爆炸极限为12.5%～75%(摩尔分数)，转炉的断续生产会使转炉煤气的成分不断发生变化，转炉炼钢在吹炼开始后和结束前的两三分钟内，CO开始产生或者产量下降，同时又有空气混入，因此CO很容易达到爆炸极限。

(2)温度在自燃温度以下。当可燃气体混合物处于自燃温度以上时将直接发生燃烧反应，不存在爆炸的可能。CO在空气中的自燃温度约为650℃，当转炉煤气在余热锅炉换热过程中温度降低到650℃以下时，或者在静电除尘器中煤气温度约为180℃时，存在爆炸的可能。

(3)存在点火源。转炉煤气中含有高温细颗粒，现有的各种除尘方法都很难完全清除这些颗粒，同时静电除尘器有放电现象，这两者都可能成为爆炸的点火源。

4.1.2　转炉煤气爆炸发生机理

1. CO和湿空气的反应机理

1) 详细反应机理

燃烧速度是影响火焰加速的因素之一，燃烧速度除受物质输运影响外，燃料和空气反应的化学动力学也是重要的影响因素。CO 和空气燃烧反应与一般气体燃料不同，在干空气中发生氧化反应时反应速度较慢，其受空气含水量的影响较大。图 4.2 是在初始条件为0.1MPa、300K，不同的水蒸气摩尔分数(X_{H_2O})时，CO当量比和层流燃烧速度的

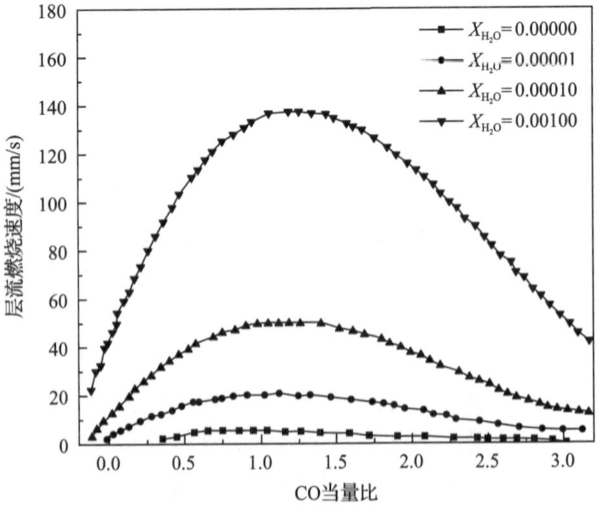

图 4.2　含水量、层流燃烧速度和CO当量比的关系[3]

关系。在当量比相同的条件下，含水量对层流燃烧速度影响较大[3]。

国外学者根据对 CO 和湿空气基元反应机理的长期研究，总结出以下基元反应步骤[4-6]。

(1) H-O 链式反应：

$$\begin{cases} H+O_2 \xlongequal{} OH+O & (R4\text{-}1) \\ OH+O \xlongequal{} H+O_2 & (R4\text{-}2) \end{cases}$$

$$\begin{cases} H_2+O \xlongequal{} OH+H & (R4\text{-}3) \\ OH+H \xlongequal{} H_2+O & (R4\text{-}4) \end{cases}$$

$$\begin{cases} H_2+OH \xlongequal{} H_2O+H & (R4\text{-}5) \\ H_2O+H \xlongequal{} H_2+OH & (R4\text{-}6) \end{cases}$$

$$\begin{cases} OH+OH \xlongequal{} H_2O+O & (R4\text{-}7) \\ H_2O+O \xlongequal{} OH+OH & (R4\text{-}8) \end{cases}$$

(2) H-O 重组合：

$$H + H + M \xlongequal{} H_2 + M \tag{R4-9}$$

$$H + OH + M \xlongequal{} H_2O + M \tag{R4-10}$$

(3) HO_2 生成与消耗：

$$H + O_2 + M \xlongequal{} HO_2 + M \tag{R4-11}$$

$$HO_2 + H \xlongequal{} OH + OH \tag{R4-12}$$

$$HO_2 + H \xlongequal{} H_2 + O_2 \tag{R4-13}$$

$$HO_2 + H \xlongequal{} H_2O + O \tag{R4-14}$$

$$HO_2 + O \xlongequal{} OH + O_2 \tag{R4-15}$$

$$HO_2 + OH \xlongequal{} H_2O + O_2 \tag{R4-16}$$

(4) CO 转化：

$$\begin{cases} CO+OH \xlongequal{} CO_2+H & (R4\text{-}17) \\ CO_2+H \xlongequal{} CO+OH & (R4\text{-}18) \end{cases}$$

以上反应(R4-17)是 CO 氧化的主要机理，该反应生成 H 通过反应(R4-1)还可生成 OH，继续促进 CO 的氧化。可见 H_2O 对 CO 反应具有重要作用。

(5) HCO 生成与消耗：

$$HCO + H = CO + H_2 \tag{R4-19}$$

$$\begin{cases} HCO+M = CO+H+M & \text{(R4-20)} \\ CO+H+M = HCO+M & \text{(R4-21)} \end{cases}$$

2) 单步总包反应

详细反应涉及燃烧过程中各个基元反应，但组分和基元反应较多并不利于工程计算的应用。为了便于工程计算，CO 化学反应方程式使用单步总包反应表示为

$$CO + 1/2\ O_2 = CO_2 \tag{R4-22}$$

总包反应的反应速率表示为

$$\frac{d[CO]}{dt} = -k_0 \exp\left(\frac{-E}{RT}\right)[CO]^{\alpha}[O_2]^{\beta}[H_2O]^{\gamma} \tag{4-1}$$

式中：k_0 为指前因子；E 为活化能；R 为通用气体常数，8.314J/(mol·K)。由式(4-1)可以看出，反应速率受到 CO、H_2O 和 O_2 组分浓度的影响。关于系数 k_0、E/R、α 、β 和 γ ，文献中有多种不同的取值，见表 4.3。选取不同系数后对不同单步总包反应进行比较，结果如图 4.3 所示。显然，不同的研究者得出的反应速率相差较大，CO 的单步总包反应还要进一步研究。

表 4.3　CO 氧化反应速率系数表

形式	k_0/((m³/mol)$^{\alpha+\beta+\gamma-1}$/s)	(E/R)/K	α	β	γ
Howard 等[7]式	1.3×10^8	15106	1	0.5	0.5
Hottel 等[8]式	1.9×10^6	8056	1	0.3	0.5
Dryer 和 Glassman[9]式	1.3×10^{10}	20141	1	0.25	0.5
Hannes[10]式	1×10^7	15106	1	0.5	0.5

2. CO 在管道内的火焰加速机理

CO 的爆燃通常发生在管道中，其火焰在管道内的传播和发展如下：管道内混合气体被点燃后，形成一个压力波在火焰面前端叠加堆积，强度不断增强。考虑一个方向上的火焰传播，形成典型的双波三区结构模型，见图 4.4。双波三区结构模型包括一个冲击波阵面和一个燃烧波阵面，以及由这两个面分开的三个区：0 区初始状态区、1 区冲击波区和 2 区燃烧产物区。

若火焰面积为 A，燃烧速度为 S，反应物密度为 ρ_1 ，则在 Δt 时间内参加反应的反应物质量为 $AS\rho_1\Delta t$ ；若管道内的有效横截面积(考虑阻塞效应)为 α ，生成物密度为 ρ_2 ，生成物沿管道的平均长度为 l，设生成物在 Δt 时间内沿管道增加的长度为 Δl ，则在 Δt 时

间内生成物的质量增加量为 $\alpha\rho_2\Delta l$。参加反应的反应物质量应等于生成物质量的增加量，即 $AS\rho_1\Delta t=\alpha\rho_2\Delta l$，因此火焰传播速度可表示为

$$D_f=\Delta l/\Delta t=\sigma SA/\alpha \tag{4-2}$$

式中：膨胀比 $\sigma=\rho_1/\rho_2$。显然，火焰传播速度与 σ、S 和 A 成正比，与 α 成反比，任何可能改变这四个物理量的因素都将对火焰发展产生重要影响。以这四个物理量为分析基础，火焰加速机理分析如下。

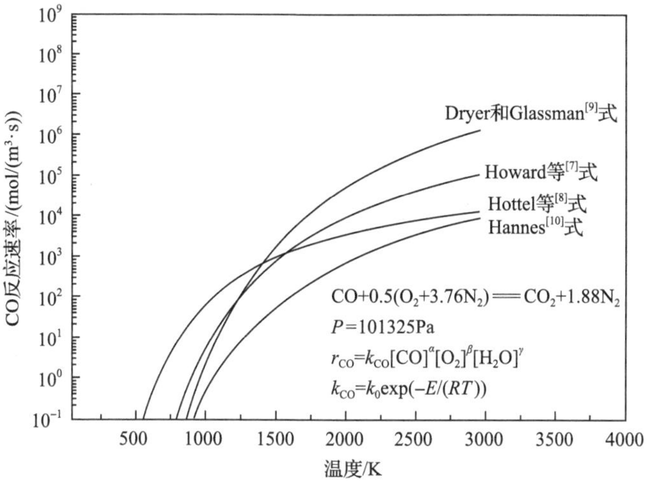

图 4.3　不同单步总包反应机理的比较

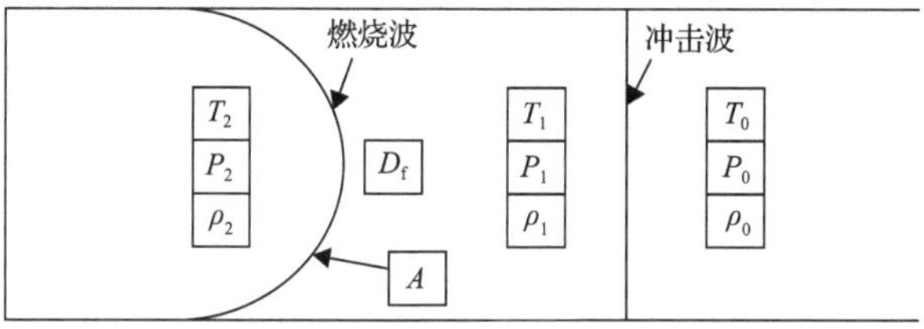

图 4.4　爆燃火焰的双波三区结构模型

(1)产物膨胀效应。火焰在初始阶段的加速主要是由产物膨胀造成的，产物受到左端边界的限制向右膨胀，火焰形状由半圆球状逐渐过渡为指状，随着火焰面积呈指数增长，会形成更大的火焰传播速度，同时这种火焰面积的增加只会存在短暂时间。

(2)边界效应。管壁形成的无滑移边界会导致火焰不断加速，对于活性气体甚至触发爆轰。这主要是边界的黏性层和壁面热损失使火焰弯曲，获得更大的火焰面积，壁面粗糙度越大，这种效应会越明显。

(3)火焰和流体的力学不稳定性。不稳定性对火焰有一定的加速作用，平面层流火焰在现实中是难以稳定存在的，化学反应和生成热被限制在接近产物的很薄的区域内，而热和组分的对流与扩散在火焰较宽的预热区内保持平衡，火焰面前后的流场会通过汇合或分开来加强各种因素导致的火焰面变形，形成 Darrieus-Landau(D-L)不稳定性。

同时，这种不稳定性也将通过增加火焰面面积来增加火焰速度，并且生成热越大不稳定性越强。对于小于 1 的刘易斯数(Lewis number) Le，热扩散不稳定性会加强火焰面的褶皱。D-L 不稳定性和热扩散不稳定性仅在火焰加速早期发挥重要作用，火焰后期流体力学的不稳定因素，如剪切形成的 Kelvin-Helmholtz(K-H)不稳定性和密度差形成的 Rayleigh-Taylor(R-T)不稳定性，将是增强湍流燃烧速度和增加火焰面积的主要机理。

(4)湍流效应。形成湍流火焰后，大涡扭曲了火焰面形状，小涡增加了火焰面的褶皱。湍流加强了物质的输运，湍流燃烧速度是层流燃烧速度的数倍以上。当火焰传播速度增大时，火焰面前端势必将带来更大的气流速度，从而增强湍流及湍流燃烧速度，形成正反馈机制。当然，湍流火焰的加速机制是有限度的，过于迅速的湍流混合将使化学反应不能有效发生而导致火焰熄灭。

(5)压力波影响。前驱的压力波有预热未燃混合气的作用，对一般燃烧反应而言，初温越高，反应越剧烈，即可获得的燃烧速度更高。同时火焰面前后会有许多反射的压力波作用在火焰面上，这种压力波和火焰面的相互作用机制会增强火焰面的不稳定性、增加火焰面的变形和褶皱，从而提高燃烧速度。每次燃烧速度的增加都会使火焰面前后形成更强的压力波及反射压力波，这也形成相互强化的正反馈机制。同时，管壁有声吸附材料时对爆炸有明显的抑制作用，声吸附材料会吸收火焰燃烧产生的反射压力波，降低火焰的传播速度，起到抑制爆炸的作用。

(6)障碍物作用。障碍物是对火焰加速影响最显著的因素之一，主要体现为三点：①管道内形状的改变，火焰在通过障碍物时出现拉伸现象，大幅增加了火焰面面积；②管道的突然变化对 K-H 不稳定性和 R-T 不稳定性有强烈的触发作用；③障碍物增强了压力反射波对火焰面的作用。

3. CO 发生爆炸时的理论最大压力

基于理想气体状态方程：

$$PV = nRT \tag{4-3}$$

式中：P 为压力，Pa；V 为体积，m^3；n 为物质的量，mol；R 为通用气体常数；T 为温度，K。

通过检测装置得到爆炸发生前的气体组分和温度等初始参数，假设气体组分只有 CO 和 O_2，则可以估算爆炸发生时的理论最大压力。

当 O_2 过量时，CO 和 O_2 的体积浓度比 $\frac{[CO]}{[O_2]} \leqslant 2$，即当量比 $\Phi \leqslant 1$，从而有

$$\begin{aligned}\frac{P}{P_0} &= \frac{T \times (1-0.5[CO])}{T_0} \\ &= \left(\frac{[CO] \times q_{CO}}{T_0 \times \bar{C}_{P,Gas}} + 1\right) \times (1-0.5[CO])\end{aligned} \tag{4-4}$$

当 CO 过量时，CO 和 O_2 的体积浓度比 $\frac{[CO]}{[O_2]} > 2$，即当量比 $\Phi > 1$，从而有

$$\frac{P}{P_0}=\frac{T\times(1-[O_2])}{T_0}$$
$$=\left(\frac{2[O_2]\times q_{CO}}{T_0\times\bar{C}_{P,Gas}}+1\right)\times(1-[O_2]) \quad (4\text{-}5)$$

式中：[CO]为 CO 摩尔分数，%；$[O_2]$为 O_2 摩尔分数，%；P 为爆炸最大压力，Pa；P_0 为爆炸发生前压力，Pa；T 为爆炸后温度，K；q_{CO} 为 CO 热值，J/Nm^3，$\bar{C}_{P,Gas}$ 为气体平均定压比热，J/(m^3·K)；T_0 为爆炸前温度，K。

以上 CO 的爆炸压力的估算公式在 CO 接近当量比时爆炸压力最大，由于压力损失较小，估算准确度较好；而当 CO 远离当量比时，爆炸压力较小，由于压力损失未考虑，估算的压力过大，将偏离实际值。

4.2 转炉煤气爆炸过程研究

4.2.1 管道内转炉煤气爆炸发展过程

对转炉炼钢生产而言，安全生产居于首位，是重中之重，必须避免转炉煤气爆炸引发重大生产事故。由于实际生产工艺复杂，且煤气爆炸瞬间发生，很难在实际生产中检测分析爆炸的形成发展过程，实验室测试分析是理解和掌握转炉煤气爆炸机制的有效途径，也是研发遏制煤气爆炸方法的较好手段。

1. 转炉煤气爆炸实验平台

中国科学院力学研究所专门建立了煤气爆炸发生与遏制研究实验平台，该平台系统见图 4.5[11, 12]，主要包括五个部分：空气调湿与加热、CO 气体管路、测量管道、消声器和尾气排放以及控制和数据采集等。实验时，空气由变频罗茨风机引入，经质量流量计(热式)计量后分为两路，其中一个支路通过水槽装置进行增湿。两路气量的配比由球阀控制，充分混合后的增湿空气状态由温湿度计测量。电加热器的加热温度由控制台设定，使空气和 CO 混合前加热到一定的温度，更好地模拟转炉煤气实际工况。CO 和空气经过一段管道后充分混合，由热电偶测量混合后的温度，稳定后即可打开点火器点燃混合气体，同时记录点燃时的初始混合气温度数据。管道从点火处到出口全长 5.26m，内径 0.08m。为了研究障碍物对火焰的加速作用，管道分为两个部分，其中光管段长 2.76m，障碍物段长 2.5m(模拟实际换热装置)。测量点主要布置在障碍物段，共布置了 8 个压力测量点和 7 个紫外火焰测量点。

2. 转炉煤气爆炸影响因素的实验研究[11]

典型管道爆炸的火焰速度和压力的发展过程见图 4.6，实验时的火焰形貌见图 4.7。管道设置有光管段和障碍物段，以 CO 当量比Φ=1.25、初始混合气温度 300K 为例。光管段为火

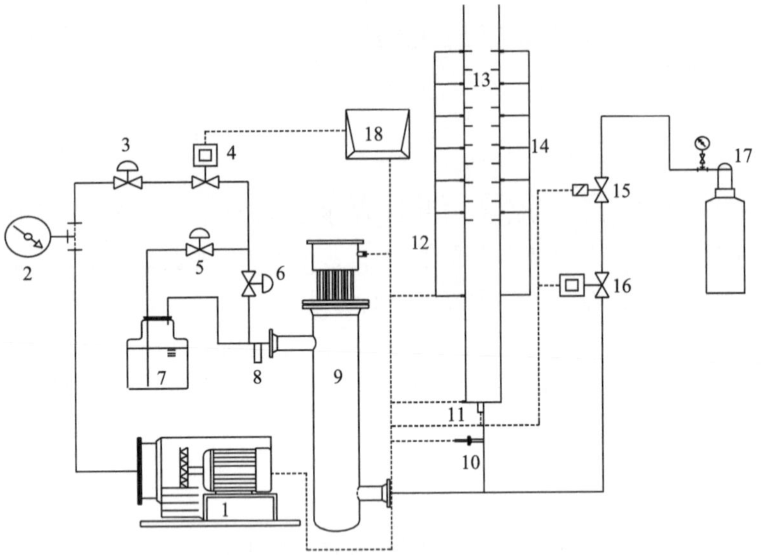

图 4.5　实验系统流程图[11]

1-变频罗茨风机；2-压力计；3-空气调节阀；4-空气流量计；5-增湿空气管路阀；6-湿空气总调节阀；7-水槽；8-温湿度计测口；9-电加热器；10-热电偶；11-点火器；12-压力传感器；13-障碍物；14-紫外火焰传感器；15-电磁阀；16-CO 流量计；17-CO 气瓶；18-控制和信号采集台

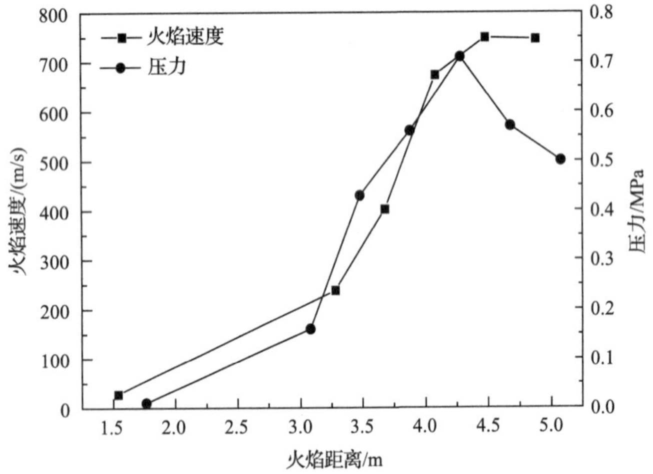

图 4.6　火焰速度和压力的发展过程

焰的初始阶段，该阶段内火焰加速非常缓慢，平均速度较低；在比光管段稍短的障碍物段，火焰速度和压力迅速增加，靠近出口端时火焰速度达到最大值，压力也达到最大值，这时火焰最大压力超过 0.7MPa，火焰最大速度约为 750m/s，说明爆炸接近典型的爆燃状态。由于出口具有泄压作用，火焰传播达到最高值后开始显著下降，火焰速度也降低。在整个火焰传播过程中，光管段内的传播时间占总传播时间的绝大部分，障碍物段时间很短，说明障碍物对管道爆燃有显著的促进作用，对火焰速度和压力的快速发展有明显作用。

在煤气爆炸发生的过程中，有以下几个主要的影响因素。

图 4.7 实验时的火焰形貌

1) CO 当量比对爆燃过程的影响

在常温条件下，CO 当量比为 0.583～3.25 时火焰可以充分发展起来，而在其他当量比情况下，火焰很难加速，混合气体甚至不容易被点燃。这主要是由于远离当量比时化学反应剧烈程度明显下降，初始混合气体的湍流对这种微弱反应的发展具有破坏作用而不是加强作用，同时一种反应物质量相对太少也难以达到均匀混合。

以煤气初始温度 300K、CO 当量比在 0.583～3.25 为例，图 4.8 给出了该条件下最大压力和最大压力上升速率，以及最大火焰速度和火焰从点火处到达最后测点的传播时间随 CO 当量比变化的规律。由图 4.8 可知，CO 存在最佳当量比(比 1 稍大)，在这一当量比下，CO 爆燃强度最大，最大火焰速度最高，最大压力也最高。传播时间随 CO 当量比变化的情况相反，CO 当量比在最佳当量比时传播时间最短，而在当量比远离最佳当量比时传播时间逐渐变长。火焰得到充分发展的当量比 Φ 主要分布在 $\Phi>1$ 区域，而在 $\Phi<1$ 区域内，随着 Φ 的减小最大火焰速度和最大压力都很快减小。

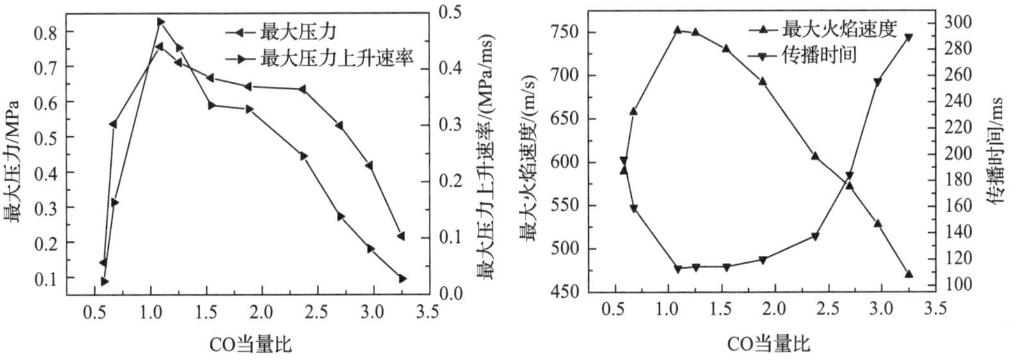

(a) 最大压力和最大压力上升速率　　(b) 最大火焰速度和传播时间

图 4.8 当量比对火焰参数的影响

定义最大压力的上升时间为压力从零到最大值的时间间隔，最大压力上升速率即为最大压力值除以上升时间，它和最大压力构成了爆炸威力参数。最大压力及其上升速率随CO当量比变化的情况基本相同，最大压力上升速率也在最佳当量比时最大。

2) CO体积流量对爆燃过程的影响

在相同当量比、温度、含水量的条件下，管内体积流量与火焰速度和爆燃压力的关系如图4.9所示。

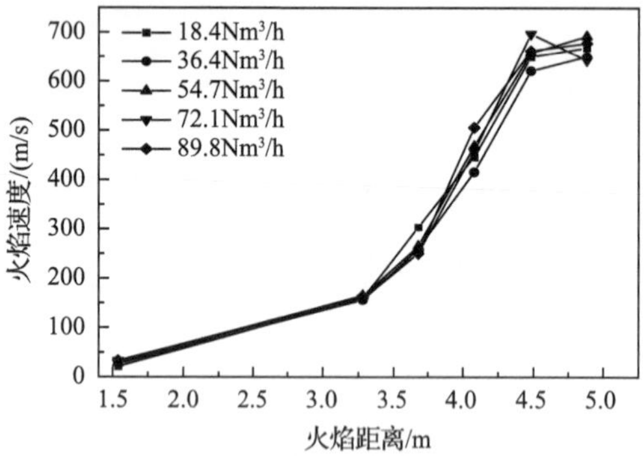

(a) 火焰速度

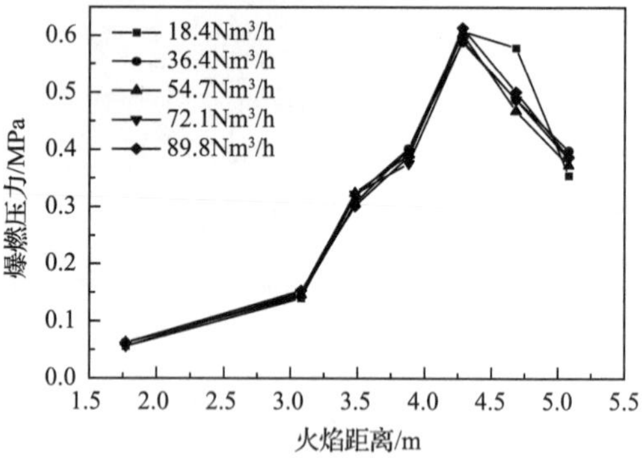

(b) 爆燃压力

图4.9 管内体积流量对火焰参数的影响

由图4.9可知，不同体积流量下爆燃火焰速度发展是趋于一致的，即流量对火焰速度的发展没有产生本质上的影响。各位置处的火焰速度虽然不同，但并没有表现出随体积流量增加，火焰速度发展整体加快或减慢的特点。不同流量下爆燃压力的发展也是趋于一致的，除个别点外，各位置处的爆燃压力差别不大，爆燃压力发展也未出现整体增大或减小的特点。

随着体积流量的增加，管道内的初始流速上升，而流速越大初始湍流强度越大。湍流有助于加快物质输运和化学反应，因而光管段的传播时间有所减少，到障碍物段火焰充分发展起来，火焰受到初始湍流影响很小，不同体积流量下几乎没有区别。同时，初始湍流加速火焰传播的效果是有限的，当达到一定的流量后影响变小。爆燃的压力是爆燃能量释放的表现形式，流量的增加并没有改变单位体积混合气的能量释放率，因此不同体积流量混合气的爆燃压力变化趋势基本一致。

3) 含水量对爆燃过程的影响

在各工况温度相差不大(5K以内)、体积流量相同及当量比相同的条件下，空气中含水量对爆燃的火焰速度和压力的影响见图4.10。

由前文CO和湿空气化学反应机理可知，H_2O在CO和O_2反应过程中起到关键加速作用，水分主要影响自由基O、OH、H等的生成，因此不需要太多的水量，当含水量达到一定程度后对反应来说就过剩了。该特性表现在CO爆燃过程，即存在一个含水量使爆燃发展的过程不再受空气中水分的影响(图4.10中该含水量为0.463%(摩尔分数))。随着空气中含水量的增加，爆燃火焰速度和压力的发展都在加快，当含水量增加到0.463%(摩尔分数)时，火焰速度和压力的发展过程表现出不再受含水量影响的特点，即火焰速度和压力发展趋于一致。在转炉全干法模式中，煤气含水量很少，因此对于遏爆是有利的。

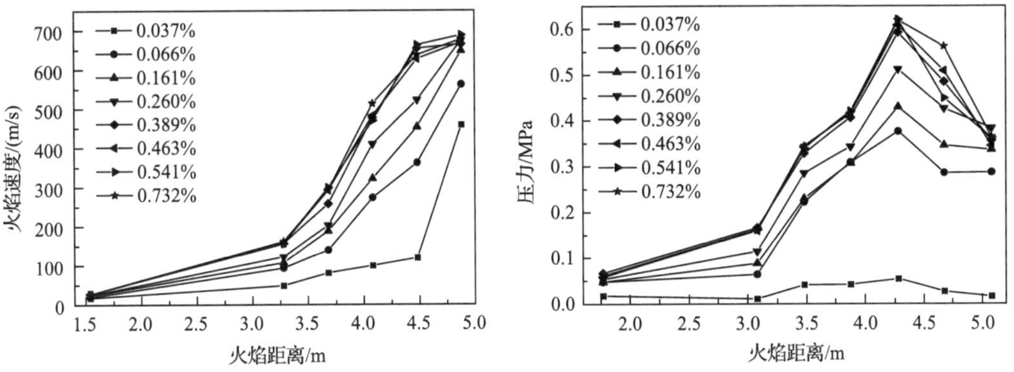

(a) 火焰速度　　(b) 压力

图 4.10　含水量(摩尔分数)对火焰参数的影响

4) 温度对爆燃过程的影响

在同一当量比条件下，得到不同初始温度下 CO 爆燃过程的压力发展过程及最大火焰速度和传播时间，见图 4.11，图中每个工况之间约有 100K 的温度差。

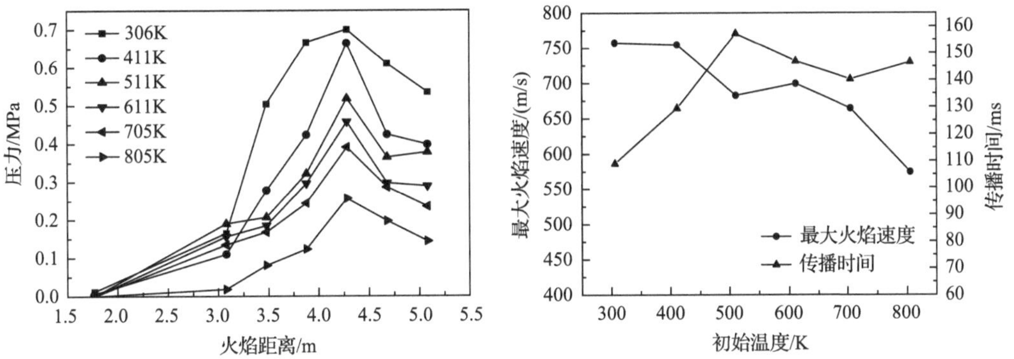

(a) 压力　　(b) 最大火焰速度和传播时间

图 4.11　温度对火焰参数的影响

由图 4.11 可知，不同初始温度下的压力发展趋势相同，相应位置点的压力值随初始温度升高而下降，压力的发展基本满足随温度升高而变缓的规律，且高温爆燃的冲击破坏能力明显减弱；最大火焰速度随温度升高表现出下降趋势，但即使在高温状态下，火焰仍有较快的传播速度，当研究高温 CO 爆燃的遏制时必须考虑这一重要现象。在转炉全干法技术中，煤气具有一定初温，因此可以减小爆燃的压力。

初始温度对爆燃过程产生的影响主要是随着温度升高，混合气体的物理和化学性质发生以下五点重要变化。

(1) 体积能量下降。随着初始温度升高，混合气的密度下降，单位体积混合气燃烧过程中释放的化学能将下降。而爆燃压力代表能量的释放程度，并随着化学能减小而减小，因此温度的升高必将使爆燃过程产生的压力下降。

(2) 流体声速提高。流体的声速可表达为 $c=\sqrt{\gamma' RT}$ ，式中 γ' 、R 和 T 分别表示绝热指数、通用气体常数和温度。初始温度升高后，流体的声速提高，压力波在流体介质中的传播更快，将不利于爆燃发展过程中压力波的堆积，成为使压力下降的又一因素。

(3) 膨胀比下降。气体燃烧的膨胀比定义为$\sigma = \rho_1 / \rho_2$，式中ρ_1、ρ_2分别为燃烧前后的密度。火焰加速受膨胀比影响，而化学热释放热量越小，膨胀比越小，因此温度升高导致的化学热下降也减小了膨胀比，从而降低火焰传播的速度。

(4) 流速增大。相同流量下的混合气体积流量随加热温度的升高而增加，即管道内流速将增大。流速的增大使管道内流体的湍流流动增强，有利于加快化学反应速率从而提高火焰的传播速度。

(5) 化学反应速率加快。燃烧反应的速率随温度升高而加快，CO 的燃烧也不例外，初始温度的升高也有利于加快化学反应速率从而提高火焰传播速度。

以上分析中(1)和(2)是关于初始温度升高后爆燃压力下降的原因，(3)～(5)是关于火焰传播速度变化的原因。

4.2.2 转炉煤气爆炸机制理论研究[13]

1. 转炉煤气爆炸的多级分区模型

爆燃涉及化学反应、传热传质、湍流流动等诸多过程，现在还没有成熟的理论能够给出实用有效的沿程峰值超压(p_{red})或火焰传播速度(S_F)的解析表达式[12,13]。目前，通过大量的实验研究与数值模拟已经得到了以化学反应当量比(Φ)、初始温度(T_0)和初始压力(p_0)等为自变量的单因素曲线。

单个腔体的爆炸泄放有一些较成熟的理论，能够由已知几何条件、气体基本燃烧速度等因素直接计算出爆炸过程中的峰值超压，目前现有简单的泄爆模型为[14]

$$p_{red} = 0.365\left(\overline{A}/\overline{S}_0\right)^{-1} \tag{4-6}$$

式中：p_{red}为峰值超压，10^5Pa；$\overline{A} = C_d A_v / A_s$，其中$C_d$为流量系数，$A_v$为腔体出口面积，$m^2$，$A_s$为腔体总面积，$m^2$；无量纲量$\overline{S}_0$表达式为

$$\overline{S}_0 = S_{u0}(\rho_{u0}/\rho_{b0} - 1)/c_0 = S_{u0}(\sigma_0 - 1)/c_0 \tag{4-7}$$

式中：S_{u0}为基本燃烧速度，m/s；c_0为声速，m/s；$\sigma_0 = \rho_{u0} / \rho_{b0}$为膨胀比，和初始温度密切相关，初始温度越高，$\sigma_0$ 越小；ρ_{u0}为未燃气的密度，kg/m^3；ρ_{b0}为已燃气的密度，kg/m^3。

将泄爆模型推广应用到由障碍物隔开成两腔体的情况后，可以用障碍物界面所在面将该腔体分为点火腔体和障碍物后腔体两部分，分别计算基本泄爆峰值超压。点火腔体的基本泄爆峰值超压为p_{red1}，障碍物后腔体泄爆峰值超压，即整个系统的泄爆峰值超压，由三部分组成：障碍物后腔体的基本泄爆峰值超压(p_{red2})，点火点所在腔体的基本泄爆峰值超压传入障碍物后腔体的压力传导项($(p_{red1}+p_a)/p_a$(p_a为大气压力))，以及与几何条件、湍流情况相关的压力修正项(C)，即障碍物后腔体峰值超压可以表达为

$$p_{\mathrm{red}} = \frac{p_{\mathrm{red2}}(p_{\mathrm{red1}} + p_{\mathrm{a}})}{p_{\mathrm{a}}}C \tag{4-8}$$

这种方法不能直接用来计算带障碍物管道的峰值超压：首先，它只讨论了两个相连腔体的情况，长管道爆燃的沿程峰值超压无法给出；其次，有关湍流影响的表达式不能直接给出，平均湍流燃烧速度 $\overline{S}_{\mathrm{F}}$ 需要通过实验确定。本节将这种思路进一步扩展，提出多级分区模型。将带障碍物管道看成由障碍物隔开的首尾相接的一系列泄爆腔体，只考虑预混气体当量比、初始温度和管道几何条件等基本因素，最终给出需要爆燃的沿程峰值超压表达式。在此基础上，还给出了沿程火焰传播速度(S_{F})的关系式。这些表达式仅采用了已知的自变量，不包含湍流速度等未知变量，可以直接计算出管道内 CO 爆燃时沿程峰值超压和火焰传播速度。

本节提出多级分区模型进行数据处理，峰值超压(p_i)采用单腔体泄爆峰值超压，后级峰值超压(p_i)将前一级的计算峰值超压(p_{i-1})作为一个重要的因式或一个重要的线性项，不断累计计算，最终给出沿程爆燃峰值超压表达式。

在图 4.12 中，将管道进行分区处理，每级单腔体的峰值超压取决于前一级的峰值超压、预混气当量比、温度和管道长度等因素。多级分区模型将泄爆理论和长管道的峰值超压计算联系起来，仅考虑管道几何因素和燃气条件等简单因素，就可以得到爆燃峰值超压表达式，大大简化了峰值超压的确定过程。

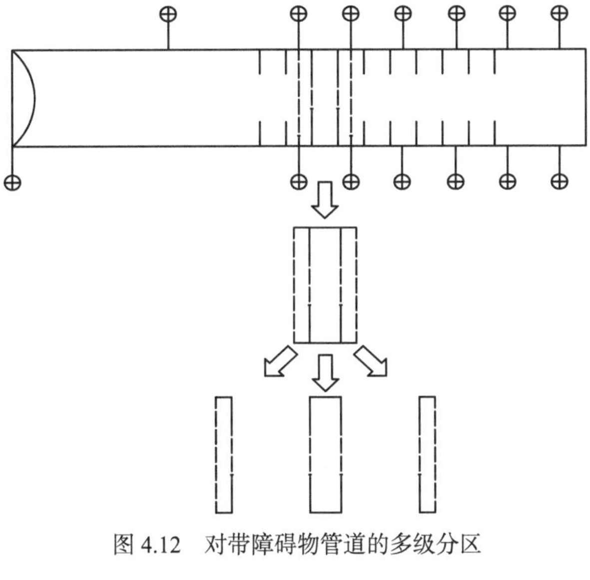

图 4.12 对带障碍物管道的多级分区

在带障碍物管道的多级分区分析中，将上一级峰值超压(p_{i-1})和其他项(如当量比 Φ 或火焰传播速度 $S_{\mathrm{F}i}$ 等)进行组合，即得到一个基本的峰值超压计算表达式。增减一些项或者做其他变形得到一系列变形形式，基于此变形形式对部分框架性数据进行拟合，就能确定表达式的待定系数和误差。初步选取误差较小的几个表达式，代入其他数据，即可确定总体误差，最终选出最优表达式。数值分析的详细流程如图 4.13 所示[13]。

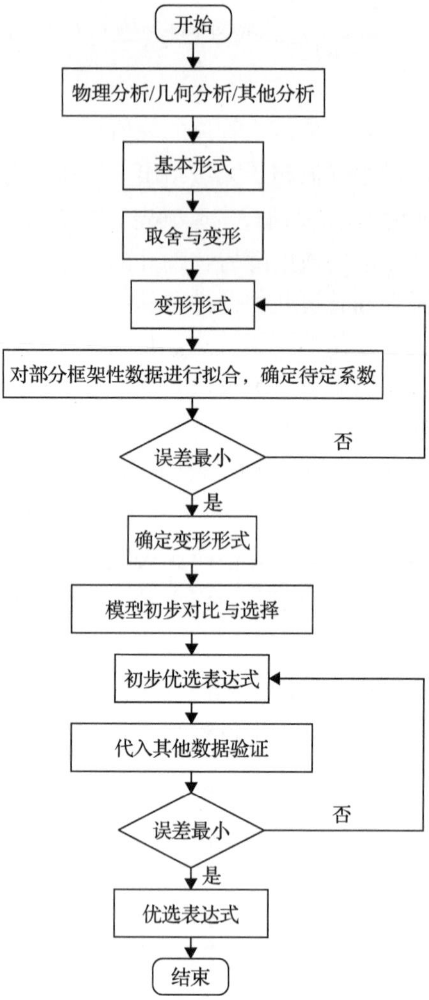

图 4.13　数据分析流程图

通过使实验值和理论值的差值平方和误差(e_{squ})或差值绝对值和误差(e_{abs})最小来确定待定的参数：

$$e_{squ}=\sum\left(p_{cal}-p_{exp}\right)^2\Big/\sum\left(p_{exp}^2\right) \tag{4-9}$$

$$e_{abs}=\sum\left|p_{cal}-p_{exp}\right|\Big/\sum\left|p_{exp}\right| \tag{4-10}$$

通过数学计算可以找到优化函数 e_{squ}(或 e_{abs})的最小值(即最小误差)，同时给出相应的待定系数。计算过程中一般采用差值平方和误差的方法，因为求解差值平方和误差过程比求差值绝对值和误差最小值过程稳定，更容易得到较好的待定系数。在各待定系数确定之后，再将其差值绝对值和误差计算出来，作为一种参考。

2. 火焰发展的理论分析

图 4.14 为 CO 当量比、膨胀比和火焰路径长度(长径比)对沿程峰值超压影响的实验结果。图 4.14(a)是沿程峰值超压(p_i)与 CO 当量比(Φ)的函数关系图，NO.1～NO.7 代表 1～7 号压力传感器在不同当量比下的峰值超压测量值,可见 p_i 是 Φ 的近似二次函数，在 $\Phi=1$～2 处峰值超压达到最大；图 4.14(b)是沿程峰值超压(p_i)与膨胀比(σ_0)的函数关系，可见 p_i 是 σ_0 的近似线性单增函数；图 4.14(c)是沿程峰值超压(p_i)与火焰路径长度(L_f/D)的函数关系图,该曲线上的点是 Φ =1.1 时某个特定温度条件下 1～7 号压力传感器的峰值超压测量值，由于第 1 号和第 7 号压力传感器处于无障碍物的光管段，因此数据处理重点关注 2～5 号五个压力传感器，可见 p_i 也是 L_f/D 的近似线性增函数。所以，初步以 $(\Phi-f)^2$ 、σ_0 和 L_f/D 的线性组合来表达 p_i/p_a。

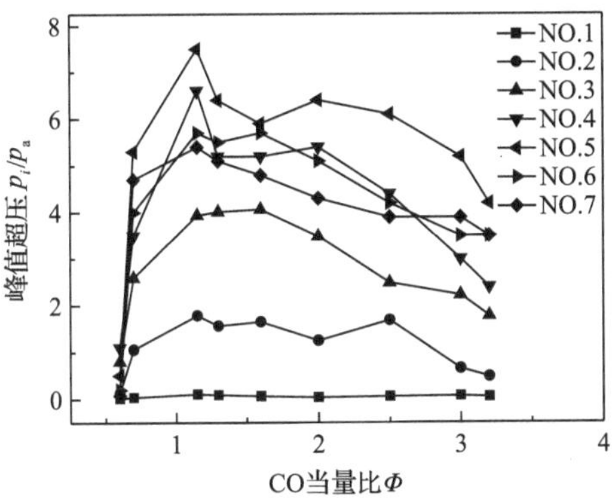

(a) p_i/p_a-Φ关系

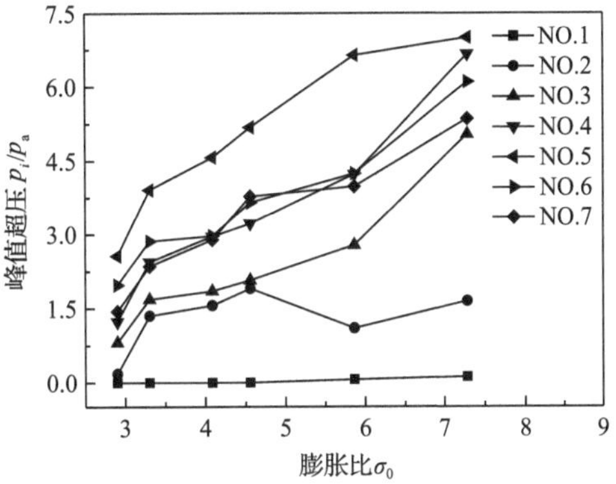

(b) p_i/p_a-σ_0关系

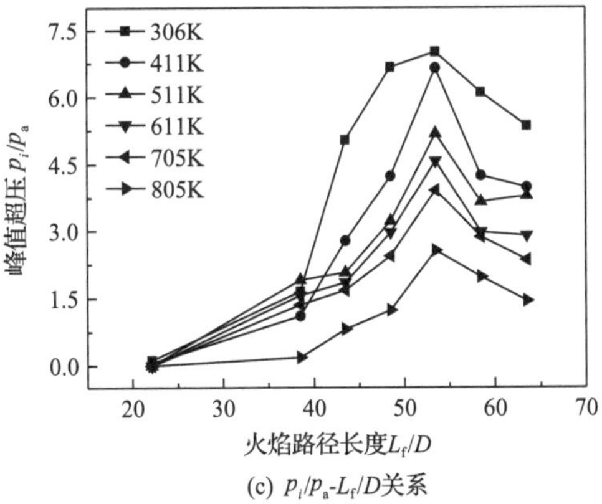

(c) p_i/p_a-L_f/D关系

图 4.14　CO 当量比、膨胀比和火焰路径长度对沿程峰值超压的影响

在此线性组合表达式的基础上，可增加或舍弃一些线性项。如果增加一项，拟合误差减小，说明这一项是必要的，不能舍弃；如果增加后误差增加，则说明这一项是多余的。也可消去线性组合表达式的某项进行拟合，这相当于用常数项代替，若取消后增加的误差较小，则它是影响显著性较小的项。在线性组合的基础上，还可以乘一些项，或者不用线性组合形式，而采用其他常用的形式。

由图 4.14 可以看出，峰值超压随当量比有二次代数函数关系，而和其他变量基本上都呈现线性关系，因此综合分析计算后，确定峰值超压的最优表达式为

$$p_i/p_a = ap_{i-1}/p_a + b(\Phi - f)^2 + c\sigma_0 + dL_f/D + e \tag{4-11}$$

式中：p_i 为待求的第 i 个测点的沿程峰值超压（i=2, 3, 4, 5, 6），10^5Pa；p_a 为大气压，10^5Pa；p_{i-1} 为已经计算出来的第 i–1 个测点的峰值超压，10^5Pa，第一个环节的峰值超压 p_1 采用常用的泄爆表达式，即式(4-6)；Φ 为 CO 的化学反应当量比；$\sigma_0=T_{max}/T_0=\rho_u/\rho_b$ 为膨胀比；L_f/D 为无量纲火焰路径长度；D 为管径，m；a、b、c、d、e、f 为待定系数，经计算得到：a=0.8275，b=–0.1324，c=0.168，d=–4.186，e=1.6936，f=1.60；自变量的取值范围为：Φ = 0.7～3.2，σ_0=2.9～7.5，L_f/D=42.9～57.9；相对湿度为 62%及以上。

爆燃峰值超压的计算值和实验值的对比如图 4.15 所示，可以看出两者的符合程度较好。

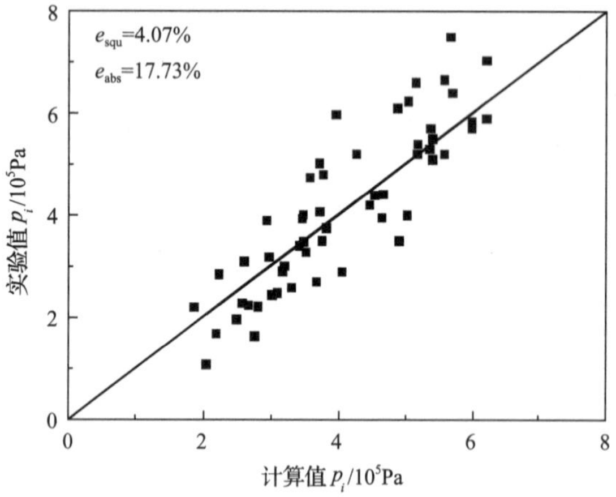

图 4.15　爆燃峰值超压计算值和实验值对比（一）

为了得到峰值超压的最优表达式，在对比各种表达式后，得到以下结论：在线性组合项前增加（p_{i-1}+p_a）/p_a，并未明显减少误差，且明显增加了表达式的复杂性；增加其他因子，如σ_0 的指数项，只会增加表达式的误差；采用其他形式组合各项得到的表达式拟合误差也较大。线性组合项中，影响的显著性排序为 p_{i-1}/p_a>$(\Phi-f)^2$>L_f/D>σ_0。对于误差较小的变形表达式，计算得到的 f 值都较稳定，f=1.5～1.9，即在其他因素不变的情况下，Φ =1～2 时峰值超压较高，这和之前的实验结果吻合较好。

3. 峰值超压和火焰传播速度的关系

设定峰值超压和火焰传播速度的基本关系为

$$p_i/p_a = \left(p_{red\_i}/p_a\right)\left[\left(p_{i-1} + p_a\right)/p_a\right]\left[gS_{Fi}/\left(S_L \cdot \sigma\right) + h\right] \tag{4-12}$$

式中：p_i 为 i 环节测点的峰值超压，10^5Pa；p_{red_i} 为 i 环节基本泄爆峰值超压，10^5Pa；p_{i-1} 为 i–1 环节测点峰值超压，10^5Pa；p_a 为大气压，10^5Pa；S_{Fi} 为 i 环节测点火焰传播速度，m/s；S_L 为层流火焰燃烧速度，m/s。

在式(4-12)中，等号右侧第一项为基本泄爆项，因为基本泄爆模型的不同可以产生不同的模型。第二项为压力递进项，和前一个腔体的计算峰值超压有关。第三项是湍流修正项，$S_{Fi}/(S_L \cdot \sigma)$ 代表湍流因子，其中 $\sigma = (\sigma_0 - 1)(p/p_0)^{-(1-1/\gamma)} + 1$；当满足一定条件时，$S_{Fi}/(S_L \cdot \sigma)$ 可以代表湍流的影响。通过取舍和变形处理，可以得到十多个具体的变形表达式，相互比较可以得到以下结论：各种表达式的泄爆峰值超压项的加入均增加了误差，泄爆项可消去；$(p_{i-1}+p_a)/p_a$ 增加了表达式的复杂性，同时增加了误差，可消去；添加新的因子，如 σ_0 的指数项，只会增加误差；经过一番选择可以初步确定最优表达式为

$$p_i/p_a = gS_{Fi}/(S_L \cdot \sigma) + h \tag{4-13}$$

式中：待定系数 g=0.008245，h=1.478；自变量的取值范围为：$S_{Fi}/(S_L \cdot \sigma)$=45.0～71.9。图 4.16 是采用最优表达式得到的爆燃峰值超压计算值和实验值的对比。由此可知，峰值超压随湍流强度的加强而增大。

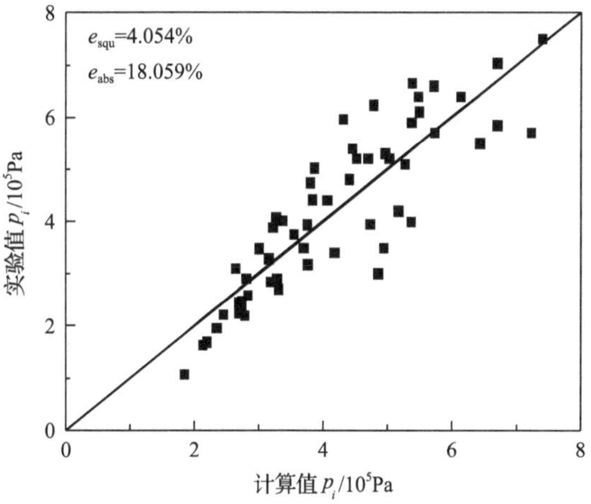

图 4.16 爆燃峰值超压计算值和实验值对比(二)

4. 火焰传播速度表达式

利用已知自变量还可以预测出爆燃过程中的火焰传播速度，式(4-13)给出了峰值超压与火焰传播速度 S_{Fi} 的关系，将式(4-11)右侧表达式代入式(4-13)，就可以用已知的 Φ、σ_0 等将 S_{Fi} 表达出来，即

$$\begin{aligned} S_{Fi}/S_L &= (\sigma/g)\left[\left(p_i/p_a\right) - h\right] \\ &= (\sigma/g)\left\{\left[ap_{i-1}/p_a + b(\Phi - f)^2 + c\sigma_0 + dL_f/D + e\right] - h\right\} \end{aligned} \tag{4-14}$$

式中：a、b、c、d、e 取值与式(4-11)相同；g=0.008245；h=1.478；自变量的取值范围为：σ=2.38～6.65，Φ=0.7～3.2，σ_0=2.9～7.5，L_f/D=42.9～57.9。

图 4.17 为 S_{Fi} 表达式的计算值与实验值的对比，可见两者吻合较好。

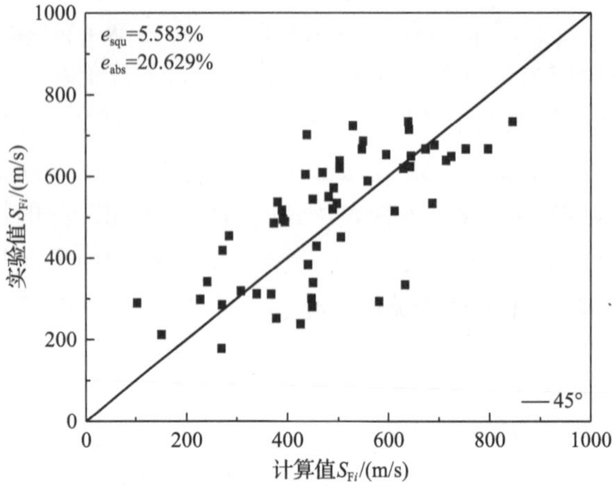

图 4.17 S_{Fi} 表达式的计算值和实验值对比

4.2.3 压力容器内转炉煤气爆炸发展过程[15]

1. 实验系统

图 4.18 为压力容器内转炉煤气爆炸实验系统流程图，实验流程为：按照实验需求将对应气体通入混气罐，利用搅拌器将其混合均匀。混合均匀的气体通入加热炉中，利用点火装置将其点燃，使气体在爆炸腔体内发生爆炸，利用数据记录装置记录实验数据并将其保存在数据记录装置中。

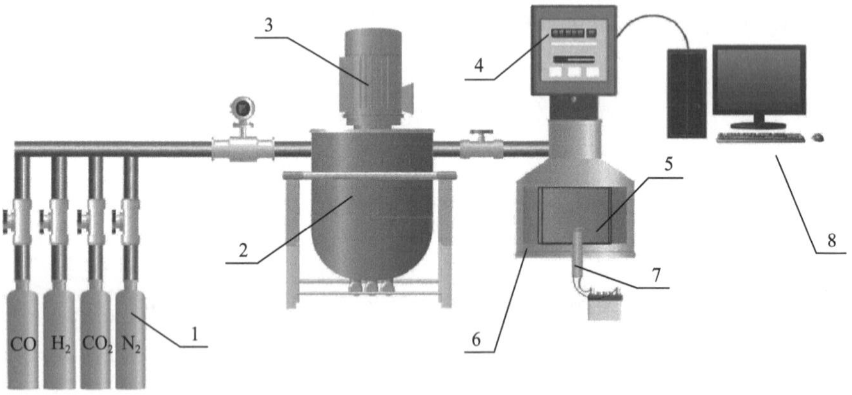

图 4.18 压力容器内转炉煤气爆炸实验系统流程图

1-气瓶；2-混气罐；3-搅拌器；4-数据采集仪；5-爆炸腔体；6-加热炉；7-点火装置；8-数据记录装置

2. 结果分析

模拟实际转炉煤气成分制作样气(CO 摩尔分数为 10%、30%、45%、60%和 80%)，并混入适量的空气改变样气中 CO 的摩尔分数，然后将其送入压力容器实验系统中，测试其在 25℃、200℃、400℃及 500℃时的爆炸极限、最大爆炸压力和极限氧浓度等，得到以下结论。

1）温度对爆炸极限的影响

混合的爆炸性气体存在一个爆炸极限，在极限范围内混合可能会发生爆炸，而在爆炸极限范围外则不会发生爆炸。在不同的温度下，混合气体爆炸极限不同，当温度为 25～400℃时，随着温度升高，爆炸极限范围变宽，主要表现为爆炸范围的下限显著降低，而上限变化并不明显；当温度大于 400℃时，爆炸极限受温度影响较小。

2）浓度和温度对最大爆炸压力的影响

同一温度下，不同浓度的混合气体发生爆炸所能达到的最大爆炸压力是不同的，在爆炸范围内，随着爆炸性气体浓度的增加，最大爆炸压力先增大后减小，在对应的爆炸性气体特定浓度下，最大爆炸压力出现最大值；同时，最大爆炸压力也受到混合气体中 CO 摩尔分数的影响，在实验中，当混合气体中 CO 摩尔分数从 30%增加至 80%时，最大爆炸压力增加一倍以上。此外，混合气体的最大爆炸压力受温度影响，随着温度的升高，最大爆炸压力的增加程度会降低。

3）温度对极限氧浓度的影响

同一温度下，气体在爆炸极限范围内爆炸所需的极限氧浓度是不同的，随着气体中 CO 含量的增加，极限氧浓度也有轻微的增加。随着温度的升高，气体爆炸极限范围内的极限氧浓度减小，例如，温度为 25～500℃、CO 摩尔分数为 30%的混合气体的极限氧浓度从 4.7%下降至 2.4%（摩尔分数）。

4.3 转炉煤气防爆技术

4.3.1 爆炸机理和防爆技术

气体爆炸需要满足爆炸的热量传递、快速反应和生成气体三种条件。其中，热量传递（放热或吸热）给爆炸提供能量，快速反应则使有限的能量集中在局限化空间形成能量高度积聚；生成的气体则是能量转换、能量释放的工作介质。三种要素同时存在又相互影响。现阶段转炉煤气的安全防爆技术原理主要有以下几点。

（1）减少煤气管道中 CO 或者 O_2 气体含量，使管道中形成一维柱塞流。例如，尽量在转炉运行的前烧期/后烧期，形成氧含量较低的烟气柱塞流将管道中煤气和空气隔开。

（2）严格控制环境中的气体含量，使其低于爆炸下限浓度。

（3）消除煤气管道或外界的氧化环境，在爆炸环境中加入惰化介质，使其中的助燃剂被稀释。

（4）消除点火源，检测火星和温度，实现火情的早期发现和早期控制。

（5）采取爆炸保护措施，防止或减弱因爆炸而导致的密闭空间内压力骤升。

爆炸保护措施又分为抗爆、泄爆、遏爆和隔爆等几种爆炸保护措施。

（1）抗爆是通过增加设备的抗压强度，以防止被爆炸破坏或产生其他二次伤害。

（2）泄爆是在爆炸压力达到密闭空间的极限强度之前，使爆炸产生的高温、高压气体通过密闭空间的薄弱部分向无危险方向泄出。

(3) 遏爆是采取物理或化学反应扑灭火焰，破坏爆炸继续存在的条件。

(4) 隔爆是在通道中设置能够阻止火焰传播的器具，把爆炸控制在一定空间范围内。

多种防爆技术进行组合运用，可以达到更加可靠的防爆效果。但是爆炸保护措施一般不会同时选用多种，使用多种爆炸保护措施会导致造价显著提高，同时系统的压损、运行的能耗及管道堵塞的概率会大大提升，后期的日常维护清理成本巨大且技术复杂。

4.3.2 常规防爆方法

1. OG 法

OG 法中除了提升设备的抗爆能力外，针对转炉煤气的防爆措施主要分为两种：一是事前预测，发现有爆炸可能性时及时调整工艺，防止爆炸发生；二是爆炸发生后采取措施，防止爆炸继续发展，造成巨大损失。目前，在 OG 法工艺中较为常用的防爆方法有以下几种。

(1) 采用泄爆装置。在除尘器的腔体上开泄爆口，装上泄爆膜及压力传感器，通过泄爆管接通室外。当爆炸发生时，爆炸产生的压力和火焰，瞬间通过泄爆膜爆破，将压力和火焰释放到室外。压力传感器通知中控系统，使生产线停机。如果采用室内泄爆，则需要使用室内无焰泄爆膜，防止火焰喷出造成其他伤害。

(2) 采用隔爆装置。隔爆式防爆设计是一种主动防爆手段。在除尘器的进口，装有一个隔爆阀。当压力传感器检测到除尘器腔体的压力上升时，在极短的时间内，通知隔爆阀关闭，避免火焰和压力在除尘管道里蔓延，将爆炸限制在除尘器部分，从而减少车间其他区域设备受到的影响。在各类爆炸保护措施中，隔爆式防爆设计安全性最高，价格也最高。

(3) 采用遏爆装置。在除尘器的腔体开口安装泄爆喷口，当压力传感器检测到除尘器腔体的压力上升时，在极短的时间内，喷出抑爆剂，防止爆炸继续发展，降低爆炸危害。

在实际生产中选择防爆方法需要根据具体问题进行分析，结合实际的需求和预算来选择方案。

2. LT 法

LT 法的防爆通过改变爆炸三要素，使爆炸影响降低，具体而言，LT 法主要从系统中的核心设备出发考虑防爆方法。

(1) 除尘器设计。因为转炉煤气中含有大量金属颗粒，所以在除尘器内部的梁、分隔板处设置防尘板并保证其倾斜角度，防止运行过程中的粉尘堆积。底部安装锁气卸灰装置，既可以减少漏风率，降低爆炸风险，也可以防止颗粒溢出造成其他危害。选用阻燃、防静电型的布袋或烧结板滤材，并做好与本体、两侧风管等电位连接，防止产生静电火花形成点火源引发爆炸。除尘器本体设置无火焰泄爆装置，入口侧风管设置泄爆口，采取泄爆保护，在发生爆炸时，减小爆炸压力，降低爆炸带来的危害。除尘器进出口设置压力和温度检测，若出现异常则进行声控报警并向监视系统发送报警信号，采取上游设备停机或者改变运行参数等措施，防止爆炸发生。灰斗增加料位计、温度计，并对卸灰装置进行连续运行检测，当检测到灰斗有集尘或异常现象时报警，立即对除尘系统进行检查排除。

(2) 除尘管路设计。除尘管路总体设计要避免金属颗粒和管壁的摩擦、可燃气体局部聚集达到爆炸浓度下限，以及避免电火花或其他火源的产生。管路安装时力求顺直，避免复杂的局部管件，弯管弯曲半径不得小于管道直径的 2 倍，风管斜三通不得大于 45°，局部管件之间要保留直管段的安装空间，以减少阻力和噪声。在易积尘部位，如弯头、三通等部位，设置风管检查门，便于及时清理风管内壁积尘。风管采用金属材料制作以保障强度，高温高湿除尘管道宜选用薄壁不锈钢管，其他除尘管道通常选用冷轧或热轧钢板。在除尘管道跨越防火分区处设置防火阀，进入除尘器前设置主动式双向管压隔爆阀，在各通风支管与总回风管连接处设置自动阻火阀，当爆炸发生时能够迅速触发，防止火焰传播以降低爆炸危害。所有除尘管道均需接地，管道法兰连接处做等电位连接，以防止产生电火花形成点火源，引发爆炸。

(3) 防爆电气设备选择。在爆炸范围内的转炉煤气混合物和具备引燃能量的火花、电弧与高温，是产生气体爆炸的必要条件，因此正确选用除尘系统的防爆电气设备非常重要。电气设备必须根据爆炸危险区域的分区、可燃气体的分级，以及可燃性气体的最低引燃温度进行选择。

3. 转炉煤气系统整体的防爆方法

1) 转炉煤气爆炸环境或氛围预防

由于转炉炼钢的间歇性，转炉煤气中会含有空气和 CO，容易发生爆炸。在生产过程中，可以安装气体成分、压力和温度等检测探头，在检测到有可能发生爆炸时调整运行参数或者喷抑爆剂来达到破坏转炉煤气爆炸环境和氛围的效果。

2) 点火源控制

转炉煤气的爆炸离不开点火源，可能出现的点火源有：①炼钢过程中产生的金属颗粒没有被冷却，携带高温从而成为点火源；②转炉煤气中的固体颗粒与管壁摩擦形成点火源；③电气装备静电保护不足，管道不接地引起电火花而成为点火源；等等。因此，有以下预防方法：①布置检测点，在发现有潜在的点火源时喷射抑爆剂防止其发展成为点火源；②管道设计尽量多用直线，弯管弯曲半径增大，减少变径，不使用复杂管路；③使用符合要求的电气设备；等等。

4. 爆炸防护

在发生轻微爆炸时，爆炸防护可以防止轻微爆炸继续发展成为严重爆炸，显著降低爆炸危害，爆炸防护有以下几种。

(1) 泄压技术。意外发生爆炸时，可以通过泄爆阀将爆炸产生的危害控制在最小范围内。泄压面积与可燃气体的爆炸指数(gas explosion severity index，定义为爆炸过程中的最大压力上升速率和爆炸容器体积立方根的乘积) K_G 有关，K_G 值越大，最大压力上升速率越大，要求泄压面积也越大，因此对可能发生严重爆炸的部位，要预留足够的泄压面积。

(2) 阻火技术。阻火技术采用火焰隔断装置，防止火焰蹿入设备、管道等有爆炸可能性的危险场所，或者防止火焰向设备或管道之间扩展，包括阻火器、单向阀等。

(3) 隔爆技术。有气体爆炸危险的场所应采用隔爆技术，设置隔爆设施，如防爆墙、防爆门窗、隔爆水箱和隔爆阀门等，以限制气体爆炸事故波及范围和减轻事故损失，其中隔爆水箱在爆炸发生时会喷水，进一步降低爆炸危害。

4.3.3 转炉煤气全干法工艺中的防爆技术

在转炉煤气回收过程中，采用全干法工艺技术，可以使煤气通过换热而不是通过喷水或喷雾冷却的方式从 850℃降至 150℃，不仅能充分利用高温煤气的热量产生蒸汽，提高能源回收率，而且能减少水的消耗、降低污水排放。由于在煤气回收过程中含有大量的高温灰尘(即明火)，且转炉煤气是易爆炸的高危险气体，在满足一定的条件时会发生煤气爆炸，压力和燃烧速度快速提高。而一旦发生煤气爆炸，将会极大地危害转炉设备和生产人员的安全。在转炉煤气回收过程中，为了达到安全替代喷水或喷雾工艺、充分回收煤气显热、提高能源回收率的目的，中国科学院力学研究所团队提出了一种防止煤气爆炸的遏制系统[16, 17]，其工作原理为：通过高灵敏度传感器探测爆炸发生瞬间的危险信号，由控制器启动爆炸遏制器，在极短时间内把抑爆剂喷入管道内，将爆炸火焰迅速扑灭。

为此，作者团队开展了 CO 喷氮遏爆机理的实验研究和数值模拟工作。图 4.19 为加喷氮气时不同充气时间下煤气爆燃压力的变化图。可以看出，未加氮气时爆燃气体最高压力为 0.5MPa，而加喷氮气后气体压力明显下降，随着加喷氮气时间的延长，爆燃气体最高压力分别下降为 0.33MPa、0.15MPa 和 0.02MPa，爆燃过程被明显遏制。

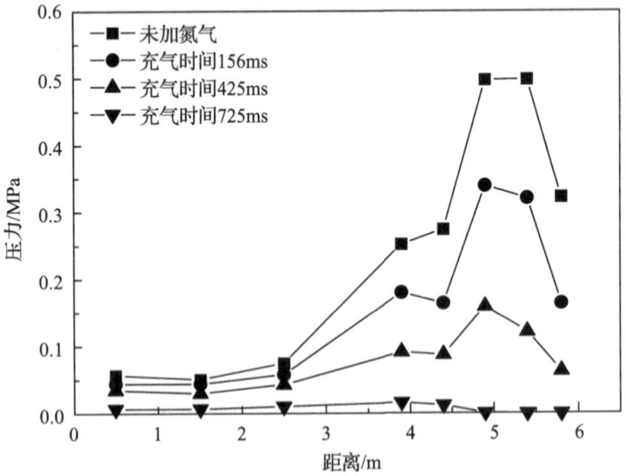

图 4.19　加喷氮气时不同充气时间下煤气爆燃压力的变化

为了遏制煤气爆炸的发生，通过数值模拟研究了在爆燃初始阶段喷入氮气的过程[18]。图 4.20 给出的是不同位置测点的压力随时间变化的计算曲线图。可以看出，喷入氮气后爆燃压力有所降低。特别是对于下游的管道，压力降低非常明显。未喷入氮气时压力波动的时间范围约为 60ms，而喷入氮气后压力峰值明显下降，压力波动比较明显的时间范围扩大为 110ms。值得注意的是，最先出现压力峰值的点并不是上游管内的测点，而是处于下游管内的 4 号测点，该点的峰值也最大；之后，5、6 号测点依次出现峰值，3、1、2、7、8 号测点也陆续出现峰值。计算结果表明：在燃烧的初始阶段，上游管内的火焰传播比较缓慢；当火焰传播到下游管时，由于障碍物的作用，湍流增强，燃烧速度迅速增加，从而形成较高的压力波。此时，气流的速度仍小于声速，形成的高压力波不仅向下游传播也向上游传播，所以上游的测点也出现了压力峰值，只是在时间上稍滞后。这个规律的发现对于防爆有一定意义。爆炸对于设备的破坏，主要是压力过高导致的，如何在燃烧形成高压之前有效地降低燃烧速度，是设备防护的关键问题。

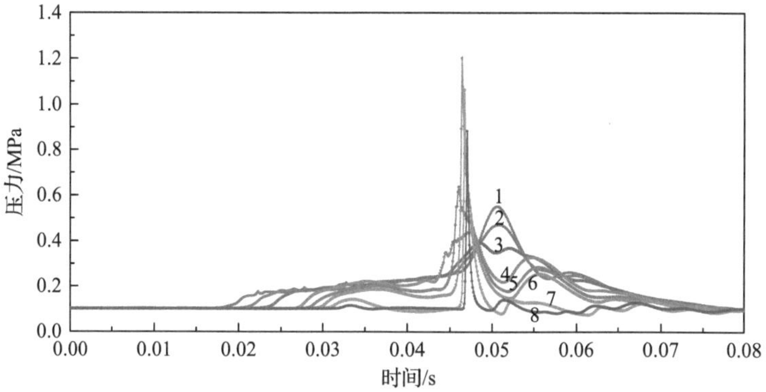

(a) 测点压力随时间变化计算曲线(未喷入氮气)

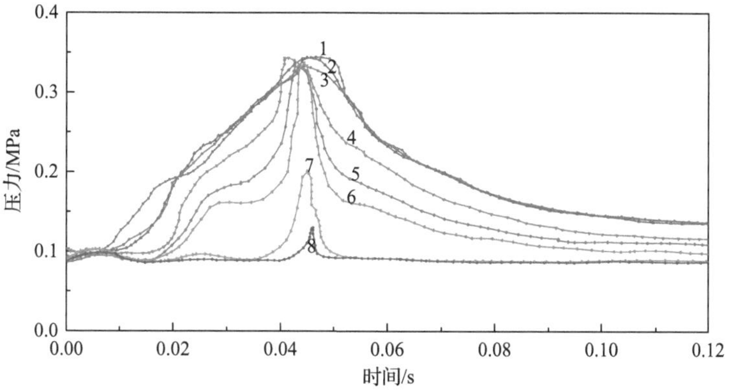

(b) 测点压力随时间变化计算曲线(喷入氮气)

图 4.20　喷入氮气和未喷入氮气的压力峰值对比

图 4.21 给出了对于远离出口端的管道前部和出口段管道，喷入氮气和未喷入氮气的压力峰值对比。从图 4.21(b)中可以看出，喷入氮气后，压力峰值明显降低，特别是下游的出口段管道。在这种情况下，管内的燃烧是稳定而缓慢的，形成的压力将不再对设备构成严重危害。氮气对火焰传播的抑制可以从两方面来解释：第一，作为惰性气体，氮气的介入稀释了可燃气体，从化学动力学的角度来看降低了反应速率。第二，氮气本身有一定压力，从流体动力学角度来看，如果火焰传播的压力接近或者小于氮气的压力，火焰面将很难克服氮气形成的压阻，从而火焰传播减速甚至停止。

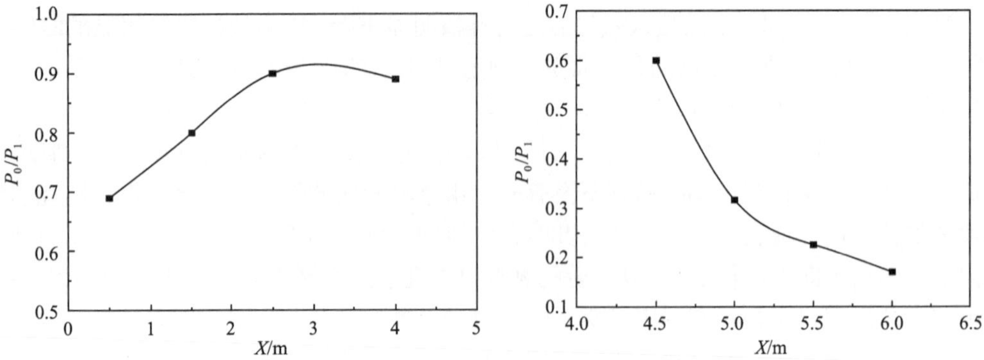

(a) 远离出口端的管道前部　　(b) 出口段管道

图 4.21　压力峰值分布图

P_0-喷入氮气的压力峰值；P_1-未喷入氮气的压力峰值

4.3.4　爆炸预警技术

刘国华发明了一种预测转炉烟气电除尘爆炸风险的方法[19]，他通过采集汽化冷却烟道、初除尘管道区域、风机前管道区域的温度值、压力值、喷水量及风机流量等参数，提前计算出煤气到达除尘系统的时间，做好系统预设。同时，将转炉炼钢相关的工艺参数、风机后三通阀前的转炉一次烟气成分参数也输入系统中。将处理好的数据关联并通过算法进行数据训练，训练好的模型可以根据炼钢操作的相关参数进行预测，即根据产生的烟气成分判断煤气是否有爆炸风险，如果有风险可以发出警报、调整炼钢参数，避免除尘系统发生爆炸，提高转炉系统安全性。爆炸预警系统流程见图 4.22。

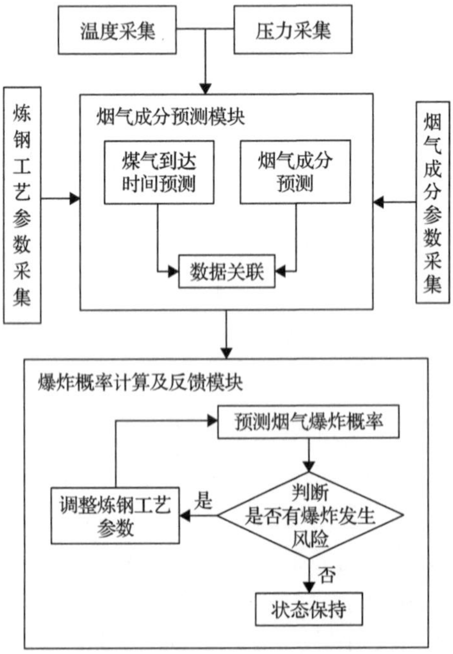

图 4.22　爆炸预警系统流程[19]

参考文献

[1] 张良. CO爆燃过程中的压力和火焰速度特性研究[D]. 北京：中国科学院力学研究所, 2009.

[2] 冯聚和. 炼钢设计原理[M]. 北京：化学工业出版社, 2005: 107-111.

[3] Rightley M L, Williams F A. Burning velocities of CO flames[J]. Combustion and Flame, 1997, 110: 285-297.

[4] Wang W, Rogg B. Reduced kinetic mechanisms and their numerical treatment Ⅰ: Wet CO flames[J]. Combustion and Flame, 1993, 94(3): 271-292.

[5] Rightley M L, Williams F A. Analytical approximations for structures of wet CO flames with one-step reduced chemistry[J]. Combustion and Flame, 1995, 101(3): 287-301.

[6] Sun H Y, Yang S I, Jomaas G, et al. High-pressure laminar flame speeds and kinetic modeling of carbon monoxide/hydrogen combustion[J]. Proceedings of the Combustion Institute, 2007, 31(1): 439-446.

[7] Howard J B, Williams G C, Fine D H. Kinetics of carbon monoxide oxidation in postflame gases[C]//14th Symposium (International) on Combustion, University Park, 1973, 14(1): 975-986.

[8] Hottel H C, Williams G C, Nerheim N M, et al. Kinetic studies in stirred reactors: Combustion of carbon monoxide and propane[C]//10th Symposium (International) on Combustion, Cambridge, 1965, 10(1): 111-121.

[9] Dryer F L, Glassman I. High-temperature oxidation of CO and CH_4[C]//14th Symposium (International) on Combustion, University Park, 1973, 14(1): 987-1003.

[10] Hannes J P. Mathematical modelling of circulating fluidized bed combustion[D]. Delft: Delft University of Technology, 1996.

[11] 张良, 魏小林, 余立新, 等. 管道内一氧化碳和空气预热混合物的爆燃特性[J]. 爆炸与冲击, 2010, 30(2): 191-196.

[12] 罗家松, 魏小林, 李森, 等. 带障碍物圆管内煤气爆燃峰值超压和火焰传播速度研究[J]. 中国科学：技术科学, 2010, 40(11): 1360-1366.

[13] 罗家松. 管内煤气爆燃与抑制的研究[D]. 北京：中国科学院力学研究所, 2010.

[14] Razus D M, Krause U. Comparison of empirical and semi-empirical calculation methods for venting of gas explosions[J]. Fire Safety Journal, 2001, 36(1): 1-23.

[15] 金潮. 高温冶金炉煤气爆炸特性研究[D]. 沈阳：东北大学, 2013.

[16] 余立新, 魏小林, 李博, 等. 应用于炼钢转炉煤气回收的爆炸遏制系统：中国, CN101457274B[P]. 2011-02-16.

[17] 罗家松, 魏小林, 李森, 等. 喷氮抑制CO管内爆燃的实验研究[J]. 工程热物理学报, 2011, 32(S1): 212-215.

[18] Zhang Y, Yu L X, Wei X L, et al. Numerical and experimental investigation on the prevention of CO deflagration[J]. Journal of Loss Prevention in the Process Industries, 2009, 22(2): 169-175.

[19] 刘国华. 一种预测转炉一次烟气电除尘爆炸风险的方法及装置：中国, CN202011110905.6[P]. 2021-01-08.

第 5 章

转炉放散煤气高效洁净燃烧

在氧气转炉吹炼初期和末期，所产生的煤气会出现 CO 和 O_2 共存的情况，存在爆炸可能性，虽然通常通过抬升烟罩卷吸外界空气，使这些煤气在烟罩和汽化冷却烟道内燃烧，但是仍有未燃尽的煤气通过放散塔助燃系统燃烧放散。目前，转炉煤气前烧期和后烧期的无组织燃烧放散，常造成热力型 NO_x 生成和大量未燃尽 CO 排放到大气中，造成环境污染和能量损失。本章介绍转炉煤气前烧期和后烧期的有组织高效混合和燃烧机制，以实现转炉放散煤气高效洁净燃烧。

5.1 转炉放散煤气排放现状

由于转炉吹氧冶炼工艺的特点，在吹炼初期，脱碳速率较低，碳未被大量氧化，产生的煤气量少，煤气中 CO 并不多，而炉内空间原残留的空气和炉口与烟罩间隙吸入空气量较多，同时炉内吹炼氧过剩，使吹炼初期煤气中 CO、CO_2、O_2 和 N_2 等气体共存；在吹炼末期，熔池碳减少，脱碳速率下降，煤气量减少，从炉口与烟罩间隙吸入的空气量再次增加，未反应掉的 O_2 与 CO 和 CO_2 等形成共存，末期临近终点时 O_2 浓度又上升(图 2.6 和图 2.7)[1]。在吹炼前期和吹炼后期，由于转炉煤气 CO 浓度较低，同时煤气中含有一定的 O_2，存在爆炸可能性，不能达到煤气回收标准。

参考不同钢铁企业对回收技术的要求，一般认为转炉煤气在 CO 浓度低于 35%(摩尔分数)且 O_2 浓度高于 2%(摩尔分数)，不符合回收条件，只能排放，成为转炉放散煤气，这时煤气通常经烟囱对外放散，单次放散时间约为 2min(图 5.1)。转炉放散煤气含有 CO 等有毒、可燃气体，若直接排入大气会造成严重污染，危害人们的生命安全，因此放散煤气一般先经过放散塔点燃后排放到大气中(图 5.2)。

目前，转炉放散煤气的处理方法大多采取直接放散点燃法[2]，其燃烧效率低，未充分燃烧的 CO 直接排放到空气中，会造成严重的空气污染，甚至会造成现场操作人员 CO 中毒，因此转炉放散塔通常建得很高以满足安全需要。

由于转炉冶炼生产的间歇性和吹炼煤气生成的波动性，放散煤气并非连续排放，同时其热值低且波动，无法使用常规的燃烧技术使其稳定燃烧。通常使用大量热值较高的燃料(如石油液化气、天然气等)作为辅助燃料助燃。由于转炉放散煤气是间歇排放的，其燃烧热量难以利用。目前，转炉放散煤气尚无有效可行的利用技术，通常只能将其在放散塔顶部燃烧，排放到大气中，这既浪费能源又污染环境。

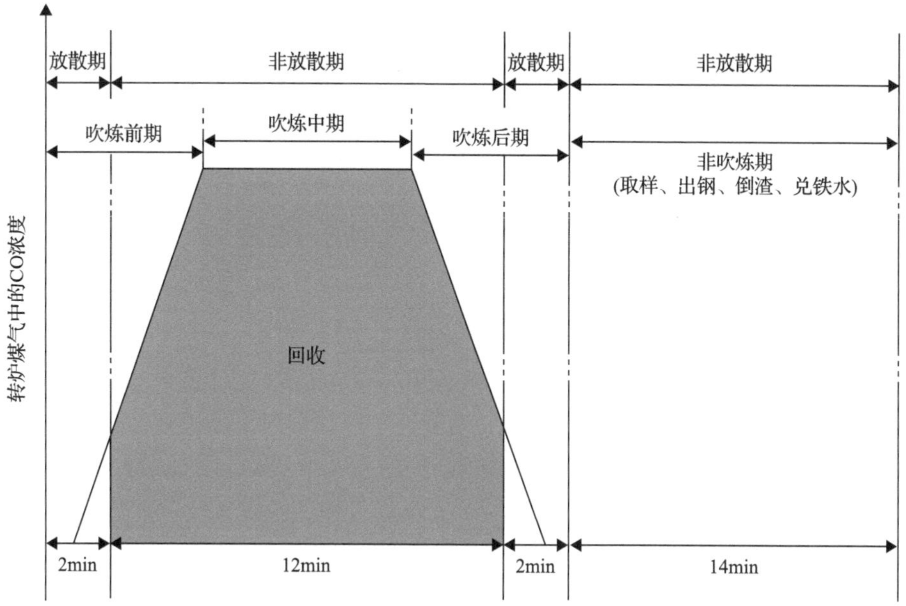

图 5.1　典型的转炉生产周期

图 5.2　转炉放散煤气点燃排放

放散煤气燃烧技术的发展主要集中在放散煤气点火系统方面，其目的在于控制转炉放散煤气及时着火，确保有充足的时间燃尽，避免 CO 超标排放。王民[3]和李秀锐[4]研究了利用高压电弧技术和自动点火技术，提高转炉放散煤气的点火成功率，替代天然气作为长明灯伴烧的传统点火。张志龙[5]和齐小艳等[6]开展了转炉放散塔的烧嘴和点火控制工艺研究，为保证转炉煤气回收正常及工作稳定提供了有效措施。

转炉放散煤气 CO 浓度和热值低，燃尽困难，为了提高放散煤气的燃尽率和降低 CO 排放浓度，采用催化燃烧是一种有效的技术。康润宁[7]和武永健等[8]研究了转炉放散煤气 CO 在催化剂作用下的燃烧反应机理，揭示了 CO 浓度对催化燃烧反应的影响规律，为实现低浓度转炉放散煤气燃烧提供反应动力学模型，也为催化燃烧技术在转炉放散煤气燃烧过程中的应用提供了新的解决方案。

目前，转炉放散煤气的点燃处理不但浪费大量能源，而且造成 CO_2 和 CO 排放超标，在我国“双碳”目标的背景下，必须解决这个难题。

5.2 转炉放散煤气高效燃烧

5.2.1 转炉放散煤气前烧期和后烧期现状

转炉冶炼是一个间歇性过程，冶炼周期为 30～40min(吹氧时间为 12～18min)[9]。在实际煤气回收过程中，要控制煤气中的 O_2 浓度处于爆炸极限范围以外。按回收转炉煤气的安全规程要求，当煤气中 CO 浓度≥35%且 O_2 浓度<2%(摩尔分数)时进行回收，以达到保证煤气质量与安全回收的目的[10]。为了安全高效地回收煤气及其显热资源，在实际煤气回收中一般采用中间回收法，当 O_2 和 CO 浓度满足回收要求时，系统转入煤气回收状态，回收的煤气进入煤气柜。对于品质较低的前烧期和后烧期煤气，采用燃烧法将其燃烧，成为放散煤气。

在转炉冶炼前期和后期，通过前烧和后烧方式将不满足回收条件的煤气点燃放散。当吹炼初期和后期煤气燃烧采用燃烧法时，抬升烟罩，并通过调节排烟风机转速和风机入口挡板开度，利用炉口负压，使外界空气从炉口与烟罩间隙吸入汽化冷却烟道，煤气在烟道中燃烧和降温后，经除尘后排入大气(图 5.3)。在吹炼初期，通过前烧产生的烟气冲刷回收系统的管路，形成 O_2 浓度很低的烟气柱塞流，防止煤气回收时 CO 与空气在烟道内直接接触而爆炸；在吹炼中期，降下烟罩对煤气进行回收；在吹炼后期，通过炉气后烧，尽可能使煤气在汽化冷却烟道内大量燃烧，同时形成烟气柱塞流防止停止供氧时

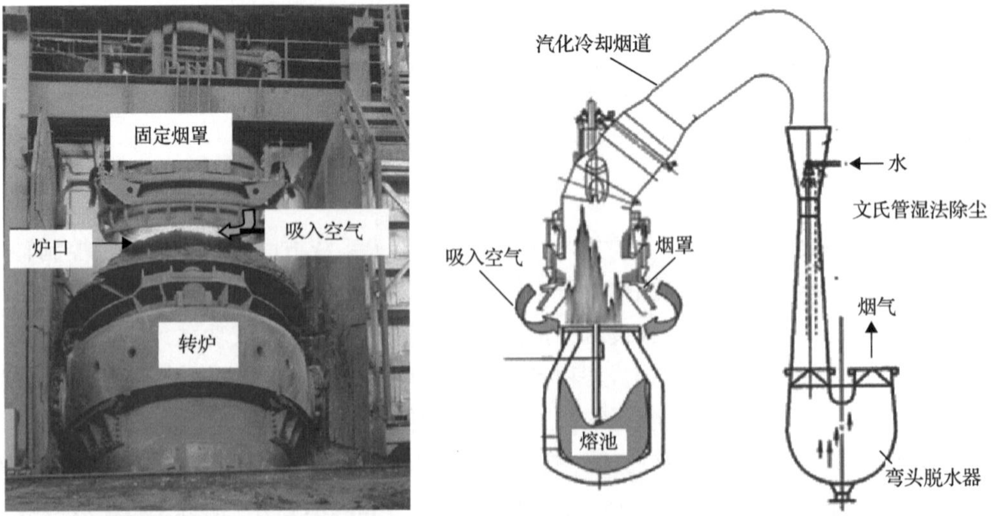

(a) 转炉煤气在炉口无组织燃烧　　(b) 煤气前烧期/后烧期

图 5.3 转炉冶炼前期和后期煤气在炉口无组织燃烧

吸入的大量空气与未燃烧的煤气混合而发生爆炸。

目前，转炉冶炼前烧期和后烧期依靠烟罩抬升卷吸外界空气燃烧煤气的方式属于无组织燃烧，煤气与从外界抽吸进入烟道内的空气混合差，CO 难以高效燃烧，最后只能通过放散塔点燃排放。同时，这种无组织燃烧易形成局部高温燃烧区域，可能产生热力型 NO_x，然而，目前对放散塔所排放的煤气中的 NO_x 没有进行检测和控制。

5.2.2　转炉煤气前烧期和后烧期混合特性冷态试验

转炉煤气在前烧期和后烧期若燃烧不充分，不仅浪费能源，而且会造成环境污染。由于从转炉炉口进入汽化冷却烟道的煤气处于高温状态，而从炉口烟罩所卷吸的外界空气处于常温状态，为了使煤气在前烧期和后烧期高效燃烧，高温煤气与外界所卷吸的空气有效混合至关重要。

由于转炉吹炼过程产生的高温煤气从烟罩进入汽化冷却烟道时，携带大量熔融状态的灰尘，炉口工作环境恶劣，无法现场测量炉口前烧期和后烧期高温煤气与烟罩处所卷吸的外界冷空气混合特性。为了研究转炉放散煤气前烧期和后烧期混合特性，采用实验和数值仿真的方法，分析煤气和空气混合过程中的流场、温度场及组分分布等特性。

中国科学院力学研究所建立了转炉放散煤气与炉口所卷吸的外界空气在前烧期和后烧期的混合冷态试验台(图 5.4)，开展了煤气混合特性研究。由于 CO 是转炉炉气的主要成分，也是有毒气体，试验中采用温度场来比拟浓度场[11]，不同温度的空气(代表煤气的热空气通过电加热炉加热)代表不同股气流，先测量混合气流的温度分布，再根据物质平衡和热量平衡原理，建立方程组求得各股气流的浓度分布，采用热线风速仪测量烟道速度场分布。

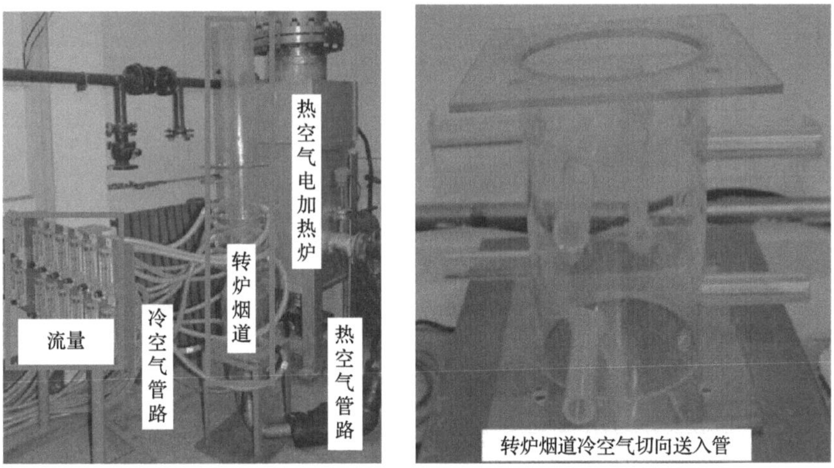

图 5.4　转炉放散煤气与空气在烟道混合冷态试验台

图 5.5 为转炉炉口无组织卷吸空气时烟道内气体摩尔分数及过量空气系数分布，图中 R' 和 H' 分别为烟道断面径向相对位置和高度方向相对位置，SR 为炉气过量空气系数。研究结果表明，炉气和空气混合差，混合气流中 CO 和 O_2 分别集中在烟道中心和管壁周围，烟道中心处于贫氧环境(SR＜1)。目前，转炉煤气前烧期和后烧期采用这种空气

送入方式，燃烧气流混合能力低，对煤气燃烧不利，会造成 CO 排放超标。

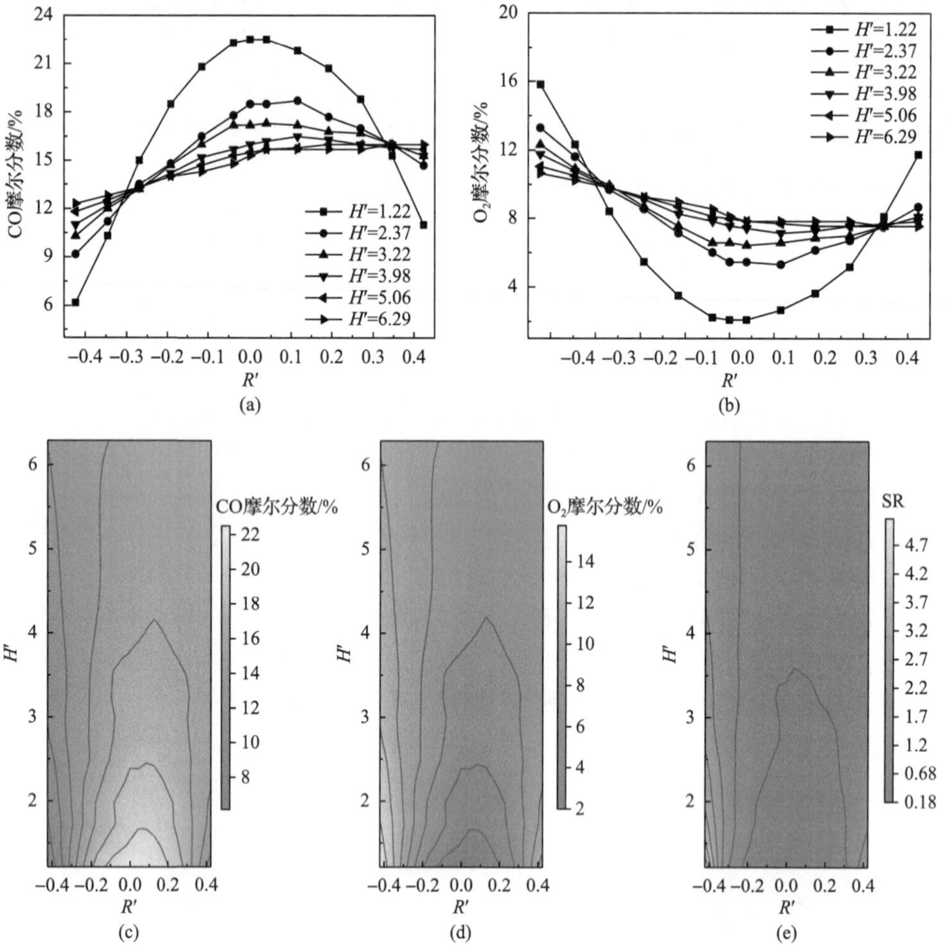

图 5.5　转炉炉口无组织卷吸空气时烟道内气体摩尔分数及炉气过量空气系数分布

为了避免转炉炉口与烟罩间卷吸无组织进风，改善转炉煤气与空气的混合程度，尽量降低烟罩，在烟道四周切向送风，送风口布置三层，每层四个送风口(在烟道横截面形成切圆)，试验结果见图 5.6。研究表明，烟道有组织送风可有效改善煤气与空气混合，避免 O_2 集中于管壁周围。三层送风区域煤气与空气混合强烈，在烟道上部（$H'>3.98$）气流已充分混合，在烟道横断面径向 CO 和 O_2 变化平缓，SR＞1.0。

5.2.3　转炉煤气前烧期和后烧期无组织混合燃烧过程数值模拟研究

1. 模型与边界条件

1) 烟道结构及计算区域离散化

为了分析转炉煤气前烧期和后烧期烟罩抬升卷吸外界空气进入汽化冷却烟道混合燃烧特性，通过数值模拟研究了 120t 氧气顶吹转炉汽化冷却烟道内煤气燃烧过程。该转炉汽化冷却烟道内径为 2.67m、总长为 33.5m，见图 5.7。

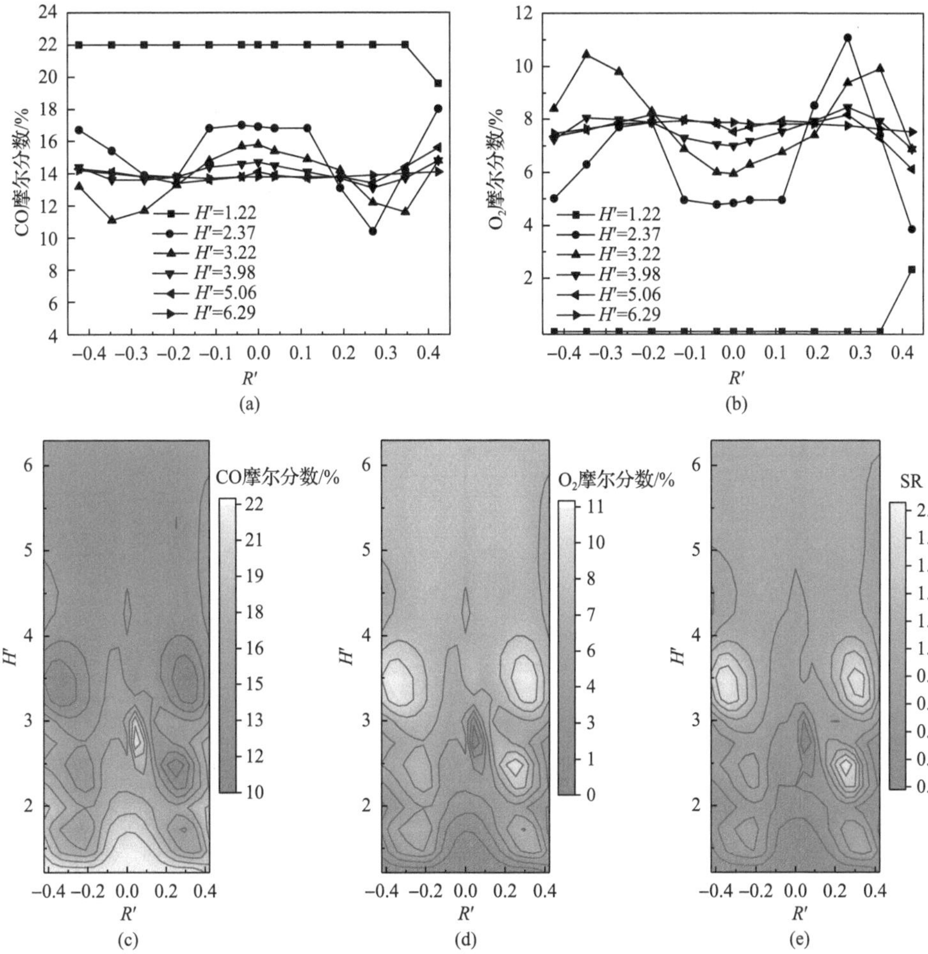

图 5.6　空气管壁切向进入烟道时气体摩尔分数及炉气过量空气系数分布

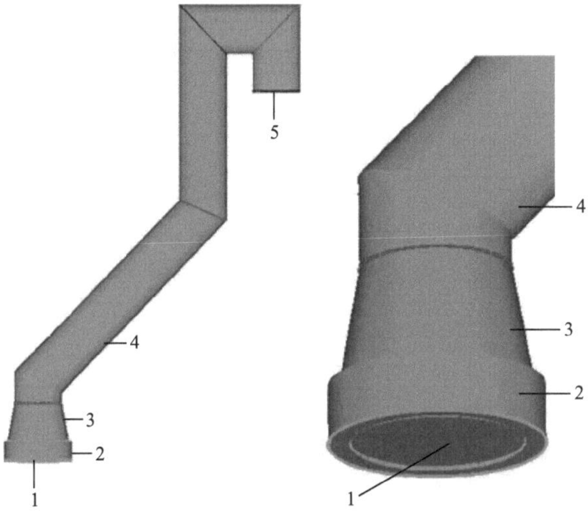

图 5.7　转炉汽化冷却烟道简化模型

1-炉口；2-炉口与汽化冷却烟道间隙；3-活动烟罩；4-固定烟罩；5-汽化冷却烟道出口

转炉汽化冷却烟道是将转炉煤气降温冷却后导入除尘系统，使烟道出口温度降到800～1000℃。烟道由无缝钢管排列围成，当高温煤气从汽化冷却烟道流过时，管内的水被加热产生水蒸气(压力 0.7～0.8MPa)，同时煤气得到冷却。为了收集从转炉产生的煤气，在汽化冷却烟道下端设置活动烟罩(置于转炉炉口正上部)。在煤气回收期间，活动烟罩下降，阻止外界空气吸入。在前烧期和后烧期，为了使进入汽化冷却烟道中的低浓度煤气燃烧，将活动烟罩抬升，使其与炉口间隙为 1m，通过该间隙卷吸外界空气参与混合燃烧。在模拟建模中，计算区域离散采用非结构网格划分，共 169514 网格单元体，见图 5.8。

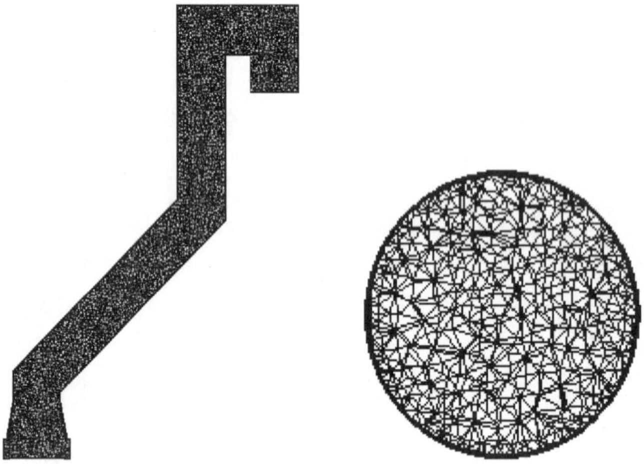

(a) 汽化冷却烟道网格　　(b) 烟道某横截面网格放大图

图 5.8　转炉汽化冷却烟道计算网格

2) 数学模型

在转炉前烧期和后烧期，炉口烟罩抬升，从转炉炉口与汽化冷却烟道间隙吸入的外界空气和从炉口排出炉气一起进入汽化冷却烟道燃烧，并与汽化冷却烟道换热，这是一个复杂的物理化学过程，其涉及流动、燃烧化学反应及换热等过程。对上述各种复杂的物理化学过程可分别采用不同的数学子模型来模拟，下面简要介绍所采用的数学模型。

(1) 湍流化学反应流动控制方程[12]。

在模拟中，煤气在汽化冷却烟道流动、换热和燃烧，遵守连续方程、动量方程、能量方程和组分方程等，同时遵守湍流输运方程。采用 k-ε 模型模拟湍流流动，利用涡耗散概念(eddy-dissipation concept, EDC)模型模拟气相湍流燃烧，采用球谐函数法模拟烟道内辐射换热，采用 SIMPLE 算法耦合压力-速度场。

(2) 燃烧化学反应模型[13,14]。

转炉煤气可燃组分为 CO，在模拟中假设

$$CO + 1/2O_2 + H_2O \longrightarrow CO_2 + H_2O \quad \text{(R5-1)}$$

$$CO_2 \longrightarrow CO + 1/2O_2 \quad \text{(R5-2)}$$

由于高温煤气在汽化冷却烟道燃烧时温度高，会生成热力型 NO，在模拟中，采用 Zeldovich 机理模拟 NO 生成：

$$O + N_2 \longleftrightarrow NO + N \tag{R5-3}$$

$$N + O_2 \longleftrightarrow NO + O \tag{R5-4}$$

$$N + OH \longleftrightarrow NO + H \tag{R5-5}$$

在湍流燃烧中，反应速率和流动是相互耦合的，燃烧速率不完全由化学动力学决定，同时还要考虑流动的因素。因此采用 EDC 模型计算化学反应速率，该模型假定化学反应都发生在小涡中，反应时间由小涡生存时间及化学反应本身所需的时间共同控制。

(3) 辐射模型[15]。

高温煤气在汽化冷却烟道燃烧时，烟道内辐射换热远大于对流换热，求解辐射换热量是很重要的。辐射能量传递方程非常复杂，工程计算上多数通过辐射换热计算模型来简化求解。这里采用球谐函数法对烟道内辐射换热进行模拟，该方法假定介质中的辐射强度沿空间角度呈正交球谐函数分布，并将含有的微分、积分辐射能量传递方程转化为一组偏微分方程，联立能量方程和相应的边界条件便可以求出辐射强度及温度分布。

3) 边界条件

由于转炉冶炼过程中所产生的煤气流量、温度及组分都随时间发生变化，而煤气从转炉炉口进入汽化冷却烟道时，这些变化数据很难现场测量。因此，采用转炉煤气发生过程模型所获得的煤气变化特性作为模拟边界条件[16,17]，图 5.9 给出了汽化冷却烟道入口处煤气组分摩尔分数、温度及流速。

在模拟计算时，活动烟罩与炉口间隙为空气吸入口，该处设为压力入口（表压 0Pa），烟道出口设为压力出口。烟道壁面设为无速度滑移条件。在壁面附近黏性层中，采用壁面函数法。烟道壁面温度设置为 180℃，外界空气温度为 30℃。由汽化冷却烟道入口煤气组分摩尔分数分布可知（图 5.9），在吹炼前期（0%～17%吹炼时间段）、后期（83%～100%吹炼时间段），总体呈现 O_2 摩尔分数较高而 CO 摩尔分数较低的趋势，煤气品质较低

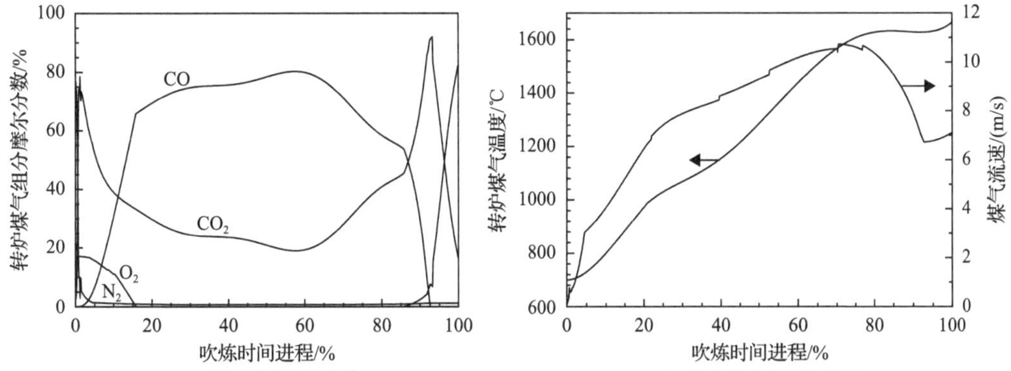

(a) 煤气组分摩尔分数　　　(b) 煤气温度和煤气流速

图 5.9　汽化冷却烟道入口处煤气初始条件[16,17]

且存在爆炸的潜在危险，因此这两段吹炼时间段活动烟罩抬升，吸入外界空气使煤气在汽化冷却烟道内燃烧。在吹炼中期(17%～83%吹炼时间段)，活动烟罩下降进行煤气回收。

2. 转炉煤气前烧期和后烧期无组织燃烧混合特性分析[17]

在前烧期和后烧期，活动烟罩抬升，外界冷空气通过炉口与烟罩之间的间隙被吸入烟道后，与炉口排出的煤气混合进入汽化冷却烟道进行燃烧。由于煤气具有较高的温度，此时吸入的空气与煤气及时混合对煤气高效燃烧至关重要。由于在前烧期和后烧期不同时刻流场分布相似，这里只给出 14%吹炼时间时汽化冷却烟道内流场分布，见图 5.10。可以看出，活动烟罩入口有大量的空气被吸入，在活动烟罩入口处及烟道最上段转弯处流场变化较大，而烟道其他部位流场变化较小，这不利于燃烧气流的混合。

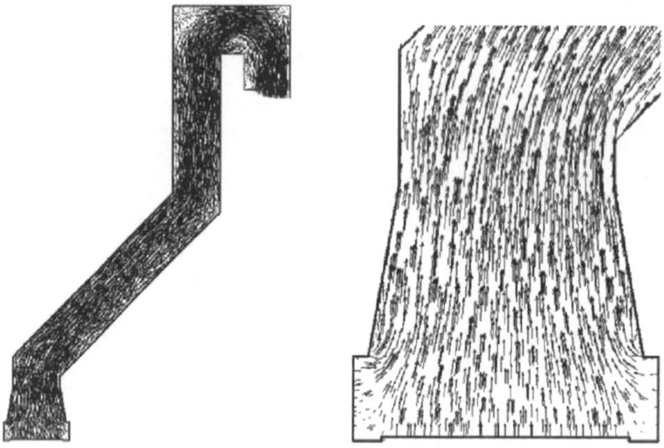

(a) 烟道流场　　(b) 炉口附近流场

图 5.10　14%吹炼时间时汽化冷却烟道内流场分布

湍动能是表征湍流流场中湍流脉动所具有的动能，该参数是反映湍流脉动剧烈程度的主要参数之一，其表示单位质量脉动运动的动能：

$$k = 0.5 \times \left(\overline{u'^2} + \overline{v'^2} + \overline{w'^2}\right) \tag{5-1}$$

当湍动能越大时，气流流动脉动扰动越大，混合越强烈。图 5.11 为 4%、14%、87%、95%吹炼时间时，前烧期和后烧期汽化冷却烟道纵向中心断面湍动能分布。

由图 5.11 可知，煤气在烟道转弯处湍动能大，最大湍动能发生在顶部转弯处；前烧时(4%和 14%吹炼时间)烟道内湍动能较小，而在后烧时(87%和 95%吹炼时间)湍动能较大。这表明烟道内气流扰动主要是气流沿烟道流动方向的变化而引起的，初期气速较小，流动扰动也小。

图 5.12 和图 5.13 分别为前烧 14%吹炼时间和后烧 87%吹炼时间汽化冷却烟道内气体浓度的分布。可以看出，烟道内煤气和吸入空气混合较差，CO 主要集中于烟道中心区域，而吸入的空气大部分沿着壁面上升，壁面附近 O_2 体积浓度较高，使得燃烧混合较弱，不利于煤气燃尽，从而造成烟道出口 CO 排放浓度偏高。因此，为了提高煤气燃烧

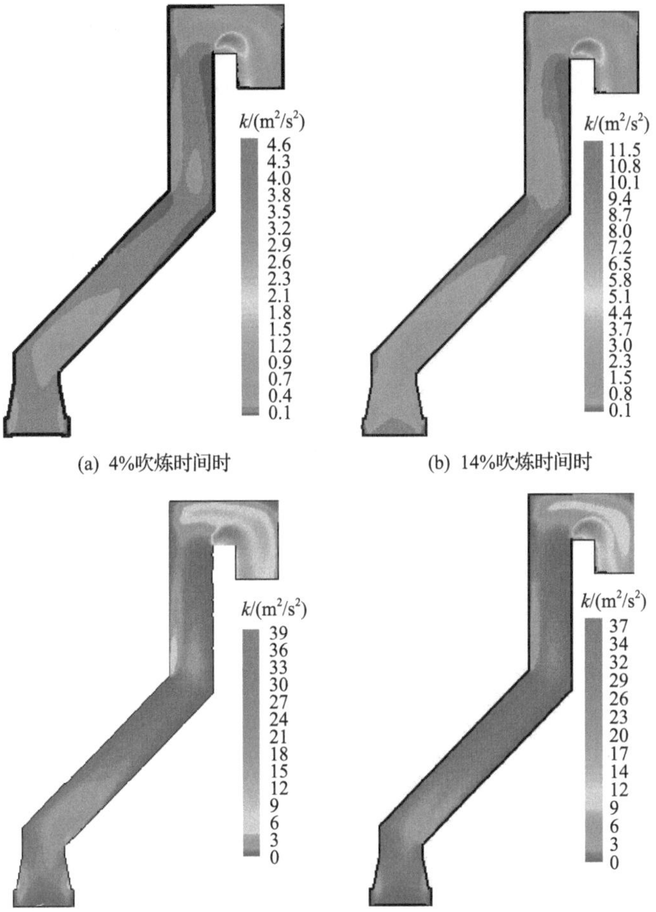

扫码见彩图

图 5.11 前烧期和后烧期汽化冷却烟道纵向中心断面湍动能分布

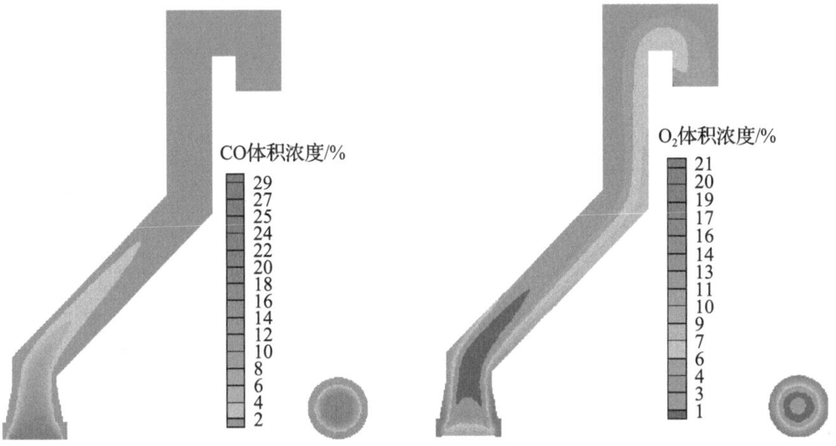

扫码见彩图

(a) (b)

图 5.12 前烧 14%吹炼时间汽化冷却烟道纵向中心断面和 3m 高度横截面 CO 和 O_2 体积浓度场分布

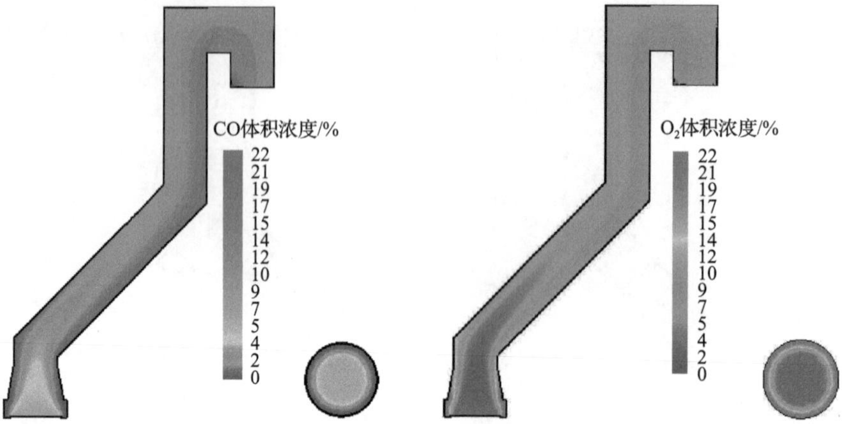

(a)　　(b)

扫码见彩图

图 5.13　后烧 87%吹炼时间汽化冷却烟道纵向中心断面和 3m 高度横截面 CO 和 O_2 体积浓度场分布

效率，降低 CO 排放浓度，必须采用有效组织燃烧的配风方式，避免大量过量空气进入烟道而降低燃烧温度，同时组织吸入空气与煤气有效混合而强化燃烧。

5.2.4　转炉煤气前烧期和后烧期有组织燃烧研究

由于转炉煤气的间歇性和波动性，在前烧期和后烧期煤气难以燃尽，必须结合其变化特性，避免前烧期和后烧期无组织燃烧(包括炉前烟罩无组织燃烧和放散塔引燃)，建立波动性炉气自适应的有组织燃烧，这是实现转炉煤气前烧期和后烧期高效燃烧的根本。

若要实现转炉煤气前烧期和后烧期有组织燃烧，前提是掌握转炉吹炼过程中煤气的波动特性(组分浓度、温度及流量等波动)，精确确定燃烧所需空气量，并通过特定的进风口送入汽化冷却烟道，与转炉炉口排出煤气强烈混合，实现有组织高效燃烧。

针对转炉冶炼造成的煤气波动特性研究，中国科学院力学研究所建立了转炉煤气高效洁净燃烧中试平台，开展转炉煤气有组织可控燃烧实验。在转炉运行中尽量避免外界空气无组织地从烟罩被卷吸进入转炉烟道，转炉烟罩作为关键部件，此时必须在转炉吹炼时实现可控升降，阻止外界空气进入烟道(图 5.14)。为此，研发出转炉可控升降烟罩

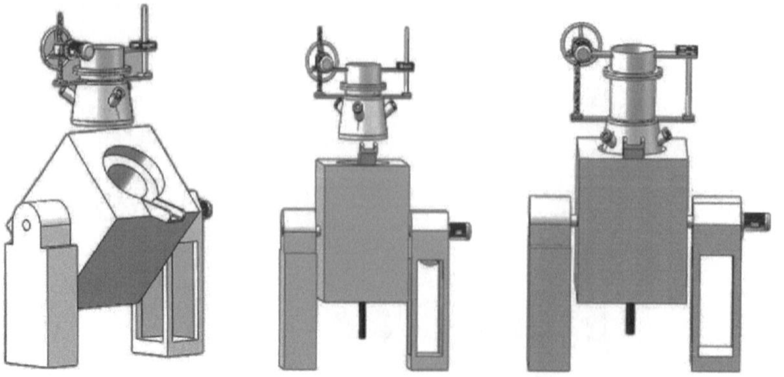

(a) 倒渣时　　(b) 烟罩抬升　　(c) 烟罩下降

图 5.14　转炉可控升降烟罩研制

系统，烟罩本体分活动部分和固定部分，两部分均为水夹套，在水夹套内部布置螺旋送水管。转炉烟罩升降装置采用蜗轮蜗杆单电机动力传动结构，为保证运行平稳，在蜗杆与转炉烟罩中心对称位置，设计导向滑杆，导向滑杆一端固定在烟罩活动结构，另一端穿过导向轴承，导向轴承固定于烟罩固定结构，极大地降低导向滑杆摩擦阻力，保证转炉烟罩轴向运行方向。

基于以上转炉、活动烟罩、余热回收装置及催化燃烧等关键装置设计和安装，集成洁净燃烧技术、余热回收技术及煤气催化燃烧技术，完成了中试平台建设(图 5.15)。

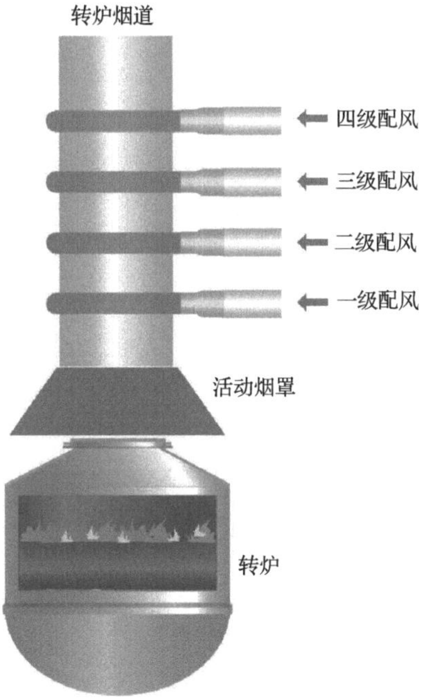

图 5.15　转炉煤气高效洁净燃烧中试平台

为了在中试装置中研究转炉煤气特性变化对燃烧的影响，通过动态配气模拟转炉煤气波动特性[18]。为了实现转炉煤气有组织可控高效洁净燃烧，该燃烧系统沿燃烧烟道高度方向布置了四层空气进口，每层周向布置多进口将空气径向送入汽化冷却烟道，增强空气与转炉煤气混合，解决了无组织燃烧空气无法进入烟道中心的问题(图 5.16)，实现了转炉煤气高效燃烧，同时使火焰变长，避免火焰出现局部高温而形成热力型 NO_x。

图 5.17 为转炉煤气可控燃烧中 CO 摩尔分数随时间的变化云图。转炉煤气中 CO 由燃烧器底部进口进入燃烧器，与 O_2 混合然后经点火处点燃，在分级空气入口附近 CO 浓度迅速降低，表明 CO 在底部未燃烧的部分在分级空气入口附近与空气混合后充分燃烧，进而达到转炉煤气高效燃烧的目的，在接近燃烧装置出口位置处，大部分 CO 已经燃尽。

通过在转炉煤气高效洁净燃烧中试平台上的有组织混合燃烧调试试验，转炉煤气前烧期和后烧期实现了高效燃烧，煤气燃烧平均燃烧效率为 99.87%，CO 排放平均浓度为 $1.48\times10^{-2}\%$(摩尔分数)，见图 5.18。

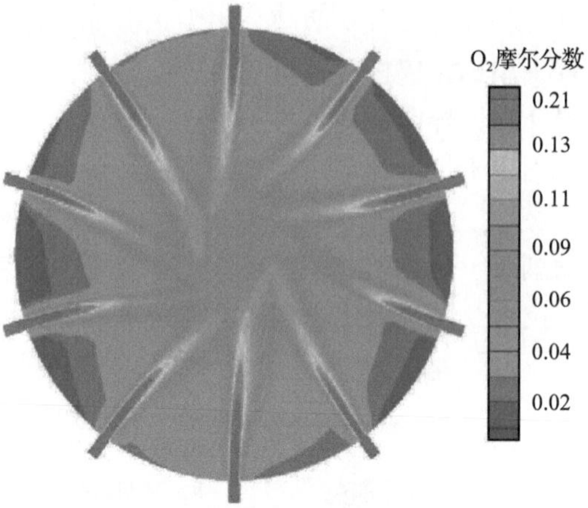

扫码见彩图

图 5.16　空气分级第一层处烟道横截面 O_2 浓度分布(前烧 35s 时刻)[18]

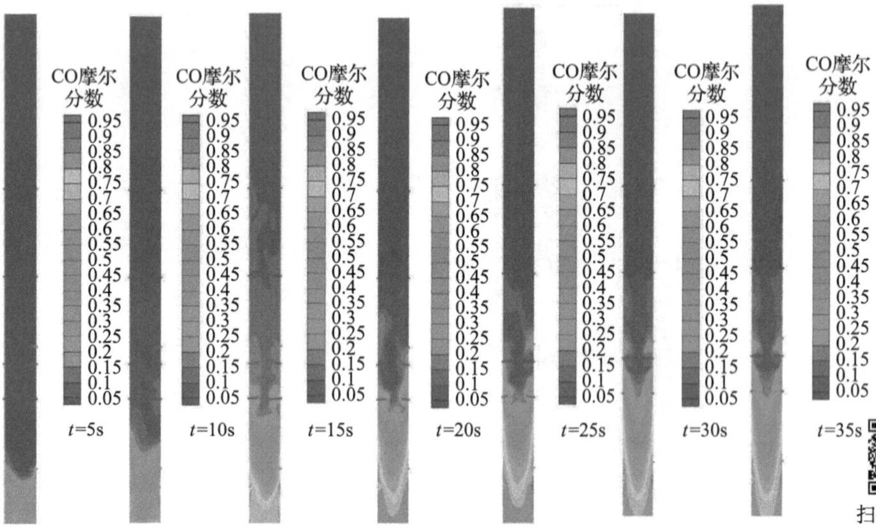

扫码见彩图

图 5.17　CO 摩尔分数随时间变化云图[18]

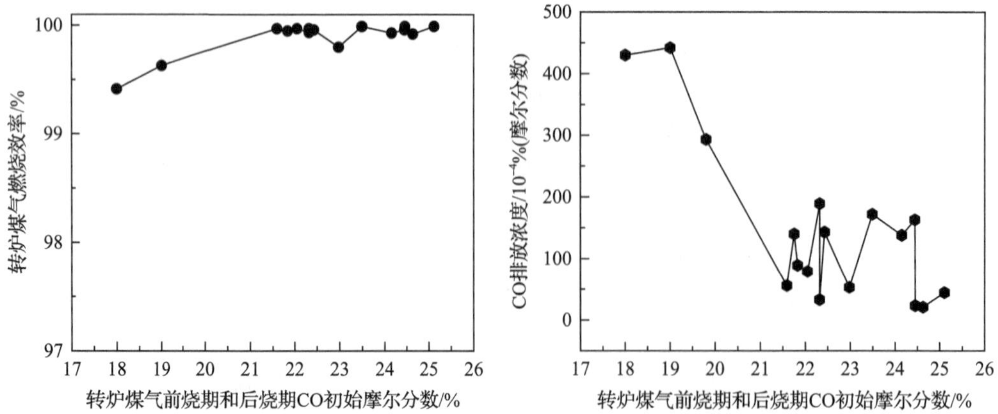

图 5.18　转炉煤气前烧期和后烧期有组织高效燃烧试验结果

在以上研究基础上，作者团队提出转炉煤气前烧期和后烧期分散进风燃烧技术[19]，采用分散转炉烟道进风，加强空气与放散煤气混合燃烧，提高转炉煤气燃烧效率。该技术关键装置为转炉煤气前烧期和后烧期分散进风燃烧装置(图 5.19)，分散叶片布置在活动烟罩或汽化冷却烟道中，活动烟罩下端进入的空气分散进入转炉烟道中心轴方向，加强进入空气与转炉煤气的混合强度，促进煤气完全燃烧。活动烟罩上下升降能调节需要的间隙，不妨碍转炉倾动。

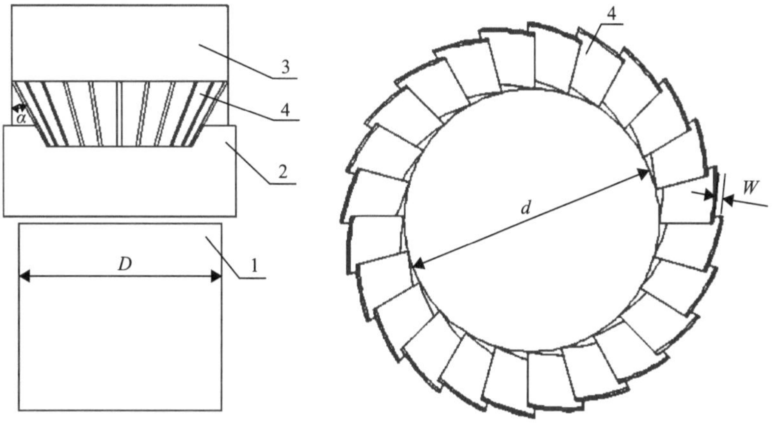

图 5.19 转炉煤气前烧期和后烧期分散进风燃烧装置示意图

1-转炉煤气出口；2-活动烟罩；3-汽化冷却烟道；4-分散叶片

5.3 转炉放散煤气洁净燃烧

在转炉放散煤气前烧期和后烧期，通过抬升炉口活动烟罩，从外界卷吸大量的空气参与燃烧。正如前述分析，卷吸外界空气混入煤气中，燃烧混合特性差，属于无组织燃烧方式，导致 CO 燃烧困难，局部出现高温，生成热力型 NO_x。以下叙述了在放散煤气燃烧中的污染物生成特性。

5.3.1 转炉煤气前烧期和后烧期高效洁净燃烧化学反应机制

1. 转炉煤气前烧期和后烧期 NO_x 生成反应路径

转炉冶炼所产生的煤气前烧期和后烧期在汽化冷却烟道中与普通燃烧设备中所需条件最大的不同在于：①转炉煤气初始温度高(初始温度为 800～1600℃)，而普通燃烧设备所采用的燃料通常处于常温；②转炉煤气前烧期和后烧期与所卷吸的外界空气混合较差，属于无组织燃烧，而普通燃烧设备属于有组织燃烧，以实现低 NO_x 燃烧。由于以上差异，转炉煤气前烧期和后烧期易生成 NO_x。

在燃料燃烧过程中，热力型 NO_x、快速型 NO_x 和燃料型 NO_x 是 NO_x 生成的三种形式。三种形式的重要性各不相同，这取决于燃烧条件，包括燃料、燃烧环境和温度。由于转炉煤气几乎不含燃料氮，高温煤气燃烧时火焰温度达到 1500℃以上，NO_x 主要为热力型

NO_x。热力型 NO_x 是由燃烧过程中空气流提供的氮和氧反应生成的，它高度依赖温度。

对冲火焰是研究火焰燃烧特性的理想模型，通过详细化学反应机理对转炉煤气对冲火焰燃烧过程中的 NO_x 生成机制进行了研究[20,21]。在图 5.20 中，NO 浓度最大的位置与最高温度(T_{max}=1978K，相对位置 0.63)的位置一致。NO 的摩尔分数最大值在 T_{max} 附近，显示出温度敏感性，NO_2 的摩尔分数最大值在空气侧。

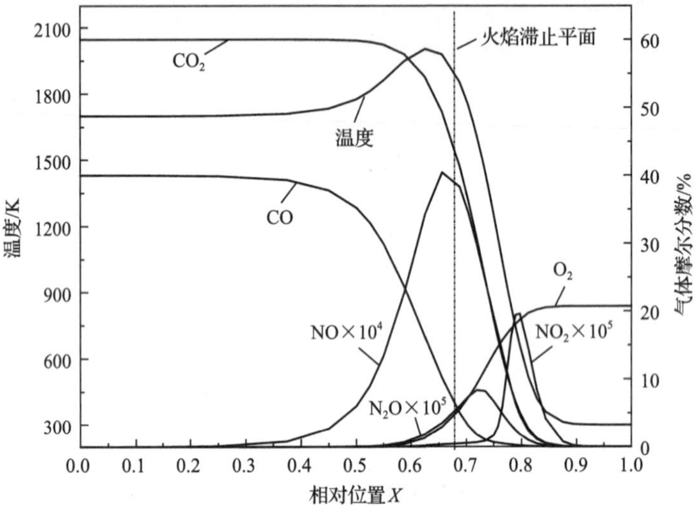

(a) 转炉煤气在对冲火焰中组分和温度分布

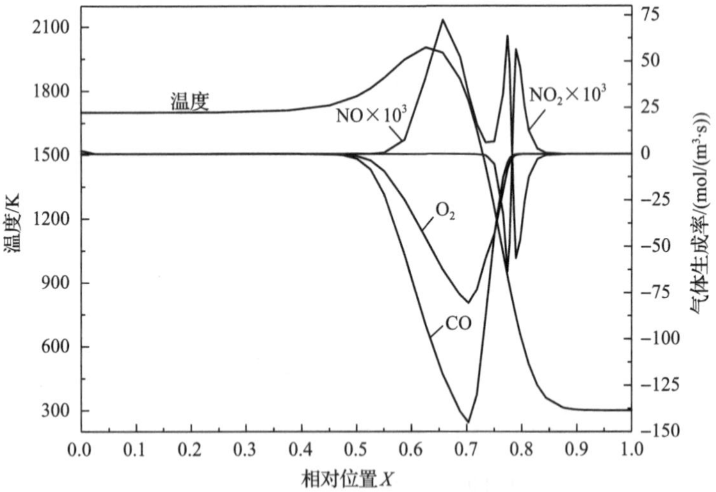

(b) 转炉煤气在对冲火焰中组分生成率和温度分布

图 5.20 转炉煤气在对冲火焰中组分和温度变化特性[20]

图 5.21 给出了 NO_x 在对冲火焰不同位置生成反应路径分析结果。在相对位置为 0.63 (T=2003K，NO 摩尔分数为 36.2×10^{-4}%)处，NO 主要通过以下反应生成：

$$N_2 + O \longrightarrow NO + N \tag{R5-6}$$

$$N + O_2 \longrightarrow NO + O \tag{R5-7}$$

$$N + CO_2 \longrightarrow NO + CO \tag{R5-8}$$

$$N + OH \longrightarrow NO + H \tag{R5-9}$$

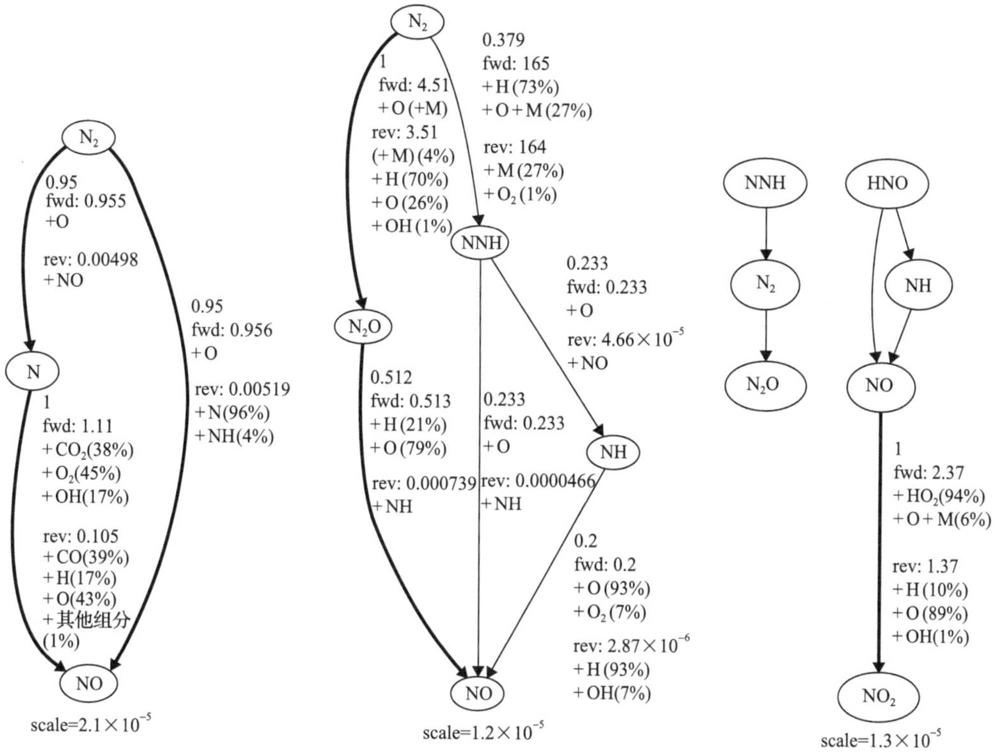

图 5.21 NO_x 在对冲火焰不同位置生成反应路径

fwd-正向反应流；rev-逆向反应流；scale-反应流的相对尺度。图中的 fwd 和 rev 后的数字表示反应路径的相对重要程度，fwd 上方的数字代表正逆反应的共同作用结果。百分数代表某组分不同方向反应路径的贡献率

在相对位置为 0.72 处，N_2O 主要通过以下反应生成：

$$N_2 + O \longrightarrow N_2O \tag{R5-10}$$

并通过以下反应生成 NO：

$$N_2O + O \longrightarrow 2NO \tag{R5-11}$$

在相对位置为 0.80 处，NO_2 主要通过以下反应生成：

$$NO + HO_2 \longrightarrow NO_2 + OH \tag{R5-12}$$

转炉煤气燃烧火焰中 CO 氧化和 OH 生成反应路径见图 5.22（相对位置 0.63，T= 2003K），反应路径分析表明 CO 氧化主要通过以下反应进行：

$$CO + OH \longrightarrow CO_2 + H \tag{R5-13}$$

这表明 OH 对 CO 氧化至关重要。对于干燥转炉煤气，CO 和 O_2 直接反应的速率很小，因为两者反应时具有很高的活化能(200.64kJ/mol)，即使在高温条件下，所产生的 O 原子不含引起快速的链分支反应，两者反应速率仍然很小。然而，即使存在少量含氢组分，也会形成 OH 自由基以加速 CO 氧化[22,23]。对于转炉煤气燃烧，OH 主要来源于燃烧气流中的水蒸气，如图 5.22(b)所示，OH 主要通过以下反应获得：

$$H_2O + O \longrightarrow 2OH \tag{R5-14}$$

$$H_2O + H \longrightarrow OH + H_2 \tag{R5-15}$$

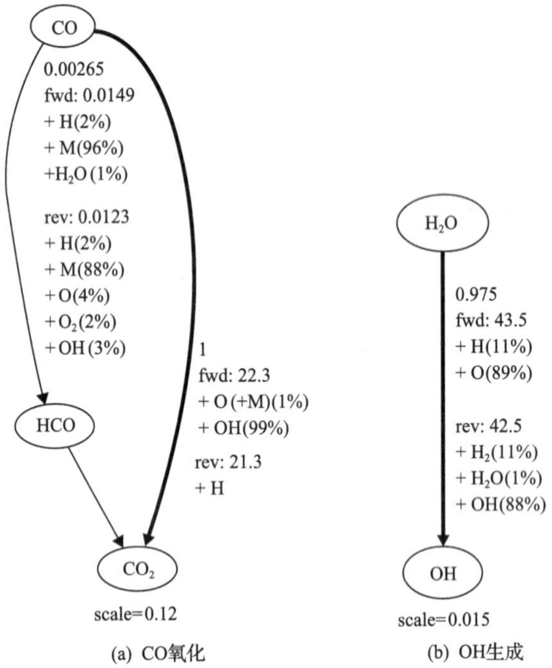

图 5.22 CO 氧化和 OH 生成反应路径(相对位置 0.63，T=2003K)

fwd-正向反应流；rev-逆向反应流；scale-反应流的相对尺度

因此，在转炉煤气燃烧过程中，空气中的水蒸气非常重要，缺少 H_2O 可能会使 CO 的氧化速度极慢。Glarborg 和 Mueller 等研究 CO-H_2-H_2O-NO_x 反应机理的动力学模型，发现水蒸气浓度对 CO 氧化过程有很大影响[22,23]。在转炉煤气全干渗技术中，取消喷水工艺，对于 CO 氧化不利，是有利于防止爆炸发生的。

2. 转炉煤气燃烧过程中 H_2O 对 CO 还原 NO_x 的影响机制

尽管转炉煤气高温燃烧易形成 NO_x，但是因为 CO 在燃烧过程中大量存在，CO 作为还原剂具有降低 NO_x 的优势。CO 氧化可以通过 NO 还原进行，该反应的关键步骤是 NO 分子的断裂和 CO 的氧化。Musgrave 和 Hinshelwood[24]发现，水蒸气的加入可以提高 NO 还原的反应速率：

$$CO + H_2O = CO_2 + H_2 \tag{R5-16}$$

$$2NO + 2H_2 \xlongequal{} N_2 + 2H_2O \tag{R5-17}$$

研究发现，干燥空气会降低 NO 还原的反应速率，并证明在 920℃时，NO 还原取决于水的存在，若 CO 浓度足够高，则 NO 还原反应速率与 CO 浓度无关。

Li 等[25]在 36kW 电加热反应器中，开展转炉煤气燃烧过程中 H_2O 对 CO 还原 NO_x 影响的试验研究，使用柱塞流反应器模型，通过化学反应动力学建模研究水蒸气对 NO 排放浓度的影响，研究结果见图 5.23。H_2O 对 CO 还原 NO_x 的影响是非常复杂的。在图 5.23(a)中，当 T<1100℃时，初始水蒸气浓度对 NO_x 排放影响不大，但随温度升高，NO_x 快速下降；当温度为 1100～1600℃时，水蒸气摩尔分数从 2%增大至 8%时，NO_x 甚至有所增加；当 T>1600℃时，NO_x 排放随温度的升高而降低。在图 5-23(b)中，当 T<1100℃时，NO 排放随初始水蒸气浓度增大和温度的升高而快速降低；当 T>1100℃时，在 1100～1400℃和给定的水蒸气初始浓度条件下，NO_x 的排放基本维持不变；当 T>1400℃时，NO_x 的排放随温度的升高快速降低。由图 5.24 可知，在不同的 CO 初始浓度和 NO 初始浓度下，当水蒸气浓度为 1%左右时，NO 排放浓度最低。当水蒸气浓度进一步增大时，NO 排放浓度随之增大。

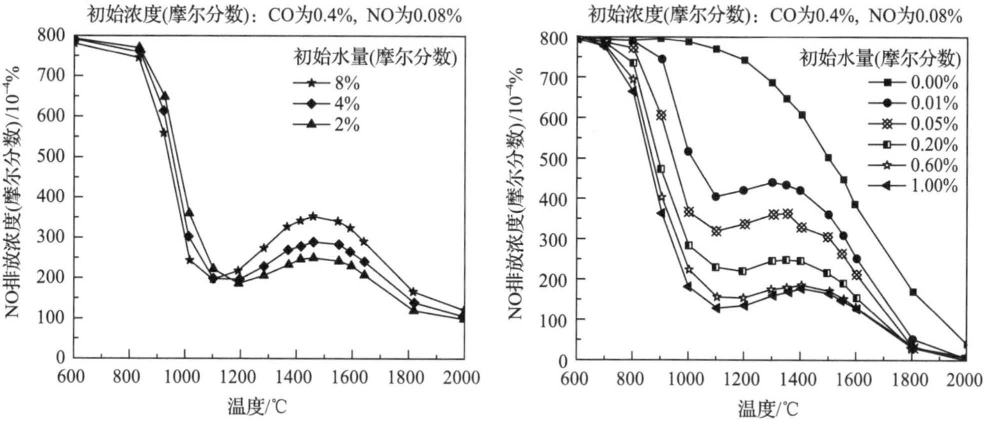

(a) $[H_2O]$>1.0%　　(b) $[H_2O]$≤1.0%

图 5.23　0%～8%(摩尔分数)H_2O 对 CO 还原 NO_x 排放浓度(摩尔分数)的影响[25]

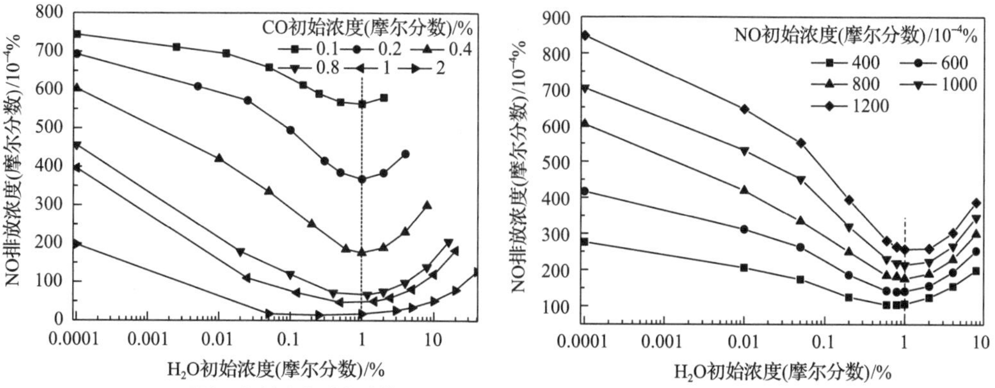

(a) 不同CO初始浓度(摩尔分数)　　(b) 不同NO初始浓度(摩尔分数)

图 5.24　H_2O 浓度(摩尔分数)对 CO 还原 NO_x 排放浓度(摩尔分数)的影响(1400℃)[25]

燃烧化学反应动力学分析表明(图 5.25)，当转炉煤气中含有 H_2O 时，自由基 H 对 CO 还原 NO 具有明显的促进作用；当 T<1100℃时，NO 还原路径为 NO→HNO→NH→N_2O→N_2，其控制因素为 H_2O 浓度和温度；当 1100℃<T<1400℃时，CO 还原 NO 的控制因素为 CO 浓度。

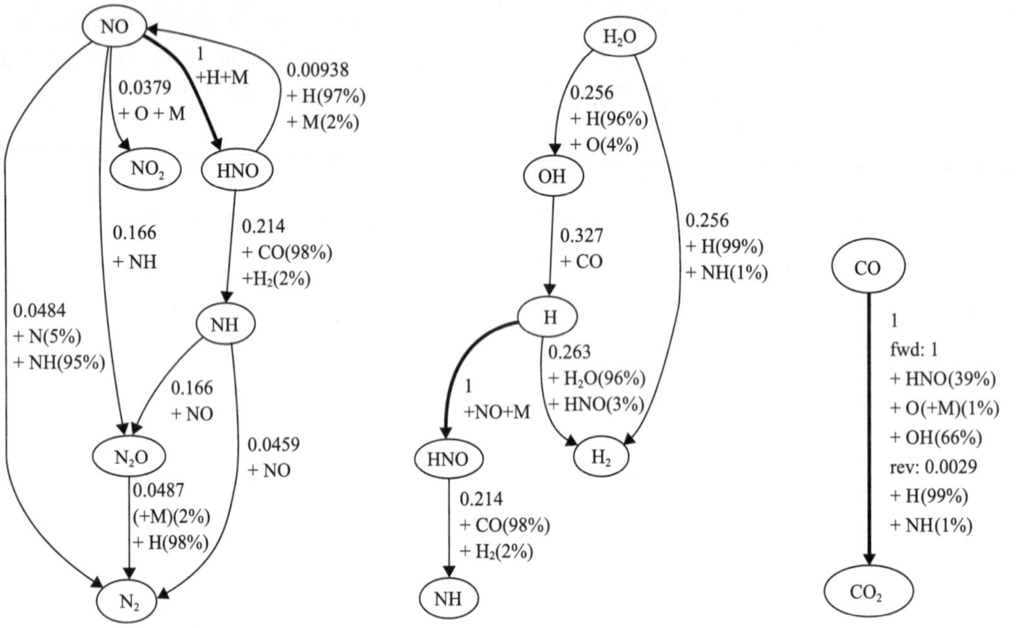

(a) NO还原反应路径　　(b) H_2O反应路径　　(a) CO氧化反应路径

图 5.25　H_2O 作用下 N、H 和含 C 组分化学反应路径[25]

fwd-正向反应流；rev-逆向反应流

5.3.2　煤气燃烧过程灰尘对气态污染的影响

转炉炼钢主要气态污染物除 CO 外，还有 NO、HF 等。转炉通常以萤石(主要成分为 CaF_2)作为造渣助熔剂。目前，吨钢萤石使用量一般为 5kg 左右，大部分进入冶炼渣中，但炉料、废钢等加入转炉时携带一定水分，可使一部分 CaF_2 与水蒸气反应产生 HF，另一部分 CaF_2 变为灰尘进入煤气[26]。当煤气与炉口吸入的大量空气混合时，灰尘中 CaF_2 也会与水蒸气发生反应生成 HF 类气态氟化物。据估算，一台 250t 转炉每年排放 40.9t NO_x、42.1t HF，我国每年污染气体排放量巨大[27]。

Hayhurst、周浩生等研究发现在流化床燃煤时，床料中铁、铁的氧化物和脱硫剂 CaO 对 CO 还原 NO 有强烈的催化还原作用，NO 排放量显著降低，同时铁的氧化物可吸附 CO 使其氧化，CaO 对 CO 氧化具有催化作用[28-30]：

$$2NO + 2CO \xrightarrow{Fe,FeO,Fe_2O_3,CaO} N_2 + 2CO_2 \tag{R5-18}$$

$$Fe_xO_y + yCO \longrightarrow xFe + yCO_2 \tag{R5-19}$$

$$O_2 + 2CO \xrightarrow{CaO} 2CO_2 \tag{R5-20}$$

转炉炼钢是利用 O_2 来氧化生铁中所含杂质的复杂金属提纯过程，由于转炉熔池温度很高，部分铁和杂质蒸发，同时吹炼喷溅出一些小液滴，在随煤气上升过程中冷却而形成极细的灰尘，主要成分为 Fe、FeO、Fe_2O_3、CaO、MgO、MnO 和 SiO_2 等[31]。

1. 转炉煤气灰尘中 CaO 对 CO 还原 NO 催化的研究

李森等[32]通过实验开展转炉煤气灰尘中 CaO 对 CO 还原 NO 催化的影响研究。研究结果表明(图 5.26(a))，在无 CaO 催化、温度低于 800℃时，CO 对 NO 几乎没有还原能力，当温度高于 800℃时，CO 对 NO 还原能力随温度的升高而快速提高；当有 CaO 催化、温度为 500～1000℃时，CO 对 NO 还原能力随温度的升高几乎呈线性增加，当温度大于 1050℃时，NO 还原能力趋于平缓，在 1100℃时 NO 脱除效率可达 97.2%。由图 5.26(b)可知，CaO 对 CO 还原 NO 具有明显的催化作用，在 700～950℃其催化还原能力很高，在 800℃左右其 NO 脱除效率提高量可达 42%。

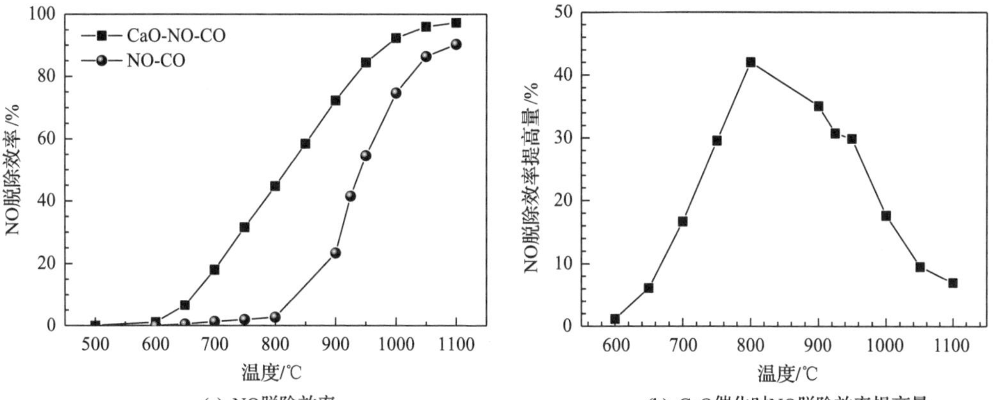

(a) NO脱除效率 (b) CaO催化时NO脱除效率提高量

图 5.26 CaO 对 CO 还原 NO 的催化(初始摩尔分数：NO 为 8.7×10^{-2}%，CO 为 7.2×10^{-1}%，CO_2 为 0%)

Li 等分析了 CaO 催化 CO 还原 NO 的反应路径[33,34]。在 CaO 催化的条件下，气相 NO 和 CO 分子吸附在 CaO 表面活性吸附位，随后 N—O 化学键断裂，其孤立的氧原子与吸附态 CO 中的 C 原子形成新的化学键，吸附态的 CO 被氧化成吸附态的 CO_2 并从 CaO 表面脱附，N 最终形成 N_2 并从 CaO 表面脱附(图 5.27)。CaO 催化作用使 CO 还原 NO 反应能垒由 10.84eV 降至 2.06eV[34]。

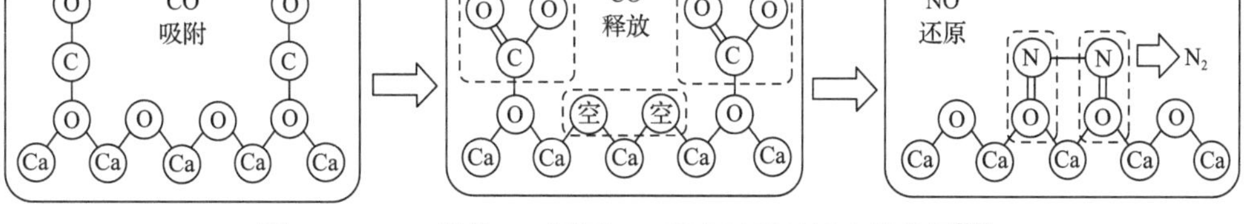

图 5.27 CaO 催化 CO 还原 NO 反应过程过渡态结构图[34]

2. 转炉煤气灰尘中 Fe_2O_3 对 CO 还原 NO 催化的研究

在转炉煤气中，还有较多 Fe_2O_3 固态灰尘，Fe_2O_3 与 CaO 相似，具有催化 CO 还原

NO 的能力，见图 5.28。由于 CO 具有较强的还原性，CO 首先还原 Fe_2O_3 为 Fe，而 Fe 与 NO 作用使 NO 还原为 N_2，而 Fe 氧化为 Fe_2O_3。因此，在 Fe_2O_3 对 CO 还原 NO 催化反应过程中，Fe_2O_3 只起到催化作用，大大促进了 CO 还原 NO 的能力。

$$3CO + Fe_2O_3(s) \longrightarrow 3CO_2 + 2Fe(s) \quad \text{(R5-21)}$$

$$3NO + 2Fe(s) \longrightarrow 3/2N_2 + Fe_2O_3(s) \quad \text{(R5-22)}$$

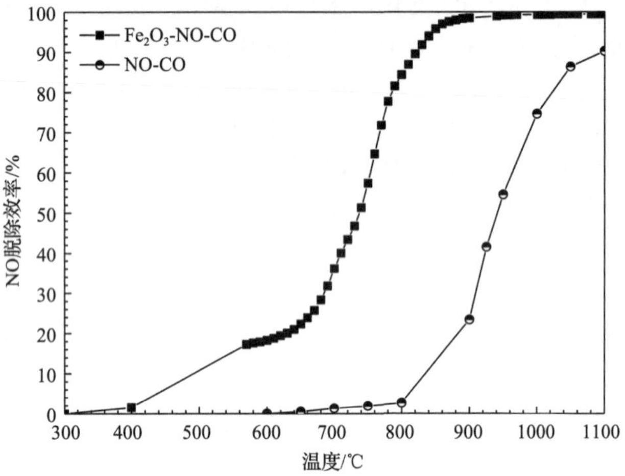

图 5.28　温度对 Fe_2O_3 催化还原 NO 的影响

3. 高温气态 Fe 和 FeO 对 CO 氧化及对 CO 还原 NO 催化的研究[35]

转炉煤气温度很高，初始温度可达 1600℃，当在汽化冷却烟道燃烧时，局部温度可以达到 2000℃以上，此时，转炉灰尘中的铁化合物可能以气态的形式出现。因此采用化学平衡软件 HSC 计算高温煤气中气态铁及铁化合物的存在形态和平衡浓度，见图 5.29。结果表明，高温煤气中铁主要以 Fe 和 FeO 形式存在，Fe 浓度随煤气中 CO 浓度增大和温度升高而增大，而 CO 浓度对 FeO 的平衡浓度几乎没有影响。

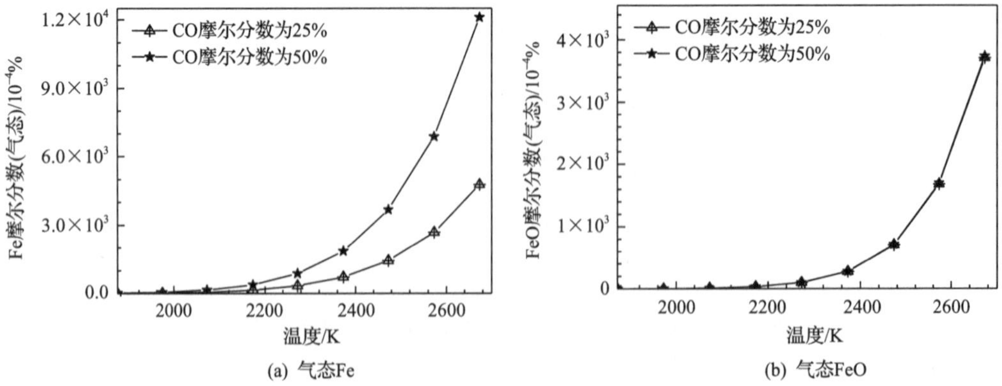

图 5.29　高温煤气中气态铁及铁化合物存在形态和平衡浓度

利用 Chemkin 软件中 SENKIN 模型，CO 燃烧采用 Yetter 的 $CO\text{-}H_2\text{-}O_2$、Rumminger

的气态铁化合物反应机理[36-38]，研究气态 Fe 和 FeO 对 CO 燃烧的影响(图 5.30)。结果表明，气态 Fe 和 FeO 可以有效地促进 CO 的燃烧，过量空气系数(SR)减小时，其催化作用更加明显。通过化学反应敏感性分析和反应路径分析(图 5.31)，气态铁化合物催化

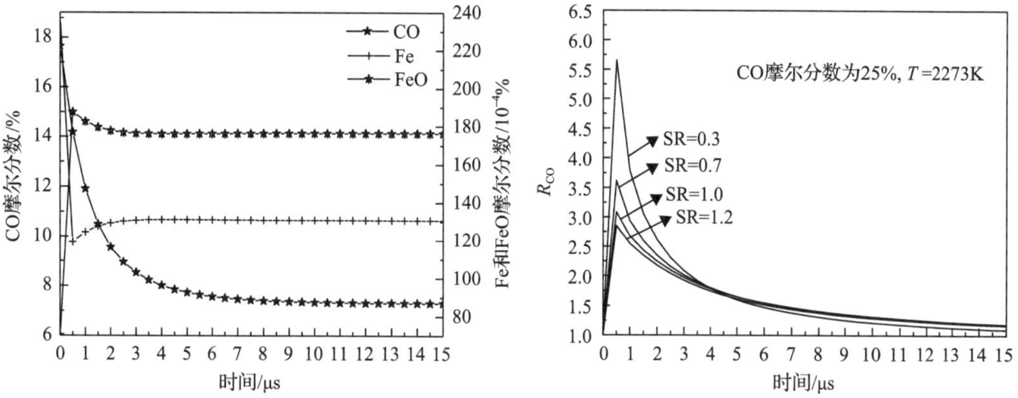

(a) 组分摩尔分数　　　　(b) CO氧化率

图 5.30　转炉煤气燃烧时 CO、气态 Fe 和 FeO 摩尔分数变化及过量空气系数对 CO 氧化率的影响

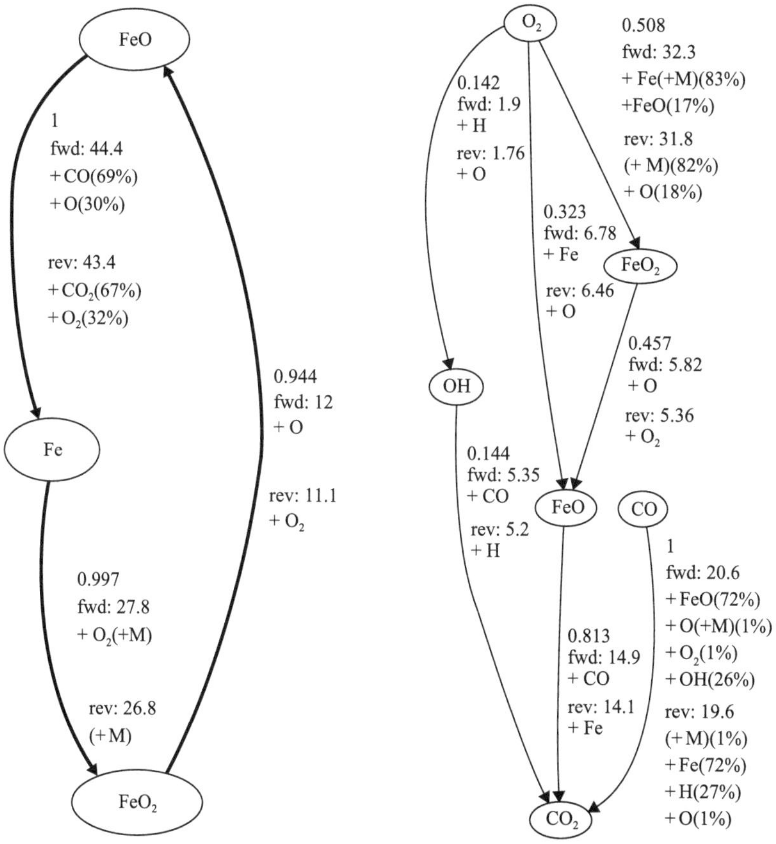

图 5.31　气态铁化合物催化 CO 氧化反应路径分析

fwd-正向反应流；rev-逆向反应流

CO 氧化的反应路径主要如下：

$$Fe + O_2 \longequal FeO + O \tag{R5-23}$$

$$FeO_2 + O \longequal FeO + O_2 \tag{R5-24}$$

$$Fe + O_2 + M \longequal FeO_2 + M \tag{R5-25}$$

$$FeO + CO \longequal Fe + CO_2 \tag{R5-26}$$

在这个循环反应过程中，铁化合物以 Fe-FeO/FeO_2-Fe 的形式催化 CO 氧化。同时，气态铁化合物催化 CO 还原 NO 的敏感性分析和反应路径分析结果表明，高温燃烧中热力型 NO_x 的形成得到了有效抑制，这是由于铁化合物可以有效地控制氧原子，在促进 CO 氧化的同时有效避免氧与 N_2 的作用，从而抑制了热力型 NO_x 的生成。

参 考 文 献

[1] 万雪峰，张贵玉，林东，等. 转炉炉气成分变化规律的初步研究[J]. 中国冶金，2006, 16(1): 23-26.

[2] 王利军，李泉. 煤气放散塔直燃点火系统改造实践[J]. 冶金动力，2019, 38(12): 31-33.

[3] 王民. 高压电弧技术在转炉煤气放散长明火改造中的应用[J]. 装备制造技术，2014, 42(4): 99-100.

[4] 李秀锐. 天钢转炉煤气自动点火放散节能装置的改造设计[J]. 天津冶金，2015, 35(5): 53-55.

[5] 张志龙. 浅议宝钢转炉放散塔的基本原理、构造及故障处理[J]. 山东工业技术，2019, 58(7): 1-2.

[6] 齐小艳，张臣，徐涛. 特殊情况下转炉煤气回收与放散点火工艺控制[J]. 本钢技术，2014, 53(5): 20-21, 43.

[7] 康润宁. $CuCe_{0.75}Zr_{0.25}O_y$ 催化剂 CO 自持燃烧反应机理及动力学研究[D]. 唐山：华北理工大学，2018.

[8] 武永健，罗春欢，魏琳，等. 基于化学链燃烧的转炉放散煤气利用研究[J]. 化工学报，2019, 70(5): 1923-1931.

[9] 雷亚，杨治立，任正德，等. 炼钢学[M]. 北京：冶金工业出版社，2010.

[10] 韩平. 转炉煤气回收气体分析系统及其应用[J]. 中国仪器仪表，2009, 29(5): 63-65.

[11] 徐通模，惠世恩. 燃烧学[M]. 北京：机械工业出版社，2017.

[12] 周力行. 湍流气粒两相流动和燃烧理论与数值模拟[M]. 陈文芳，林文漪译. 北京：科学出版社，1994.

[13] 岑可法，姚强，骆仲泱，等. 燃烧理论与污染排放控制[M]. 北京：机械工业出版社，2004.

[14] 新井纪男. 燃烧生成物的发生与抑制技术[M]. 赵黛青，赵哲石，王昶，等译. 北京：科学出版社，2001.

[15] Ratzel Ⅲ A C, Howell J R. Two-dimensional radiation in absorbing-emitting using the P-N approximation[J]. Journal of Heat and Mass Transfer, 1983, 105(2): 333-340.

[16] Li S, Wei X L, Yu L X. Numerical simulation of off-gas formation during top-blown oxygen converter steelmaking[J]. Fuel, 2011, 90(4): 1350-1360.

[17] 李森. 冶金炉炉气和烟气的发生、流动和反应过程研究[R]. 北京：中国科学院力学研究所，2010.

[18] 石强. 转炉煤气高效洁净燃烧数值模拟与实验研究[D]. 秦皇岛：河北科技师范学院，2020.

[19] 李森，魏小林，姚远，等. 一种炼钢转炉煤气前烧后烧分散进风燃烧装置：中国，CN 202122784483.7[P]. 2022-12-23.

[20] Li S, Wei X L, Yu L X. Numerical study on NO_x/CO emissions in the diffusion flames of high-temperature off-gas of steelmaking converter[J]. Applied Energy, 2011, 88(4): 1113-1119.

[21] Goodwin D G, Moffat H K, Schoegl I, et al. An object-oriented software toolkit for chemical kinetics, thermodynamics, and transport processes[R]. [2022-3-15].http://www.cantera.org.

[22] Glarborg P, Kubel D, Kristensen P G, et al. Interactions of CO, NO_x and H_2O under post-flame conditions[J]. Combustion Science and Technology, 1995, 111: 461-485.

[23] Mueller M A, Yetter R A, Dryer F L. Flow reactor studies and kinetic modeling of the $H_2/O_2/NO_x$ and $CO/H_2O/O_2/NO_x$ reactions[J]. International Journal of Chemical Kinetics, 1999, 31(10): 705-724.

[24] Musgrave F F, Hinshelwood C N. The interaction of carbon monoxide and nitric oxide[J]. Journal of the Chemical Society, 1933, 8: 56-59.

[25] Li S, Wei X L, Guo X F. Effect of H_2O vapor on NO reduction by CO: Experimental and kinetic modeling study[J]. Energy & Fuels, 2012, 26 (7): 4277-4283.

[26] 戴云阁, 李文秀, 龙腾春. 现代转炉炼钢[M]. 沈阳: 东北大学出版社, 1998.

[27] 李海波, 刘琳, 余祺, 等. 转炉炼钢大气污染环境评价问题探讨[J]. 环境工程学报, 2008, 2(3): 424-427.

[28] Hayhurst A N, Lawrence A D. The Effect of solid CaO on the production of NO_x and N_2O in fluidized bed combustors: Studies using pyridine as a prototypical nitrogenous fuel[J]. Combustion and Flame, 1996, 105(4): 511-527.

[29] Hayhurst A N, Lawrence A D. The reduction of the nitrogen oxides NO and N_2O to molecular nitrogen in the presence of iron, its oxides, and carbon monoxide in a hot fluidized bed[J]. Combustion and Flame, 1997, 110(3): 351-365.

[30] 周浩生, 陆继东, 周琥, 等. 一氧化碳作用下铁对一氧化氮的催化还原实验与动力学过程分析[J]. 热能动力工程, 2002, 17(1): 86-89, 108.

[31] 冯聚和. 炼钢设计原理[M]. 北京: 化学工业出版社, 2005.

[32] 李森, 魏小林, 郭啸峰. CaO 对 CO 还原 NO 催化的研究[C]//2012 中国工程热物理学会燃烧学学术会议, 北京, 2012.

[33] Li S, Ge Y F, Wei X L. Experiment on NO_x reduction by advanced reburning in cement precalciner[J]. Fuel, 2018, 224(15): 235-240.

[34] 李森. 水泥炉窑氮氧化物排放控制最新研究进展[J]. 燃烧科学与技术, 2020, 26(5): 383-390.

[35] Li S, Wei X L. Promotion of CO oxidization and inhibition of NO formation by gaseous iron species during high-temperature off-gas combustion[J]. Energy & Fuels, 2011, 25(3): 967-974.

[36] Allen M T, Yetter R A, Dryer F L. High pressure studies of moist carbon monoxide/nitrous oxide kinetics[J]. Combustion and Flame, 1997, 109(3): 449-470.

[37] Kim T J, Yetter R A, Dryer F L. New results on moist CO oxidation: High pressure, high temperature experiments and comprehensive kinetic modeling[J]. Proceedings of the Combustion Institute, 1994, 25(1): 759-766.

[38] Rumminger M D, Reinelt D, Babushok V I, et al. Numerical study of the inhibition of premixed and diffusion flames by iron pentacarbonyl[J]. Combustion and Flame, 1999, 116(1-2): 207-219.

第 6 章

转炉煤气催化燃烧机理

由于转炉炼钢具有间歇性的特点，炼钢过程前烧期和后烧期煤气中 CO 含量会低于回收标准，基于安全性的考量，这部分转炉煤气无法被回收利用而放散。放散煤气难以直接点燃，只能采用传统燃气(天然气、液化气等)通过火炬燃烧器以“点天灯”的方式点燃放散，这不仅消耗和浪费大量的能源，还造成严重的环境污染和大量的碳排放。CO 催化燃烧为这一问题的解决提供了一种科学可行的方法，即 CO 在催化剂的作用下，与 O_2 在相对较低的温度下发生强烈的催化燃烧反应，生成 CO_2。这样就可以在不使用伴烧燃气的情况下直接处理放散煤气，减少不必要的能量损失。较高浓度的 CO 与 O_2 混合后会在催化剂表面发生非均相反应，在催化床层上产生局部高温点，这些高温点又会作用于催化剂表面的 CO 与 O_2 分子，产生剧烈的热化学飞温现象，然后迅速发生强烈的燃烧，即自持催化燃烧现象。自持催化燃烧有以下显著优势：①便于控制，原则上可以在低温下使燃料完全氧化，同时控制 NO_x 排放；②燃烧效率高，反应器尺寸较小，使得前期投资少；③安全性好，只需要很少的热量和较低浓度的 CO 就可以使反应发生，一旦反应开始进行，便可以利用自身燃烧放出的热量维持其燃烧，避免对进入的反应物进行预热，而且不再需要额外的热量输入，并且属于在催化剂相界面上发生的无焰燃烧，温度较低，完全排除了火焰传播引发爆炸的可能。

CO 催化燃烧本征反应动力学是深入明确催化燃烧反应本质的重要途径与方法，在不同类型催化剂上建立有效可靠的反应动力学模型，来验证 CO 催化燃烧反应机理。关于催化燃烧反应动力学研究的作用主要体现在以下两点。

(1)建立可靠的反应动力学模型，通过关联反应温度、反应物分压、反应速率、活化能及指前因子等，为相关催化剂内在活性及反应速控步(rate determining step, RDS)确定等提供切实有效的数据，同时用于不同催化剂的筛选及相关催化反应机理的研究。

(2)确定翔实的反应动力学模型，可以为催化燃烧反应装置的设计优化及反应运行条件优化提供一定的指导。

6.1 CO 催化燃烧反应机理

6.1.1 催化燃烧概念

在化学反应过程中，利用催化剂降低起燃温度，加速有毒有害气体完全氧化的方法，属于催化燃烧法。催化剂的载体是由多孔材料制作的，具有较大的比表面积和合适的孔径，当具有较低温度的有毒有害气体通过催化层时，氧和气体被吸附在多孔材料表层的催化剂上，增加了氧和气体接触碰撞的机会，提高了活性，使有毒有害气体与氧发生剧烈的化学反应而生成 CO_2 和 H_2O，同时释放热量，从而使有毒有害气体变成无毒无害气体。

6.1.2 M-K 反应机理

对于过渡金属氧化物催化剂，研究者普遍认为 CO 氧化反应是通过 Mars-van Krevelen (M-K) 反应机理[1,2]实现的。一般认为，在具有强储氧能力的 Pt 基金属氧化物催化剂上进行 CO 氧化的途径是 M-K 反应机理。CO 被化学吸附在 Pt 位点上，并与载体上的晶格氧发生反应，生成 CO_2。由于氧空位的形成，该 Pt 基金属氧化物被部分还原，气相中的 O_2 分子补充晶格氧以完成催化循环。这条途径避免了低温下 CO 和 O_2 的竞争性吸附。在 Pt 基金属氧化物催化剂上，Pt 位点上化学吸附的 CO 迁移到金属-载体界面，并与金属界面活性相的晶格氧反应，生成 CO_2 并形成氧空位，被还原的载体重新被气相氧氧化，完成催化过程。具体反应机理如下：

$$CO + Pt \longleftrightarrow [CO — Pt] \tag{R6-1}$$

$$[CO — Pt] + M — [O] \longrightarrow [CO_2 — Pt] + M — [\square] \tag{R6-2}$$

$$[CO_2 — Pt] \longleftrightarrow CO_2 + [Pt^*] \tag{R6-3}$$

$$O_2 + 2M — [\square] \longrightarrow 2M — [O] \tag{R6-4}$$

式中：Pt^*是指 Pt 上的活性位点；$[CO — Pt]$是指吸附在 Pt 位点上的 CO；$M — [O]$是指载体上的晶格氧；$M — [\square]$是指金属氧化物表面的氧空位。

6.1.3 L-H 反应机理

Langmuir-Hinshelwood (L-H) 反应机理简单来说就是吸附在催化剂表面上的 CO 和 O_2 在催化剂上发生反应[3,4]，一部分研究人员认为铜铈氧化物催化剂上发生的反应也符合 L-H 反应机理的表现。Liu 等[5]对 L-H 反应机理进行改进并结合表征，发现 CuO-CeO_2 催化剂上 CO 吸附在 Cu^+活性位上，O_2 则吸附在 Ce^{4+}/Ce^{3+}活性位上。Caputo 等[6]在铜铈催化剂上进行了动力学实验，发现在不同温度下 CO 的反应级数不同，其分解温度为 110℃，符合 L-H 反应机理的特征。Lee 等[7]认为 $Cu_xCe_{1-x}O_y$ 上发生的催化反应也符合 L-H 反应机理，而且有两条不同的反应路径：

$$CO + \square^* \longleftrightarrow CO^* \tag{R6-5}$$

$$O_2 + \square^* \longleftrightarrow O_2^* \tag{R6-6}$$

$$O_2^* + CO^* \longrightarrow CO_2^* + O^* \tag{R6-7}$$

$$O^* + CO^* \longrightarrow \square^* + CO_2^* \tag{R6-8}$$

$$CO_2^* \longrightarrow \square^* + CO_2 \tag{R6-9}$$

式中：*是指吸附位点；$\square^*$是指氧空位。

此外，也有部分研究人员认为化学吸附的 O_2 分解成氧原子，然后与化学吸附的 CO 反应生成 CO_2，如下式所示[3]：

$$CO_{gas} \longleftrightarrow CO_{ads} \tag{R6-10}$$

$$O_{2gas} \longleftrightarrow 2O_{ads} \tag{R6-11}$$

$$CO_{ads} + O_{ads} \longrightarrow CO_{2ads} \tag{R6-12}$$

$$CO_{2ads} \longrightarrow CO_{2gas} \tag{R6-13}$$

6.1.4 E-R 反应机理

对于 Eley-Rideal (E-R) 反应机理，气相 CO 分子直接与预先吸附和激活的 O_2 反应，形成类似碳酸酯的中间物 (CO_3) 或最终产物 CO_2。Xu 等[8]在 Pd-石墨烯催化剂上预吸附的 O_2 接近活化时，与气相 CO 结合，裂解为 O—O 键，通过 0.73eV 的能量屏障和 4.01eV 的放热反应能量形成类碳酸盐中间状态。然后，通过 1.23eV 的反应能垒和 0.76eV 的内热反应能，碳酸盐状结构与裂解的 C—O 键发生解体。该过程将形成一个物理吸附的 CO_2 分子和一个留在 Pd 上的原子 O。形成的 CO_2 在 Pd 上的吸附能量为 0.24eV，而吸附的 CO_2 中原子 O 和另一原子 O 之间的距离为 3.15Å。由于 CO_2 的吸附，以及与另一原子 O 距离较远，形成的 CO_2 将在室温下自发释放。

研究表明，对于同一催化剂，不同反应机理可能共存。例如，在铜铈催化剂上进行 CO 催化燃烧研究发现，反应过程同时遵循 M-K 反应机理和 L-H 反应机理[4,9]。

6.2 CO 催化燃烧反应动力学

本节主要以 CO 催化燃烧反应为例，介绍中国科学院力学研究所在气固表面催化燃烧反应动力学方向的研究成果[10]。固定床反应器中的 CO 催化燃烧反应动力学一直是催化与燃烧领域研究的重点。在固定床反应器实验中，气体反应物以连续流方式经过催化反应器后，其组成无明显变化，即反应器内流体相中无浓度梯度。同时，反应动力学参数通行方法在 CO 转化率较低 (≤10%～15%) 时进行，反应热效应小，基本可以忽略热损失，因此认为在反应器流体相中也不存在温度梯度。

6.2.1 反应内外扩散限制

CO 催化燃烧反应属于气固多相反应，因此在 CO 催化燃烧反应过程中会涉及气体在催化剂表面的扩散行为，会对动力学区域反应速率产生一定影响。为确定 CO 反应是否由动力学控制，需在 CO 转化率≤15%的条件下排除气体内外扩散对反应速率的影响。

1. 气体内扩散

气体内扩散是指反应气在催化剂颗粒内部孔径中的扩散行为，可通过控制催化剂颗粒粒径来控制气体内扩散对 CO 反应速率的影响，当粒径小于某一数值时，使 CO 转化率基本保持不变，即可排除气体内扩散对 CO 反应速率的影响。

2. 气体外扩散

气体外扩散是指反应气在催化剂表面的扩散行为，反应气流量较小时，会在催化剂表面形成薄薄的一层气膜，影响 CO 反应速率，此时通过控制反应气流量来控制气体外扩散对 CO 反应速率的影响，当反应气流量增大到某一数值时，可消除气膜，使 CO 转化率基本保持不变，即可排除气体外扩散对 CO 反应速率的影响。

3. 气体内外扩散排除方法

目前，气体内外扩散排除最常用的方法主要有两种，即实验判据法和公式判据法，两种方法都可以有效地对内外扩散的影响进行较为准确的排除，最终确定合适的动力学实验条件，以保证实验结果的准确性和动力学模型的精确性。

1) 实验判据法

实验判据法主要是通过实验的方法在固定床反应器内分别通过改变催化剂颗粒粒径及改变气体流量来测定反应速率变化特性，从而对气体内外扩散进行一个范围界定。Zhang 等[11]对气体内外扩散的影响原理进行了较为清晰的说明。

在气固多相反应过程中，通常会涉及反应物在催化剂表面的吸附、扩散及反应脱附过程。在动力学实验中，对反应器和催化剂颗粒粒径也有一定的要求，即 R_1(反应器内径)/h(催化剂床长度)＞10，同时 h(催化剂床长度)/R(催化剂颗粒半径)＞50，在此基础上进行气体内外扩散排除实验。此外，尽管在 CO 转化率很低的条件下进行实验，仍然会反应放出少量热量，故常在实验中加入与催化剂等质量或等体积的石英砂等来避免热量累积，有利于散热和减少反应物浓度梯度。当气体流量大于某一数值时，CO 转化率基本保持不变，即可避免气体外扩散的影响；当催化剂颗粒粒径小于某一数值时，CO 转化率也基本保持不变，即可避免气体内扩散的影响。

针对动力学内外扩散排除与反应动力学模型进行详细的实验研究，以 $CuCe_{0.75}Zr_{0.25}O_y$ 催化剂为代表，反应温度为 90℃，反应气体体积浓度为 1% CO + 1% O_2 + 98% N_2。通过控制不同气体流量(50～300mL/min)来确定外扩散排除的气体流量参数，控制不同粒径(0.05～0.71mm)来确定内扩散排除的粒径参数，结果如图 6.1 所示。由图 6.1(a)可知，为排除外扩散对 CO 反应速率的影响，最有效的方式是增大反应气流量使气体湍流程度增大，从而防止催化剂表面产生气膜，以达到催化剂表面气体扩散阻力可以忽略的程度。结果表明，当反应气体流量≥150mL/min 时，不同催化剂质量对应的 CO 转化率数据点基本重合，表明此时外扩散的影响已经排除，最后确定催化剂质量为 0.2g，气体流量为 200mL/min。由图 6.1(b)可知，为排除内扩散对反应速率的影响，采用的方法是控制合适的催化剂颗粒粒径，减少气体在催化剂内部孔径的停留时间，消除催化剂内外气体浓度差异，从而排除内扩散对反应速率的影响。结果表明，当催化剂粒径为 0.15～0.2mm 时，CO 转化率基本保持不变，此时反应内扩散已经排除，最后确定合适的粒径为 0.1～0.15mm。

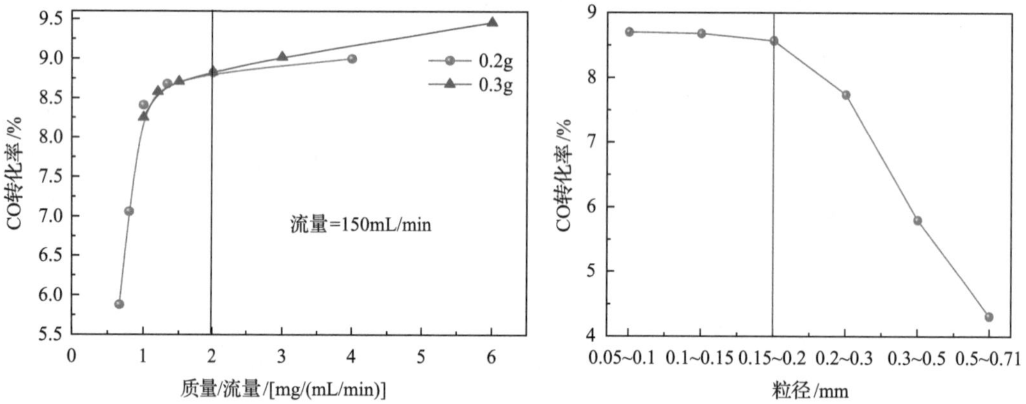

(a) 外扩散排除 (b) 内扩散排除

图 6.1 $CuCe_{0.75}Zr_{0.25}O_y$ 上反应外扩散和内扩散排除实验结果

2) 公式判据法

在动力学研究中，使用最广泛的排除气体内外扩散的判据主要是 Weisz-Prater 与 Mears 判据[9,12]，通过代入合适的实验反应条件(催化剂粒径、质量及反应气流量)，就能够有效地确定动力学实验条件。

(1) 利用 Weisz-Prater 判据排除内部传质限制公式：

$$C_{wp} = \frac{r_{obs} \times \rho_c \times R_p^2}{D_{eff} \times C_s} < 1 \tag{6-1}$$

式中：C_{wp} 为由 Weisz-Prater 判据得到的排除内部传质限制的无量纲量；r_{obs} 为实验得到的最大反应速率，mol/(kg_{cat}·s)(kg_{cat} 表示每千克催化剂)；ρ_c 为催化剂颗粒密度，kg/m^3；R_p 为催化剂颗粒半径，0.15×10^{-3}m；D_{eff} 为有效扩散率，1.58×10^{-5}m^2/s；C_s 为催化剂的外表面气体(CO)的浓度，2.23mol/m^3。

(2) 利用 Mears 判据排除外部传质限制公式：

$$C_{M1} = \frac{r_{obs} \times \rho_b \times R_p \times n}{k_c \times C_{Ab}} < 0.15 \tag{6-2}$$

式中：C_{M1}为 Mears 判据计算的排除外部传质限制的无量纲量；ρ_b为催化剂床层密度，由于催化剂粒径小，$\rho_b \approx \rho_c$，kg/m^3；n 为反应级数，1；C_{Ab}为催化剂的外表面气体(CO)的浓度，2.23mol/m^3；k_c为表面传质系数，0.117m/s。

(3)利用 Mears 判据排除传热限制的公式：

$$C_{M2} = \left| \frac{-\Delta H \times r_{obs} \times \rho_b \times R_p \times E}{h \times T^2 \times R_g} \right| < 0.15 \tag{6-3}$$

式中：C_{M2}为排除热限制的无量纲量；ΔH 为反应热，–283kJ/mol(对于 CO 完全氧化反应)；R_g 为通用气体常数，8.314×10^{-3}kJ/(mol·K)；h 为气体与球体间的传热系数，0.065kJ/(m^2·s·K)；T 为反应温度，363K；E 为活化能，kJ/mol。

以我们的实验条件及参数为例，利用判据计算得到的结果见表 6.1。由表 6.1 可知，三种催化剂在选取催化剂粒径为 0.15mm、气体总流量为 200mL/min、质量为 0.2g 时，各自均能有效地排除气体内外扩散对 CO 反应速率的影响。因此，结合内外扩散排除实验结果，最终确定合适的动力学实验条件为：催化剂质量为 0.2g，粒径为 0.1～0.15mm，反应气总流量为 200mL/min。

表 6.1 内外扩散排除计算结果

催化剂	内扩散排除 C_{wp}	外扩散排除 C_{M1}	传热排除 C_{M2}
$CuCe_{0.75}Zr_{0.25}O_y$	0.001	0.003	0.07
$CuCe_{0.75}Zr_{0.25}O_y$(H)	0.002	0.003	0.10
$Ce_{0.75}Zr_{0.25}O_y$	0.002	0.002	0.08

6.2.2 反应动力学基元步骤

绝大多数化学反应并不是按化学计量式一步完成的，而是由多个具有一定步骤的基元反应(一种或几种反应组分经过一步直接转化为其他反应组分的反应，或称简单反应)所构成，反应进行的实际历程称为反应机理。以 $CuCe_{0.75}Zr_{0.25}O_y$、$CuCe_{0.75}Zr_{0.25}O_y$(H)(H 代表酸洗处理，将表面分散的 CuO 洗掉)与 $Ce_{0.75}Zr_{0.25}O_y$ 催化剂为例，对应的动力学模型均可以不同程度地反映出 M-K 反应机理与 L-H 反应机理在催化剂上各自的重要性。通过给定的反应机理，并运用稳态动力学理论，可以确定三种催化剂各自的基元反应方程与基元表达式，在验证动力学模型正确性的同时，也能够从微观上揭示 CO 催化燃烧的反应历程[10]。

1. M-K 反应机理的基元反应方程

M-K 反应机理是指 CO 吸附在 $CuCe_{0.75}Zr_{0.25}O_y$ 催化剂中 CuO 表面的 Cu^+上，形成铜羰基(Cu^+—CO)，与 Cu-Ce-Zr-O_y 固溶体中的晶格氧进行反应生成 CO_2。然后气相氧(O_2)进入晶格氧反应后留下的氧空位中，继续形成晶格氧，反复循环，完成 CO 催化反应。以 CO 吸附与晶格氧反应的速控步分析为例，其基元反应方程式如下：

$$CO + Cu^{+} \xrightarrow{k_1} Cu^{+} — CO \quad (R6\text{-}14)$$

$$Cu^{+} — CO + Cu^{2+} — [O^{2-}] — Ce^{4+} \xrightarrow{k_2} Cu^{+} + Cu^{+} — [\square] — Ce^{3+} + CO_2 (RDS) \quad (R6\text{-}15)$$

$$O_2 + 2Cu^{+} — [\square] — Ce^{3+} \longleftrightarrow 2Cu^{2+} — [O^{2-}] — Ce^{4+} \quad (R6\text{-}16)$$

式中：k_1、k_2分别为反应(R6-14)、反应(R6-15)的速率常数；$[O^{2-}]$为晶格氧；[□]为氧空位。进一步通过平衡态近似理论获得反应速率表达式为

$$r = k_1 k_2 [O^{2-}] \frac{P_{CO}}{1 + k_1 P_{CO}} \quad (6\text{-}4)$$

基于 M-K 反应机理的 CO 反应表达式遵循以下基本原则。

(1) $CuCe_{0.75}Zr_{0.25}O_y$与 $CuCe_{0.75}Zr_{0.25}O_y$(H)催化剂中，CO 反应过程是吸附在表面分散于 CuO 上的 CO 与 Cu-Ce-Zr-O_y固溶体中的晶格氧反应生成 CO_2，对应反应(R6-15)，该反应为速控步(rate-determining step，RDS)。

(2) CO 吸附在催化剂中的活性位 CuO 上，已经通过原位红外结果证实。吸附的 CO 在 CuO 与 Cu-Ce-Zr-O_y 固溶体的交界面存在迁移流动，然后与 Cu-Ce-Zr-O_y 固溶体中的晶格氧反应。

(3) 气相态的 O_2 进入 Cu-Ce-Zr-O_y 或 Ce-Zr-O_y 固溶体，形成晶格氧。

2. L-H 反应机理的基元反应方程

L-H 反应机理是指 CO 与 O_2 吸附在 $CuCe_{0.75}Zr_{0.25}O_y$与 $CuCe_{0.75}Zr_{0.25}O_y$(H)催化剂中的 Cu-Ce-Zr-O_y 固溶体上，以及 $Ce_{0.75}Zr_{0.25}O_y$ 催化剂的 Ce-Zr-O_y 固溶体上，进而形成三种不同的碳酸盐(单齿碳酸盐、双齿碳酸盐及碳酸氢盐)，随着反应温度的升高，中间产物(碳酸盐)分解生成 CO_2。其基元反应方程式如下。

$CuCe_{0.75}Zr_{0.25}O_y$与 $CuCe_{0.75}Zr_{0.25}O_y$(H)催化剂：

$$CO + Cu^{+} — Ce^{3+} + O_2 \xleftrightarrow{k_1} CO — Cu^{+} — Ce^{3+} — O_2 \quad (R6\text{-}17)$$

$$CO — Cu^{+} — Ce^{3+} — O_2 \xrightarrow{k_2} Cu^{+} — Ce^{3+} + CO_2 (RDS) \quad (R6\text{-}18)$$

$Ce_{0.75}Zr_{0.25}O_y$催化剂：

$$CO + Ce^{3+} — Zr^{4+} + O_2 \xleftrightarrow{k_1} CO — Ce^{3+} — Zr^{4+} — O_2 \quad (R6\text{-}19)$$

$$CO — Ce^{3+} — Zr^{4+} + O_2 \xleftrightarrow{k_2} Ce^{3+} — Zr^{4+} + CO_2 (RDS) \quad (R6\text{-}20)$$

进一步通过平衡态近似理论获得反应速率表达式为

$$r = k_1 k_2 \frac{P_{CO} P_{O_2}}{1 + k_1 P_{CO} + k_2 P_{O_2}} \quad (6\text{-}5)$$

基于 L-H 反应机理的 CO 反应表达式遵循以下基本原则。

(1) CO 与 O_2 吸附在 Cu-Ce-Zr-O_y 或 Ce-Zr-O_y 固溶体上形成碳酸盐，进而分解产生 CO_2，反应(R6-18)与反应(R6-20)是速控步。

(2) 在 Cu-Ce-Zr-O_y 和 Ce-Zr-O_y 固溶体上形成的碳酸盐已经通过原位红外结果证实。

基元反应速率表达式(式(6-4)和式(6-5))是通过 CO 基元反应方程推导得到的，其反应动力学参数由实验数据得到，表明 $CuCe_{0.75}Zr_{0.25}O_y$、$CuCe_{0.75}Zr_{0.25}O_y$(H) 与 $Ce_{0.75}Zr_{0.25}O_y$ 催化剂遵循两种反应机理。M-K 反应机理中的反应式(6-4)表明 O_2 分压为 0，CO 分压为 0～1，表明反应速率与氧气分压无关；L-H 反应机理中的反应式(6-5)表明 CO 与 O_2 分压均为 0～1，说明反应速度与 O_2、CO_2 的分压均相关。

6.2.3　反应动力学模型

根据对反应体系的了解，拟定若干个基元反应，以描述一个复杂反应(由若干个基元反应组成的反应)。按照拟定的机理写出反应速率方程，然后通过实验来检验拟定的动力学模型，估计模型参数，这样得到的动力学模型称为基元反应模型。

动力学详细实验条件为：将催化剂(0.2g，粒径 0.1～0.15mm)与适量石英砂(0.1g，粒径 0.1～0.15mm)充分混合，置于石英管反应器中，CO 与 O_2 浓度分别控制在 0.1%～3%(摩尔分数)，N_2 作为平衡气，反应气总流量为 200mL/min。石英砂的作用是在 CO 反应过程中，实现充分快速散热，避免催化床层局部温度过高。结合活性评价结果，为了控制反应温度，保证 CO 转化率小于 15%，将 $CuCe_{0.75}Zr_{0.25}O_y$ 催化剂温度控制在 90℃，$CuCe_{0.75}Zr_{0.25}O_y$(H) 催化剂温度控制在 135℃，$Ce_{0.75}Zr_{0.25}O_y$ 催化剂温度控制在 200℃，将热电偶插在催化剂床层中实现在线实时测温，在各自特定温度下保持 0.5h 使 CO 转化率稳定后，再进行数据记录。

1. 理论模型建立

(1) CO 转化率公式：

$$X_{CO} = \frac{[CO]_{in} - [CO]_{out}}{[CO]_{in}} \tag{6-6}$$

式中：$[CO]_{in}$ 为 CO 进气摩尔浓度，%；$[CO]_{out}$ 为 CO 出口摩尔浓度，%；X_{CO} 为 CO 转化率，%。

(2) CO 反应速率公式：

$$r_{CO} = \frac{N_{CO} \times X_{CO}}{W_{cat}} \tag{6-7}$$

式中：r_{CO} 为 CO 反应速率，$mol_{CO}/(g_{cat} \cdot s)$；$N_{CO}$ 为 CO 气体摩尔流率，mol/s；W_{cat} 为催化剂质量，g。

(3) 根据质量作用定律可得动力学模型[10]：

$$r_{CO}=k_{CO}\times P_{CO}^{a}P_{O_2}^{b} \tag{6-8}$$

式中：k 为反应速率常数，s^{-1}；P_{CO} 为 CO 分压，kPa；P_{O_2} 为 O_2 分压，kPa；a 为 CO 反应级数；b 为 O_2 反应级数。当 b=0 时，表明气相氧不直接参与反应，反应主要遵循 M-K 反应机理；当 b＞0 时，表明气相氧直接参与反应，反应遵循 L-H 反应机理。

2. 活化能求解模型

化学反应速率常数随温度变化的关系可由阿伦尼乌斯方程表达：

$$k_{CO}=A\exp\left(-E_a/(RT)\right) \tag{6-9}$$

式中：A 为指前因子，s^{-1}；E_a 为反应活化能，kJ/mol；T 为反应温度，K；R 为通用气体常数，8.314×10^{-3}kJ/(mol·K)。

将式(6-9)代入式(6-8)，再取对数，可得

$$\ln r_{CO}=-E_a/(RT)+\ln A+a\ln P_{CO}+b\ln P_{O_2} \tag{6-10}$$

保持 P_{CO} 与 P_{O_2} 不变(体积浓度，$1\%CO+1\%O_2+98\%N_2$)，总流率为 200mL/min，催化剂质量为 0.2g，粒径为 0.1～0.15mm，根据实验数据对 $\ln r$-$1/T$ 作图，以得到反应温度与反应速率之间的关系，进而求解得到指前因子 A 与反应活化能 E_a。

根据式(6-9)和式(6-10)，计算出三种催化剂的反应活化能(E_a)，见图 6.2。活化能越大，表明催化剂上 CO 反应越难进行，可以从反应难易程度的角度体现催化剂的反应活性。

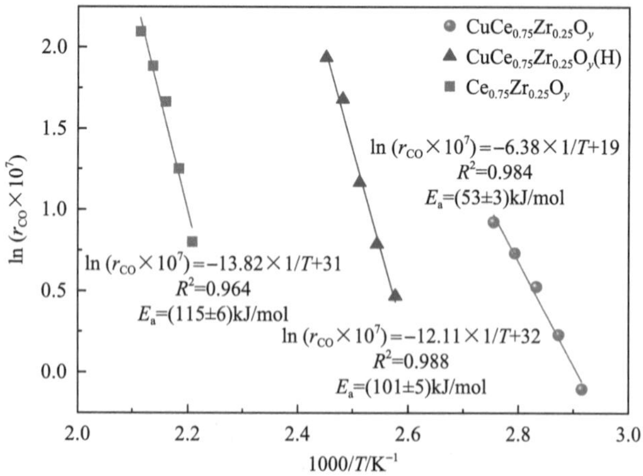

图 6.2　三种催化剂的反应活化能

由图 6.2 可知，反应动力学数据拟合程度较高，相关系数 R^2 均在 0.96 以上，计算得到的反应活化能数据较为精确。三种催化剂上反应活化能大小顺序为：$CuCe_{0.75}Zr_{0.25}O_y$((53±3)kJ/mol)＜$CuCe_{0.75}Zr_{0.25}O_y$(H)((101±5)kJ/mol)＜$Ce_{0.75}Zr_{0.25}O_y$((115±6)kJ/mol)，

可见 $CuCe_{0.75}Zr_{0.25}O_y$ 催化剂的活化能最小，表明在 $CuCe_{0.75}Zr_{0.25}O_y$ 催化剂上 CO 催化燃烧反应最容易进行，其反应活性最高，结果与催化剂活性评价结果一致。

3. CO 催化燃烧反应动力学模型

三种催化剂的动力学实验结果见表 6.2～表 6.4。

表 6.2 $CuCe_{0.75}Zr_{0.25}O_y$ 催化剂的动力学实验结果

实验次数	分压/kPa		CO 转化率/%	反应速率 /(10^{-7}mol/(g·s))
	CO	O_2		
1	0.1013	1.0133	15.56	1.16
2	0.3039	1.0133	10.33	2.31
3	0.5059	1.0133	9.41	3.50
4	1.0133	1.0133	8.28	6.16
5	2.0266	1.0133	6.47	9.62
6	3.0399	1.0133	5.67	12.65
7	1.0133	0.1013	7.84	5.84
8	1.0133	0.3039	7.89	5.87
9	1.0133	0.5059	7.94	5.91
10	1.0133	1.0133	8.28	6.16
11	1.0133	2.0266	8.43	6.27
12	1.0133	3.0399	8.92	6.64

表 6.3 $CuCe_{0.75}Zr_{0.25}O_y$(H) 催化剂的动力学实验结果

实验次数	分压/kPa		CO 转化率/%	反应速率 /(10^{-7}mol/(g·s))
	CO	O_2		
1	0.1013	1.0133	20	1.49
2	0.3039	1.0133	11	2.46
3	0.5059	1.0133	9.4	3.50
4	1.0133	1.0133	7.6	5.65
5	2.0266	1.0133	7.0	10.42
6	3.0399	1.0133	6.4	14.29
7	1.0133	0.1013	6.9	5.14
8	1.0133	0.3039	7.2	5.36
9	1.0133	0.5059	7.3	5.43
10	1.0133	1.0133	7.6	5.65
11	1.0133	2.0266	8.3	6.18
12	1.0133	3.0399	8.8	6.55

表 6.4　$Ce_{0.75}Zr_{0.25}O_y$ 催化剂的动力学实验结果

实验次数	分压/kPa		CO 转化率/%	反应速率 /(10^{-7}mol/(g·s))
	CO	O_2		
1	0.1013	1.0133	25	1.86
2	0.3039	1.0133	14	3.13
3	0.5059	1.0133	10	3.72
4	1.0133	1.0133	7.1	5.28
5	2.0266	1.0133	6.5	9.67
6	3.0399	1.0133	6.0	13.39
7	1.0133	0.1013	6.0	4.46
8	1.0133	0.3039	6.4	4.76
9	1.0133	0.5059	6.8	5.06
10	1.0133	1.0133	7.1	5.28
11	1.0133	2.0266	8.2	6.10
12	1.0133	3.0399	8.9	6.62

对三种催化剂的动力学实验结果进行拟合与误差分析，结果见图 6.3。由图 6.3(a)～(c)可知，在催化剂各自的 CO 催化燃烧反应过程中，CO 分压对反应速率影响均较大，而 O_2 分压对反应速率影响较小，表明吸附的 CO 和 O 在催化剂表面反应是 CO 反应的速控步。同时，曲线拟合的相关指数均大于 0.96，拟合精度较高，在此基础上，利用 Polymath 软件建立了三种催化剂的动力学模型：$CuCe_{0.75}Zr_{0.25}O_y$ 催化剂，$r=6.02\times10^{-7}P_{CO}^{0.68}P_{O_2}^{0.03}$；$CuCe_{0.75}Zr_{0.25}O_y$(H)催化剂，$r=5.86\times10^{-7}P_{CO}^{0.8}P_{O_2}^{0.07}$；$Ce_{0.75}Zr_{0.25}O_y$ 催化剂，$r=5.7\times10^{-7}P_{CO}^{0.75}P_{O_2}^{0.12}$。图 6.3(d)表明模型计算结果与实验结果基本一致，平均误差在 8%以内，模型计算精度高，结果可靠。由动力学模型结果可知，$CuCe_{0.75}Zr_{0.25}O_y$ 催化剂上 O_2 的反应级数很小(0.03)，而 $CuCe_{0.75}Zr_{0.25}O_y$(H)与 $Ce_{0.75}Zr_{0.25}O_y$ 催化剂上 O_2 的反应级数较大(0.07 与 0.12)，表明 $CuCe_{0.75}Zr_{0.25}O_y$ 催化剂上 CO 催化燃烧反应主要遵循 M-K 反应机理，其次为 L-H 反应机理；而结合原位红外实验结果，发现 $CuCe_{0.75}Zr_{0.25}O_y$(H)与 $Ce_{0.75}Zr_{0.25}O_y$

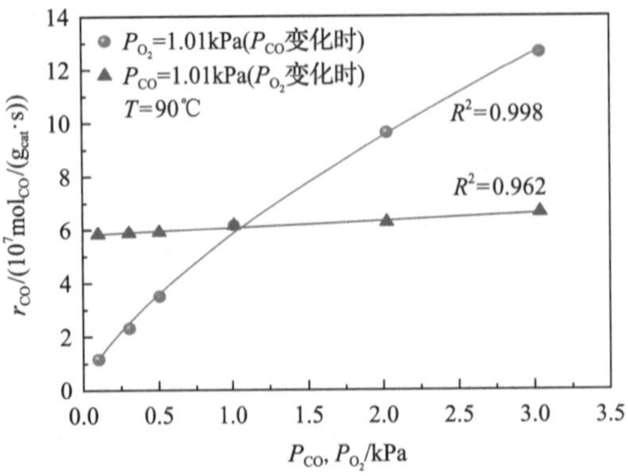

(a) $CuCe_{0.75}Zr_{0.25}O_y$

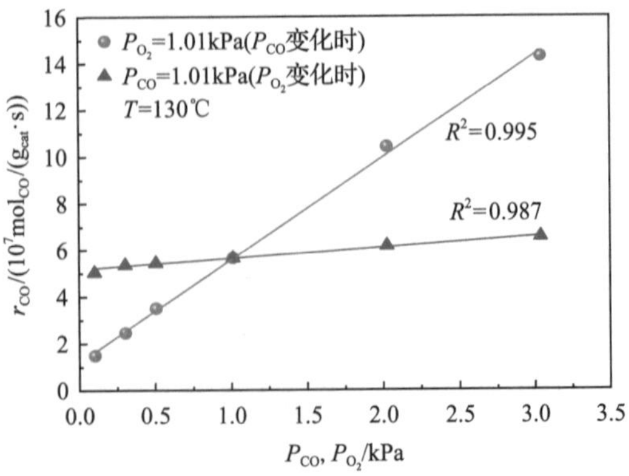

(b) $CuCe_{0.75}Zr_{0.25}O_y$(H)

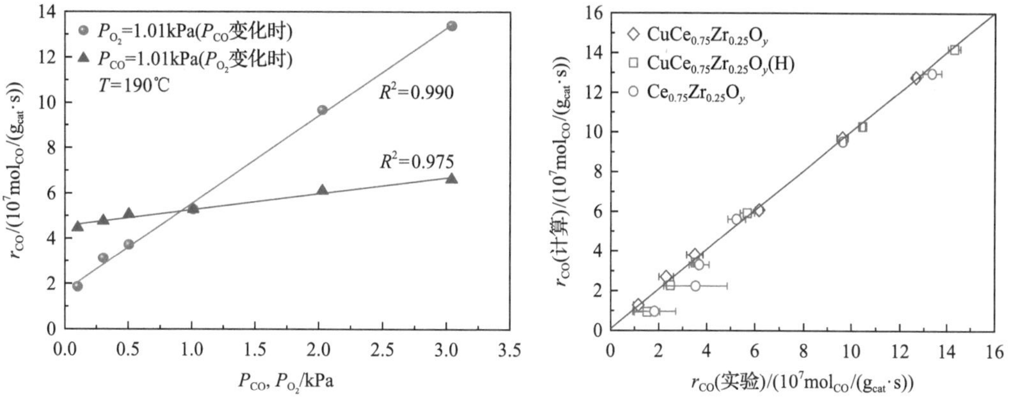

(c) $Ce_{0.75}Zr_{0.25}O_y$　　(d) 误差分析

图 6.3　CO 催化反应动力学结果

催化剂上 CO 催化燃烧反应主要遵循 L-H 反应机理，其次为 M-K 反应机理[9,10]。

由此可见，动力学模型对于反应机理的研究是非常重要的，进一步通过反应级数可以推断出相应的一种或多种反应机理，深入明晰 CO 催化燃烧反应的本质。

参 考 文 献

[1] Liu W, Flytzani-Stephanopoulos M. Total oxidation of carbon-monoxide and methane over transition metal-fluorite oxide composite catalysts: Ⅱ. Catalyst characterization and reaction-kinetics[J]. Journal of Catalysis, 1995, 153(2): 317-332.

[2] Mars P, van Krevelen D W. Oxidations carried out by means of vanadium oxide catalysts[J]. Chemical Engineering Science, 1954, 3(S1): 41-57.

[3] Bourane A, Bianchi D. Oxidation of CO on a Pt/Al_2O_3 catalyst: From the surface elementary steps to light-off tests: I. Kinetic study of the oxidation of the linear CO species[J]. Journal of Catalysis, 2001, 202(1): 34-44.

[4] 康润宁, 魏小林, 宾峰, 等. Cu-Ce 催化剂上 CO 催化燃烧反应机理研究进展[J]. 洁净煤技术, 2020, 26(5): 111-118.

[5] Liu Y, Wen C, Guo Y, et al. Modulated CO oxidation activity of M-doped ceria (M=Cu, Ti, Zr, and Tb): Role of the Pauling electronegativity of M[J]. The Journal of Physical Chemistry C, 2010, 114(21): 9889-9897.

[6] Caputo T, Lisi L, Pirone R, et al. On the role of redox properties of CuO/CeO_2 catalysts in the preferential oxidation of CO in H_2-rich gases[J]. Applied Catalysis A: General, 2008, 348(1): 42-53.

[7] Lee F C, Lu Y F, Chou F C, et al. Mechanistic study of gas-phase controlled synthesis of copper oxide-based hybrid nanoparticle for CO oxidation[J]. The Journal of Physical Chemistry C, 2016, 120(25): 13638-13648.

[8] Xu G L, Wang R, Yang F, et al. CO oxidation on single Pd atom embedded defect-graphene *via* a new termolecular Eley-Rideal mechanism[J]. Carbon, 2017, 118: 35-42.

[9] 康润宁. CuO_x 基催化剂上 CO 自持燃烧特性及反应机理的定量化研究[D]. 北京: 中国科学院力学研究所, 2023.

[10] Kang R N, Wei X L, Bin F, et al. Reaction mechanism and kinetics of CO oxidation over a $CuO/Ce_{0.75}Zr_{0.25}O_{2-\delta}$ catalyst[J]. Applied Catalysis A: General, 2018, 565: 46-58.

[11] Zhang M T, Wang M, Xu B J, et al. How to measure the reaction performance of heterogeneous catalytic reactions reliably[J]. Joule, 2019, 3(12): 2876-2883.

[12] Yuan D L, Li X Y, Zhao Q D, et al. A novel CuTi-containing catalyst derived from hydrotalcite-like compounds for selective catalytic reduction of NO with C_3H_6 under lean-burn conditions[J]. Journal of Catalysis, 2014, 309: 268-279.

第 7 章

转炉放散煤气的催化燃烧特性

目前，转炉炼钢过程产生的转炉放散煤气通过引燃的方式排放，会造成能源的浪费和大量的 CO_2 排放。因此，研发转炉放散煤气催化燃烧新技术，深入研究转炉放散煤气流量与浓度波动下的催化燃烧特性，建立低温高效催化剂的优化制备途径，对于节能减排及“双碳”目标的实现具有重要的意义。

我国工业、交通运输业发展迅速，化石燃料消耗量持续增长，导致环境污染与能源浪费问题日益严重。冶金工业等生产过程、汽车尾气及家庭日常生活等生产生活方式会造成 CO 大量排放及能源浪费，严重污染大气、危害人类健康。为此，政府鼓励支持控制 CO 排放新技术的发展与应用，而 CO 催化燃烧方式能有效消除 CO，实现绿色环保与节能减排，现已成为催化领域研究的热点。国内外学者对 CO 催化燃烧做了大量有益的研究工作：一方面，对高效催化剂(高活性、低成本及长寿命)的选取进行广泛的研究，明确催化剂组成-结构-性能之间的内在关系，以实现 CO 高效转化与工业应用；另一方面，众多学者以不同金属类型的催化剂为出发点，深入研究催化剂上 CO 催化燃烧反应的微观表面反应机理，明确 CO 与 O_2 在催化剂表面的反应路径，并建立动力学模型，完善 CO 催化燃烧反应机理与动力学理论，为工业中 CO 催化燃烧技术的推广应用奠定理论基础。

在 CO 与 O_2 的催化反应中，贵金属催化剂具有良好的活化性能和吸附反应特性，因此最先受到研究学者的关注，贵金属催化剂主要包括金(Au)、铂(Pt)和钯(Pb)等催化剂。Haruta 等[1]采用共沉淀法制备负载型 Au 催化剂，结果表明，此催化剂在 CO 催化燃烧反应中有较好的低温催化作用，此后贵金属 Au 作为 CO 催化燃烧反应的催化剂逐渐被学者深入研究。Bond[2]认为贵金属 Au 催化剂的低温催化性能与催化剂的颗粒粒径分布、载体特性和制备技术等息息相关。

过渡金属催化剂是贵金属催化剂的最佳替代品，价格低廉、催化性能优良，已成为催化研究的热点之一。过渡金属催化剂可分为简单过渡金属催化剂和负载型过渡金属催化剂两大类。

对于简单过渡金属催化剂，铜(Cu)和钴(Co)等催化剂使用较广。Huang 和 Tsai[3]发现，晶体相变和晶格氧的迁移能力是影响 CuO 物种催化性能的直接因素，Cu_2O 可以实现化合价态的转变，实现表面晶格氧吸附与转化，故其催化性能要高于 Cu 与 CuO。贾明君等[4]采用溶胶沉淀法制备了一系列 Co_3O_4 纳米粒子，并考察了其对 CO 催化燃烧反应的催化能力。结果表明，影响催化活性的因素主要包括制备方式、预处理条件、焙烧温度及催化剂粒度。赵科等[5]采用溶胶-凝胶法制备了 $La_{1-x}Ce_xMnO_3$ 系列催化剂，通过 X

射线衍射(X-ray diffraction, XRD)、扫描电子显微镜(scanning electron microscope, SEM)与催化活性评价，发现 $La_{0.9}Ce_{0.1}MnO_3$ 对 CO 的催化活性较好，CO 起燃温度约为 190℃。

对于负载型过渡金属催化剂，Deraz[6]采用浸渍法制备了 CuO/ZnO 催化剂，结果表明，CuO 是主要的活性组分，CuO/ZnO 催化剂的催化性能与 CuO 负载量和催化剂的焙烧温度有直接关系，主要是由于这些因素改变了高分散状态的 CuO 含量和活性物种的颗粒粒径。董国利等[7]采用浸渍法和共沉淀法制备了几种 TiO_2 负载的催化剂，活性分析结果表明，TiO_2 高比表面积和大孔体积的特点是 CuO/TiO_2 催化剂具有良好催化活性的原因。

针对 $CuCe_{1-x}Zr_xO_y$ 催化剂中三种金属元素各自在 CO 氧化反应中发挥的作用，以及相互之间的协同作用，也有较多的研究。罗孟飞[8]阐明 CeO_2 具有萤石型结构，可以有效地吸附氧，Ce^{4+} 按面心立方排列，O^{2-} 占据 Ce^{4+} 构成的全部四面体空隙，而八面体的空隙则不被占据。当 CeO_2 被还原后，就会形成缺氧化合物 CeO_{2-x}($0<x\leqslant 0.5$)，虽然 CeO_2 失去了许多氧，但仍然保持着固有的萤石型结构。因此，当缺氧化合物 CeO_{2-x} 暴露在氧气氛围中时，便可以吸附大量的氧，迅速氧化，通过 Ce^{4+}/Ce^{3+} 变换的反应 $2CeO_2 \longleftrightarrow Ce_2O_3 + 1/2O_2$，使 Ce 具有优良的储氧性能。

本章针对转炉放散煤气成分复杂性及浓度和流量的波动性，详细介绍了反应条件对 CO 催化燃烧的影响规律；进一步介绍催化燃烧的稳燃机制与传热特性；并以设计的催化燃烧反应器为例，在转炉煤气高效洁净燃烧中试平台上采用 Cu-Ce 基蜂窝陶瓷催化剂实现对转炉放散煤气催化燃烧关键技术的验证。

7.1　催化反应的基本概念

7.1.1　反应空速

每小时催化剂处理的原料量与反应器催化剂量之比，称为空间速度，简称空速(space velocity)，单位为 h^{-1}，其大小反映催化剂装置的处理能力。空速有两种表达形式，一种是体积空速，另一种是质量空速。若处理的原料量和催化剂量都以体积单位计算，则称为体积空速，若处理的原料量和催化剂量都以质量单位计算，则称为质量空速[9]。

体积空速的定义式为

$$SV_V = Q_V / V_c \tag{7-1}$$

式中：SV_V 为体积空速，h^{-1}；Q_V 为催化剂每小时处理原料的体积流量，一般取 20℃时的体积流量，m^3/h；V_c 为催化剂体积，m^3。

质量空速的定义式为

$$SV_m = Q_m / M_c \tag{7-2}$$

式中：SV_m 为质量空速，h^{-1}；Q_m 为催化剂每小时处理原料的质量流量，kg/h；M_c 为催化剂质量，kg。

空速的最终单位是 h^{-1}，反映的是物料在催化床层的停留时间。空速越大，停留时间越短，反应深度降低，但处理量增多；空速越小，停留时间越长，反应深度增大，但处理量减少。

允许空速越高表示催化剂活性越高，装置处理能力越大。但是，空速不能无限提高。对于给定的装置，进料量增加时空速增大，空速大意味着单位时间里通过催化剂的原料多，原料在催化剂上的停留时间短，反应深度浅。相反，空速小意味着反应时间长，降低空速有利于提高反应的转化率。但是，较低的空速意味着在相同处理量的情况下需要的催化剂量较多，反应器体积较大，在经济上是不合理的。所以，工业上空速的选择要根据装置的投资、催化剂的活性、原料性质及产品要求等各方面综合确定[10]。

7.1.2　实际反应当量比

化学当量比为反应过程中燃料与空气完全燃烧时，燃料与空气的物质的量之比[11]。

对于工程应用一般采用的氧化剂为空气，而空气主要由 21% O_2 与 78% N_2 组成，即 1mol O_2 对应约 3.71mol N_2。因此，碳氢燃料和空气反应物通式可以表达为

$$C_xH_yO_z + a\left(O_2 + 3.76N_2\right) \tag{7-3}$$

由化学当量比的定义可知，碳氢燃料与空气恰好完全燃烧时 $a=x+y/4-z/2$。由式(7-3)可知，对于不同成分的碳氢燃料，当恰好与空气完全燃烧时，所得到的燃料-氧气化学当量比 1∶a 也是不同的。为了更好地统一不同碳氢燃料的燃烧状况，引入实际反应当量比的概念。

实际反应当量比定义为燃料燃烧时，完全燃烧理论所需要的空气量与实际供给的空气量之比，实际反应当量比 Φ的计算式如下：

$$\Phi = \frac{(F/A)}{(F/A)_{st}} \tag{7-4}$$

式中：(F/A)为燃空比；$(F/A)_{st}$为化学当量比时的燃空比（stoichiometric fuel-air ratio），其表达式为

$$(F/A)_{st} = \frac{W_{fuel}}{4.76a \cdot W_{air}} \tag{7-5}$$

式中：W_{fuel}为燃料的摩尔质量，g/mol；a 为化学当量比；W_{air}为空气的摩尔质量，28.85g/mol。

因此，根据实际反应当量比可以将燃烧分为三种方式，当 $\Phi<1$ 时，混合气中燃料较少，属于贫燃燃烧；当 $\Phi>1$ 时，混合气中燃料较多，属于富燃燃烧；当 $\Phi=1$ 时，燃料与反应物恰好完全燃烧。可见实际反应当量比的大小与燃料的组分无关，主要与混合气中空气的多少有关[12]。

7.1.3 催化活性

催化活性是指物质催化作用的能力，是催化剂的重要性质之一。物质的催化活性是针对给定的化学反应而言的，工业生产上常以单位容积(或质量)催化剂在单位时间内转化原料反应物的数量来表示，如每立方米催化剂在每小时内能使原料转化的质量(kg)。由于固体催化剂作用是一种表面现象，催化活性与固体的比表面积大小、表面上活性中心的性质和单位表面积上活性中心的数量有关。为了描述不同物质催化活性的差异，也常将单位表面积的催化剂在单位时间内能转化原料的数量称为比活性；将每个活性中心在1s内转化的分子数称为周转数或转化数。因此，催化活性越强，CO起燃温度越低。

7.1.4 催化燃烧的燃烧极限

1. 燃烧极限

燃烧极限(combustion limit)是指可燃气体与空气或氧气组成的混合物，只有在一定的可燃气体浓度范围内和着火温度下才能稳定地燃烧，这种极限浓度称为燃烧极限。当低于下限或高于上限浓度时，均不能着火燃烧。表7.1给出了一些常见可燃气体在空气中的燃烧极限[13]。

表7.1 常见可燃气体在空气中的燃烧极限

分子式	物质名称	在空气中的燃烧极限/%	
		下限	上限
CH_4	甲烷	5.3	15.0
C_2H_6	乙烷	3.0	16.0
C_3H_8	丙烷	2.1	9.5
C_4H_{10}	丁烷	1.5	8.5
C_5H_{12}	戊烷	1.7	9.8
C_6H_{14}	己烷	1.2	6.9
C_2H_4	乙烯	2.7	36.0
C_3H_6	丙烯	1.0	15.0
C_2H_2	乙炔	2.1	80.0
C_3H_4	丙炔	1.7	—
CO	一氧化碳	12.5	74.2

2. CO催化稳燃极限

通过催化燃烧，可以实现更低浓度CO的高效稳定燃烧[14,15]。转炉放散煤气在吹炼过程中呈周期性变化，其变化趋势如图 7.1 所示[16]。由表 7.1 可以看出，当 CO 浓度低于 12.5%时，将不会发生燃烧。为了更好地利用低浓度下 CO 的化学能，采用高效催化剂不但可以拓宽其贫燃极限，而且能实现催化自持燃烧。当 CO 与 O_2 混合之后，在催化剂表面发生气固反应，混合反应气被催化，在催化床层产生高温点，这些高温点会急速扩散到催化剂表面相邻的 CO 与 O_2 分子上，产生热化学逃逸现象，然后反应快速地发展成强烈燃烧，此时，在外界不提供额外热源的条件下，CO 催化燃烧反应仍可依靠自身的放热实现稳定燃烧[17-20]。自持燃烧具有两个明显优点：第一，燃烧效率高，反应器规模小，前期投资少，能量利用率高；第二，能耗低，安全性高，只需要相对较少的热量就可以使混合气体起燃，并且一旦催化燃烧开始，便可以只依靠反应本身放出的热量维持燃烧，而不再需要外界提供热量，实现自我维持的燃烧状态(即 CO 自持燃烧)，这是一种在催化剂相界面上产生的无焰燃烧，不存在爆炸的可能性。

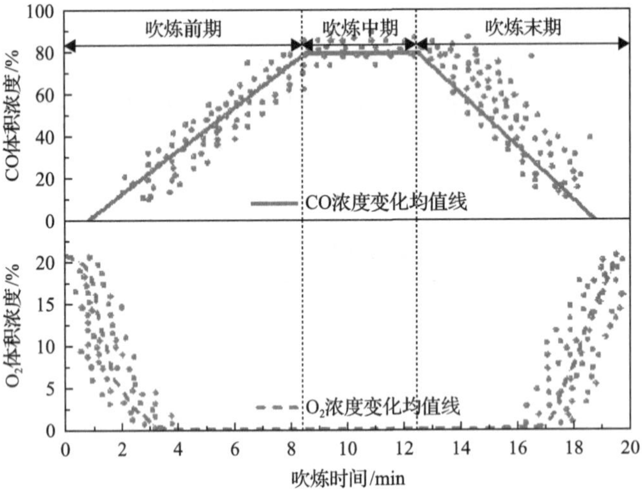

图 7.1　转炉炼钢过程中 CO 和 O_2 浓度变化曲线图

CO 稳燃极限概念是基于 CO 催化燃烧的总结。实现高效燃烧状态所需最低 CO 浓度，即 CO 稳燃极限，低于该浓度，自持燃烧状态不能实现；高于该浓度，自持燃烧状态将得以实现。

CO 高效催化燃烧实验平台如图 7.2 所示[19]。实验前将催化剂装载在内径为 6mm 的石英玻璃管中，然后将玻璃管安放在反应炉内；实验时，通过质量流量计分别控制 CO、O_2、N_2、CO_2，进入混气罐后将混合气引入反应炉中，控制反应炉的升温速率为 10℃/min，将尾气引入红外气体分析仪中，分析气体成分。选取 $CuCe_{0.75}Zr_{0.25}O_y$、$Ce_{0.75}Zr_{0.25}O_y$，以及酸洗后的 $CuCe_{0.75}Zr_{0.25}O_y$(H)催化剂来研究其燃烧极限，以确定不同反应气流量下 CO 自持催化燃烧的稳燃区域。当实现高效催化燃烧后，用烟气分析仪检测尾气，若分析仪中未出现 CO 信号，则逐步降低进气中 CO 的浓度直至分析仪中出现 CO 信号，记录此时进气中的 CO 浓度，则该浓度为 CO 的高效催化燃烧极限。

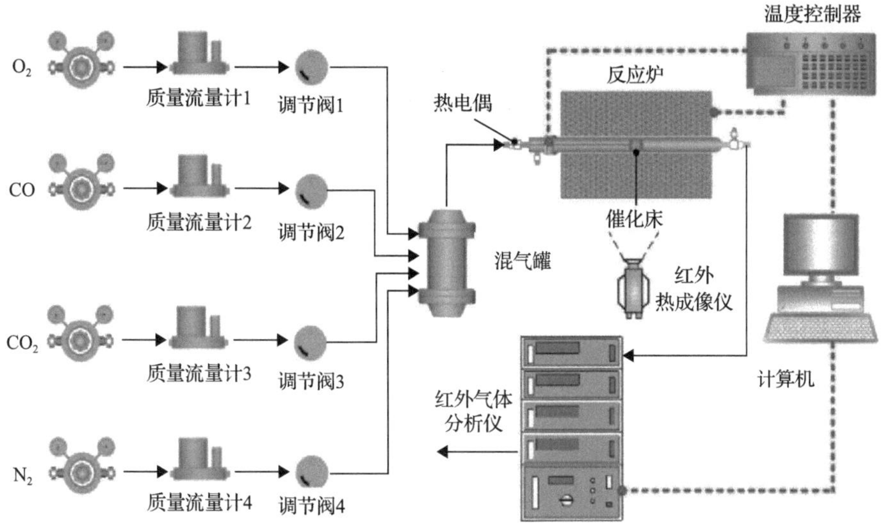

图 7.2　CO 高效催化燃烧实验平台

当 CO 浓度达到一定值后，会实现 CO 高效催化燃烧。高浓度 CO/O_2 混合气体在 Cu-Ce/ZSM-5 催化剂颗粒表面发生氧化反应并形成局部高温区（图 7.3），高温区随即迅速扩大至相邻的反应活性位，引起热化学飞温，在气固相界面转变为剧烈的高效燃烧状态[14]。在程序升温条件下，高浓度 CO 催化燃烧过程可分为三个阶段。以图 7.3 中黑色实线为例，第一阶段（CO 转化率≤10%）为 CO 在催化剂表面的低温燃烧，所消耗的反应物能很快地通过内扩散得到补充，燃烧速率主要受本征反应动力学控制。当 CO 转化率进一步增加时，反应产生的热量大于过程中释放的热量，热量累积使温度和反应速率增加，即进入第二阶段；该阶段为瞬态起燃阶段（通常以 CO 转化率达到 50%时的热点温度定义为起燃温度），CO 在较高表面温度状态下燃烧，转化率增加较快，所消耗的反应物不能完全通过内扩散得到补充，反应速率由本征反应动力学和外扩散共同控制。当到达第三阶

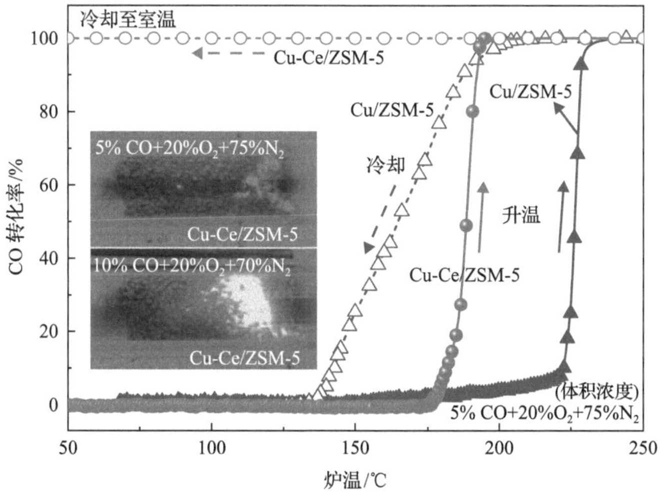

图 7.3　CO 高效催化燃烧实景图及催化燃烧曲线

段(高效催化燃烧阶段)时，反应速率几乎不随温度变化而变化，主要取决于CO和O_2向催化剂表面扩散的速率，反应速率主要由外扩散控制。CO氧化反应只要维持在高效催化燃烧阶段，就可以仅依靠反应本身放出的热量维持燃烧，不再需要外界提供热量。

由图7.4可知，在三种催化剂上，CO临界浓度均随流量增大先降低，然后逐渐增加[21]。当流量为100mL/min时，反应气流量较低，低浓度CO不足以实现CO自持燃烧，故此时CO临界浓度较大；当流量为200mL/min时，反应气流量相对较大，提高了输入热量，故在CO临界浓度较低的条件下仍可实现CO自持燃烧；当流量大于300mL/min时，随着流量增大，提高输入热量的同时，也会带走额外的热量，导致更多的散热损失，因此需要较高的CO浓度来产生大量热量，以实现CO自持燃烧。

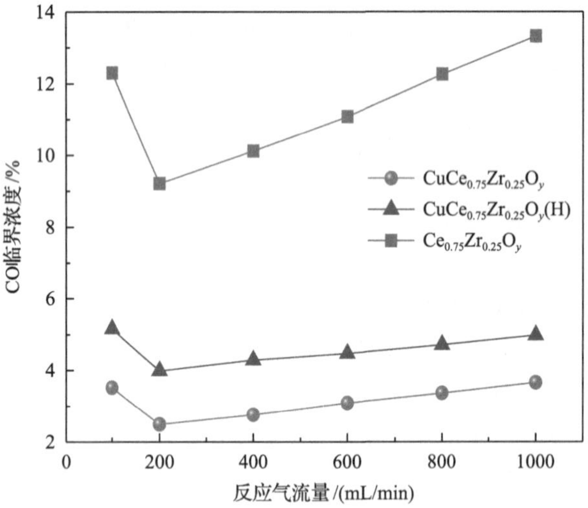

图7.4　三种催化剂在不同流量下的CO贫燃极限

三种催化剂在不同气体流量下的实际反应当量比(Φ)见图7.5。可以看出，在同一流量下，$CuCe_{0.75}Zr_{0.25}O_y$催化剂展示了最低的实际反应当量比，说明$CuCe_{0.75}Zr_{0.25}O_y$催化

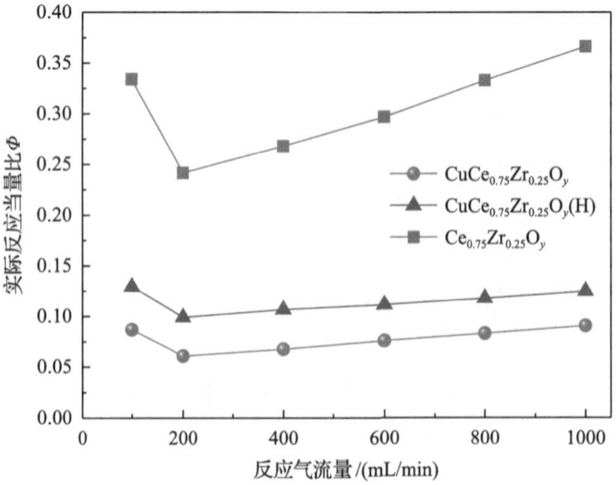

图7.5　三种催化剂在不同气体流量下的实际反应当量比

剂在所评价的催化剂中具有最好的性能，这是因为 CO 的催化燃烧首先在催化剂表面形成局部热点，所以高性能催化剂只需要较低的 CO 浓度就可以提供合适的局部着火温度。

7.2　放散煤气成分、浓度与流量波动对催化活性的影响

转炉炼钢生产的周期性导致煤气量及其组分浓度呈间歇性和波动性变化，其流量与浓度的不稳定很容易导致部分煤气氧含量过高存在爆炸危险。如前文所述，通常采用甲烷等燃气引燃的形式放散，造成大量的能源浪费和环境污染。本节结合实验研究结果[15,18,20]，分别介绍转炉放散煤气各组分浓度及流量变化对催化活性的影响规律，为实际工业转炉放散煤气催化燃烧技术的应用提供基础数据与设计依据。

影响 CO 稳燃极限的因素较多，如催化剂类型、反应气流量、反应器尺寸大小及反应气组成成分等。因此，为了探究上述因素对催化燃烧的影响，在 CO 高效催化燃烧实验平台上进行了相关实验。

7.2.1　催化剂对催化活性的影响

催化剂本身特性(如组成成分与催化剂质量等)会对催化活性产生一定的影响，明确其影响规律，有利于对催化剂组成成分进行优化设计与合理使用[20]。

1. 催化剂组成成分

以 ZSM-5 分子筛负载 CuCeZr 催化剂为例，通过控制不同物质的量之比的 Ce/Zr 加以详细说明。不同比例催化剂 Ce/Zr 的 CO 程序升温氧化(CO temperature programmed oxidation，CO-TPO)实验结果如图 7.6 所示，带有实心符号的实线代表升温过程中 CO 转化率的变化，带有空心符号的虚线代表冷却过程中 CO 转化率的变化。实验条件如下：初始气氛为 10% CO+15% O_2+75% N_2(体积浓度)平衡，催化剂装载量为 240mg，气体流速为 0.5L/min。在升温过程中，$CuZr_1$/ZSM-5 的 CO-TPO 曲线从 283℃开始出现一个缓慢的诱导过程并一直持续到 327℃，且在此过程中 CO 转化率增加得十分缓慢，氧化反应速率受反应动力学控制，具体表现在催化床层的温度接近控制温度。催化起燃发生在气固两相交界面，取决于 O 的转移速率。当氧化速率足够快时会引起局部温度的急剧上升并导致起燃发生，随后发生催化着火，火焰在催化床层内迅速传播，引发 CO 燃烧。着火温度的定义为，CO 转化率达到 50%时所对应的温度，记为 T_{50}。在 CO 转化率从 50%到 100%这一过程中，CO 氧化反应的放热十分剧烈，使 CO 氧化反应中催化剂的活性中心产生了许多局部过热点，从而导致多余热量的释放，此时反应中放出的热量多于耗散的热量，因此产生了明显的热逃逸。当反应进行到这一阶段时，说明 CO 氧化反应速率已经被外扩散效应所控制。对于其他几种 Ce/Zr 比例的催化剂，上述理论同样适用。

在冷却过程中，采用自然冷却使反应区域外围温度降低至室温。值得注意的是，即

使在停止加热后甚至温度降低至室温时，图 7.6 中所示的各 Ce/Zr 比例的 CO 转化率依旧维持在 100%。在这种情况下，催化剂表面化学反应所放出的热量通过对流、热传导和辐射从活性位上扩散到周边的载体材料上和气相环境中，虽然热量被很快地从活性位上带走，但气固两相交界面上快速的传质和传热提高了活性位和载体材料之间的温度梯度，CO 自持燃烧依然能够很好地维持。另外，在图 7.6 中可以清楚地看到，含 Ce 催化剂的活性远远高于 $CuZr_1$/ZSM-5 催化剂的活性。随着 Ce 含量的提高，催化剂活性曲线向低温方向移动，$CuZr_1$/ZSM-5、$CuCe_{0.25}Zr_{0.75}$/ZSM-5、$CuCe_{0.5}Zr_{0.5}$/ZSM-5、$CuCe_1$/ZSM-5 和 $CuCe_{0.75}Zr_{0.25}$/ZSM-5 的着火温度 T_{50} 分别为 335℃、268℃、240℃、190℃和 170℃，因此 CO 自持燃烧中催化活性依次为：$CuZr_1$/ZSM-5＜$CuCe_{0.25}Zr_{0.75}$/ZSM-5＜$CuCe_{0.5}Zr_{0.5}$/ZSM-5＜$CuCe_1$/ZSM-5＜$CuCe_{0.75}Zr_{0.25}$/ZSM-5。不含 Zr 的 $CuCe_1$/ZSM-5 催化活性比 $CuCe_{0.75}Zr_{0.25}$/ZSM-5 催化活性要弱，其主要原因是少量 Zr 的掺杂形成了 CeO_2-ZrO_2 固溶体结构，从而进一步提高了催化剂的分散性。另外，采用这 5 种催化剂实现的 CO 自持燃烧均可以维持 5h 而不出现催化剂失活。

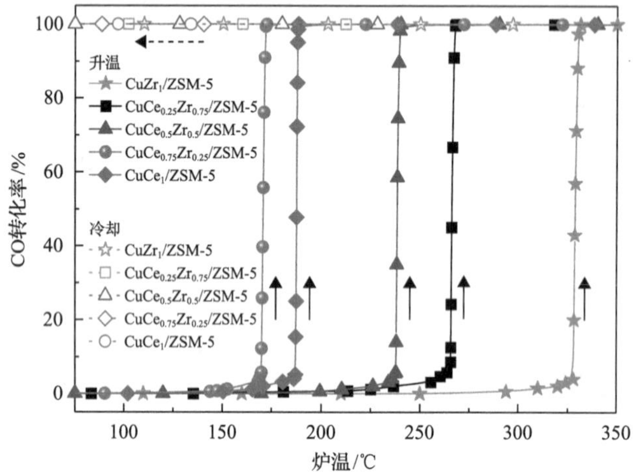

图 7.6　不同比例催化剂 Ce/Zr 的 CO-TPO 实验结果

初始气氛：10%CO+15%O_2+75%N_2(体积浓度)平衡；催化剂装载量：240mg；气体流量：0.5L/min

2. 催化剂装载量

催化剂质量的大小同样会对催化剂活性有一定的影响。质量过大，相当于活性位点增多，有利于催化剂活性的提高，但是会增加催化剂使用成本，费用增高；质量过小，降低了费用，但是又难以提供足够的活性位点实现 CO 完全转化，故需要选取适量的催化剂装载量。同样以 ZSM-5 分子筛负载 CuCeZr 催化剂为例，加以详细说明。

不同催化剂装载量的 CO-TPO 实验结果如图 7.7 所示，选取 120mg、240mg 和 480mg 催化剂装载量进行对比研究。实验条件如下：初始气氛为 10%CO+15%O_2+75%N_2(体积浓度)平衡，气体流速为 0.5L/min。由图 7.7 可以看出，当催化剂装载量从 480mg 减少到 120mg 时，着火温度 T_{50} 从 154℃升高到 194℃。这一结果说明，提高催化剂装载量，会导致 CO 自持燃烧温度降低，一定程度上增强了催化效果。这是因为当催化剂装载量较大时，催化剂颗粒与气体之间的接触面积比较大，反应气体与催化剂表面之间的接触时间也相对更长，这样就导致更多的 CO 和 O_2 分子被催化剂所吸附，从而提高 CO 氧化反应的活性。上述实验结果提供了很好的参考依据，可以根据烟气温度及浓度等特点来确定催化剂装载量，太多或太少都难以全面兼顾成本及催化效率，因此需要进行合理的催化剂装载量选取与设计。

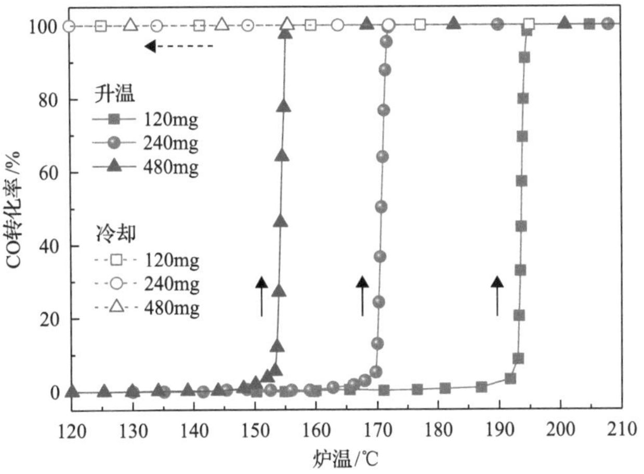

图 7.7　不同催化剂装载量的 CO-TPO 实验结果

初始气氛：10%CO+15%O_2+75%N_2(体积浓度)平衡；气体流量：0.5L/min

7.2.2 CO 浓度对催化活性的影响

CO 催化燃烧反应属于放热反应，因此 CO 浓度是自持燃烧边界判定的决定性因素[15]。为精确探究 CO 浓度的影响，保证 O_2 充足的同时，控制 O_2 浓度为 3%，并在 $CuCe_{0.75}Zr_{0.25}O_y$ 催化剂上探究 CO 浓度变化对自持燃烧边界的影响规律，结果见图 7.8。当 CO 浓度为

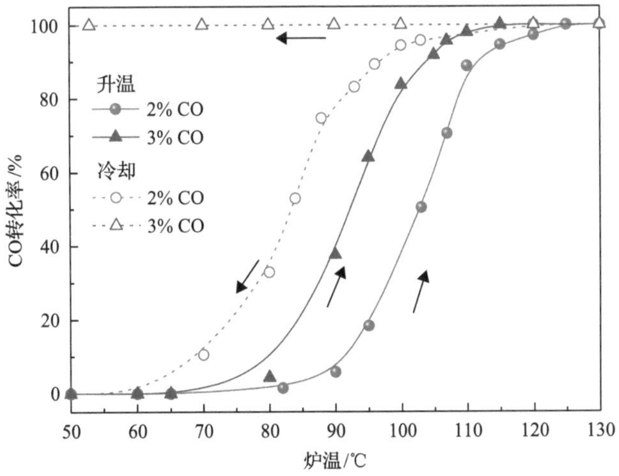

图 7.8　CO 浓度变化对自持燃烧边界的影响

2%且炉温升至 125℃时，CO 转化率达到 100%，然后关闭电炉停止升温，发现随电炉温度的降低，CO 转化率也逐渐降低，最后 CO 转化率降至 0%。通过对比加热过程和自然冷却过程，可以看到在相同 CO 转化率下，降温曲线对应的温度低于升温曲线对应的温度，产生明显的滞后环，这是 CO 反应前后燃烧器所处的温度条件不同，CO 催化燃烧反应的放热效应导致燃烧器中催化床层的局部升温，产生了热补偿，进而使降温过程中的控制温度在不显著影响 CO 反应速率的情况下，低于升温过程中对应的控制温度。

当 CO 体积浓度为 3%且炉温升至 115℃时，CO 转化率达到 100%，然后关闭电炉停止升温，发现随着炉温的降低，CO 转化率仍继续保持在 100%，证明系统实现了 CO 自持催化燃烧。在 CO 浓度(3%)实现自持燃烧反应的基础上，控制 O_2 浓度为 10%，保证 O_2 充足，进一步探究不同 CO 浓度(5%、10%及 15%)对 CO 转化率的影响规律，结果见图 7.9。随着 CO 浓度的增加，当 CO 转化率达到 100%时所需炉温逐渐降低，转化率曲线向低温方向移动。当 CO 浓度分别为 5%、10%及 15%时，CO 转化率达到 100%对应的炉温为 108℃、100℃与 96℃。同时，由于 CO 浓度增大，反应放热过程剧烈，产生的热量越多，反应诱导过程(CO 转化率≤10%)的升温曲线随 CO 浓度的增加变得越短。

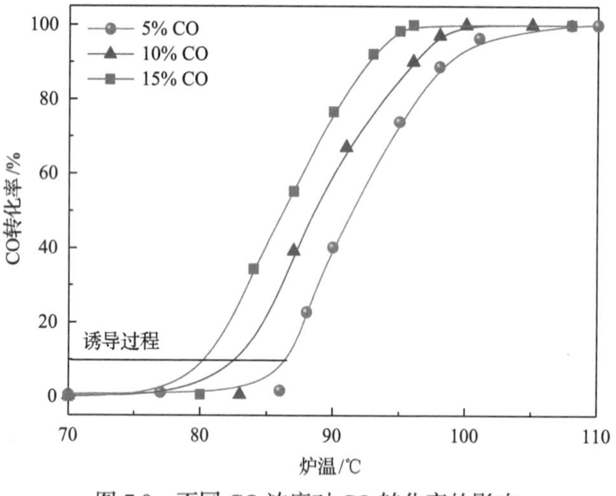

图 7.9　不同 CO 浓度对 CO 转化率的影响

为得到燃烧器中催化剂表面实际的反应温度，利用红外热成像仪测得不同 CO 浓度下自持催化燃烧后的反应温度，见图 7.10。不同浓度 CO 在 $CuCe_{0.75}Zr_{0.25}O_y$ 催化剂上进行催化燃烧反应的过程中，高温区均出现在催化剂前端，且此时 CO 已经实现了完全转化。在 CO 自持催化燃烧过程中，随着 CO 浓度增加，催化燃烧反应放出的热量增多，导致燃烧器中催化剂表面反应活性位的中心温度依次升高(5%为 282℃、10%为 446℃及 15%为 560℃)，反应中心高温带也变长(4mm、4.5mm、5.2mm)。在 CO 浓度大于 10% 时，由于催化剂表面温度太高，反应热辐射增强，催化剂的反应区域出现明亮红光。

(a) 5%CO

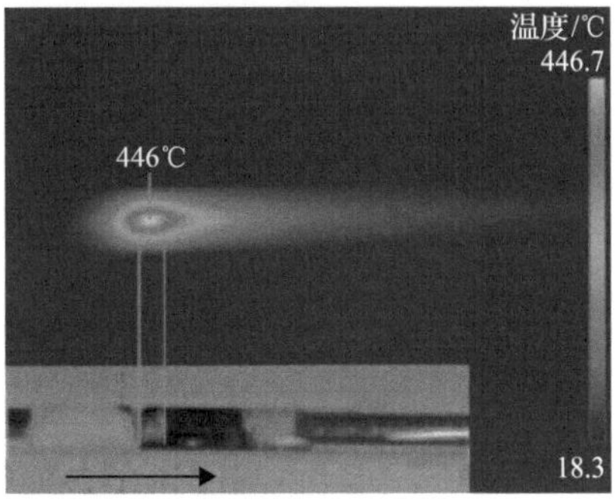

(b) 10%CO

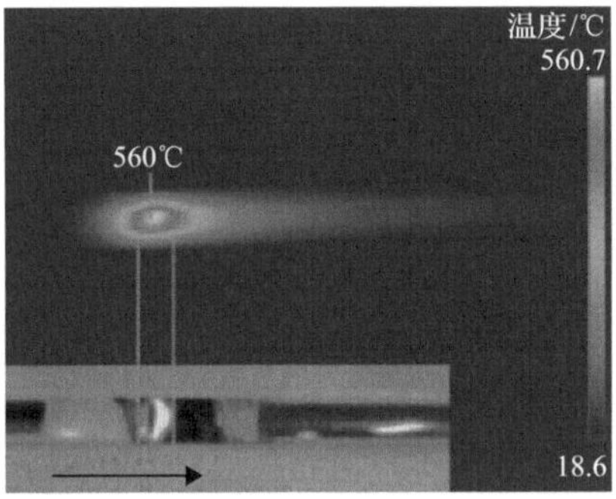

(c) 15%CO

图 7.10　不同 CO 浓度下 CO 自持催化燃烧的反应温度

7.2.3　O_2 浓度对催化活性的影响

在转炉放散煤气中 O_2 浓度变化很大并对催化活性有较大的影响，因此探究催化活性与 O_2 浓度的关系有一定意义[15]。在图 7.11 中，当 CO 与 O_2 浓度均为 3%，7.2.2 节的实验结果表明能够实现自持燃烧。若保持 CO 浓度为 3%，在 $CuCe_{0.75}Zr_{0.25}O_y$ 催化剂上则得到不同 O_2 浓度对 CO 转化率的影响规律，见图 7.11。当 O_2 浓度为 1%时，由于 CO/O_2

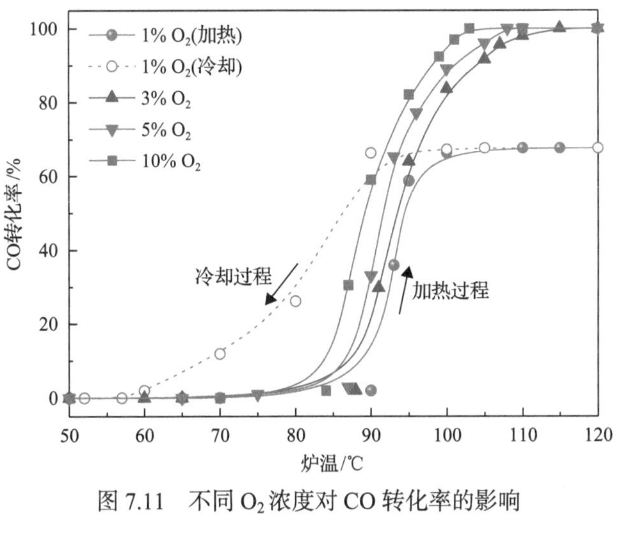

图 7.11　不同 O_2 浓度对 CO 转化率的影响

理论燃料当量比为 2，因此 3%的 CO 并不能完全转化，CO 转化率最高仅为 68%，停止加热后，随着炉温降低，CO 转化率逐渐降低至 0%，系统不能实现自持催化燃烧。而当 O_2 浓度≥3%时，CO 自持催化燃烧得以实现，且随着 O_2 浓度增加，当 CO 转化率达到 100%时所需的炉温逐渐降低，转化率曲线向低温方向移动，当 O_2 浓度分别为 3%、5%及 10%时，CO 完全转化温度对应为 115℃、108℃及 103℃。在反应过程中，较大的氧气量能够促进催化剂中氧的流动性，进而可以促进 CO 快速转化为 CO_2，使 CO 转化温度有所降低。

不同 O_2 浓度下，燃烧器中催化剂表面实际的反应温度见图 7.12。随着 O_2 浓度升高，催化床层实际反应温度降低幅度很小，可认为反应状态基本保持不变，表明 O_2 浓度对最终催化剂表面实际的反应温度影响很小。

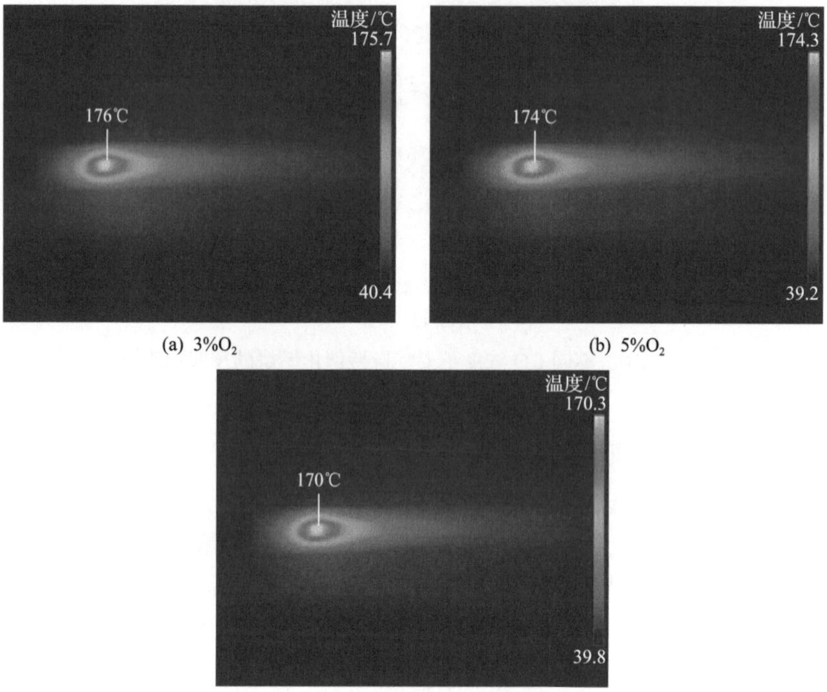

(a) $3\%O_2$　(b) $5\%O_2$　(c) $10\%O_2$

图 7.12　不同 O_2 浓度下 CO 自持催化燃烧的反应温度

7.2.4　CO_2 浓度对催化活性的影响

CO_2 是转炉放散煤气中的主要成分，作为惰性气体虽然不参与反应，但是根据勒夏特列原理，CO_2 往往会阻碍 CO 催化的过程，因此为了模拟实际转炉的过程，考虑 CO_2 浓度对催化活性的影响十分必要[15]。设定反应条件为 5%CO+10%O_2，在 $CuCe_{0.75}Zr_{0.25}O_y$ 催化剂上获得不同 CO_2 浓度对 CO 转化率的影响规律，见图 7.13。随着 CO_2 浓度升高，CO 完全转化温度逐渐升高，转化率曲线向高温方向移动。当 CO_2 浓度分别为 10%、20%、30%及 40%时，CO 完全转化温度对应为 130℃、140℃、155℃及 168℃。根据化学反应方程式（$CO + 1/2O_2 \longrightarrow CO_2$），在反应过程中，$CO_2$ 浓度增大使得反应向左移动，不利于 CO 催化燃烧反应的进行，会产生一定的抑制氧化作用，导致 CO 完全转化所需炉温增高，可见转炉放散煤气中含有 15%～40%的 CO_2 会对 CO 自持催化燃烧造成不利影响。

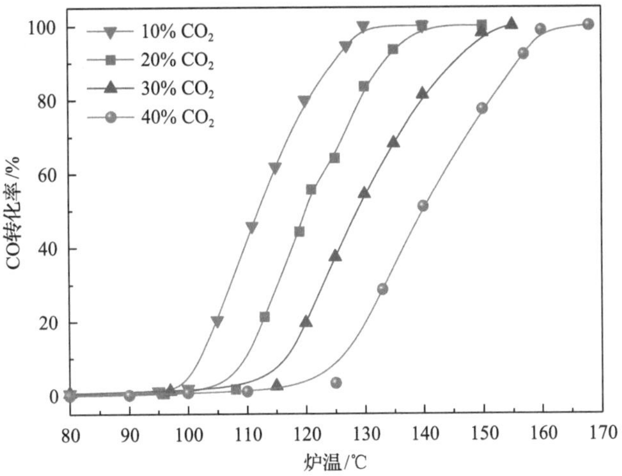

图 7.13 不同 CO_2 浓度对 CO 转化率的影响

不同 CO_2 浓度下 CO 自持催化燃烧的反应温度见图 7.14。当 CO_2 浓度达到 40%时，仍可实现 CO 的自持催化燃烧，但催化剂反应中心温度随 CO_2 浓度增加而降低，这是在反应气配比中增大 CO_2 浓度的同时，减少了平衡气 N_2 的浓度，而 CO_2 比热容(37J/(mol·K))大于 N_2 比热容(29.12J/(mol·K))，吸热量增大，同时和外界进行自然对流换热与辐射换热，热量散失较多，导致温度降低。

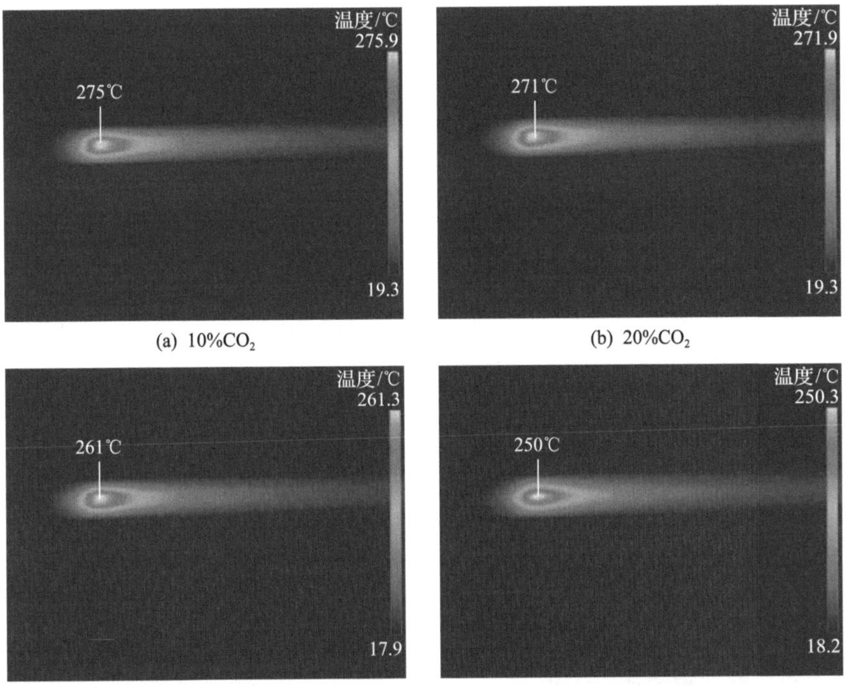

(a) 10%CO_2 (b) 20%CO_2 (c) 30%CO_2 (d) 40%CO_2

图 7.14 不同 CO_2 浓度下 CO 自持催化燃烧的反应温度

7.2.5 水蒸气对催化活性的影响

煤气中会含有少量的水蒸气，水蒸气的存在通常会对过渡金属氧化物催化剂上 CO 氧化反应存在钝化作用，会与反应物产生竞争吸附的作用，进而降低催化剂的低温活性。以活性较好的 $CuO/Ce_{0.75}Zr_{0.25}O_{2-\delta}$ 催化剂为例，加水蒸气前后的活性评价结果如图 7.15 所示[18]。由图 7.15(a)可知，$CuO/Ce_{0.75}Zr_{0.25}O_{2-\delta}$ 催化剂在 150℃即可实现 90%的 CO 转化率，而在加入 5%H_2O 后，由图 7.15(b)可知，炉温达到 218℃左右才可以达到相同的 CO 转化率。实验充分证明水蒸气对催化剂产生了一定的钝化作用，在一定程度上降低了催化剂的催化活性。

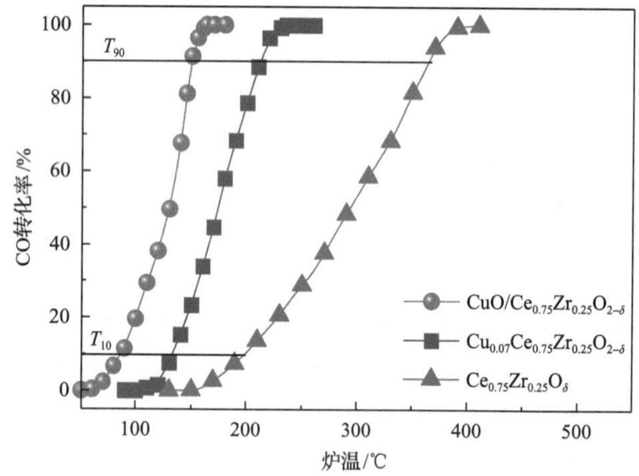

(a) 1% CO+1% O_2/N_2平衡

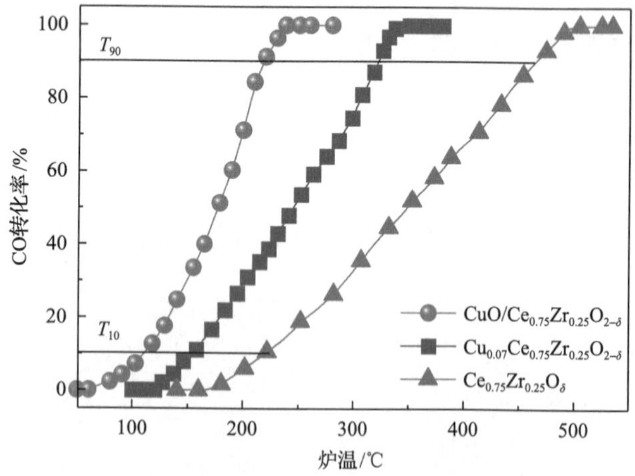

(b) 1% CO+1% O_2+5% H_2O/N_2平衡

图 7.15 $CuO/Ce_{0.75}Zr_{0.25}O_{2-\delta}$、$Cu_{0.07}Ce_{0.75}Zr_{0.25}O_{2-\delta}$ 及 $Ce_{0.75}Zr_{0.25}O_{\delta}$ 催化剂上活性评价结果

7.2.6 反应器空速对催化活性的影响

转炉放散煤气流量的波动性也对催化活性有一定影响[20]。以 $CuCe_{0.75}Zr_{0.25}$/ZSM-5 催化剂

为例，不同气体流量的 CO-TPO 实验结果如图 7.16 所示[20]，选取 0.25L/min、0.5L/min、0.75L/min 和 1.0L/min 气体流速进行对比研究。实验条件如下：初始气氛为 10%CO+15%O_2+75%N_2(体积浓度)平衡，催化剂装载量为 240mg。随着气体流速的提高，CO 转化率的升温曲线向高温方向移动。当气体流速为 0.25L/min、0.5L/min、0.75L/min 和 1.0L/min 时，其对应的着火温度 T_{50} 分别为 104℃、170℃、205℃和 219℃。以上结果表明，随着气体流速的增大，CO 自持催化燃烧温度升高，催化效果相应减弱。其原因为当气体流速较低时，CO_2 和 O_2 分子有充足的停留时间吸附在催化剂表面的活性位上，并最终以生成物的形式从催化剂表面释放出来；在这种情况下，扩散效应使表面活性位得到释放，从而能够吸附更多的反应物分子，提升 CO 的转化率。而当气体流速较高时，反应气体与催化剂接触时间短，没有充足的停留时间在催化剂的活性位上吸附和反应，不可避免地导致较低的 CO 转化率。

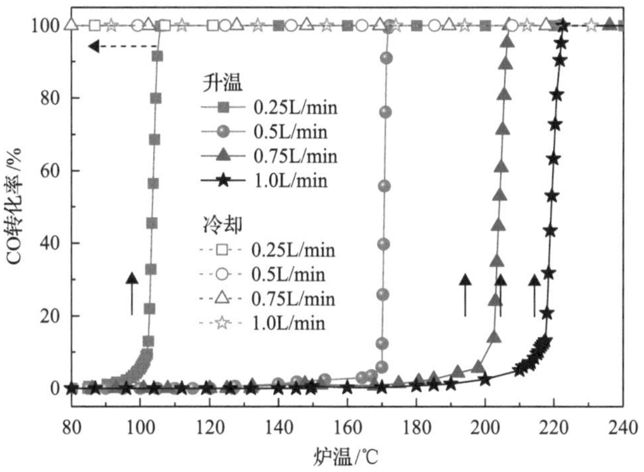

图 7.16　不同气体流量下的 CO-TPO 实验结果

催化剂装载量：240mg；初始气氛：10% CO+15% O_2+75% N_2(体积浓度)平衡

7.3　催化燃烧传热特性

转炉放散煤气的催化过程是一个强放热反应过程，因此，低温高效的催化剂工作温度不宜太高，否则容易导致烧结。研究催化剂在燃烧过程中的散热有利于催化剂的稳定持续催化，并尽可能回收 CO 的化学热。因此，对 CO 高效燃烧过程的散热量进行计算，可为转炉放散煤气高效燃烧技术的实现提供理论指导[21]。

在 CO 实现高效稳定燃烧产生热量的过程中，还与空气进行着自然对流散热与辐射散热，造成一定的热损失。根据燃料物性、CO 转化率及燃烧器壁温分布结果，结合传热学相关公式，可计算出各类热量。

总产热量为输入的燃料(CO)完全燃烧后释放的全部热量，公式为

$$Q_{gen} = X_{CO} \times n_{CO,in} \times \Delta H \tag{7-6}$$

式中：Q_{gen}为单位时间内CO燃烧总放热量，kW；X_{CO}为CO催化燃烧转化率，这里CO完全转化为100%；$n_{CO,in}$为单位时间内进入燃烧器内CO的物质的量，mol/s；ΔH为CO完全燃烧热，–283kJ/mol。

在燃烧过程中，燃烧器通过壁面向环境散热，散热方式主要包括自然对流换热和辐射换热，可根据牛顿冷却定律公式计算对流换热量：

$$Q_c = \int h_c (T_w - T_\infty) dA_w = \pi D \int_0^L h_c (T_w - T_\infty) dx \tag{7-7}$$

式中：Q_c为燃烧器单位时间自然对流换热量，W；h_c为燃烧器外壁面自然对流换热系数，$W/(m^2 \cdot K)$；T_w为燃烧器外壁面平均温度，K；T_∞为环境温度，298.15K；A_w为燃烧通道壁面面积；D为燃烧器外径，0.006m；L为特征长度，0.076m。

以下给出自然对流换热系数的确定过程：

$$T_m = (T_w + T_\infty)/2 \tag{7-8}$$

式中：T_m为平均特征温度，K。

$$Gr = \left(L^3 \cdot a_v \cdot g \cdot \Delta T\right)/\nu^2 \tag{7-9}$$

$$\Delta T = T_w - T_\infty \tag{7-10}$$

$$a_v = 1/T_m \tag{7-11}$$

式中：Gr为格拉斯霍夫数；a_v为体积膨胀系数，1/K；ν为运动黏度，m^2/s；g为重力加速度，m/s^2。

根据Gr数可以确定气体流动为层流（$Gr < 5.76 \times 10^8$），因此有：

$$Nu = 0.48(Gr \cdot Pr)^{0.25} \tag{7-12}$$

$$h_c = Nu \frac{\lambda_f}{L} \tag{7-13}$$

式中：λ_f为气体热导率，$W/(m \cdot K)$；Nu为努塞特数；Pr为普朗特数。

辐射换热量可以根据斯特藩-玻尔兹曼定律公式计算：

$$Q_r = \int \sigma_b \varepsilon \left(T_w^4 - T_\infty^4\right) dA_w = \sigma_b \pi D \int_0^L \varepsilon \left(T_w^4 - T_\infty^4\right) dx \tag{7-14}$$

式中：Q_r为燃烧器外壁面单位时间辐射换热量，W；σ_b为黑体辐射常数，5.67×10^{-8}，$W/(m^2 \cdot K^4)$；ε为石英玻璃发射率，0.87。

因此，燃烧器内CO高效催化燃烧过程总散热量为

$$Q_{surf} = Q_c + Q_r \tag{7-15}$$

根据上述公式计算了三种催化剂在不同反应气流量下所确定燃烧极限（CO自持催化燃烧下的临界浓度）的总散热量，结果见图7.17[21]。

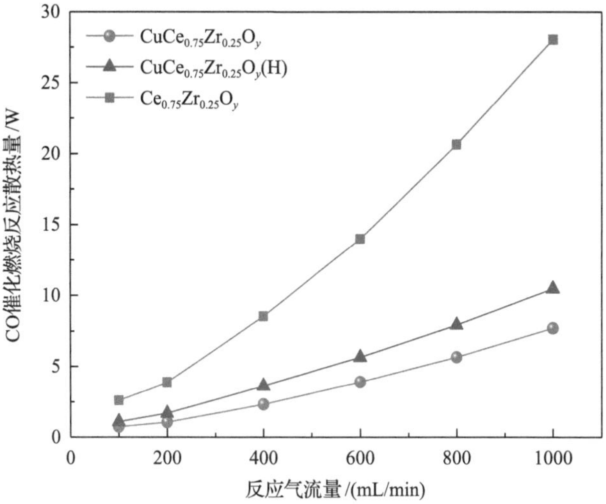

图 7.17　三种催化剂在不同反应气流量下的总散热量

由图 7.17 可以看出，在三种催化剂的高效燃烧过程中，随反应气流量和 CO 浓度增加，反应散热量基本呈线性增长。由于三种催化剂的 CO 自持催化燃烧临界浓度顺序为 $Ce_{0.75}Zr_{0.25}O_y$(9.21%～13.32%)＞$CuCe_{0.75}Zr_{0.25}O_y$(H)(3.99%～5.16%)＞$CuCe_{0.75}Zr_{0.25}O_y$(2.49%～3.66%)，故对应 CO 燃烧反应散热量在同一反应气流量下的大小顺序为 $Ce_{0.75}Zr_{0.25}O_y$(2.59～28.05W)＞$CuCe_{0.75}Zr_{0.25}O_y$(H)(1.09～10.49W)＞$CuCe_{0.75}Zr_{0.25}O_y$(0.74～7.71W)。

三种催化剂在不同反应气流量下的自然对流散热量结果见图 7.18。三种催化剂在同一反应气流量下的散热量顺序为 $Ce_{0.75}Zr_{0.25}O_y$(0.74～4.84W)＞$CuCe_{0.75}Zr_{0.25}O_y$(H)(0.33～1.94W)＞$CuCe_{0.75}Zr_{0.25}O_y$(0.25～1.50W)，这主要是由于 $Ce_{0.75}Zr_{0.25}O_y$ 散热量最大，燃烧器壁面温度最高，与环境温度相差较大，壁面散热量也最大。三种催化剂在不同反应气流量下的辐射散热量结果见图 7.19。由图 7.19 可知，三种催化剂在同一反应气流量下的辐射散热量顺序为 $Ce_{0.75}Zr_{0.25}O_y$(0.86～10.38W)＞$CuCe_{0.75}Zr_{0.25}O_y$(H)(0.38～

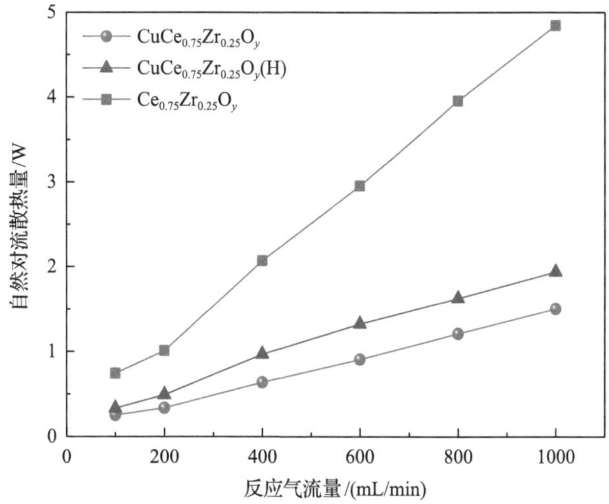

图 7.18　三种催化剂在不同反应气流量下的自然对流散热量

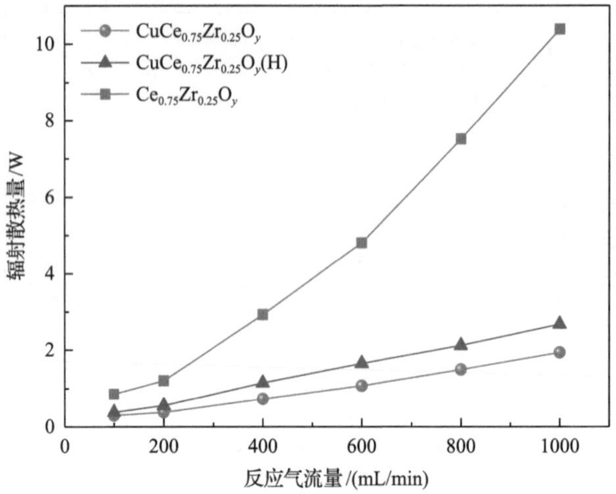

图 7.19 三种催化剂在不同反应气流量下的辐射散热量

2.68W) > $CuCe_{0.75}Zr_{0.25}O_y$(0.29～1.94W)。可见 $CuCe_{0.75}Zr_{0.25}O_y$ 与 $CuCe_{0.75}Zr_{0.25}O_y$(H)催化剂在 CO 高效燃烧过程中的辐射散热量整体较小，辐射散热量增加幅度也较小，略大于各自的自然对流散热量；而 $Ce_{0.75}Zr_{0.25}O_y$ 催化剂由于 CO 浓度较高，燃烧器壁面温度较高，在反应气流量≥400mL/min 时，其表面出现明亮红光，辐射散热量呈指数型增加($Q_r \propto T_w^4$)，最终可达 10.38W，可见此时辐射散热对于总散热量的贡献更大[21]。

为观察催化剂表面反应散热情况，拍摄了燃烧段的火焰图像，三种催化剂在反应气流量为 1000mL/min 时的催化燃烧状态见图 7.20。可以看出，$CuCe_{0.75}Zr_{0.25}O_y$ 催化剂表面并没有出现红光，其辐射散热量最小；$CuCe_{0.75}Zr_{0.25}O_y$(H)催化剂表面有微弱红光出现，

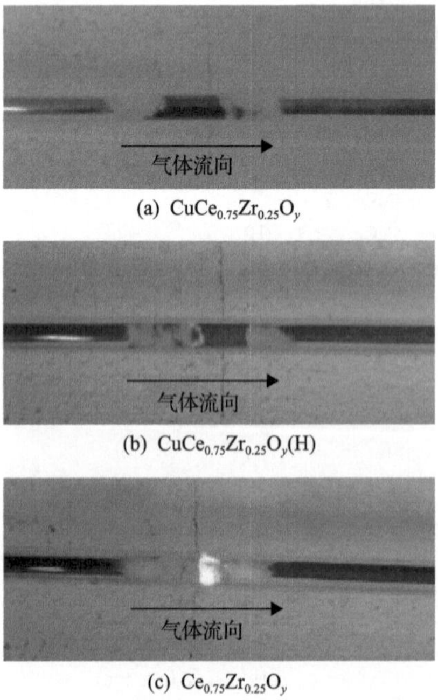

(a) $CuCe_{0.75}Zr_{0.25}O_y$

(b) $CuCe_{0.75}Zr_{0.25}O_y$(H)

(c) $Ce_{0.75}Zr_{0.25}O_y$

图 7.20 三种催化剂在反应气流量为 1000mL/min 时的催化燃烧状态

辐射散热量略大；$Ce_{0.75}Zr_{0.25}O_y$ 催化剂表面出现明亮的红光，辐射散热量最大，观测结果与图 7.21 计算结果一致。

三种催化剂在不同反应气流量下的散热率结果见图 7.21。由图 7.21 可以看出，在 CO 催化燃烧过程中，散热率随反应气流量增大，整体呈逐渐降低趋势，这主要是当反应气流量与浓度增大时，会导致产热量的增加幅度大于散热量的增加幅度，使散热率逐渐降低。以上散热率数值及变化规律基本与王业峰等[22]的计算结果相近。$CuCe_{0.75}Zr_{0.25}O_y$ 催化剂低温活性最高，反应更新频率最快，催化燃烧所需温度较低，在 100mL/min 条件下，散热率达到 73.69%时，仍可实现 CO 高效稳定燃烧。同一反应气流量下，$CuCe_{0.75}Zr_{0.25}O_y$ 催化剂的散热率总体高于 $CuCe_{0.75}Zr_{0.25}O_y$(H) 催化剂的散热率。$Ce_{0.75}Zr_{0.25}O_y$ 催化剂在反应气流量小于 400mL/min 时，散热率最低，而当反应气流量大于 400mL/min 时，催化剂表面出现明亮红光，此时辐射散热量大大增加，导致散热率大于 $CuCe_{0.75}Zr_{0.25}O_y$ 与 $CuCe_{0.75}Zr_{0.25}O_y$(H) 催化剂的散热率[21]。

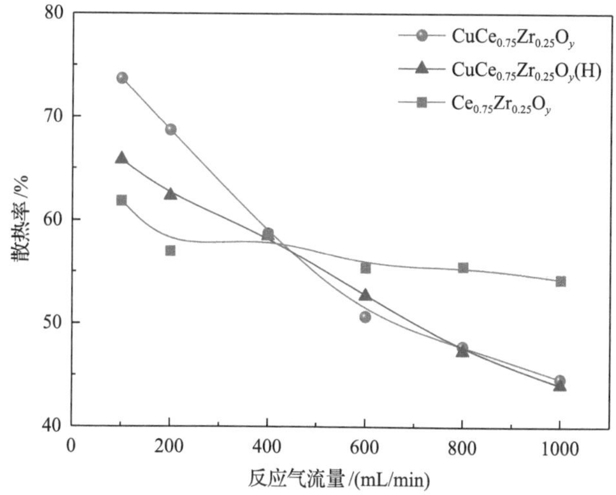

图 7.21　三种催化剂在不同反应气流量下的散热率

7.4　催化剂热稳定性

催化剂的低温活性及热稳定性评价是工业催化剂应用的重要评价指标。目前，催化剂大多具有低温活性低、高温易烧结失活且存在副反应等缺点[23]。因此，开发低温高效的 CO 催化剂，克服现有催化剂缺点迫在眉睫。针对 $CuCe_{0.75}Zr_{0.25}O_y$ 催化剂，以下为所做的耐久性实验及其高热稳定性机理的分析，可为开发耐热性能优良的催化剂提供理论基础[15]。

1. 催化剂热稳定性实验及结果分析

在 $CuCe_{0.75}Zr_{0.25}O_y$ 催化床层上催化燃烧 100h 的热稳定性结果见图 7.22。可以看出，在催化床层上进行催化燃烧 100h 后，CO 转化率始终保持在 100%，燃烧高效稳定[15]。

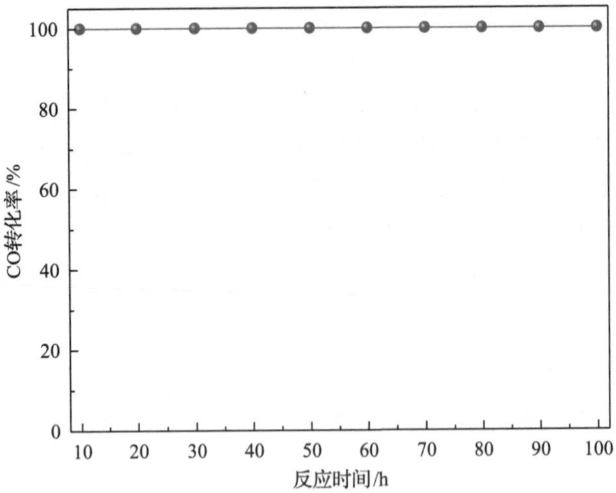

图 7.22　在 $CuCe_{0.75}Zr_{0.25}O_y$ 催化床层上催化燃烧 100h 的热稳定性结果

在 100h 的 CO 催化燃烧过程中，对于 $CuCe_{0.75}Zr_{0.25}O_y$ 催化床层实际反应温度进行在线记录，结果见图 7.23，可以看出，在由图 7.23 可知，100h 内 $CuCe_{0.75}Zr_{0.25}O_y$ 催化床层的实际反应温度基本保持不变，始终在(310±3)℃范围内，且催化床层的反应区域并没有发生后移，表明催化剂并没有出现部分失活现象，热稳定性较好[15]。

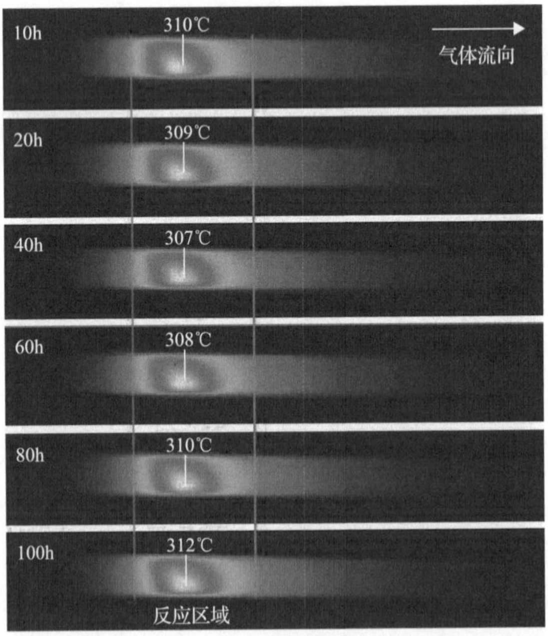

图 7.23　100h 内 $CuCe_{0.75}Zr_{0.25}O_y$ 催化床层的实际反应温度

虽然 $CuCe_{0.75}Zr_{0.25}O_y$ 催化剂在 100h 实验过程中的热稳定性较好，但是为进一步探究实验催化剂活性是否发生变化，对热稳定性评价前后的催化剂还进行了活性对比实验[15]，结果见图7.24，可以看出，热稳定性评价前的催化剂在炉温为96℃时，可使CO转化率达到100%，在进行100h的热稳定性评价后，当炉温为98℃时，CO转化率达到100%，仍可实现CO的高效燃烧，2℃的差值在可接受范围内，表明催化剂活性保持良好，没有发生明显变化。

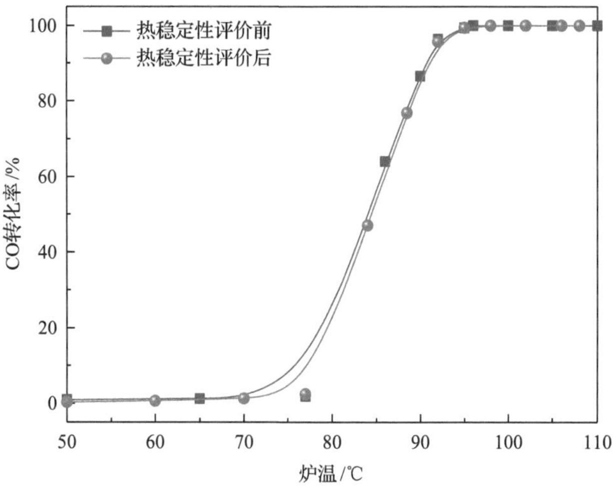

图7.24 催化剂热稳定性评价前后的活性对比实验

2. 催化剂高热稳定性原因分析

1) XRD结果分析

对热稳定性评价前后的$CuCe_{0.75}Zr_{0.25}O_y$催化剂进行XRD分析，观察活性物种(CuO)的衍射峰位置是否发生变化，进而判断催化剂结构和元素分布是否改变。图7.25给出了$CuCe_{0.75}Zr_{0.25}O_y$催化剂热稳定性评价前后的XRD结果。

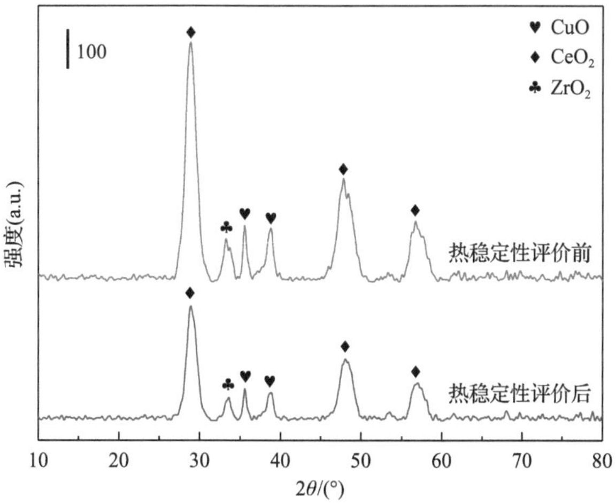

图7.25 $CuCe_{0.75}Zr_{0.25}O_y$催化剂热稳定性评价前后的XRD谱图

由图 7.25 可知，热稳定性评价前后的 $CuCe_{0.75}Zr_{0.25}O_y$ 催化剂中 CeO_2 典型萤石型结构衍射峰出现在 28.5°、47.4°和 56.5°。在 35.5°和 38.7°位置出现了两个明显归属于 CuO 颗粒的衍射峰，表明有部分 CuO 聚集，其余 CuO 仍较好地分散在催化剂表面，相对应的衍射峰并没有发生明显变化，证明催化剂仍保持着高活性与高热稳定性。热稳定性评价后的 $CuCe_{0.75}Zr_{0.25}O_y$ 催化剂，其 XRD 衍射峰强度整体降低，除使用 100h 的影响外还可能是在 XRD 表征过程中，样品表面有气体附着，且测量的位置不一样，导致整体衍射峰强度有所区别，但不影响 XRD 结果的分析。

2) SEM 结果分析

对热稳定性评价后的 $CuCe_{0.75}Zr_{0.25}O_y$ 催化剂进行 SEM 分析，可以直观地观察催化剂表面形貌及颗粒聚集与分散状态。积炭是催化剂失活的主要原因，因此通过 SEM 观察了催化剂表面的积炭情况。由图 7.26 可以看出，$CuCe_{0.75}Zr_{0.25}O_y$ 催化剂表面仍然黏附许多细颗粒物质，主要是分散的活性物种 CuO，并没有出现明显黑色熔化态的胶状物质，证明没有积炭产生，是 $CuCe_{0.75}Zr_{0.25}O_y$ 催化剂可以实现 100h 高热稳定性的主要原因。

图 7.26 $CuCe_{0.75}Zr_{0.25}O_y$ 催化剂热稳定性评价后的 SEM 结果

3) 吡啶吸附红外光谱实验及结果分析

催化剂失活的主要原因是积炭，而积炭现象的产生是由于催化剂表面产生了 Brønsted 酸位[24]。为了更深入地探究 $CuCe_{0.75}Zr_{0.25}O_y$ 催化剂无积炭现象产生的根本原因，对催化剂进行吡啶吸附红外光谱(pyridine adsorption Fourier-transform infrared, Py-IR)实验，确定催化剂上 Brønsted 酸位是否存在。

$CuCe_{0.75}Zr_{0.25}O_y$ 催化剂的 Py-IR 实验结果见图 7.27[24]。可以看出，随着温度升高，在 $1557cm^{-1}$ 和 $1547cm^{-1}$ 处并没有产生 Brønsted 酸位，其他位置也没有酸性位的产生，表明 $CuCe_{0.75}Zr_{0.25}O_y$ 催化剂没有呈现明显的酸性特征，这是其不积炭并在 100h 内不失活的根本原因。

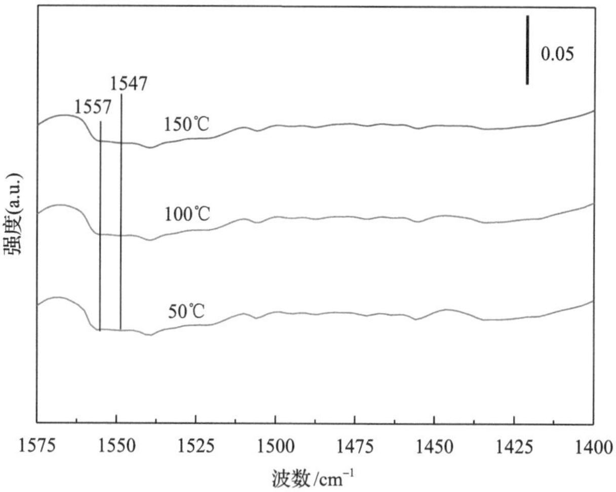

图 7.27 $CuCe_{0.75}Zr_{0.25}O_y$ 催化剂的 Py-IR 实验结果

为充分说明积炭是 Brønsted 酸位导致的，又针对 $CuCe_{0.75}Zr_{0.25}O_y$/ZSM-5 与 $CuCe_{0.75}Zr_{0.25}O_y$/TiO_2 负载型催化剂在相同实验条件下做耐久性实验，发现 $CuCe_{0.75}Zr_{0.25}O_y$/ZSM-5 催化剂在 27h 失活，CO 转化率变为 0%，而 $CuCe_{0.75}Zr_{0.25}O_y$/TiO_2 催化剂在 100h 不出现失活现象。同样对这两种负载型催化剂做 Py-IR 实验，结果见图 7.28。可以看出，$CuCe_{0.75}Zr_{0.25}O_y$/ZSM-5 催化剂在 1547cm^{-1} 处产生了明显的 Brønsted 酸位，而 $CuCe_{0.75}Zr_{0.25}O_y$/TiO_2 催化剂在 1557cm^{-1} 处却没有出现明显的 Brønsted 酸位，证明 Brønsted 酸位的存在导致了积炭产生，从而使催化剂失活。

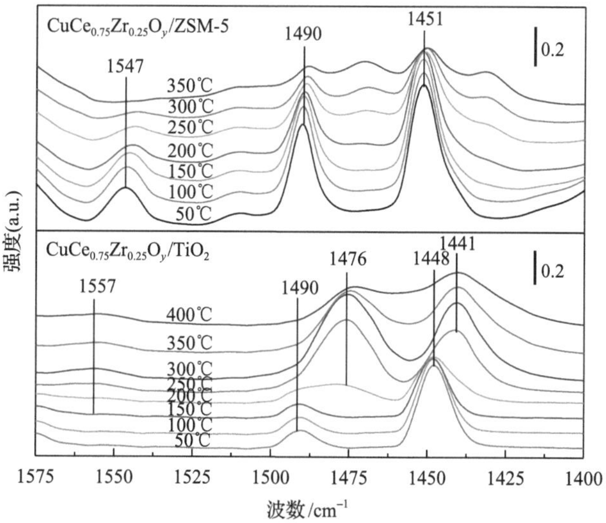

图 7.28 $CuCe_{0.75}Zr_{0.25}O_y$/ZSM-5 和 $CuCe_{0.75}Zr_{0.25}O_y$/TiO_2 催化剂的 Py-IR 实验结果

7.5 转炉放散煤气催化燃烧技术

7.5.1 催化燃烧反应器设计

在设计具有最佳性能的催化燃烧反应器时，需要考虑几个方面，包括反应器、催化剂和载体的类型。人们希望在低温下尽可能地将 CO 完全转化。因此，需要研制出不同类型的反应器以适应不同的催化场合。

1. 固定床反应器

在固定床反应器中，填充的催化剂一般是过渡金属的氧化物或负载的贵金属。这种类型的反应器已用于确定催化活性和动力学研究，评估催化剂的性能。该反应器的优点包括操作简单、价格低廉、适合工业用途，以及在填充床的单个区域中存在的催化剂密度高。缺点包括反应器的表面积小、温度均匀性差，以及在其他催化反应器中没有观察到的高压降。许多研究报道了在固定床反应器中使用粉末催化剂，尤其是本体催化剂。据报道，40～100 目颗粒已用于催化剂筛选测试[25]。大块样品是通过将活性材料浸渍到基材上而合成的，通常具有较小的表面积和较大的粒径。然而，当粉末催化剂装在相对较长的反应器中时，会产生较高的压降，从而降低催化活性[26,27]。

2. 整体式反应器

在整体式反应器中，整体催化剂固定在反应器内的特定位置，使其在流体动力学方面优于其他类型的反应器，这些反应器具有较低的压降，从而具有更好的性能。整体式反应器包含几个狭窄的平行通道，这些通道决定了壁厚和填充密度。此外，在这些反应器中使用涂有涂层的整体材料是有益的，因为它具有高比表面积，可确保系统内的压降较低。整体催化剂通常可以减小气体流动阻力对催化床的影响，并用于许多催化反应系统。

3. 微通道反应器

在最近的研究中，微通道反应器在化学工程研究的许多领域引起了极大的关注。由于这些反应器的受限区域，其相对的反应比表面积很大。微通道反应器具有多种优势，它们的模块化设计使其相对容易扩展，通过增加通道数量，表现出出色的导热性，可充分加热反应器壁。

7.5.2 放散煤气催化燃烧技术应用效果

目前，我国钢铁企业转炉副产煤气的平均放散率为 6%，而世界先进企业的放散率不足 1%。我国对放散煤气的回收利用多是针对高浓度的 CO，而对于不符合回收标准的放散煤气采用长明火点燃的方式处理，这既造成了能源浪费又污染了环境[28,29]。转炉放散尾气处理方法主要分为物理吸附法和化学转换法，每种方法的优缺点见表 7.2[30]。

表 7.2　CO 处理方法比较

消除方法		具体方式	优点	缺点	应用情况
物理吸附法		多孔材料吸附	操作简单	吸附效率低、设备体积大、材料更换频繁	应用受限
化学转换法	催化还原	活性氢原子将 CO 还原为 $C_xH_yO_z$ 型化合物	变废为宝	操作条件复杂，难以实现	停留在实验室研究阶段，未推广应用
	催化燃烧/氧化	高效催化剂上将 CO 转化为 CO_2	起燃温度低、燃烧效率高、成本较低、无 NO_x 排放	对催化剂活性、热稳定性要求较高	在汽车尾气和燃料电池方面应用较多；在冶金工业中应用较少

由表 7.2 可知，CO 催化燃烧是目前处理 CO 有效的方法，采用高效催化剂使处理设备小巧，安装便捷，该设备还可以完全替换工业中使用的长明火装置，将不符合回收标准的放散煤气通过催化的方式转化为 CO_2，并将由此得到的化学热通过换热器回收利用，具有一定的社会经济效益，可为冶金工业治理放散煤气提供一种新的处理方式。

为了探究 CO 催化燃烧实际应用效果，在转炉煤气高效洁净燃烧中试平台上开展了蜂窝陶瓷 Cu 基催化剂对转炉煤气催化燃烧关键技术的验证，研发出燃烧器内径为 380mm、长度为 738mm 的催化剂装置，采用 4 段式间隔布置在中试系统烟道后端，烟气设计流量为 6～360Nm^3/h、烟气设计温度为 120～200℃，其装置如图 7.29 所示。涂有 CuO-CeO$_2$ 的蜂窝陶瓷催化剂安装在余热回收系统中，用于催化燃烧，经过催化装置后 CO 浓度由 1.5418%(体积浓度)下降到 0.0445%，转化率为 97.1%。此外，烟气中 CO 还可作为还原剂来选择性催化还原 NO_x[31]。在中试中也观察到 NO 由 95mg/m^3 下降到 24mg/m^3，CO-SCR 转化率为 74.7%(图 7.30)[32]。放散煤气浓度在 120℃以上即可实现 CO 高效燃烧。CuO-CeO$_2$ 基催化剂还通过了 500h 高温耐久性测评，如图 7.31 所示。

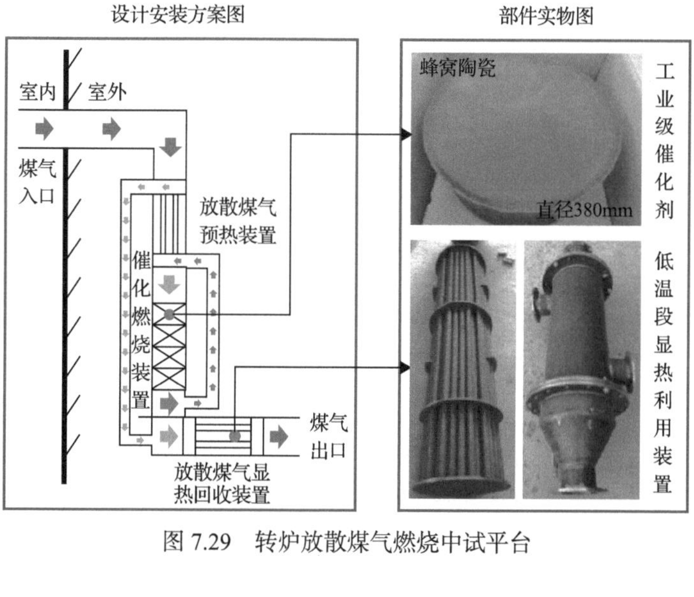

图 7.29　转炉放散煤气燃烧中试平台

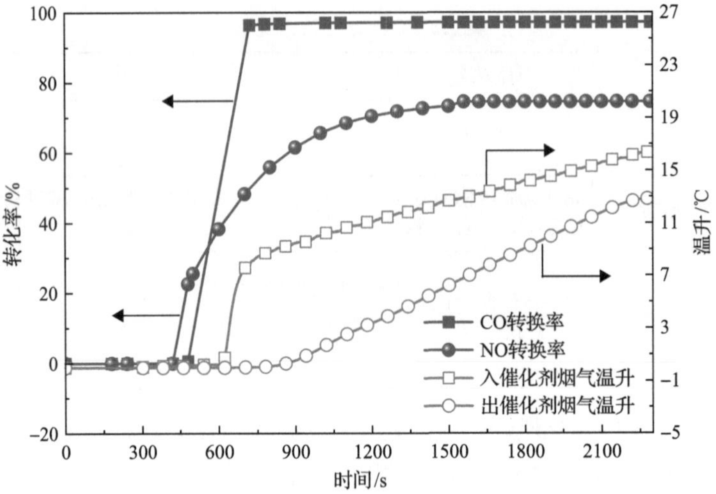

图 7.30　烟气组成为 1.5418% CO+95mg/Nm^{3}NO (@10%O_2) +40%CO_2+空气、烟气流量为 72m^3/h、烟气入口温度为 116℃的工况下 CO、NO 转化率

@10%O_2 指烟气折算在标态，干基，含氧量为 10%条件下的 NO 浓度

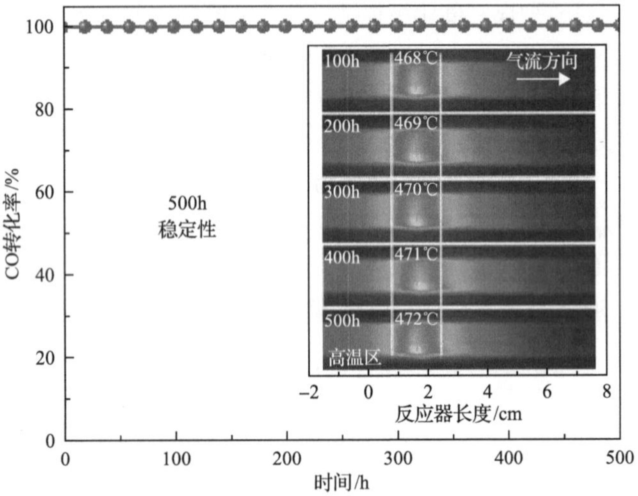

图 7.31　催化剂 500h 高温耐久性实验

参 考 文 献

[1] Haruta M, Yananda N, Kobayashi T, et al. Gold catalysts prepared by coprecipitation for low-temperature oxidation of hydrogen and of carbon monoxide[J]. Journal of Catalysis, 1989, 115 (2) : 301-309.

[2] Bond G C. Gold: A relatively new catalyst[J]. Catalysis Today, 2002, 72 (1-2) : 5-9.

[3] Huang T J, Tsai D H. CO oxidation behavior of copper and copper oxides[J]. Catalysis Letters, 2003, 87 (3-4) : 173-178.

[4] 贾明君, 张文祥, 陶玉国, 等. 纳米 Co_3O_4 的制备、表征及 CO 低温催化氧化[J]. 高等学校化学学报, 1999, 20 (4) : 144-146.

[5] 赵科, 徐通模, 吕清刚. 钙钛矿型 $La_{1-x}Ce_xMnO_3$ 对 CH_4、CO 和 H_2 的催化燃烧[J]. 工程热物理学报, 2010, 31 (6) : 1049-1052.

[6] Deraz N A M. Surface and catalytic properties of Cu/Zn mixed oxide catalysts[J]. Colloids and Surfaces A: Physicochemical and Engineering Aspects, 2001, 190 (3) : 251-260.

[7] 董国利, 王建国, 高荫本, 等. 二氧化钛负载氧化物催化剂上 CO 的氧化反应[J]. 燃料化学学报, 2000, 28(1): 1-4.

[8] 罗孟飞. CeO_2 和 $Ce_{0.5}Zr_{0.5}O_2$ 负载 CuO, PdO 催化剂的结构及催化性能研究[D]. 杭州: 浙江大学, 1999.

[9] 莫文龙, 肖艳, 马凤云, 等. 温度和空速对 CO 甲烷化 Ni-Al_2O_3 催化剂性能影响[J]. 化学工程, 2018, 46(7): 67-72.

[10] 郑泉兴, 刘纪端, 王琪, 等. 流动反应器催化反应转化率与温度及空速的关系式[J]. 化学反应工程与工艺, 2005, 21(4): 360-364.

[11] 赵斯楠, 方庆艳, 马仑, 等, 燃烧初期化学当量比对锅炉 NO_x 生成与排放特性的影响[J]. 燃烧科学与技术, 2017, 23(3): 236-241.

[12] 李鹏飞, 米建春, Dally B B, 等. 当量比和反应物混合模式对无焰燃烧的影响[J]. 中国电机工程学报, 2011, 31(5): 20-27.

[13] 杜建国. 风排瓦斯的可燃极限及阻火问题研究[D]. 合肥: 中国科学技术大学, 2014.

[14] Bin F, Wei X L, Li B, et al. Self-sustained combustion of carbon monoxide promoted by the Cu-Ce/ZSM-5 catalyst in $CO/O_2/N_2$ atmosphere[J]. Applied Catalysis B: Environmental, 2015, 162: 282-288.

[15] 李博, 康润宁, 魏小林, 等. $CuCe_{0.75}Zr_{0.25}O_y$ 催化剂上 CO 自持燃烧实验研究[J]. 热科学与技术, 2019, 18(4): 333-339.

[16] Wu Y J, Luo C H, Zhang X L, et al. Utilization of converter off-gas based on a chemical-looping combustion process[J]. Energy Sources, Part A: Recovery, Utilization, and Environmental Effects, 2020, 42(17): 2090-2102.

[17] Huang J Q, Teng Z H, Kang R N, et al. Study on activity, stability limit and reaction mechanism of CO self-sustained combustion over the $LaMnO_3$, $La_{0.9}Ce_{0.1}MnO_3$ and $La_{0.9}Sr_{0.1}MnO_3$ perovskite catalysts using sugar agent[J]. Fuel, 2021, 292: 120289.

[18] Kang R N, Wei X L, Bin F, et al. Reaction mechanism and kinetics of CO oxidation over a $CuO/Ce_{0.75}Zr_{0.25}O_{2-\delta}$ catalyst[J]. Applied Catalysis A, General, 2018, 565: 46-58.

[19] Kang R N, Wei X L, Ma P D, et al. Self-sustained combustion of CO with transient changes and reaction mechanism over $CuCe_{0.75}Zr_{0.25}O_\delta$ powder for honeycomb ceramic catalyst[J]. Fuel, 2020, 263: 116637.

[20] Zhao R Z, Hao Q L, Bin F, et al. Influence of Ce/Zr ratio on the synergistic effect over $CuCe_{1-x}Zr_xO_y$/ZSM-5 catalysts for the self-sustained combustion of carbon monoxide[J]. Combustion Science and Technology, 2017, 189(8): 1394-1415.

[21] Bin F, Kang R N, Wei X L, et al. Self-sustained combustion of carbon monoxide over $CuCe_{0.75}Zr_{0.25}O_\delta$ catalyst: Stability operation and reaction mechanism[J]. Proceedings of the Combustion Institute, 2019, 37(4): 5507-5515.

[22] 王业峰, 周俊虎, 赵庆辰, 等. 甲烷与正丁烷微小尺度催化燃烧性能比较[J]. 化工学报, 2017, 68(3): 896-902.

[23] 李子涵, 宋兆阳, 朱丽君, 等. 镍基催化剂催化正己烷异构化性能及热稳定性[J]. 石油学报(石油加工), 2022, 38(1): 158-168.

[24] 王宇豪. 基于 $CuCe_{1-x}Zr_x$ 系列催化剂的一氧化碳自持燃烧的研究[D]. 西安: 西安交通大学, 2016.

[25] Shinde V M, Madras G. Kinetic studies of ionic substituted copper catalysts for catalytic hydrogen combustion[J]. Catalysis Today, 2012, 198(1): 270-279.

[26] Kim J H, Yu J L, Lee S H, et al. Advances in catalytic hydrogen combustion research: Catalysts, mechanism, kinetics, and reactor designs[J]. International Journal of Hydrogen Energy, 2021, 46(80): 40073-40104.

[27] Kotodziej A, Lojewska J. Short-channel structured reactor for catalytic combustion: Design and evaluation[J]. Chemical Engineering and Processing: Process Intensification, 2007, 46(7): 637-648.

[28] 武永健, 罗春欢, 魏琳, 等. 基于化学链燃烧的转炉放散煤气利用研究[J]. 化工学报, 2019, 70(5): 1923-1931.

[29] 刘辉, 王雯, 魏晓明, 等. 工业副产煤气的资源化利用研究进展[J]. 现代化工, 2016, 36(4): 46-52.

[30] 陈业娜. 用于 CO 优先氧化的 CuO/Co_3O_4-CeO_2 三元氧化物催化剂研究[D]. 天津: 天津大学, 2013.

[31] 孙改转. Ru 基催化剂富氧条件下选择性催化 CO 还原 NO_x 的研究[D]. 广州: 华南理工大学, 2018.

[32] 康润宁. CuO_x 基催化剂上 CO 自持燃烧特性及反应机理的定量化研究[D]. 北京: 中国科学院力学研究所, 2023.

第 8 章

转炉煤气余热高效回收利用

转炉炼钢是以铁水、废钢、铁合金为主要原料，不借助外加能源，依靠铁液本身的物理热，以及组分(如硅、锰、碳、磷等)与吹炼的气体(空气、氧气等)发生氧化反应产生的化学热，完成炼钢过程。该工艺流程是当代钢铁生产中耗能最少且唯一可以实现总能耗为“负值”的工序。在转炉吹炼过程中，伴随产生高温转炉煤气，其温度一般为1400～1600℃，含有大量物理显热[1]。然而，由于转炉煤气具有间歇性、爆炸性和多尘性等特点，严重制约了余热高效回收利用。目前，常规的 OG 法和 LT 法工艺中，850℃左右的煤气通过喷淋降温处理，不仅损失显热，还增加了用水量及污泥处理系统(仅对 OG 法)。钢铁行业是节能降碳重点领域，我国钢铁行业各工序能耗值与国际先进水平尚有差距，特别是在转炉冶炼环节，能耗强度需继续下降。本章主要针对转炉煤气特点，对其余热高效回收利用进行介绍。

8.1 转炉煤气热源特性及相关理论研究

转炉是炼钢的核心工艺，冶炼周期通常为 30～40min，实际吹炼时间为 12～18min，通过对铁水吹氧脱碳，1t 钢可产生 80～100Nm^3，初始温度为 1400～1600℃，以 CO 气体为主要成分，含有少量的 CO_2、O_2、N_2 及金属氧化物粉尘等的转炉煤气[2]。转炉出口处总热量约为 1.12GJ/t 钢，其中化学热和物理显热的比为 4.5∶1[3]，是有较大利用价值的二次能源。但在冶炼前期和后期烟罩升降过程中，转炉炉口卷吸大量外界冷空气进入烟道，部分煤气进行燃烧，造成一定量转炉煤气化学热和显热损失。另外，转炉煤气作为热源，具有间歇性、周期性、易爆性、组分浓度/流量波动大、高灰尘、有毒性等特点(图 8.1)，煤气除尘、余热回收处理存在耗能高、占地大、易结垢等缺点，大大增加了煤气余热高效洁净回收利用的难度。

炼钢余热利用是指将高温转炉煤气(850～1500℃)进行冷却并回收余热的过程，其主要方式是采用汽化冷却烟道回收余热生产饱和蒸汽。由于吹炼过程为间歇式，炼钢余热生产随之波动，突出表现为转炉煤气产生速率和汽化冷却装置蒸发量的变化特性。通常来说，饱和蒸汽产量随吹炼期工艺条件的周期性变化而波动，当停止吹炼时，余热生产基本停止。转炉煤气的间歇性、波动性、高灰尘等问题，使看似瞬时高品质的能源无法连

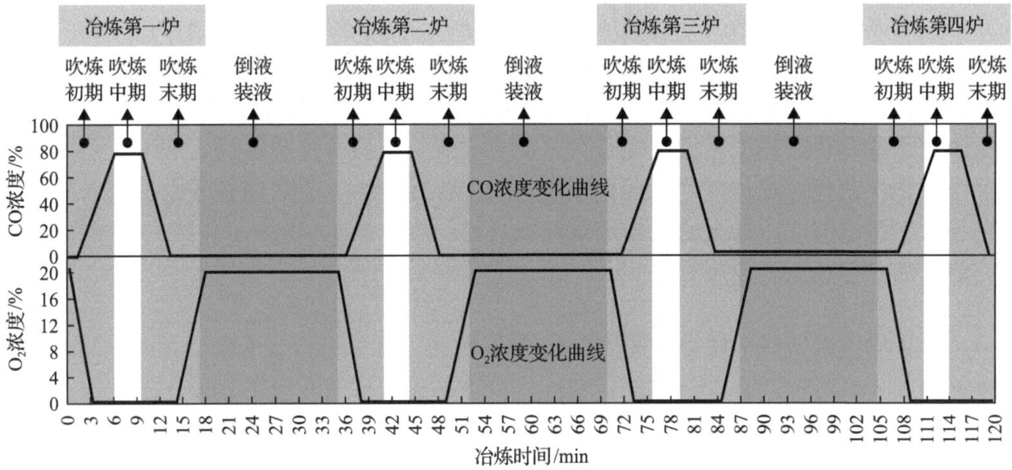

图 8.1 转炉煤气 CO、O_2浓度随吹炼时间的变化

续稳定回收利用。因此，研究转炉煤气间歇性和波动性的变化机制对煤气余热高效回收利用有一定意义。

转炉煤气产生的间歇性决定了余热的波动性。在转炉煤气间歇性和波动性变化机制研究中，Li 等[4]基于转炉炼钢工艺，建立了转炉煤气的发生、流动和反应预测模型，以热力学和动力学作为理论基础，从气-液反应、液-液反应、氧枪射流特征等方面出发，深入剖析转炉冶炼反应机理，获得了转炉运行模式对烟气特性(如组分浓度、温度、流量和显热热流密度)的影响规律。图 8.2 给出了转炉冶炼过程中汽化冷却烟道受热面热流密度随吹炼时间进程的变化特性[5]。由图 8.2 可知，在前烧期和后烧期，各段烟道受热面热流密度随时间变化剧烈，在煤气回收期热流密度变化相对平缓，活动烟罩和烟道第一段受热面热流密度大且变化幅度大，烟道其余段受热面热流密度比较接近，变化幅度相对较小；在前烧期和后烧期，各受热面热流密度先快速升高后又迅速降低，在煤气回收期，

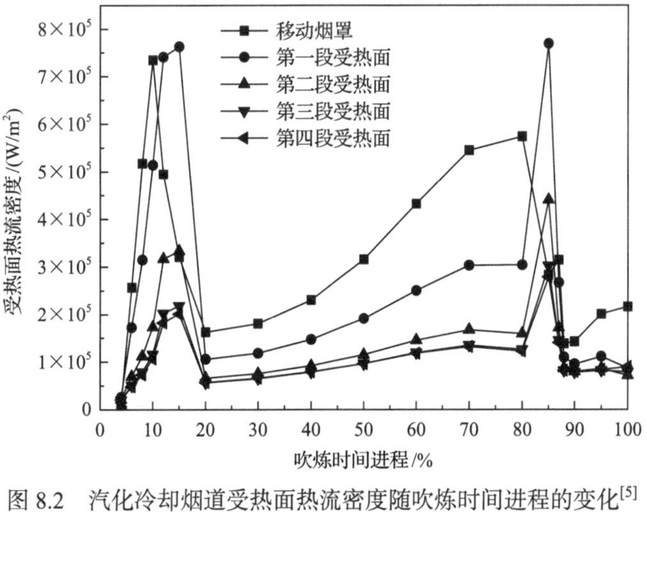

图 8.2 汽化冷却烟道受热面热流密度随吹炼时间进程的变化[5]

各受热面热流密度逐渐增大。在前烧期和后烧期，煤气燃烧释放大量热量，且燃烧主要集中于活动烟罩和烟道第一段，该区域温度高、受热面热流密度大。在煤气回收期，烟道燃烧微弱，主要以煤气换热为主，因此烟道受热面热流密度变化幅度较小。在吹炼时，汽化冷却烟道受热面热流密度波动很大，而在吹炼结束后，冷空气进入烟道，受热面又降温。因此，汽化冷却烟道受热面处于恶劣的工作环境中，受热面热流密度频繁变化，特别是对于热流密度波动大的活动烟罩和烟道第一段受热面，受热面容易产生疲劳破坏，将会降低烟道受热面的使用寿命。

8.1.1 转炉煤气波动性热源评价原则——煅理论

转炉高温煤气的波动性，在传热领域可以视为热源处于非稳定状态，研究其在复杂多变条件下的波动性热源特性，揭示热源本质，并提出相关评价原则，对于煤气余热高效回收系统设计具有一定意义。过增元等[6]提出了热量传递势能的概念(煅)，煅是与做功无关的传热过程的核心物理量，表征物体传递热量的能力，其定义为

$$E_{vh}=\frac{Q_{vh}T}{2} \tag{8-1}$$

式中：Q_{vh}为储存在不可压介质中的热(容)量，kJ；T为物体的温度。煅传递效率(热量的传递效率)定义为[7]

$$\eta=\frac{E_{vh,in}-E_{vh,out}}{E_{vh,in}} \tag{8-2}$$

式中：$E_{vh,in}$为进入系统的煅，kJ·K；$E_{vh,out}$为离开系统的煅，kJ·K。

针对转炉冶炼生产的周期性和复杂性、余热流量和温度随时间变化的波动性等特点，采用煅理论研究余热利用的热源温度，提出间歇性热源的评价原则如下：定义一个无穷大当量热源，温度为T_e，该热源与实际间歇性热源进行换热，可用煅值最大时对应的温度作为当量热源的温度，确保得到最大的余热回收效率。该原则可以用于选取合适的余热利用热源温度。对于间歇性热源，可用煅表达为

$$\Delta E_{vh}=\frac{Q_{vh}\left(T_e-T_0\right)}{2} \tag{8-3}$$

式中：T_e为无穷大当量热源温度，K；T_0为环境温度，K；Q_{vh}为一段时间内烟气的可用煅，表示为

$$Q_{vh}=\int V\rho c_p\left(T-T_e\right)\mathrm{d}t \tag{8-4}$$

其中：V为某一时刻烟气流量，m^3/s；ρ为密度，kg/m^3；T为温度，K；c_p为定压比热，J/(kg·K)。

图 8.3 是基于大型转炉全干法显热回收技术中煤气流动传热燃烧数值模拟数据计算得到的间歇性转炉煤气的热源评价结果，在改善后的工艺流程中，转炉产生的煤气经过汽化冷却烟道直接进入余热锅炉。在图 8.3 中，无量纲可用煅是指在给定热源温度条件下可

用㶲与最大热源温度下可用㶲的比值。由图 8.3 可知，转炉出口煤气简单平均的温度为 1261℃，而采用间歇性热源的评价原则获得最大可用㶲的热源温度为 650℃，相差 611℃；汽化冷却烟道出口煤气简单平均的温度为 748℃(实测 746℃)，获得最大可用㶲的热源温度为 400℃，相差 348℃(实测相差 346℃)。研究表明，用㶲值最大时对应的温度作为当量热源温度，可以得到最大的余热发电功率。总体来说，将㶲理论用于传热传质研究是可靠的，但是在计算中具有温度波动性的转炉烟气的温度选取原则还有待进一步研究。

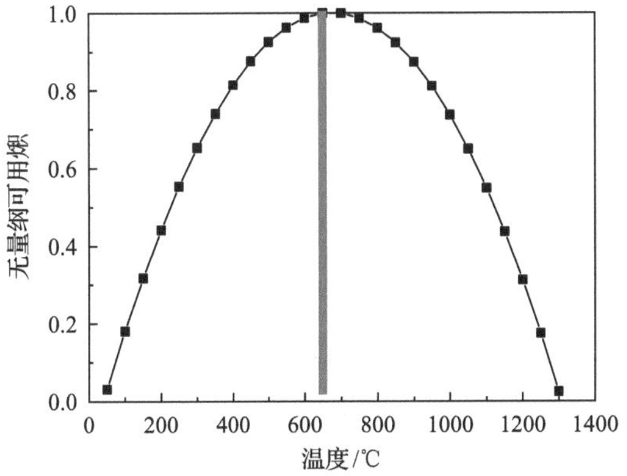

(a) 转炉燃烧系统(转炉出口/汽化冷却烟道入口煤气温度为1594~1654℃)

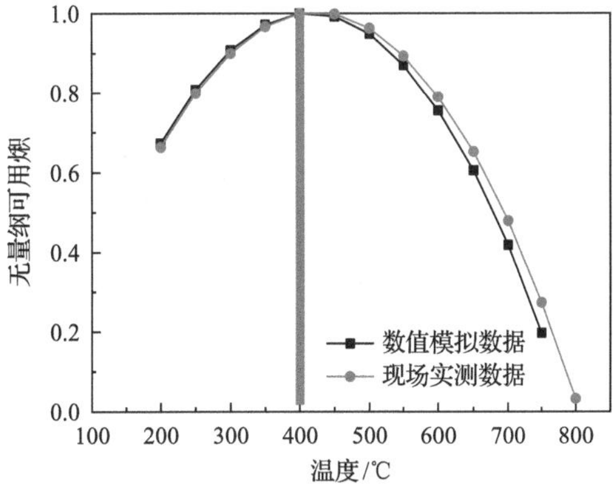

(b) 余热锅炉(汽化冷却烟道出口/余热锅炉入口煤气温度为215~977℃)

图 8.3 煤气当量热源温度与可用㶲的关系图

8.1.2 转炉煤气热力学描述——物质流、能量流、㶲流和碳流分析模型

国内外关于转炉煤气分析模型的研究，主要集中在转炉工序能耗的热平衡分析模型。为了从数学上描述工业炉窑生产工艺流程的物质流与能量流，借鉴殷瑞钰[8]提出的钢铁制造流程工序功能集合的解析思路，魏小林等[9]采用流程网络来描述水泥炉窑的物质流与能量流平衡。Grip 等[10]使用 MILP 方法的数学编程，开展了钢铁厂、热电生产和集中供热系统的㶲分析和夹点分析，给出了应用实例，其中㶲分析描述涉及不同类型的能量问题，夹点分析用于具有热流和热交换的局部系统。Zhang 等[11]提出一种应用于炼钢余热回收和碳排放潜力研究的混合物质流和能量流量化分析方法，分析能量流动路径及其转换规律，建立比能耗和直接二氧化碳排放的评价指标。杜佳[12]针对转炉炼钢的能量平衡问题，对转炉炼钢的热平衡进行计算分析，建立了转炉工序能耗的分析模型，结果表明，理想工况条件下，最大煤气和蒸汽回收量分别为 128.83m^3/h 和 71.63kg/t，负能炼钢要求转炉煤气和蒸汽平均回收量达到 88m^3/h 和 52kg/t。杨文远等[13]研究转炉炼钢节能的技术问题，进行了 300t 转炉的热平衡分析。赵锦[14]提出一种全干式的转炉煤气除尘及余热回收工艺，并对南钢转炉生产展开余热回收的热平衡分析，研究表明，该工艺下每座转炉蒸汽和煤气平均回收量为 32.81t/h 和 94.48Nm^3/t 钢，同比提高了 67.40%和 19.18%。目前，针对煤气余热回收㶲流和碳流的分析相对较少，这两种流动对于能流的梯级利用和“双碳”目标的实现具有重要意义。

1. 物质流[9]

若以转炉烟气净化与回收系统为研究对象，控制体的输入物质主要由三部分组成，包括转炉煤气、补燃气体(空气或氧气)、进入汽化冷却烟道的冷却水。输出物质为两部分，包括转炉煤气(包括经过补燃后的放散煤气)和饱和蒸汽。在进料装置和热回收系统中，输入和输出之间的物质流动没有变化。由质量守恒定律可知，节点内输入物质流量之和应等于输出物质流量之和。汽化冷却烟道中冷却水和饱和蒸汽的输入和输出不变。当进出一个节点的物质达到平衡时，该节点的物质流量满足以下方程：

$$\sum_{i=1}^{M} m_i - \sum_{j=1}^{N} m_j = 0 \tag{8-5}$$

式中：M 为从另一个节点或从控制体积外进入一个节点的组分数量；N 为离开一个节点进入另一个节点或脱离控制体积的组分数量；m_i 为进入节点的第 i 种物质的质量流量，kg/s；m_j 为离开节点的第 j 种物质的质量流量，kg/s。

如果进入节点的物质存在化学反应(如燃烧)和物理变化(如相变)，则还需要进一步考虑组分之间的定量关系。k_{ij} 为物质 i 在节点中转化为物质 j 的数量系数。化学反应平衡方程式和物理变化的系数可以用来确定定量关系，这是匹配物质流和能量流的关键。因此，离开节点的物质 j 的质量流量可以用进入节点的物质 i 的质量流量表示为

$$m_j = \sum_{i=1}^{M} \left(k_{ij} \times m_i\right) \tag{8-6}$$

2. 能量流[9]

由能量守恒定律可知，节点输入能量之和应等于节点输出能量之和。若将余热回收系统中的能量流动简化为能量保持恒定的能量传递装置，则控制体的输入能量是转炉煤气燃烧热和显热、助燃气体显热、进入汽化冷却烟道的冷却水显热、风机和水泵等设备的电能。输出能量包括转炉煤气的化学热和显热、饱和蒸汽潜热和显热、设备墙体和管道散热损失。当一种物质进出一个节点时，其显热都伴随着它进出。同时，如果物质成分发生化学反应或物理变化，就会发生化学反应热或物理潜热变化。物质的显热表示为

对于固体：

$$Q_{\text{sen}} = c m_k T \tag{8-7}$$

对于气体：

$$Q_{\text{sen}} = c V_k T \tag{8-8}$$

式中：c 为物质的平均定压比热，kJ/(kg·K)或 kJ/(m^3·K)；m_k 为第 k 种物质的质量流

量，kg/s；T 为温度，K；V_k 为第 k 种物质的体积流量，m^3/s。物质潜热的计算公式为

$$Q_{lat} = \sum_{i=1}^{M}\sum_{j=1}^{N}\Delta m_{i\to j}\cdot\left(L_{i\to j}+\Delta H_{i\to j}\right) \tag{8-9}$$

式中：$\Delta m_{i\to j}$ 为物质在节点中转化的质量流量，kg/s；$L_{i\to j}$ 为化学反应热，kJ/kg；$\Delta H_{i\to j}$ 为相变潜热，kJ/kg。因此，当进入和离开节点的能量达到平衡时，节点的能量流满足式(8-10)：

$$Q_{sen,in} - Q_{sen,out} + Q_{lat} = 0 \tag{8-10}$$

能量效率为有效能量与总输入能量之比：

$$\eta = Q_{eff} / Q_{in} = Q_{eff} / \left(Q_{sen,in} + Q_{lat}\right) \tag{8-11}$$

式中：Q_{eff} 为有效能，kW；Q_{in} 为总输入能量，kW。一般根据单位质量钢的能耗(MJ/kg)来讨论比能耗(specific energy consumption，SEC，MJ/kg)，包括输入的比化学热、显热及比电功率，因此有

$$SEC = Q_{in} / m_s \tag{8-12}$$

式中：m_s 为与煤气量对应的转炉钢产量，kg/s。

3. 㶲流

根据热力学第二定律可以分析转炉烟气净化及回收系统的能量利用潜力和㶲效率。进入系统的㶲($E_{x,in}$)包括转炉煤气化学㶲和物理㶲。有效㶲($E_{x,eff}$)包括转炉煤气回收的化学㶲和 850～1500℃煤气显热回收的物理㶲(饱和蒸汽)。㶲耗散或外部㶲损失($E_{x,loss}$)是指有一定能量利用潜力的㶲，若采取适当的技术手段，㶲损失则尽可能地减少。例如，针对转炉煤气全干法 150～850℃煤气显热利用及放散煤气有组织高效燃烧(如将煤气放散率从 6%降低至 1%并利用其热量)，采用回收煤气显热的余热锅炉等技术，可以将现有转炉的饱和蒸汽产量提高一倍。不可逆㶲损失(I)是指无法回收利用的由不可逆性造成的内部㶲损失或㶲破坏，以及吸热和放热反应、不受控制的混合现象、有限温差传热、伴随摩擦的流动过程的耗散效应等原因形成的不可回收利用的㶲。考虑到计算基于状态量，假定系统的每个状态都保持在一个恒定的温度，㶲的计算公式为

$$E_{x,j} = \left(1 - T_0 / T\right) Q_j \tag{8-13}$$

式中：$E_{x,j}$ 为第 j 种物质的㶲，kJ；T 为转炉煤气温度，K；Q_j 为第 j 种物质所含的能量，kJ/s。

一般㶲平衡可以表示为

$$E_{x,in} = E_{x,out} + I = E_{x,eff} + E_{x,loss} + I \tag{8-14}$$

㶲效率为输出㶲 $E_{x,out}$ 与输入㶲 $E_{x,in}$ 之比：

$$\eta_{E_x}=E_{x,\text{out}}/E_{x,\text{in}}=1-I/E_{x,\text{in}} \tag{8-15}$$

有效㶲效率的表达式为有效㶲 $E_{x,\text{eff}}$ 与输入㶲的比值：

$$\eta_{E_{x,\text{eff}}}=E_{x,\text{eff}}/E_{x,\text{in}}=1-\left(I+E_{x,\text{loss}}\right)/E_{x,\text{in}} \tag{8-16}$$

㶲性能系数(exergy performance coefficient，EPC)[15]是一个关键的无量纲参数，与 $\eta_{E_{x,\text{eff}}}$ 和 I 直接相关。该参数值越大，系统的整体性能越好。EPC 的计算公式为

$$\text{EPC}=E_{x,\text{eff}}/I=\eta_{E_{x,\text{eff}}}E_{x,\text{in}}/I \tag{8-17}$$

4. 碳流

碳排放来自转炉煤气本身及其补燃，前者主要为 CO，后者为 CO_2。燃烧反应方程式为

$$2CO+O_2\longrightarrow 2CO_2 \tag{R8-1}$$

对于热能生产，根据反应(R8-1)中转炉煤气质量(m_{fuel})、平均燃烧效率(η_{fuel})和计量系数，以及 CO 和 CO_2 的组分质量分数(w_{CO} 和 w_{CO_2})，可以分别计算出 CO 和 CO_2 排放量。这些测量系数称为排放因子(emission factors，EF)，由反应(R8-1)可知 EF=1。因此，复合 CO_2 质量排放量[16]可以计算为

$$m_{\text{CO}}=m_{\text{fuel}}\cdot w_{\text{CO}}\cdot\left(1-\eta_{\text{fuel}}\right) \tag{8-18}$$

$$m_{\text{CO}_2}=m_{\text{fuel}}\cdot\left(w_{\text{CO}_2}+w_{\text{CO}}\cdot\eta_{\text{fuel}}\cdot\text{EF}\right) \tag{8-19}$$

复合 CO_2 质量排放量为

$$m_{\text{CO}_2,\text{com}}=m_{\text{CO}}+m_{\text{CO}_2} \tag{8-20}$$

式中，m_{fuel} 为煤气质量流量，kg/s；EF 为排放因子，kg CO_2/kg；m_{CO}、m_{CO_2} 分别为 CO、CO_2 的质量流量，kg/s；$m_{\text{CO}_2,\text{com}}$ 为复合 CO_2 质量排放量，kg/s。

上述物质流、能量流、㶲流和碳流均可采用桑基图进行展现。

8.1.3 转炉煤气和余热蒸汽回收利用技术及发展趋势

1. 转炉煤气和余热蒸汽回收的基础研究[17-19]

(1)理论研究。以钢厂实际运行数据为研究背景，计算在原始工作环境下产生的煤气和蒸汽量，采用基于㶲理论的转炉煤气波动性热源评价原则，将瞬态多变热源问题转换为阶梯型稳态热源问题进行求解，再利用流程网络图和节点分析法，构建转炉煤气回收数学模型，开展转炉煤气物质流、能量流、㶲流和碳流分析及相关热力学描述，最终获得节能潜力、目标和方向。

(2) 数值模拟研究。对现有转炉汽化冷却烟道煤气和汽水混合物侧工况进行数值模拟，得到温度场、速度场和浓度场，提出强化换热的改进建议，如探寻最佳管径、长度等，对比分析改进前后汽化冷却烟道煤气和汽水混合物侧的工况，并计算改进后蒸汽回收增量。

(3) 实验与试验研究。包括原理性验证实验、小试、中试和工业示范。通过实验研究结果掌握基本规律；小试和中试作为工业示范、产业化的技术基础，以解决大部分技术瓶颈问题，确保技术成功应用与推广。

2. 转炉煤气和余热蒸汽的回收技术[1]

(1) 新建、改建、扩建转炉炼钢生产线，必须配套建设煤气和余热蒸汽的净化、潜热和显热回收、利用系统；同时加大力度研发与应用全干法煤气显热回收技术等。

(2) 提高全流程计算机控制水平，通过实时在线监控系统检测转炉煤气和余热蒸汽的实际情况，利用控制程序随时调整回收期、蒸汽输出、汽包水位等，杜绝煤气异常回收、蒸汽和热水异常排泄现象，增大吨钢能源回收量，降低比能耗。

(3) 在源头提高煤气的回收量和质量，保持良好的供氧和造渣制度，减少炉口积渣和喷溅现象。提高余热蒸汽的回收量和质量：一方面，选择高性能热交换器、蓄热器和软水，充分回收显热；另一方面，增加高温除尘器、钢渣和烟罩等部件的余热回收，扩大源头余热回收总量。

(4) 在过程中减少煤气损耗：一方面，通过炉口和烟罩处压力的自动调节，减少煤气与外界空气接触，减少烟罩内煤气燃烧量；另一方面，改善系统机械结构和管道结构，减少泄漏。减少蒸汽和热水流失及排泄损耗，点检维护关键门和烟罩给水泵系统，保持良好无故障状态，同时在检修时采取分段隔离方式。

(5) 在末端减少有用煤气放散：一方面，合理扩大煤气回收范围；另一方面，将放散煤气的化学热和显热回收后再排放，减少能源浪费和热污染。

3. 转炉余热余能利用技术

(1) 蒸汽直接用于真空精炼系统，如多级蒸汽喷射泵、蒸汽喷射-水环真空泵。

(2) 钢铁废气（焦炉与炼钢煤气）结合进行热电联产，转炉煤气显热回收用于发电和除湿，新型工质（如有机工质、CO_2）循环发电和冷热联产。

(3) 煤气余热分解废轮胎生成高品质气体燃料，进行海水淡化等。

4. 转炉绿色低碳排放

(1) 大力研发放散煤气高效利用、碳捕获利用与封存（carbon capture utilization and storage, CCUS）、煤气循环、碳捕集与余热回收耦合、CO_2 转化和利用、固碳增效、富氢气体及氢气还原铁矿、高炉煤气（blast furnace gas, BFG）分离 CO_2、工业共生等技术，推动转炉炼钢低碳工艺革新和数字化转型。开展碳达峰试点园区建设，坚持节能优先方针，强化重点用能设备节能管理，实施能量系统优化、节能技术改造等重点工程。

(2) 以节能降碳为导向，修订产业结构调整指导目录。加快能耗限额、产品设备能效强制性国家标准制订和修订，制定钢铁行业和领域碳达峰实施方案，完善环境保护、节能减排约束性指标管理，推动碳排放权市场化交易等。

8.2 转炉煤气余热利用技术

转炉是炼钢的核心工艺，转炉冶炼过程中产生的高温煤气和熔融炉渣存在大量的余热、余能。

8.2.1 转炉炼钢工序能源消耗

转炉炼钢工序能源消耗是指在统计期内转炉工序生产 1t 合格产品所消耗的能源量，根据《转炉工序能效评估导则》(GB/T 34194—2017)[20]，转炉炼钢工序的能源消耗与能源回收情况如下：主要的能源消耗包括氧气、氮气、电力、新水、压缩空气、氩气、焦炉煤气、蒸汽等，能源回收包括转炉煤气和饱和蒸汽。转炉负能炼钢是指转炉炼钢工序消耗的总能量小于回收的总能量。转炉炼钢工序能耗(kgce/t)是指转炉制造每吨合格产品所用的各种能源与回收的能源之差，其计算公式如下：

$$\text{工序单位能耗} = (\text{能源消耗量} - \text{能源回收量}) / \text{钢产量} \tag{8-21}$$

在转炉冶炼过程中，碳氧反应是重要的化学反应，其生成物主要是 CO 气体，也有少量碳与氧直接作用生成 CO_2。转炉煤气温度可达 1600℃，包括大量的余热、余能。理论上转炉工序实现负能炼钢是可行的，因此国家确定了转炉工序能效标杆水平为–30kgce/t。

8.2.2 转炉汽化冷却烟道余热回收技术

1. 汽化冷却烟道基本构造

汽化冷却烟道也称为氧气转炉余热锅炉，是以氧气转炉炼钢排放的煤气显热(包括少量可燃气体燃烧产生的热量)作为热源的烟道式余热锅炉，常用于转炉煤气冷却及热能回收。该装置主要由活动烟罩、炉口段烟罩、烟道、下料口罩、氧枪口罩、副氧枪口罩、锅筒、引出管、下降管等部件组成，常根据现场条件进行选择搭配。

1) 活动烟罩

活动烟罩(裙罩)是由环形集箱或直集箱和管子组成的管式受压部件，是转炉煤气排放的通道，小部分 CO 可燃气体在罩内燃烧。该装置常用于转炉炉口与汽化冷却烟道的密封，以及炉口喷出转炉煤气及其燃烧产物的收集，在降低煤气外泄危害的基础上，最大限度地回收煤气，减少与空气接触引发的煤气燃烧和冷热流体混合显热消耗。考虑到转炉需要频繁倾倒，烟罩也需要配合炼钢工艺操作要求反复完成上下升降或者平移，因此烟罩被设计为活动装置，该装置及其冷却循环水管道与外部固定管道的连接决定了煤气回收的品质。采用机械密封是为了克服砂封密封不严，水封易积尘泥、结构复杂、质量大，氮气密封耗氮量高，泄漏后会降低煤气品质等缺陷。该活动烟罩随动密封技术中，活动烟罩和焊接在其上的保护法兰、随动密封圈同心套装于汽化冷却烟道并固定在烟道外壁。

冷却循环水管道常采用金属软管、金属波纹补偿器等方式连接和固定管道，但这些方式存在耐压耐温低、易折易漏、更换周期短等问题，严重时容易引发爆管等，影响生产。柔性装置由球体头、管道和弯头组成柔性管道，共同放置于带检修门的箱体内，其一端固定在箱体框架，与汽水循环管道相连，另一端与活动烟罩连接，在外罩管道活动槽内做上下运动，实现活动烟罩与固定管道的柔性连接。另外，平衡机构一端与活动部前端相连，另一端与活动部后端相连，在活动端球体头的前后管道上设置平衡型链轮链条结构，确保活动部第一组球体头的前后管段在上下运动过程中保持水平、运动灵活、阻力最小。

2) 炉口段烟罩、氧枪口罩和下料口罩

炉口段烟罩是由环形集箱和管子或管子隔板结构组成的管式受压部件，也是转炉煤气入口通道，工艺要求在该段烟道上设置固定位置的氧枪孔和下料口。氧枪口罩是由环形集箱、隔板、管子、管子隔板结构组成的受压部件，与氧枪之间设氮封或者汽封装置。下料口罩是由环形集箱、隔板、管子、管子隔板结构组成，并采取防磨措施的受压部件，与下料口之间设氮封装置以防止煤气进入料仓。

3) 烟道

烟道是汽化冷却烟道的主体，是由环形集箱、集箱和膜式水冷壁管、密排管、管子隔板结构组成的内部空间，属于管式受压部件，是煤气的通道，包括斜烟道、转角烟道和尾部烟道等，可根据炼钢工艺检修要求进行分段布置和安装。冷却形式、烟道管壁和长度、管子数量、管径和间隔距离等都是决定汽化冷却烟道冷却性能的关键因素。

4) 环形集箱

环形集箱是整体呈椭圆形或圆形的环形管式受压元件，用于连接并列管子，且汇集和分配各管工质流量和流速。

5) 冷却循环回路

冷却循环回路由低压和高压冷却水回路组成。低压冷却水回路由烟罩、氧枪口罩和下料口罩组成；高压冷却水回路由烟罩、烟道组成。低压冷却水回路中冷却水由低压泵送入除氧水箱，再通过给水泵供给汽包。高压回路中吹炼期冷却水通过自然循环节约电能，非吹炼期切换到强制循环；水在吹炼期部分汽化，在汽包中汽水分离，蒸汽被送入蓄热器。

2. 转炉干法除尘系统中汽化冷却烟道的总体设计和制造

针对吹氧期间产生的高温、高尘煤气对汽化冷却烟道辐射换热器造成强烈的热冲击、灰磨蚀等问题，研制出一种运行安全稳定、使用寿命较长，并且能稳定地将余热锅炉出口煤气温度控制在850℃左右的转炉干法除尘系统中的汽化冷却烟道，如图8.4所示。

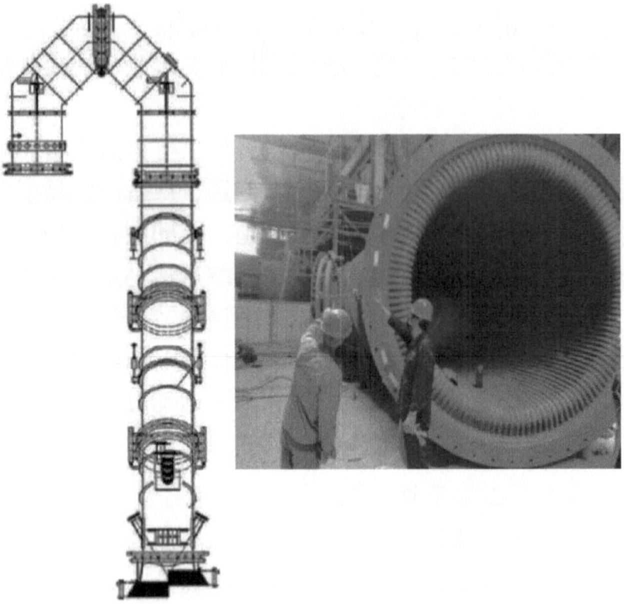

图 8.4　转炉汽化冷却烟道

余热锅炉的汽化冷却烟道包括：由下向上依次连通的炉口段烟道、中Ⅰ段烟道、中Ⅱ段烟道、中Ⅲ段烟道、尾部烟道炉口段烟道以及膨胀补偿器，设计时使得炉口段烟道、中Ⅰ段烟道能够具有轴向膨胀余量，最大轴向位移量可达 120mm，满足了汽化冷却烟道受热膨胀的轴向位移需求，延长了转炉余热锅炉的使用寿命。活动烟罩采用低压强制循环的冷却方式，炉口段烟道采用高压强制循环的冷却方式，中Ⅰ段烟道、中Ⅱ段烟道采用自然循环的冷却方式，中Ⅲ段烟道、尾部烟道采用高压强制循环的冷却方式，上述多种组合的冷却方式能稳定地将经转炉余热锅炉冷却后的高温转炉煤气的温度控制在一定范围。中Ⅰ段烟道、中Ⅱ段烟道后侧底部的第一换热管中沿汽水流向均设置螺旋上升状的扰流板，能有效防止换热管爆裂，同时提高转炉高温煤气的换热效率，保证转炉余热锅炉高效稳定运行。

3. 汽化冷却烟道研究进展

Engelmann 等[21]模拟分析了转炉煤气冷却系统回路的动态特性(图 8.5)，并用实际钢厂的运行数据验证了计算结果的可靠性。该系统为热水循环冷却系统，包括活动烟罩、汽化冷却烟道、膨胀罐汽包、热交换器、循环泵及连接管道。338K 左右的循环水由循环泵提供动力进入冷却系统回路，与冷却烟道内的烟气进行热量交换，升温至 360～385K 后汇入汽包中，再经过热交换器，被冷却至 338K 左右进入循环泵，完成一次循环。研究表明，系统吹炼时间约为 1000s，吹炼中期烟气波动较大，表现为进出口水温出现明显峰值，温差达 47K。吹炼期汽包水位呈明显上升趋势，非吹炼期进出口水温呈缓慢下降趋势。冷却回路的主要设计依据是系统允许的最大压力和最高温度，在给定最大运行压力后，允许的最高冷却烟道出水温度已确定，与相关沸腾温度的安全裕量为 10～320K。

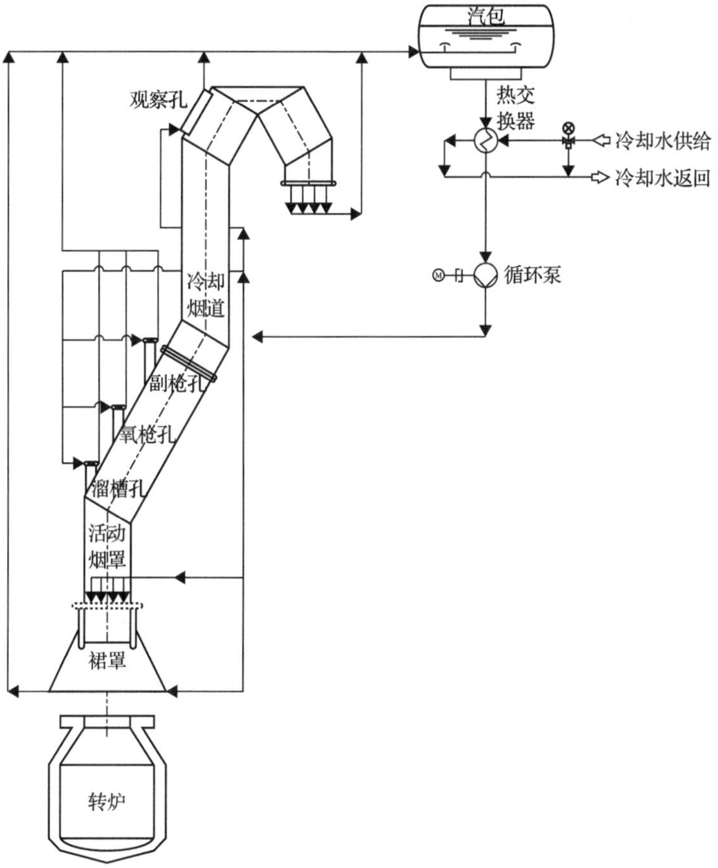

图 8.5　转炉煤气冷却系统回路流程图[21]

8.2.3　转炉余热蒸汽蓄热技术

实现转炉负能炼钢最重要的是煤气及其余热的回收和利用。转炉煤气回收通常采用 OG 法或 LT 法，符合要求的煤气被回收到煤气柜再利用，而吹炼前期和后期的部分煤气因氧含量过高不能满足回收工艺对煤气质量的要求，通常经过显热回收后，以燃气引燃的形式放散。

煤气余热回收利用通常指采用汽化冷却烟道回收显热生产蒸汽，再通过直接利用、动力回收利用和中低温热泵利用三种方式回收。直接利用对工艺技术要求低且方便，可将蒸汽作为二次能源直接用于工艺流程，或者用于预热空气和煤气、干燥物料、生产工业和生活用蒸汽和热水、制热制冷，以及作为多级蒸汽喷射泵真空精炼系统气源等。动力回收是最常见的一种利用方式，其将产生的蒸汽通过汽轮机组发电，利用低品位余热产生高品位电能。中低温热泵可将中低温热能转变为较高温度热能，提高热能利用率，如有机工质和 CO_2 热泵冷热联供、溴化锂吸收式制冷、制氧、毛细泵环等。

蒸汽蓄热技术是转炉煤气显热利用的关键，由于转炉的间歇性工作的特点，因此转炉汽化冷却烟道产生的较高压力蒸汽(如 2.2MPa)首先进入蓄热器，然后再闪蒸出较低压力的饱和蒸汽(如 1MPa)，实现饱和蒸汽稳定连续的输出。转炉蓄热技术的发展趋势是不断提高蒸汽压力(如 4MPa 以上)，同时也考虑采用熔融盐蓄热的方式，以提高转炉蒸汽的品位。

1. 新型蒸汽蓄热技术发展背景

从 20 世纪 80 年代开始，我国通过自主研发和引进技术相结合，使蒸汽蓄热器的设计与制造技术得到较好发展。钢铁企业余热蒸汽利用主要分为两类：连续使用(如采暖、伴热、泵类驱动、发电等)和间断使用(如加热、吹扫、真空泵引射等)。大型钢铁企业用户数量多、分布广，蒸汽管网需求侧的热负荷相对稳定，因此采用蓄热技术，将间断生产、波动供应的余热以相对稳定的形式供应管网，提高热利用效率，同时避免煤气放散造成的水和热资源浪费，减少热和噪声污染，获得可观的经济和环保效益。由此可见，钢铁企业对大型蓄热技术需求迫切。

虽然蓄热技术有许多优点，但是仍然存在投资成本高(压力增大导致蓄热器壁厚成比例增加引起材料增多、制造工艺和运输成本增加、性能限制需多个蒸汽蓄热器串并联使用)、系统繁杂、占地面积大等问题，在经济上也逊色于高峰备用锅炉或燃气轮机，在一定程度上阻碍了蓄热技术的发展和应用。有研究表明，将高压(高于 5MPa)蒸汽蓄热器作为瞬时蓄能设备，可以在几秒内供应蒸汽，避免电压降低，具备经济性。另外，预应力铸铁压力容器技术在一定程度上缓解了蓄热技术投资成本高、系统繁杂、占地面积大的压力。

目前还需解决的关键问题主要包括：①转炉生产的间歇性和波动性带来的供汽间断和波动问题；②蒸汽品质问题，如过热度、压力等；③汽化冷却烟道、余热锅炉的工作状态，与蒸汽蓄热器及其后续发电系统或者蒸汽管网之间的生产管理协调问题。

2. 蓄热原理

蒸汽蓄热器是一个体积和热容积都很大的变压水容器，每一个压力都对应固定的水位和饱和温度，随着供汽系统压力的升高或降低，蓄热器进行吸热或放热过程，在系统负荷减小时从供汽侧吸收并储存多余蒸汽，负荷增加时送出蒸汽。水既是和蒸汽进行热交换的传热介质，又是储存热能的载热体，可以将容器中的软水作为载热体间接储蓄蒸汽。在压力容器中储存高压热水，当耗气侧蒸汽消耗量减少或者供汽侧蒸汽产生量增多时，把多余的蒸汽引入蓄热器，通过喷嘴与水混合，将显热和潜热释放于水中，同时冷凝成水的一部分，此时容器水位上升，水温和压力也随之升高，形成具有一定压力的饱和水，使水的热焓上升到引入蒸汽压力相应的饱和水焓，此为蒸汽蓄热器的吸热过程。反之，当耗气侧蒸汽消耗量增加或者供汽侧蒸汽产生量减少时，蒸汽管道和蓄热器内的压力随之下降，由于蓄热器内水温高于该压力对应的饱和温度，一部分水过热沸腾，自蒸发产生蒸汽增加供汽量，送往耗气侧，此时蓄热器内压力、水的热焓和水位均降低，此为蒸汽蓄热器的放热过程。间歇性热源通过蒸汽蓄热技术可以实现较平稳的负荷调节。

3. 技术/设备发展现状

González-Roubaud 等[22]综述了蒸汽蓄热器的研究进展，提出储能系统的特性主要包括容量、功率、效率、充放电时间、热和电成本等，并指出蒸汽蓄热器在瞬态补偿方面具有优良的反应时间和充放电效率指标。Alva 等[23]针对熔融盐蓄热系统，提出蒸汽蓄热器存在蒸汽压力高、管内两相流不稳定、启动时需要辅助保护加热系统等问题。目前，学者[24,25]基于质量和能量守恒定律，构建蒸汽蓄热器充放热动态数学模型，开展理论分析、数值模拟与优化、实验验证研究，指出蒸汽蓄热技术可以提高系统效率及稳定性、降低成本和污染。以蒸汽为介质的显热式蓄热技术相对成熟，有广泛应用前途。

蒸汽蓄热器适用于用蒸汽负荷波动较大、瞬时耗汽量极大、汽源间断供汽或者流量波动的供热系统，以及需要储存蒸汽供随时使用的场合，其可以节省热源能量，提高供汽能力、节省建设投资，降低热源故障率、延长使用寿命，保持供汽压力稳定、提高产品产量和质量，减轻工人劳动强度、节省劳动力，提供应急蒸汽储备。目前，国内采用的蒸汽蓄热器主要为卧式和立式圆筒蓄热器(也有少量球式蓄热器)，其性能对比如表 8.1 所示。

表 8.1　两种圆筒蓄热器的性能对比

参数	卧式圆筒蓄热器	立式圆筒蓄热器
蒸汽空间	5%～25%	5%
蒸发面积	大	小
蒸发面积/蒸发体积	$1m^2/5m^3$	—
汽水分离高度	小	大
放热蒸汽含湿量(品质)	高	低
加热深度	浅，不大于 3m	深，大于 10m
压力损失	小	大
充热循环管循环范围	小，单根管管辖范围不大于 3m×3m，储水无温度分层	小，储水无温度分层
占地面积	大	小
占地面积/体积	$1.2m^2/1m^3$	$0.12m^2/1m^3$
要求的强度和稳定性	较低，检修方便	较高，检修不方便
加工工艺、运输等	普通制造、整体热处理、公路运输等条件，控制在直径为 3400mm、长度为 25000mm 以内	受技术条件限制，尚无大型实例

4. 蓄热系统组成[26]

蒸汽蓄热器主要包括筒体、充汽排汽装置、附属装置、绝热保温装置和自动调节装置等五个部分。下面将分别进行介绍。

1) 筒体

筒体是储存用于蓄热或放热功能的热水和蒸汽介质的压力容器。运行时容器下部分和上部分分别为水和汽空间，内部有吸放热装置。该部件的设计要求为强度耐压，制造简单、费用低，用料、质量、占地面积和比表面积均较小，蓄热效率高。因此，选用圆筒或者球形为基本形状，其两端采用半球、椭圆或者碟形封头。选择蓄热器直径时需综合考虑制造工艺（如拼焊、退火等）、费用及钢板尺寸等，一般中小型蓄热器筒体直径为 2～3m。

2）充汽排汽装置

充汽排汽装置用于实现蓄热和放热两个功能。蓄热过程要求充热时蓄热器内水温快速均匀，且压力损失小。因此，当水容积深而充放热压差小时，常采用蒸汽喷头和循环套管实现良好的对流循环。在卧式圆筒蓄热器内，该部件呈双排或者单排布置，结构为：主蒸汽管沿水平方向分成左右两根配汽总管，再接出若干垂直支管，末端装有喷头，将蒸汽分成小股高速喷入水中，形成相对密度较小的汽水混合物且强制对流，同时支管外配套大直径水流循环管，组成加热换流装置。

3）附属装置

附属装置主要包括止回阀、压力计、液位计、温度计、安全阀、给排水阀、空气阀等，用于止回、测压力和液位、调整水和空气、确保安全等，协助其他部件完成工作。止回阀安装在与供汽侧并联蒸汽蓄热器的进汽口、排汽口两侧或者串联蒸汽蓄热器进汽口单侧，可防止蓄热器放热时，热水倒流引起水击和蒸汽带水。另外，可在邻近止回阀的前方或者后方安装一个截止阀用于检修。压力计用于监视蒸汽蓄热器内的压力，通孔安装于筒体的汽空间。液位计用于监视蒸汽蓄热器初始和运行水位。温度计用于监视蒸汽蓄热器内水和蒸汽的温度。压力、液位和温度是蒸汽蓄热器充放热工况的重要检测目标。安全阀用于维持设备和管道内的安全压力，安装在集汽室或者筒体顶部汽空间范围内。给排水阀用于给水和排水，维持汽空间高度和水量，在筒体底部安装排水阀，用于维持排水，排水管可以与锅炉给水箱相连，回收排水及其热能，进水管安装在筒体水平中心线高度处，以便在初始和蓄热状态补充软水，常在进水管上安装给水阀和止回阀各一个。空气阀用于初始加水状态排出筒体内空气，维持排水状态将空气引入筒体内避免真空，因此空气阀安装在筒体顶部高点。

4）绝热保温装置

绝热保温装置用于高温筒体及其内部水和蒸汽的绝热与保温，降低大温差导致的壁面散热损失。考虑到蒸汽蓄热器一般安装在室外，因此还需敷设防水层防止雨水侵蚀。

5）自动调节装置

自动调节装置是蒸汽蓄热器实现频繁和迅速蓄热及放热的自动化装置，主要包括压力和流量自调节装置，可以根据用汽设备需求选用。

5. 关键部件设计方法

蒸汽蓄热器的设计流程如图 8.6 所示，主要分为两部分：结构设计和热工计算。其中结构设计是热工计算的基础和前提。结构设计主要是针对蒸汽蓄热器各部件材料、尺寸、数量、位置、型号、结构、连接方式、强度等进行设计计算和校核。热工计算主要是确定蓄热和放热的工况条件（包括压力、温度等）及其对应的水和蒸汽热物性参数值、蓄热量、单位蓄热量(比蓄热量)、蓄热速率、放热速率、充水系数等。下面阐述部分重要参数的计算方法[26]。

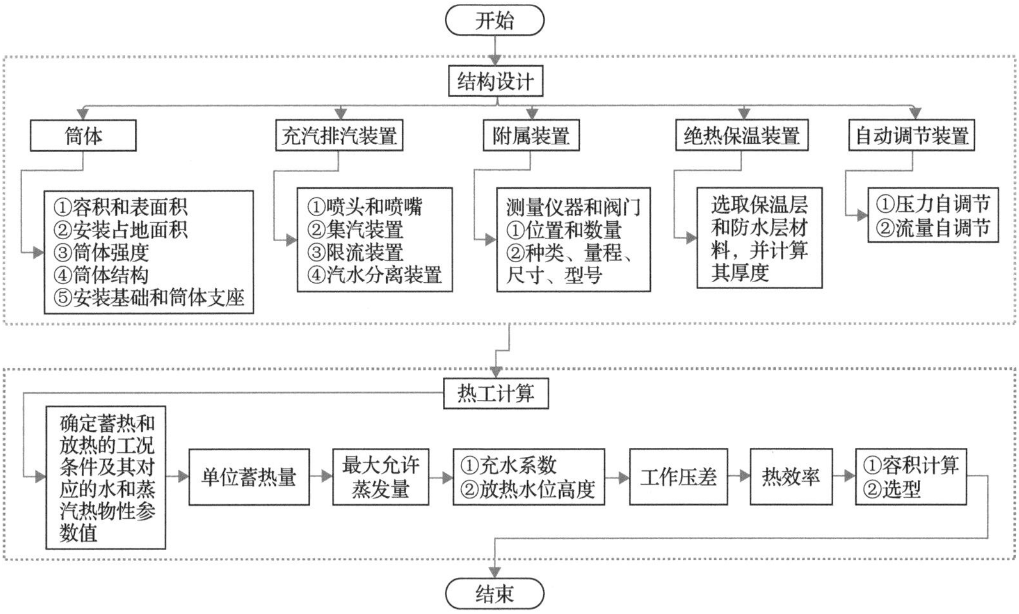

图 8.6　蒸汽蓄热器的设计流程[26]

(1)单位蓄热量 g_0 (kg/m^3)：水单位容积的蓄热量(蒸汽)。

$$g_0 = \frac{G_1 - G_2}{G_1 v_1} = \frac{1}{v_1}\left[1 - \exp\left(\int_{P_1}^{P_2} \frac{\mathrm{d}s}{r/T}\right)\right] \tag{8-22}$$

式中：G_1 和 G_2 分别为蓄热器中压力为 P_1 和 P_2 时的水量，kg；v_1 为压力 P_1 时水的比容，m^3/kg；P_1 和 P_2 分别为蓄热压力(初压)和放热压力(终压)，MPa；$\mathrm{d}s=\mathrm{d}q/T$ 为水的熵值变化，kJ/(kg·K)；r 为水的蒸发潜热，kJ/kg；T 为水的热力学温度，K。

工程设计中单位水容积蓄汽量的近似计算法：

$$g_0 = g / v_1 = \frac{i_1 - i_2}{\dfrac{i_1' + i_2'}{2} - i_2} \Bigg/ v_1 \tag{8-23}$$

式中：g 为 1kg 饱和水从压力 P_1 降至 P_2 时产生的蒸汽量，kg/kg；i_1 和 i_2 分别为压力 P_1 和 P_2 时的饱和水焓，kJ/kg；i_1' 和 i_2' 分别为压力 P_1 和 P_2 时的饱和蒸汽焓，kJ/kg。

(2)最大允许蒸发量 $g_{\max}$ (t/(m^3·h))：基于对蒸汽干度的要求得到的允许蒸发限度。

$$g_{\max} = (2.35 + 0.014P)\rho_{\mathrm{w}}^{-0.715} \tag{8-24}$$

式中：P 为蓄热器内的压力，MPa；ρ_{w} 为蓄热器内水的密度，kg/m^3。

(3)充水系数 φ(%)和放热水位高度 h(m)：充水系数是水容积占蓄热器总容积的比

值，为 75%～95%。放热水位高度为

$$h = \frac{V_1\rho_1 - V_1 g_0}{\rho_2} \Big/ S \tag{8-25}$$

式中：V_1为蓄热结束后的水容积，m^3；ρ_1和ρ_2分别为蓄热和放热结束后水的密度，kg/m^3；S为筒体截面积，m^2；g_0为单位水容积的蓄汽量，kg/m^3。

(4) 工作压差 ΔP(MPa)：蓄热量与蓄放热压差成正比，蓄热压力不大于供汽侧工作压力，放热压力不小于最低用汽压力。

$$\Delta P = P_1 - P_2 = P_0 - \Delta P_1 - \left(P_3 + \Delta P_2\right) = P_0 - P_3 - \left(\Delta P_1 + \Delta P_2\right) \tag{8-26}$$

式中：P_0为汽源供汽压力，MPa；ΔP_1和ΔP_2分别为由汽源到蓄热器内的压降和由蓄热器内到耗汽侧入口的压降，一般取 0.05MPa；P_3为耗汽侧压力，MPa。

(5) 热效率η (%)：周期内放热输出能(焓或者㶲)与蓄热输入能(焓或者㶲)之比，热损失包括停滞热损失(散热)和蓄放热热损失(热传导、节流和混合热损失)。

$$\eta = \frac{Q_2}{Q_1} \times 100\% \tag{8-27}$$

式中：Q_1和Q_2分别为蓄热输入和放热输出的能量，kJ。

(6) 容积 V(m^3)及选型：国家产品型号固定，因此计算得到蒸汽蓄热器的容积即可选型。

$$V = \frac{G}{g_0 \times \eta \times \varphi} \tag{8-28}$$

式中：G为蒸汽蓄热器需求的总蓄汽质量(蒸汽)，kg。

8.3 转炉烟气全干法余热回收中试研究

中国科学院力学研究所在中试平台上开展了转炉烟气全干法余热回收试验研究，余热回收装置包括平衡型活动烟罩柔性装置、汽化冷却烟道、烟管式急冷换热器、催化燃烧放散煤气预热装置和显热回收装置等。

8.3.1 汽化冷却烟道

转炉吹炼周期内放散煤气典型工况条件如表 8.2 所示，中试平台的汽化冷却烟道如图 8.7 所示。设计温度从 1600℃降到 850℃，管内压力微负压，采用水冷无相变形式，泵强制循环，逆流换热，结构紧凑。结构尺寸设计参数如下：环形集箱中心直径为 280mm，集箱水管直径为 45mm，壁厚为 3mm，开孔数量为 20 个，开孔直径为 18.5mm，用于焊接烟道换热水管。烟道鳍片壁厚为 3～4mm，两管之间连接方式为焊接，水管外径为 18mm，壁厚为 3mm，两端头中心距离为 1700mm，冷却烟道总体直径为 180mm。

表 8.2　转炉吹炼周期内放散煤气工况条件

工况编号	吹炼进程/%	吹炼状态	入口温度/℃	入口成分体积分数/%			入口速度/(m/s)	出口压力
				二氧化碳	氧气	氮气		
1	1.15	前期	75	96.65	0.21	3.13	10	1atm*
2	1.67		120	94.96	0.00	5.04		
3	2.19		166	96.24	0.00	3.76		
4	2.71		213	97.10	0.00	2.90		
5	3.33		269	97.85	0.00	2.15		
6	85.10	后期	1000	98.97	0.00	1.03		
7	87.19		609	98.79	0.00	1.21		
8	89.27		514	76.65	22.14	1.20		
9	91.35		516	51.16	47.64	1.19		
10	93.44		520	28.27	70.55	1.18		
11	95.52		526	13.13	85.71	1.16		
12	97.60		531	5.44	93.41	1.15		
13	100.00		543	1.85	97.01	1.14		

* 1atm=101325Pa。

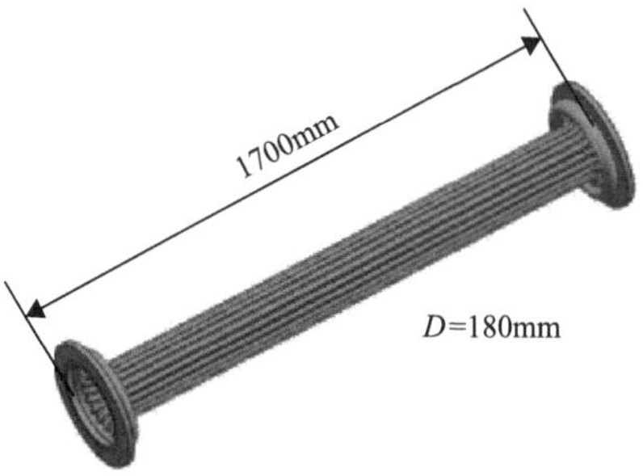

(a)

(b)

图 8.7　汽化冷却烟道示意图(a)和实物图(b)

8.3.2　烟管式急冷换热器

烟管式急冷换热器如图 8.8 所示，设计为立式烟管锅炉(火管锅炉)，使得烟气温度从 850℃降到 150℃以下，结构紧凑，采用强制循环。结构尺寸设计参数如下：换热器筒体管外径为 426mm，壁厚为 6mm，长度为 2100mm。离筒体边端距离 95mm 处设置集水环管，环管中心直径为 520mm，集水管直径为 45mm，壁厚为 3mm。沿环管周向均匀开 8 个孔用于进出水，孔径为 18.5mm。距离筒体边端距离 55mm 处设置管板，上下管板间均匀布置 65 个烟管，单根烟管直径为 25mm，壁厚为 3mm，长度为 2000mm，急冷换热器总体直径为 200mm。

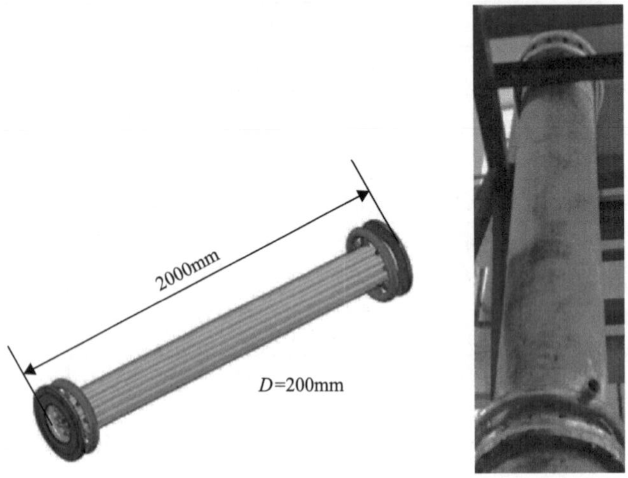

(a) (b)

图 8.8　烟管式急冷换热器示意图(a)和实物图(b)

转炉冶炼生产的周期性和复杂性严重影响余热回收系统稳定性和安全性，转炉余热锅炉的合理设计需要波动性烟气显热回收分析结果，因此以转炉煤气高效洁净燃烧与节能新技术中试平台的烟管式急冷换热器为研究对象，从质量、动量和能量的相互作用出发，建立数学模型，通过数值模拟研究了转炉烟气的流动传热行为，探讨吹炼周期内放散煤气动态变化对逆流烟管式急冷换热器摩擦阻力、对数平均温差、热流密度、传热效率、烟侧过热度等的影响。针对管道结构布置及旋转的对称性，将换热器简化为二维模型。模拟时采用结构化网格，壁面处采用边界层局部加密，并对模拟结果进行网格的独立性验证。

考虑到煤气和水均为连续相湍流，因此数学模型选择连续性方程、动量方程、能量方程以及湍流模型(标准 k-ε 模型)、辐射模型(discrete-ordinates method, DO 模型)、组分输运和反应模型(组分模型)。当质量、动量、能量等相关量的残差量级达到 10^{-6} 时，判断计算收敛。边界条件设置如下：煤气侧入口为恒定速度入口，并设定对应入口温度和成分；煤气侧出口为定压出口(一个标准大气压)。冷却侧入口为恒定速度入口，并设定恒定入口温度；冷却侧出口为定压出口(一个标准大气压)。换热壁面为无滑移，设置恒定粗糙度；外壁面为绝热壁面。计算涉及煤气和水两种工作介质，煤气中包括二氧化碳、氧气和氮气。

通过转炉煤气显热回收过程的传热模拟计算，获得了相同煤气量(烟气流速相等)、不同温度和煤气成分工况下，吹炼周期内无量纲热流密度沿流向的变化情况(图 8.9)。由图 8.9 可知，总体上无量纲热流密度沿流向呈升高—降低—升高的变化趋势，在无量纲长度 0.07 左右有一个短暂的凸点，这是因为入口效应的影响；曲线的谷底在无量纲长度 1.2 左右；在无量纲长度 105 左右（即管道出口）热流密度达到峰值，此时两侧流体的温差最大，换热最为剧烈，同时也是热流聚集容易发生传热恶化的位置。吹炼前期和后期存在明显的分段特性，吹炼前期无量纲热流密度较小，且随吹炼时间变化不明显，曲线相对密集，增长梯度相对较缓，说明换热壁面的热流密度分布较为均匀；吹炼后期无量纲热流密度较大，随吹炼时间有一定变化，曲线相对稀疏，增长梯度相对较大，这时换热壁面的热流密度梯度也较大。

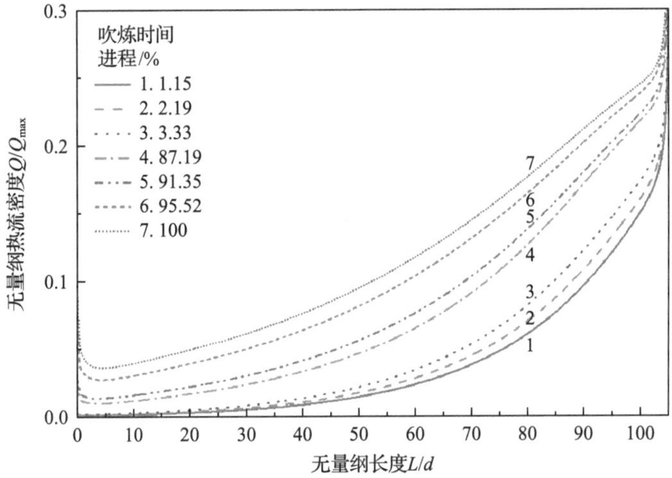

图 8.9　吹炼周期内换热壁面热流密度分布

8.3.3　余热回收试验结果

基于《工业锅炉热工性能试验规程》（GB/T 10180—2017），采用两次反平衡测试方法，开展转炉烟气全干法余热回收试验结果检测。结果表明，该试验台设计出口介质为热水，设计热利用率为 80%，试验台实际输出热功率为 13kW，实际热利用率为 81.23%。试验台热利用率测试结果如表 8.3 所示。

表 8.3　试验台热利用率测试结果

序号	名称	符号	单位	数据来源	工况Ⅰ测试数据	工况Ⅱ测试数据
1	燃料消耗量	B	m^3/h	计算数据	14.40	14.37
2	输入热量	Q_{in}	kJ/m^3	计算数据	3955.06	3955.06
3	固体未完全燃烧热损失	q_4	%	计算数据	0	0
4	排烟处 RO_2（即 CO_2+SO_2）	RO_2'	%	试验数据	22.23	22.03
5	排烟处 O_2	O_2'	%	试验数据	6.19	6.30
6	排烟处 CO	CO′	%	试验数据	0.0186	0.0177
7	修正系数	K_{q4}	%	计算数据	1.00	1.00
8	排烟处过量空气系数	α_{ds}	—	计算数据	2.02	2.05

续表

序号	名称	符号	单位	数据来源	工况Ⅰ测试数据	工况Ⅱ测试数据
9	理论空气量	V^0	m^3/m^3	计算数据	0.74	0.74
10	RO_2(即 CO_2+SO_2)容积	V_{RO_2}	m^3/m^3	计算数据	0.46	0.46
11	理论氮气体积	$V_{N_2}^0$	m^3/m^3	计算数据	1.11	1.11
12	理论水蒸气体积	$V_{H_2O}^0$	m^3/m^3	计算数据	0.014	0.014
13	排烟处水蒸气体积	$V_{H_2O}^0$	m^3/m^3	计算数据	0.026	0.027
14	排烟处干烟气体积	$V_{d.fg}$	m^3/m^3	计算数据	2.34	2.36
15	气体未完全燃烧热损失	q_3	%	计算数据	0.14	0.13
16	冷空气温度	t_{ca}	℃	试验数据	29.10	29.50
17	排烟温度	t_{ds}	℃	试验数据	57.70	58.50
18	排烟处干烟气平均定压比热	$C_{d.fg}$	kJ/(m³·℃)	计算数据	1.37	1.37
19	排烟处烟气焓	h_{ds}	kJ/m^3	计算数据	188.53	192.45
20	冷空气焓	h_{ca}	kJ/kg	计算数据	57.68	59.13
21	排烟热损失	q_2	%	计算数据	3.31	3.37
22	散热损失	q_5	%	选取或计算	15.28	15.31
23	热损失之和	$\sum q$	%	计算数据	18.73	18.81
24	试验台热利用率	η	%	计算数据	81.27	81.19
25	实测 CO 排放浓度	C_{CO}	mg/m^3	试验数据	233	221
26	实测 NO_x 排放浓度	C_{NO_x}	mg/m^3	试验数据	28	28
27	燃烧效率	η_r	%	计算数据	99.86	99.87

8.3.4 催化燃烧放散煤气预热(回热)技术及装置

在转炉放散煤气催化燃烧中，定义 CO 转化率为 10%时的反应温度为起燃温度，CO 转化率为 100%时的反应温度为完全转化温度，对于 CO 浓度为 5%的转炉放散煤气自持催化燃烧，一般转炉煤气入口温度(起燃温度)需达到 120℃以上，完全转化温度通常为 200℃左右。然而，在运行工况下，经过高温段汽化冷却烟道和烟管式急冷换热器显热回收后的转炉煤气温度通常不足 150℃，不能满足自持催化燃烧对煤气温度的需求。另外，转炉放散煤气自持催化燃烧在稳定运行过程中，通过化学反应持续放热，在绝热保温效果较好的催化燃烧系统中可以形成温度较高的煤气。

基于以上背景，中国科学院力学研究所研发了低温段放散煤气自持催化燃烧显热利用技术，将催化燃烧和显热利用相耦合，利用中介物的热传导，冷、热两种介质被固体间壁隔开，并通过间壁进行气-气热量交换。冷介质设计为经过高温段汽化冷却烟道和烟管式急冷换热器显热利用后温度较低的含 CO 转炉放散煤气，热介质设计为经过催化燃烧系统后的 CO 浓度接近 0 的煤气。该技术充分利用已有高温煤气对入口低温煤气进行预热，一方面，提高了催化燃烧系统转炉煤气入口温度，另一方面，利用 CO 催化燃烧反应放热产生的煤气显热，提高了放散煤气热利用率。

1. 催化燃烧放散煤气预热装置

放散煤气催化燃烧的低温余热回收系统包括放散煤气预热装置和显热回收装置两部分，其实际安装情况如图 8.10 所示。

图 8.10 放散煤气催化燃烧低温余热回收系统安装图

放散煤气预热装置将催化燃烧装置排放的高温煤气作为热源，预热将要进入催化燃烧装置的放散煤气，可将催化燃烧系统煤气入口温度提升至 200℃以上，煤气出口温度降至 150℃以下。放散煤气预热装置采用气-气换热器形式，冷侧设计温度为 50～200℃，热侧设计温度为 150～300℃，设计煤气量为 30～120Nm^3/h，材质为 304 不锈钢，设计参数如表 8.4 所示。

表 8.4 放散煤气预热装置设计参数

工质	低温煤气（冷介质）	高温煤气（热介质）	备注
进口压力/MPa	0.1	0.1	设计值
流量/(Nm^3/h)	60	57.17	设计值
进口温度/℃	20	300	设计值
出口温度/℃	200	127	冷侧为设计值
对数平均温差/℃	103.5		—
传热系数/(W/(m^2·K))	50		经验值
换热量/kW	4.41		—
理论换热面积/m^2	0.8512		—

续表

工质	低温煤气(冷介质)	高温煤气(热介质)	备注
实际换热面积/m^2	3.2		增加裕量，考虑散热、流程和阻力等的影响
阻力/Pa	300	500	—
芯体尺寸/(mm×mm×mm)	300×120×150		—
芯体质量/kg	19		—
换热器形式	逆流式板翅式换热器		—
芯体换热截面积形状	非圆形截面		—
流道/条	1250	1250	—
当量直径/mm	2		计算公式：$4(a\cdot b)/[2(a+b)]$(a 和 b 分别为管道的长和宽)

2. 催化燃烧放散煤气显热回收装置

低温余热回收系统的另一个组成部分是放散煤气显热回收装置，用于回收放散煤气预热装置热侧出口煤气的余热。放散煤气显热回收装置采用气-水换热器形式，冷侧设计温度为 30～40℃，热侧设计温度为 100～150℃，设计烟气量为 30～120Nm^3/h，材质为 304 不锈钢。

参 考 文 献

[1] 王冠, 安登飞, 庄剑恒, 等. 工业炉窑节能减排技术[M]. 北京: 化学工业出版社, 2015.

[2] Li S, Wei X L. Estimation of fluorine and sulfur behaviors affected by converter off gas dusts[J]. Combustion Science and Technology, 2011, 183: 984-1001.

[3] 姬立胜. 转炉烟气余热的充分回收与合理利用[D]. 沈阳: 东北大学, 2012.

[4] Li S, Wei X L, Yu L X. Numerical simulation of off-gas formation during top-blown oxygen converter steelmaking[J]. Fuel, 2011, 90(4): 1350-1360.

[5] 李森. 冶金炉炉气和烟气的发生、流动和反应过程研究[R]. 北京: 中国科学院力学研究所, 2010.

[6] 过增元, 梁新刚, 朱宏晔. 炽——描述物体传递热量能力的物理量[J]. 自然科学进展, 2006, 17(10): 1288-1296.

[7] 陈林根. 炽理论及其应用的进展[J]. 科学通报, 2012, 57(30): 2815-2835.

[8] 殷瑞钰. 冶金流程工程学[M]. 2 版. 北京: 冶金工业出版社, 2009.

[9] 魏小林, 李慧鑫, 李森, 等. 工业炉窑物质流和能量流匹配的节能原理分析[J]. 洁净煤技术, 2020, 26(5): 11-19.

[10] Grip C E, Larsson M, Harvey S, et al. Process integration: Tests and application of different tools on an integrated steelmaking site[J]. Applied Thermal Engineering, 2013, 53(2): 366-372.

[11] Zhang H, Dong L, Li H Q, et al. Investigation of the residual heat recovery and carbon emission mitigation potential in a Chinese steelmaking plant: A hybrid material/energy flow analysis case study[J]. Sustainable Energy Technologies and Assessments, 2013, 2: 67-80.

[12] 杜佳. 转炉炼钢过程中能量的回收与利用[D]. 西安: 西安建筑科技大学, 2009.

[13] 杨文远, 蒋晓放, 王明林, 等. 转炉炼钢节能的技术问题[J]. 钢铁研究学报, 2010, 22(8): 22-26.

[14] 赵锦. 转炉烟气全干式除尘及余热回收新工艺研究[D]. 沈阳: 东北大学, 2012.

[15] Krishnan M G, Rajkumar S. Effects of dual fuel combustion on performance, emission and energy-exergy characteristics of

diesel engine fuelled with diesel-isobutanol and biodiesel-isobutanol[J]. Energy, 2022, 252: 124022.

[16] Di Fraia S, Macaluso A, Massarotti N, et al. Energy, exergy and economic analysis of a novel geothermal energy system for wastewater and sludge treatment[J]. Energy Conversion and Management, 2019, 195: 533-547.

[17] Ren B L, Wang G, Zuo H B, et al. In-situ catalytic reforming of converter gas in converter flue based on thermochemical energy storage: Kinetics and numerical simulation[J]. Journal of Energy Storage, 2022, 48: 103693.

[18] Ramirez R, Farias O. Gas extraction hood modeling in a steel converter for energy recovery using phase change materials[J]. Applied Thermal Engineering, 2022, 214: 118683.

[19] García S G, Montequín V R, Fernández R L, et al. Evaluation of the synergies in cogeneration with steel waste gases based on life cycle assessment: A combined coke oven and steelmaking gas case study[J]. Journal of Cleaner Production, 2019, 217: 576-583.

[20] 中华人民共和国国家质量监督检验检疫总局，中国国家标准化管理委员会. 转炉工序能效评估导则：GB/T 34194—2017[S]. 北京：中国标准出版社, 2017.

[21] Engelmann A, Huber R, Unger K. Dynamic simulation of cooling stack and cooling circuit for converter gas cooling[J]. Ironmaking & Steelmaking, 2007, 34(1): 54-60.

[22] González-Roubaud E, Pérez-Osorio D, Prieto C. Review of commercial thermal energy storage in concentrated solar power plants: Steam vs. molten salts[J]. Renewable and Sustainable Energy Reviews, 2017, 80: 133-148.

[23] Alva G, Liu L K, Huang X, et al. Thermal energy storage materials and systems for solar energy applications[J]. Renewable and Sustainable Energy Reviews, 2017, 68: 693-706.

[24] González-Gómez P A, Laporte-Azcué M, Fernández-Torrijos M, et al. Hybrid storage solution steam-accumulator combined to concrete-block to save energy during startups of combined cycles[J]. Energy Conversion and Management, 2022, 253: 115168.

[25] Li J Q, Si Z T, Han D, et al. Thermo-economic performance enhancement in batch evaporation process via mechanical vapor recompression system coupled with steam accumulator[J]. Desalination, 2022, 532: 115735.

[26] 程祖虞. 蒸汽蓄热器的应用和设计[M]. 北京：机械工业出版社, 1986.

第 9 章

转炉炼钢工艺余能利用的控制技术

9.1 转炉炼钢过程的控制技术

9.1.1 转炉工艺的控制技术简介

1. 控制模型

转炉工艺的控制技术经历了漫长的发展，目前转炉炼钢的计算机控制应用是转炉控制技术最主要的发展方向。在几十年的研究过程中，转炉经历了静态模型和动态模型的发展阶段，已经实现了较高精确度的控制。而随着各项辅助技术的发展，转炉模型得到进一步发展，开始对冶炼中间过程进行建模与控制[1]，主要包括开环静态控制、闭环动态控制和转炉先进工艺控制等。

1) 开环静态控制[1,2]

转炉吹炼前，以初始铁水条件和钢种的终点要求为依据，对转炉冶炼过程进行模拟计算，制定吹炼方案，包括供氧时间、供氧强度及各种辅原料加入量等，以期基本命中目标值的控制模型属于静态模型。根据静态模型建模方法的不同，将静态模型大致分为三类：机理模型、统计模型和增量模型。

机理模型(理论模型)的基础是质量守恒及热量守恒，采用热力学和动力学计算，通过数学推导确定各变量之间的关系。然而，冶炼过程十分复杂，存在相互耦合的高温物理化学过程，且对内部反应机理的掌握仍有欠缺，导致从冶金工艺理论出发的机理模型开发难度较大，相对较为复杂，耗时更多。此外，转炉冶炼也是一个多输入多输出的复杂非线性系统，整个冶炼过程受到诸多随机性干扰的影响，导致计算精度较低，应用于实际生产时效果较差，难以满足现场实际控制的要求。另外，在机理模型的建立过程中通常需要加入一些假设和实验值，而使用不同假设和实验值会得到不同具体形式的机理模型，从而形成多种形式的机理模型。

统计模型的基础是黑箱原理，不考虑过程中的物理化学规律，只考虑系统输入量和输出量之间的实际关系，在收集大量实验数据的基础上，单纯采用数学统计的方法，通过整理数据和统计分析确立模型的建模方法。统计模型的建立过程相对简单，在过程中可以随时对随机偏差进行分析，从而消除随机因素对模型的影响，提高模型的精确度。但是这种模型具有较强的条件性和针对性，需要大量的实际生产数据，建模前期的工作量巨大。目前，统计模型的应用范围有限，不能精确有效地覆盖各种冶炼模式。

增量模型的基础是增量计算，通过对照历史炉次与本炉次的冶炼初始状态和目标状态的差异，采用增量计算的方法确定本炉次主要的操作变量。在增量模型的计算过程中，整个炉役期被视为一个连续变化过程，消除了原料波动、计算误差、炉容变化等因素对模型计算的干扰，提高了模型计算的精确度。该模型的计算过程可以简单归纳为：将以往的炉次冶炼实绩作为参考，在此基础上考虑本炉次与参考炉次之间各操作因素差异的影响，应用增量计算方法建立冶炼过程相应的热平衡和氧平衡关系式，从而确定本炉次整个冶炼过程中的各个参数。

在实际炼钢过程中，情况复杂多变，由于炼钢反应的复杂性和随机性，以及其他各种干扰因素的叠加，难以使用数学方程和统计方法进行描述。同时，静态模型会忽略冶炼过程中的动态参量，使其准确性受到极大限制。在静态模型下，碳、温度同时命中率最高仅为 50%。在实际应用过程中，三种静态模型不能单独使用，需要取长补短、相互结合、共同使用来提高控制精确度。对于静态模型，其精确度主要取决于输入数据的精确度和冶炼过程的可再现性。此外，由于静态模型仅仅考虑了初始状态和最终状态，没有考虑各种变量随时间的实际变化，不能实现实时的数据追踪和在线修正，而通过参数或者重点修正对命中率的提高是十分有限的。

2) 闭环动态控制

转炉的控制除了通过静态模型进行计算，也可以在冶炼过程中采用直接测试或间接测试等方法，在不倒炉、不中断吹炼的情况下，对钢水的成分及温度进行自动检测和计算，并将信息输入计算机构成反馈控制系统，利用计算结果对冶炼过程进行校正，提高终点定碳、控温的命中率[1]。

3) 转炉先进工艺控制

人工智能技术在转炉炼钢中的应用，促进了转炉炼钢控制领域的技术突破，为转炉炼钢的自动控制提供了新的途径[1]。通过建立专家系统模拟人类专家的思维和决策过程，引入人类经验及机器学习功能来提高模型的准确性和弹性，弥补了传统控制模型的部分缺陷和不足。图 9.1 描述了转炉倒钢水过程中下渣检测智能系统的实现过程[3]。

2. 控制技术

在氧气顶吹转炉炼钢过程中，首先设备按配料要求，把筛选合格的废钢料按量倒入转炉内，然后倒入准备好的铁水，同时按比例加入生石灰等造渣材料。以上步骤完成后，将氧枪由炉顶下降至转炉内吹炼，吹入纯度高于 99%的高压氧气，氧气流直接和高温铁水发生剧烈氧化反应，清除铁水中的硅、锰、碳、硫、磷等杂质。在除去大部分杂质后，当转炉中钢水的温度和成分比例均达到工艺要求时，抬升氧枪停止吹炼，转炉准备出钢水。出钢水是将转炉炉体慢慢倾斜，使钢水缓慢倒入钢包内，同时需要再加入脱氧剂脱氧及调节钢水内成分。

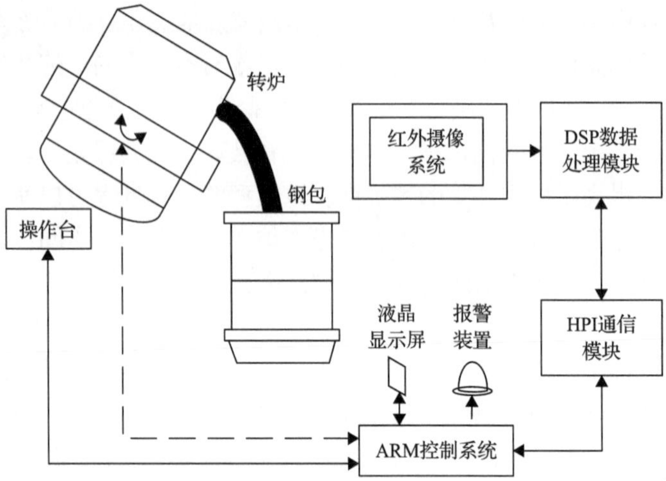

图 9.1　下渣检测智能系统的实现过程[3]

DSP-digital signal processing，数字信号处理；HPI-host port interface，主机接口；ARM-automatic remote mode，自动远程模式

在转炉炼钢过程中，由于生产环境恶劣，生产影响因素和可控变量(时间、温度、原料量等)非常多，这些因素变量对转炉生产和产品质量有直接的影响。准确地控制相关因素和变量，成为转炉生产和控制产品质量的关键。目前，最新转炉工艺的控制技术是以计算机信息技术、网络通信技术、工业控制技术等相关技术为基础发展起来的，且已经在各大炼钢企业中得到应用，它通过先进的技术检测和分析，对转炉炼钢生产过程中出现的各种因素变量进行精确控制，实现了更高效的转炉生产，不仅节省人力和物力，还降低了能源消耗，减少了环境污染。

9.1.2　转炉炼钢检测技术简介

转炉自动化炼钢技术的基础是准确的炼钢工艺参数，而智能化检测是获得这些工艺参数的关键。目前，智能化检测主要由以下四种技术组成：烟气分析技术、副枪检测技术、火焰图像观测技术及红外测温技术等[4]。在实际生产过程中，主要通过火焰图像观测技术和红外测温技术获得转炉熔池的液面高度、熔池中的温度分布及熔池的总体反应情况，并通过数字化仪表将检测获得的各种参数进行直观显示，便于实际操作人员能够通过获得的参数实时了解转炉工序的生产状态，进而对炼钢参数进行调整，提高工序效率。此外，可以将获得的参数直接导入控制软件中实现自动控制，也可以将此数据用于神经网络和机器学习进一步优化控制模型，提高自动控制效果。通过烟气分析技术可以判断烟气状态，分析爆炸风险，及时调整后续余热回收参数。以前烟气检测使用基于碳平衡计算的炉气定碳法，计算缓慢，并且精确度较低。而随着气体快速与高精度分析技术的突破，目前烟气检测已经发展为全程动态检测，即通过炉气变化情况，全程动态计算脱碳速率和钢水碳含量，预测吹炼末期熔池的碳含量和温度，基于动态计算结果调控氧枪吹氧时间，实现全程自动化炼钢。目前，其主要检测对象包括 CO、CO_2、N_2、H_2 及 O_2 等。此外，通过副枪检测技术也可以对炼钢工艺进行调节，通过自动控制提高转炉智能化水平，在良好的模型控制下实现高质量炼钢，并且可以精确使用原料，减少浪费，同时有效减少炉衬对整个炉体产生的侵蚀[5]。

1. 烟气分析技术[6-9]

1) 基本原理

烟气分析主要通过对 CO、O_2、CO_2 和 H_2 等成分进行实时检测和分析，实现对转炉烟气的监控。其主要设备包括本地柜、分析室和校准气体柜三部分，其中本地柜的功能是收集用于分析的烟气，分析后将其吹出并净化气室。本地柜有两个配置了冷却水系统和吹扫装置的气体取样探头，便于实现收集、吹出气体及净化气室的功能。分析室是分析烟气成分含量的场所，由本地柜采样的烟气先要通过处理柜的烟气处理设备进行净化和冷却，然后进入分析室。分析室首先对气体压力及流量进行测量，然后对烟气中 CO、O_2、CO_2 和 H_2 等成分进行分析。校准气体柜的功能是对分析仪进行校准，使用过程会导致分析室的分析结果逐渐失真，因此需要定期对分析室校准。校准流程为通过校准气体柜将标准气体送入分析柜进行分析，通过分析结果对分析室的测量系统进行调整，使分析结果始终处于规定的误差范围内。在获得烟气的参数后，将其导入控制的静态模型和动态模型中进行计算，获得终点碳含量、脱碳温度及脱碳速率等预测结果，可以实现碳含量的循环修正，进而实现转炉生产全程的自动化控制。此外，数据还可以导入自学习、自适应模块中用于对模型精确度的提升，进而可以在自动控制下实现高质量的高效炼钢。

2) 技术简介

(1) 接触式测量方法。

接触式测量方法指利用取样器，从转炉烟气中取得气体样本，再利用气体分析仪器进行分析，获得气体成分数据的方法。目前，接触式测量方法主要有气相色谱分析法、红外光谱法、化学发光法、质谱分析法、热导式气体传感器测量法等。

① 气相色谱分析法为利用色谱法的分离技术将气体当成流动相测量各组分的浓度，该方法具有灵敏度高、分析速度快、选择性好、应用范围广和分离效率高等优点。

② 红外光谱法利用不同物质对红外辐射吸收程度不同的性质，进而获得物质的分子结构与组成，这种方法又称为红外分子吸收光谱法。2010 年，傅里叶变换红外光谱仪首次被耦合到光纤探头上，可同时对气固两相流中的气态物质组成和固体体积分数进行测量，通过增加红外光谱仪的光束强度显著改善瞬时光纤探针测量的精确度。目前，红外光谱仪的应用日趋普及，红外光谱法已经成为一种对物质进行结构分析和定性分析的常规方法。

③ 化学发光法是一种利用物质分子在吸收化学能之后会发生光的辐射现象，从而对化学发光反应和偶合反应中的催化剂、抑制剂、增敏剂和反应物进行测定的方法。由于化学发光法具有用量少、监测范围广、可大批样品测定、检测限低和灵敏度高等优点，通常采用该方法检测气体环境中的氮氧化物浓度。

④ 质谱分析法是一种使气体样本组分电离生成不同质荷比的离子，采用电场和磁场将运动的离子按它们的质荷比分离后进行检测的方法。以转炉烟气中 CO 分析为例，其流程见图 9.2，取样和预处理系统通过取样枪获得转炉烟气，并将其送入质谱仪中进行分析，分析结果可以直接从计算机中获取。计算机的数字化显示便于操作人员实现转炉的准确操控。使用该技术获得的准确烟气成分，可以生成烟气回归曲线进而得出脱碳反应速率和熔池温度变化，以便于调整不同枪位和判断辅料加入时机，防止转炉喷溅的发生。此外，烟气成分也可以导入控制模型实现自动化控制，以替代人工经验炼钢，使炼钢更加科学智能，也可显著改善转炉喷溅问题，使操作更加平稳，提高金属收得率，减少转炉原料浪费，降低转炉炼钢成本，进而实现绿色环保生产。

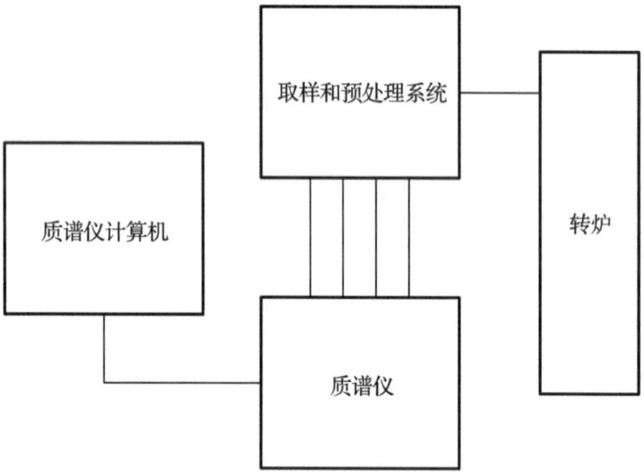

图 9.2　转炉烟气中质谱分析法 CO 分析系统示意图[6]

(2) 非接触式测量方法。

非接触式测量方法主要有相干反斯托克斯拉曼散射（coherent anti-Stokes Raman scattering, CARS）技术和可调谐半导体激光吸收光谱术（tunable diode laser absorption spectroscopy, TDLAS）。CARS 技术是利用测量物质的光谱线会随着温度发生变化的原理测量气体的温度和组分浓度，TDLAS 是利用光谱对气体的吸收测量气体的组分浓度，两者的精确度都很高。CARS 技术一般是对燃烧流场中的 CO、O_2、N_2、H_2 等组分浓度进行测量，TDLAS 一般是对燃烧流场中的 H_2O、CO、CO_2、NO、O_2、CH_4、NH_3 等组分浓度进行测量，两者都可以实时在线监测不同煤气燃烧流场的温度和组分浓度。

① CARS 属于拉曼散射中的一类，反斯托克斯光是指散射光的频率高于入射光的频率。CARS 是一种三阶非线性激光光谱技术（图 9.3），即将泵浦光 ω_p 和斯托克斯光 ω_s 以相位匹配角的方式聚焦至探测区域，经与探测介质相互作用以四波混频的方式产生频率为 $2\omega_p-\omega_s$ 的反斯托克斯光（即 CARS 信号）。CARS 信号的谱型与所测组分的浓度和温度有关，通过对实验测量的 CARS 谱进行谱线拟合，即可确定火焰温度和组分浓度。CARS 技术由于其方向性好、不受背景辐射干扰、测量精确度高、测量动态范围大，可广泛应用于各种环境下的测量工作。

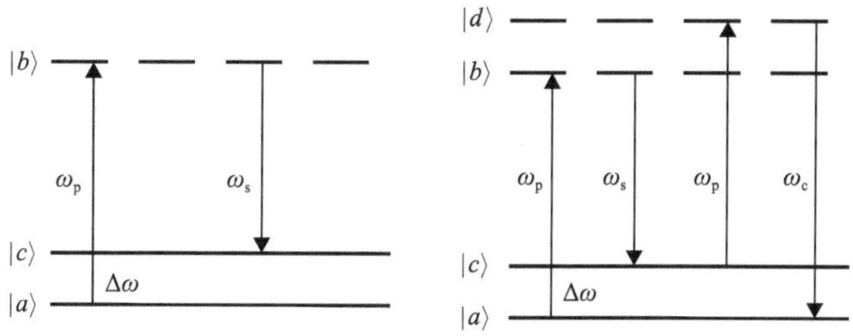

(a) 拉曼散射能级图　　(b) CARS能级图

图 9.3　几种拉曼散射过程能级图[8]

② TDLAS 的原理是利用二极管激光器波长的调谐特性，在特征吸收光谱范围内得到被测气体的吸收光谱，从而对检测气体在线进行定量的测量分析，该技术从根本上解决了采样预处理带来的响应滞后、维护频繁、易堵易漏、易损件多和运行费用高等问题，因此该技术目前得到了大范围使用。

TDLAS 属于“单线光谱”测量技术(图 9.4)，该测量技术利用激光的光谱比较窄、远小于被测气体吸收谱线的特性，选择某一位于特定波长的吸收谱线，使得在所选吸收谱线波长附近无测量环境中其他气体组分的吸收谱线，从而避免了这些背景气体组分对该被测气体的交叉吸收干涉。

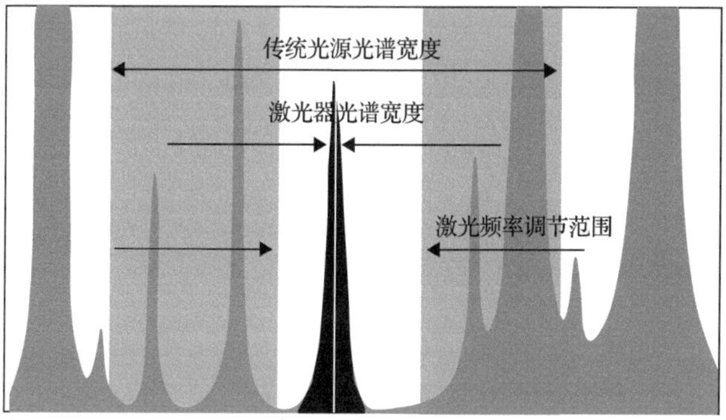

图 9.4　“单线光谱”测量原理图

由于工业生产中测量气体成分稳定，一般不会轻易更改测量气体种类，因此一般采用基于半导体激光吸收光谱术(diode laser absorption spectroscopy, DLAS)的激光气体分析仪。TDLAS 与 DLAS 的主要区别在于监测气体的数量，TDLAS 可以改变发射的激光波长，测量多种气体成分；DLAS 一般仅能测量单种气体成分，DLAS 原理是由激光器发射出特定波长的激光束(仅能由被测气体吸收)，穿过被测气体时，激光强度的衰减与被测气体的浓度呈一定的函数关系，因此通过测量激光强度衰减信息就可以分析获得被测气体的浓度。

DLAS 激光气体分析仪由发射单元、接收单元、正压单元及吹扫单元等构成，如图 9.5 所示。由激光发射单元发出的激光束穿过被测烟道，被安装在直径相对方向上接收单元中的探测器接收，采用正压单元模块对获得的测量信号进行数据采集和分析，得到被测气体浓度。在激光发射时，由光电传感接收器探测到的激光透过率将发生变化，且此变化仅来自激光器与光电传感接收器之间光通道内被测气体分子对激光强度的衰减；激光强度的衰减与探测光程之间的被测气体浓度成正比，因此通过测量激光强度衰减可以分析获得被测气体的浓度。该设备一般安装于风机后或者汽化冷却烟道出口位置。

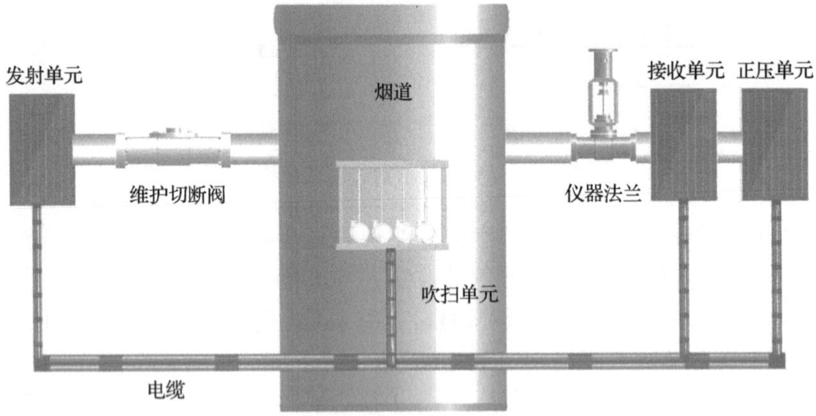

图 9.5　DLAS 激光气体分析仪结构

(3) 软测量方法。

王宏明等[10]提出一种基于煤气热值和煤气成分的转炉煤气成分软测量方法，该方法通过实测得到的转炉煤气低位热值与转炉烟气成分计算理论产生的干烟气量和所需的干空气量，进而计算燃料特性因子，根据燃料特性因子与转炉煤气成分计算过量空气系数，得到实际干煤气量，从而推算干煤气中 CO、H_2、O_2、CO_2 与 N_2 的含量，详细计算流程如图 9.6 所示。

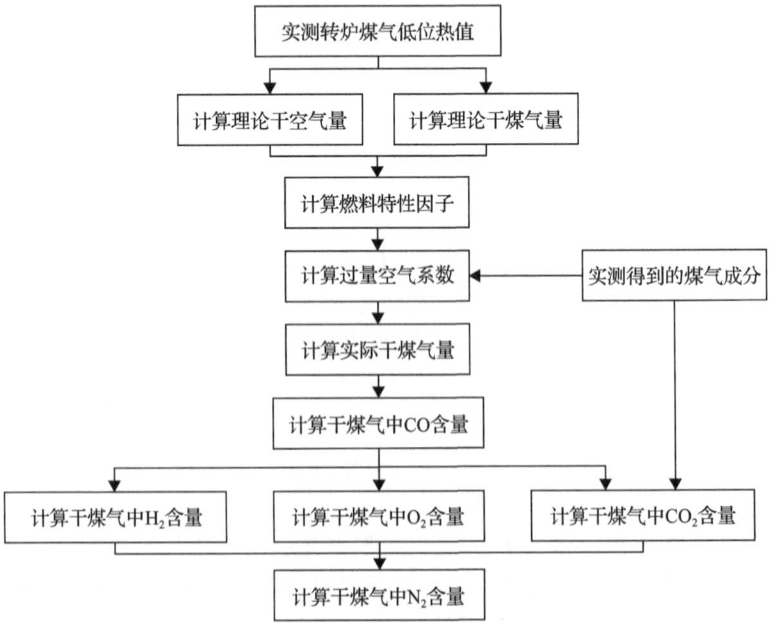

图 9.6　软测量计算流程图[10]

2. 副枪检测技术[11]

1) 基本原理

副枪检测技术是基于副枪系统实现的，副枪系统是由一整套机械系统和电气控制系统组成的，可以在自动控制的基础上进行在线测量，主要测量参数为转炉炉内的钢水温度和成分。副枪检测系统的基本流程见图 9.7，当静态模型预计的吹氧量达到总吹氧量的80%左右时，即在吹炼终点前 2～3min，指令副枪第一次向熔池中插入测温和取样探头，对转炉中的钢水进行测量和分析，测量获得的参数信息会进入专家系统以便于现场调控，同时也会进入动态调节系统，用于修正静态计算结果；通过参数信息可以得到预估的氧气量、冷却剂量、钢中的碳含量及温度等，将计算结果导入自动控制系统以实现智能化的自动控制。此外，在吹炼终点进行第二次副枪检测，通过探头检测熔池的温度和钢水氧活度，根据测量结果计算出钢水的实际碳含量，并与取出的金属样分析结果进行比对，终点精准命中时可以直接出钢，若测量结果与目标值的差异超过预定范围，则需要通过人工干预进行补吹等操作，同时本次计算过程可用于进一步优化计算模型，提升自动控制精确度。

在副枪检测系统中，副枪使用了两种测温取样探头，第一次取样时使用测温—取样—定碳（temperature sampling carbon, TSC）探头，第二次取样时使用测温—取样—定氧（temperature sampling oxygen, TSO）探头。探头的工作流程为：探头连接至副枪后，确认连接状态，连接状态正常后，系统会触发副枪枪体旋转，使枪头对准枪孔，然后枪头经枪孔进入熔池取样和分析测量。测量完成后，副枪会旋转到自动探头装载机位置，此时拆卸探头装置取下测量后的探头，以便副枪进行下次测量。

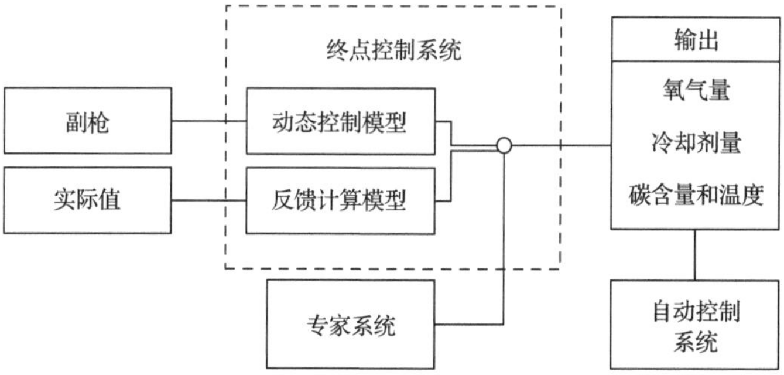

图 9.7　副枪检测系统的基本流程图[12]

2) 应用案例

以使用副枪 TSO 探头测量出钢前钢水氧含量为例，转炉副枪二级系统与按照标准流程设计的动态脱氧自动控制系统进行连接。当副枪 TSO 探头测量完毕后，副枪二级系统可以将实际测量结果与转炉铝、锰、铁加入量以及终点氧含量进行对比，从而获得计算结果并将其反馈给副枪一级系统进行合金称量，在出钢时自动加入，以保证钢水的质量。

随着钢铁行业技术的不断发展，整体水平不断提高，副枪检测技术是目前应用较广的温度和钢水成分在线检测技术之一，已成为监控转炉炼钢工艺的重要工具，为现场人员及时发现并调整转炉炉内钢水成分提供了技术保障，关系着钢铁企业的生产成本和产品质量。

3. 火焰图像观测技术

高速电荷耦合器件(charge coupled device, CCD)相机是基于CCD图像传感器的一种用于记录高速运动的相机，其主要元件CCD是一种半导体元件，其表面整齐排布着大量电容，能够感应光线，经外部电路控制，每个电容均可以将其所带电荷转移至其相邻电容，从而将光学影像转变为数字信号。在冶炼过程中，通过CCD相机记录转炉炉口火焰图像，将其转化为数字参数，可以导入控制系统中进行自动化操作，也可以将采集的火焰图像输入计算机，通过图像处理技术及机器学习等先进方法计算出温度对应关系。采用CCD相机观测技术减少复杂机理的建模困难，通过提取和选择转炉炉口火焰纹理特征，得出特征变量，再运用图像处理的方法研究分析特征变量与吹炼状态的关系，建立状态监测数据库，最终对系统的状态能够实时在线判断，从而实现转炉智能化控制。

以实际转炉生产应用为例，采用火焰图像观测技术进行优化控制的基本流程见图9.8。通过高速CCD相机观测转炉炉口火焰状态，分析火焰的特征，包括碳含量和温度等；之后将火焰特征、吹炼时期和相关过程信息共同导入模糊优化控制模块，形成控制方案，调控吹氧及冷却剂的优化补偿；最后炉口火焰的实时信息及运行的过程信息等连同控制

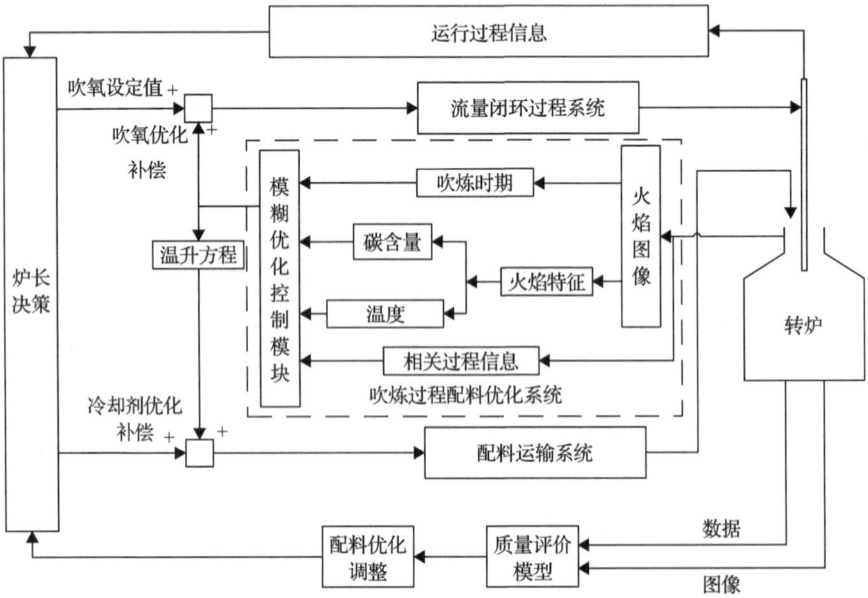

图9.8 基于火焰图像观测技术的转炉控制系统优化流程[4]

方案也将同时传递到操作人员处，以便操作人员能够及时做出正确决策。

高速 CCD 相机观测技术是目前先进的测控技术，具有体积小、改造难度低、不受磁场影响、抗振动和防碰撞等优点，适合转炉生产的复杂环境。该技术可以同时传递具体的图像信息和直观的数字信息，有助于操作人员做出正确的现场决策。此外，其采集的数据也可以用于机器学习训练及控制模型优化，有利于实现自动化控制和精细化控制，提高控制精确度，增加企业效益。

4. 光学判定技术

光学判定技术可以用来判断转炉冶炼的终点。转炉的碳氧反应强度会影响辐射强度，因此炉口火焰在炼钢过程中的辐射强度会呈周期性变化。图 9.9 为炉口辐射信息采集系统示意图，其工作流程为：通过望远镜镜头接收转炉火焰辐射，信号经过光纤传导至信号采集装置，然后利用计算机处理火焰辐射强度信号，分析火焰在不同波长下的光谱情况，画出光谱曲线，总结吹炼后期的光强规律与转炉终点碳的关系从而判断冶炼的终点。这种光学判定方法对低碳钢的终点控制较为有效，在中高碳的控制中误差较大。

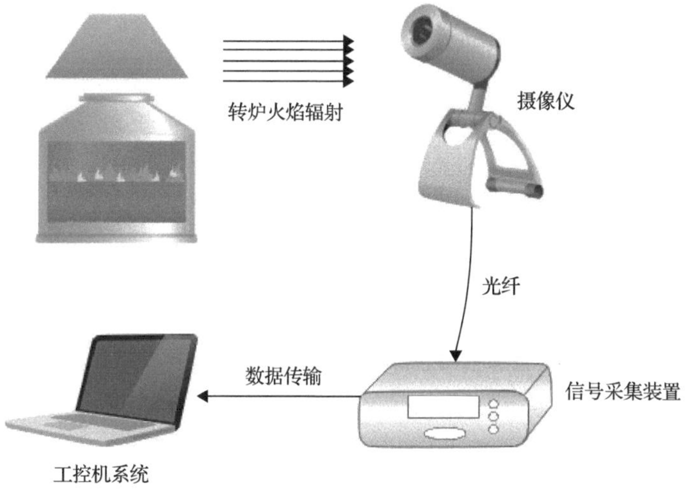

图 9.9　炉口辐射信息采集系统示意图[13]

5. 泡沫渣厚度噪声监测技术[1]

在冶炼初期炉渣还没有形成时，氧气气流在冲击钢水的表面时会发出比较尖锐的声音。氧气流股产生的强烈噪声一部分会直接通过炉口传至取声点（如图 9.10 所示的 P 点），另一部分会在炉膛内壁不断反射和吸收，形成一个具有特征频率范围的噪声场。在吹炼的中期和后期，泡沫渣的形成会使炉渣的厚度增加，并且由于泡沫渣的吸声系数比较大，会严重削弱采集点的声强，因此可以在噪声、枪位和泡沫渣厚度之间建立一种关系式（式(9-1)），噪声的大小可以反映出泡沫渣厚度或炉渣面高低。但是，当枪位变化较大时，特别是氧枪喷口处于泡沫渣表面时，氧枪反复处于暴露吹炼和淹没吹炼的临界点，此时噪声声强的变化便不能准确反映泡沫渣厚度的变化。

$$10\ln\left(I/I_0\right)=-\alpha\left(h-l\right) \tag{9-1}$$

式中：I_0为在没有泡沫渣的情况下氧枪喷口直达P点的声强，dB；I为有泡沫渣存在时P点的声强，dB；α为泡沫渣的吸声系数；h为泡沫渣表面距离炉底的高度，m；l为淹没吹炼时氧枪喷口距离炉底的高度，m。

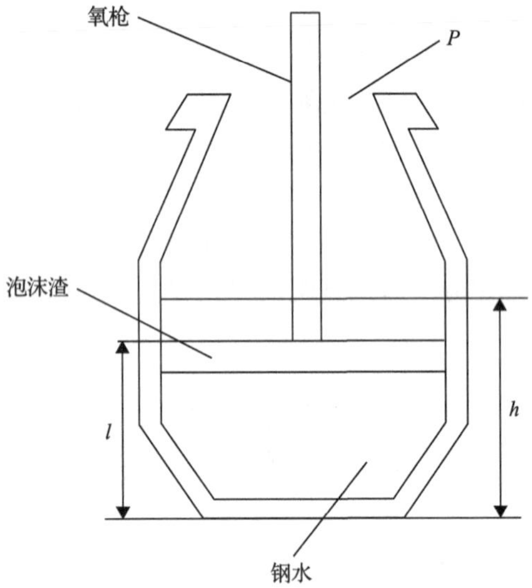

图 9.10　转炉淹没吹炼示意图[1]

6. 转炉炼钢氧枪控制专家系统

在转炉吹炼过程中，通过专家系统对氧枪枪位、氧压、钢水温度及钢水中碳含量等信息进行综合分析，从而可以实现对成渣和喷溅现象的实时动态预测[1]。根据预测结果，通过超速保护控制(overspeed protection control, OPC)通信方式，以实现对转炉炼钢可编程逻辑控制器(programmable logic controller, PLC)控制系统的调节指令发布；当控制系统接收到专家系统发出的调节信号后，通过变频器、氧气流量调节阀等装置实现对氧枪位置、氧气流量等的调节。氧枪控制专家系统见图 9.11。

9.1.3　转炉炼钢典型控制技术[14]

实现转炉自动化炼钢的关键是精确灵敏的自动化控制技术，随着计算机技术的发展，目前的自动化控制技术已经可以实现对检测问题的实时智能化调整，并且可以使用工程数据通过神经网络和机器学习训练模型，不断提高其精确度，实现对生产过程的精细化控制，完成原料的高效配置。目前，自动化控制主要包括人工智能控制和控制技术两个方面，控制技术模型又可以分为反馈计算模型与动态控制模型两类，不同的控制技术模型在具体控

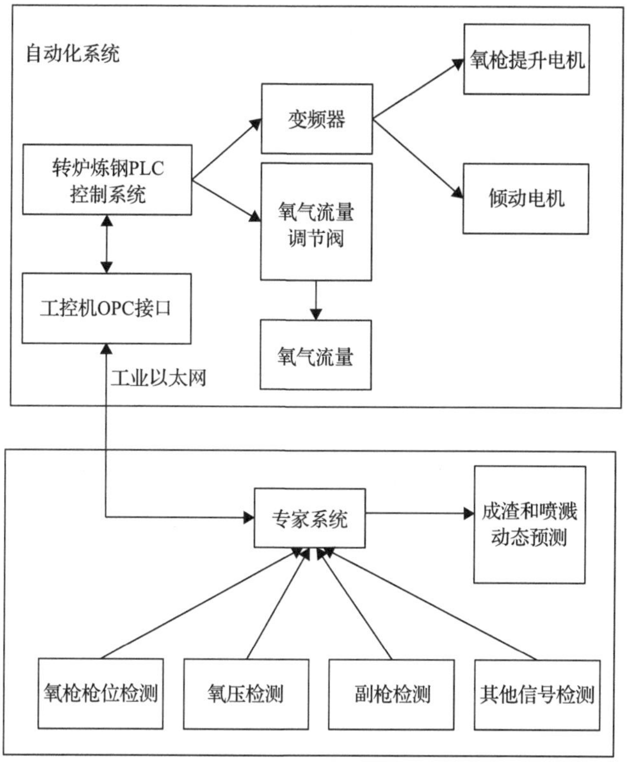

图 9.11　转炉炼钢氧枪控制专家系统

制时需要检测的参数存在较大差异。目前，转炉自动化控制水平取决于控制模型，针对转炉自动化控制过程中的各种突发事件，主要依靠人工智能化技术模型及现场操作人员的人工干预。随着自动化控制技术的不断成熟，转炉炼钢所有工艺流程中的自动化控制占比不断提高，炼钢过程中投入的人力、物力等成本不断下降，生产效率逐渐提升。以下为转炉炼钢典型控制技术(以氧枪为例)。

1. 枪位自动控制技术

冶炼过程中，炉内熔池的搅拌动力主要通过枪位实现控制和调节，适当地提高枪位可以降低熔池的搅拌动力，使熔池中的化学反应速率减慢，同时有利于击碎和破坏熔池上层的泡沫渣，便于 CO 气体从熔池中逸出。枪位自动控制过程中需要结合不同吹炼时期的特点，遵循一定的原则。在吹炼前期，熔池的主要特点是 Si 和 Mn 被快速氧化，熔渣中的 SiO_2 浓度很大，温度较高，此时加入石灰可以使石灰熔融，提高反应速率，进而脱除熔池中的大部分 P。在此阶段，枪位原则为早化渣、化好渣。在实际控制过程中，吹炼前期需要高枪位，但又不能长时间使用高枪位，以免发生严重的喷溅事故。

在吹炼中期，熔池的主要特点是持续发生强烈的脱碳反应，吹入的 O_2 全部用于碳的氧化，但同时渣中 FeO 也会与氧气发生反应，从而导致炉渣的熔点升高，流动性下降，不利于熔池中反应发生。在此阶段，枪位控制的基本原则为继续化好渣、化透渣、快速脱碳、防止喷溅、确保熔池均匀升温。在实际控制过程中，使用高枪位的时间应适当提前，确保渣中有适量的 FeO，保证熔池具有合适的流动性，维持反应的正常速率。

吹炼后期的特点是反应较为稳定，此时枪位控制的基本原则为确保炉渣流动性和氧化性、维持反应正常进行以及稳定温度和火焰。在实际控制过程中，需要实时调节枪位，确保吹炼过程中炉渣的氧化性和流动性正常，确保脱硫脱磷过程中熔池钢水的成分和温度均匀，维持火焰稳定，平稳地到达冶炼终点。

2. 氧压自动控制技术

在枪位控制稳定的前提下，供氧压力的变化会对转炉熔池的搅拌动力带来显著的影响。在冶炼过程的提枪操作中，若同时改变供氧压力，则可以避免许多问题，例如，冶炼过程长时间高枪位操作，会使渣中 FeO 含量增加，泡沫化严重。如果提枪的同时进行降压操作，则会使供氧量减少，缺乏足够的[O]与 Si、Mn、Fe、C、P 等元素发生氧化反应，从而会迅速降低泡沫渣产生量，同时可以维持炉渣中的 FeO 含量。此外，降压能够降低碳氧反应速率，当碳氧反应达到平衡状态后，CO 气体含量将会得到有效控制和释放，从而可以维持较平稳的泡沫渣层，防止喷溅事故的发生。

9.2 转炉煤气降温除尘处理工艺的控制技术

9.2.1 转炉煤气 LT 法工艺的控制技术

1. 转炉煤气 LT 法余热回收控制技术

在转炉煤气 LT 法工艺中，1500℃的高温煤气经过汽化冷却烟道冷却到 800～1000℃后，进入蒸发冷却器。在汽化冷却烟道末端设有双介质喷枪，高压水通过喷嘴雾化后喷入汽化冷却烟道末端和蒸发冷却器内，并完全蒸发，将煤气直接冷却到 200℃左右，然后煤气通过管道进入圆筒型静电除尘器进行除尘。图 9.12 为转炉煤气 LT 法工艺操作控制界面。

对于转炉出口汽化冷却烟道循环系统的控制，根据烟道不同段的热负荷变化分别采用强制循环和自然循环相结合的复合式汽化冷却方式，其中强制循环还分为低压循环和高压循环。低压强制冷却循环控制，通过自动控制除氧水箱的液位，将除氧水通过热水循环泵变频控制，持续加压进入活动烟罩、氧枪口冷却套、下料溜槽冷却套，再回到除氧水箱，补充了除氧水箱的一部分热源，又起到很好的冷却作用。高压强制冷却循环控制，通过自动控制余热锅炉内的液位，将余热锅炉内循环水通过高压强制循环泵加压后进入转炉炉口的固定段烟道，吸热后的汽水混合物经过上升管重新回到余热锅炉汽包中进行汽水分离，蒸汽经调压阀进入蓄热器内，分离的循环水则进入下一次循环，达到余热回收的目的。自然循环的控制原理是通过上升管和下降管中介质的密度差与汽包的有效高度，使管内介质流动，因此只有转炉吹氧时，管中介质从烟气中吸热才能产生介质的循环流动。一般转炉汽化冷却烟道的上部主烟道和尾部烟道采用各自独立的自然循环系统。

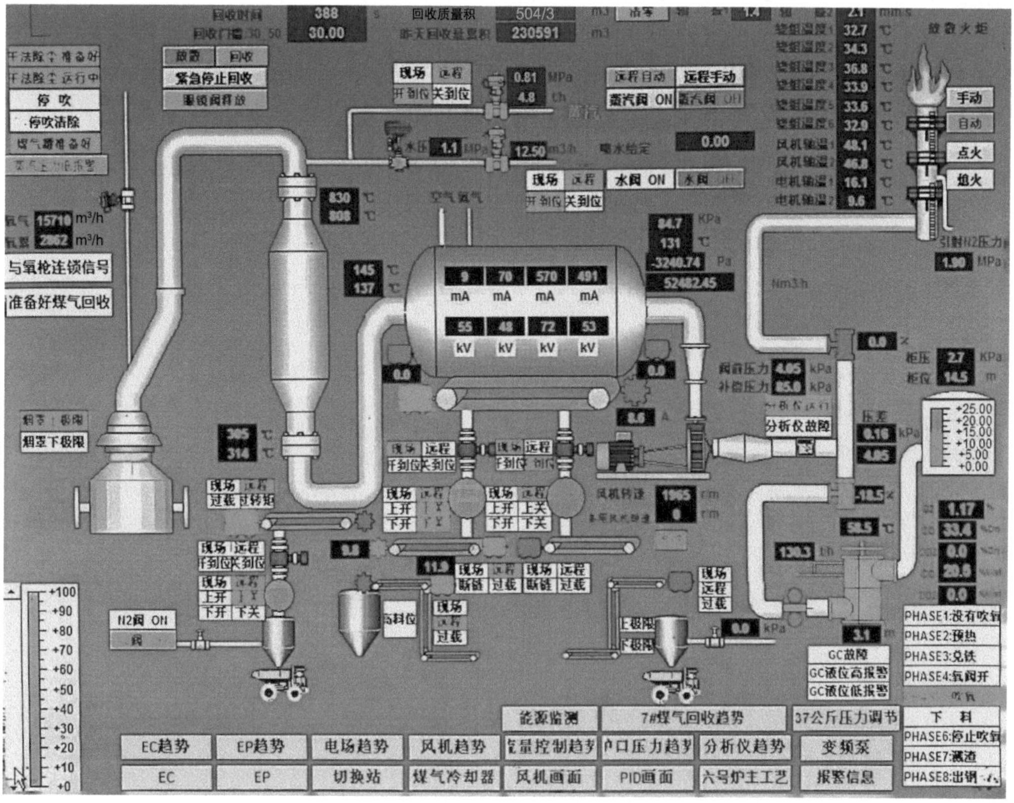

图 9.12　转炉煤气 LT 法工艺操作控制界面

转炉冶炼过程中冷却换热产生的大量蒸汽自动进入蓄热器，通过监测相关压力值，自动调节阀将一部分蒸汽充入蓄热器，另一部分蒸汽则向外部管网输送。当转炉停止吹氧时，余热锅炉停供蒸汽，蓄热器则自动向外供应蒸汽，以保持蒸汽供应的连续性。余热锅炉的给水调节是通过锅炉水位、蒸汽流量和给水流量来自动调节给水阀的开度，均衡控制给水流量，保持余热锅炉水位平衡。余热锅炉根据液位、压力等参数可自动定期排污、连续排污、紧急放水，根据余热锅炉设定压力，安全阀和放散阀能自动打开，保证系统运行安全。

转炉冶炼过程中，炉内铁水中的碳元素在高温下和氧枪吹进来的高速氧气流生成大量 CO 和少量 CO_2 的混合煤气，转炉煤气经过汽化冷却烟道和蒸发冷却器降温后进入静电除尘器，对符合条件的煤气进行回收，回收的转炉煤气含 60%～80%CO、15%～20%CO_2（摩尔分数），以及氮、氢和微量氧。将转炉多次冶炼过程回收的净化煤气用引风机输入储气柜，混匀后送往轧钢厂加热炉、高炉热风炉和蒸汽-燃气联合循环发电厂（combined cycle power plant, CCPP）等煤气用户。

2. 转炉煤气回收控制技术

转炉炼钢过程中，吹氧脱碳产生的煤气经除尘系统处理后进入煤气柜中，在煤气回收过程中，控制系统在风机后部设有煤气检测仪器，用来检测煤气中 CO 和 O_2的浓度。当煤气中 CO 浓度满足煤气回收条件时，回收控制系统根据检测信号分析判断后，迅速打开三通阀和水封逆止阀，将已经满足要求的转炉煤气输送到煤气柜中；当煤气中 CO 浓度不满足煤气回收条件时，回收控制系统根据检测信号分析判断后，迅速关闭三通阀和水封逆止阀，将不满足要求的转炉煤气通过放散烟囱进行高空燃烧放散。最新的煤气回收控制技术是当转炉煤气满足回收条件时，控制系统会自动回收煤气，降低操作工人劳动强度。同时，当转炉煤气不满足回收条件放散时，控制系统在整个设备全部工作完成后才关闭水封逆止阀，使煤气回收安全性得到保障。图 9.13 和图 9.14 分别为 LT 法煤气回收控制流程和煤气切换阀。

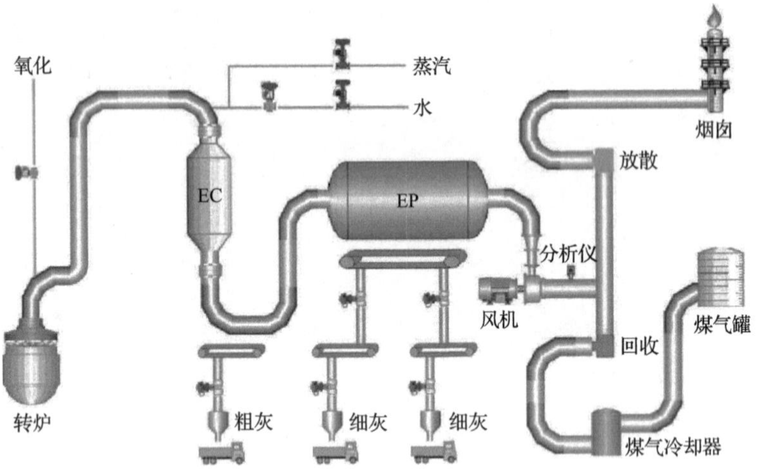

图 9.13　LT 法煤气回收控制流程

图 9.14　煤气切换阀

9.2.2 转炉煤气全干法旁通技术

转炉煤气全干法新工艺系统可以布置在原 LT 法工艺系统的旁通位置(图 9.15)，与原系统不发生干涉，施工安装和设备检修不影响转炉正常作业，使得原 LT 法煤气处理工艺系统和全干法新工艺系统可做切换。余热锅炉可回收原系统转炉煤气 200～1000℃的热量，使转炉煤气显热达到充分回收，而进入静电除尘系统的煤气温度、比电阻与原工艺保持一致，不会影响现有静电除尘器除尘效果。通过增加粗除尘装置和余热锅炉，使进入静电除尘器的煤气中灰尘含量和煤气流速降低，有利于静电除尘系统捕集灰尘颗粒，从而增加粗除尘装置和静电除尘系统除尘能力，并提高除尘效率。

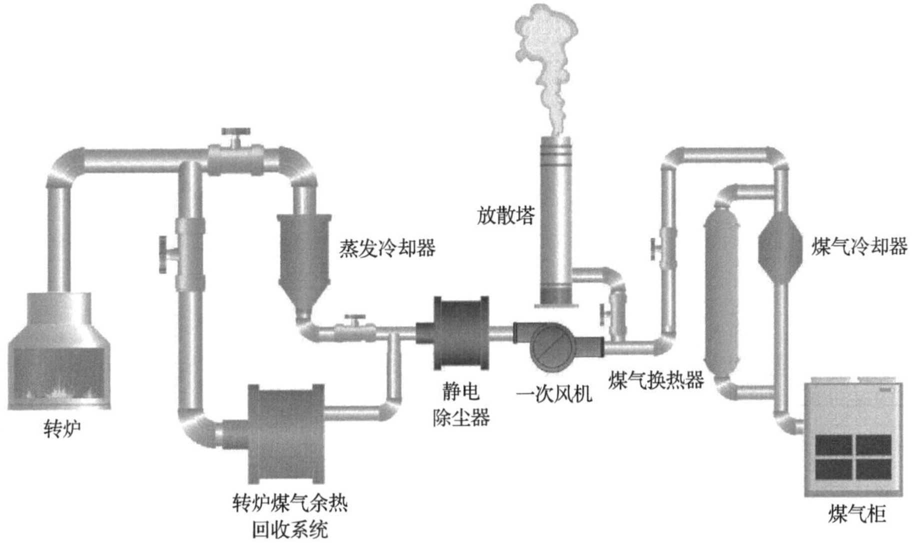

图 9.15 转炉煤气全干法旁通技术工艺图

新工艺采用全干法回收转炉煤气显热，取消了 LT 法工艺中喷水和蒸汽的装置，避免了由喷水造成的煤气显热浪费。新工艺不但节约了水和蒸汽的使用，而且降低了能量和资源消耗。回收煤气余热产生蒸汽后，可用于生产、供暖和发电，直接降低了转炉冶炼吨钢能耗。新工艺的运行替代了原工艺 EC 系统的功能，而 EC 系统的停用省去了冷却水的使用，也就省去了冷却水泵的电量消耗。经过新工艺处理后的转炉煤气含尘量降低、煤气量减少，使煤气热值提高，通过适当减小静电除尘电场和一次风机频率，起到节电作用。

在设计新工艺系统时，需要保证煤气流程全程无死角。煤气流速根据实际生产参数计算，使煤气流程完全符合柱塞流的要求，防止发生爆炸。同时在煤气进入余热锅炉前，尽量将大部分灰尘除掉，并通过急冷降温方式保证煤气中高温灰尘不会成为点火源。考虑到转炉生产中会有不确定因素，在余热锅炉及烟道上加装泄爆阀，新增灰舱加装双板阀，新增管道接口处、管道切换的阀门旁等煤气易泄漏处安装煤气报警及连锁停产装置等。此外，在新工艺系统中布置安全防护控制装置，对可能发生爆炸的因素采取参数监测和控制。

9.2.3 转炉煤气全干法处理工艺的控制技术

1. 煤气、水和蒸汽流量、温度、压力等参数监测技术

转炉煤气全干法处理工艺中蒸汽流量测量采用孔板流量计，即在蒸汽管道内加装一块中心带孔的合金圆板，通过测量孔板蒸汽前后的压力差及温度数据的补偿，结合流量积算仪标准的计算公式，得出管道蒸汽的流量。蒸汽流场在孔板构成部分收缩，导致静压力降低、蒸汽流量增加，因此在孔板前后产生压差。根据流体连续性方程(质量守恒定律)和伯努利方程(能量守恒定律)，流量大小与差压大小存在比例关系：$m^2 \propto \delta p$。式中，m 为流量；δp 为差压。通过引压管将差压信号引入差压变送器，差压变送器将差压信号送入流量积算仪，同时结合取得的管道内温度补偿信号，流量积算仪将差压信号和温度补偿信号换算成流量信号，将流量信号统一传送至控制系统集中上位机进行监控。

对于转炉煤气全干法处理工艺中的温度测量，根据测量范围和监测点特性，水、蒸汽侧监测点(远传温度)采用一体式热电阻，温度范围为 0～300℃，精确度为±0.2%，安装方式为 M27×1.5，材质为套管 304 不锈钢，信号 4～20mA 输出，防护等级不低于 IP 55。煤气侧监测点采用耐磨型防水热电偶，温度范围为 0～1200℃，精确度为±0.5%，带耐磨合金直型热套管，热套管螺纹连接方式为 M27×1.5，信号 4～20mA 输出，本安型防爆。温度信号统一传送至控制系统集中上位机进行监控。所有就地监测点采用不锈钢双金属温度计，温度范围为 0～300℃，精确度为±0.2%，安装方式为 M27×1.5，材质为 304 不锈钢。

对于转炉煤气全干法处理工艺中的压力测量，所有煤气、水、蒸汽侧监测点(远传压力)采用智能型电容式或者硅谐振式压力变送器，压力范围为 0～4.0MPa，精确度为 0.25%，耐温为 200℃，安装方式为 M20×1.5，DC24V 供电，信号 4～20mA 输出，含专业焊接底座及针型截止阀。所有就地监测点采用全不锈钢隔膜压力表，泵出口采用耐震型压力表。

2. 间歇性蒸汽连续稳流控制技术

转炉炼钢工艺的特点决定了转炉高温煤气具有间歇性、波动性及周期性等特点，且处于一个相对规律性变化的动态过程[15]。受转炉煤气特性变化的影响，全干法处理工艺所产生的饱和蒸汽同样也具有间歇性、波动性和周期性的特点。在吹氧期间，煤气温度和流量不断增大，随之产生的蒸汽流量和压力也增大，当煤气温度和流量达到最大时，蒸汽的压力和流量也达到最大。吹氧结束后，煤气量逐渐降到最低，此时锅炉的产汽量也降到最低[15]。蒸汽参数很不稳定，因此利用这些饱和蒸汽的余热有一定困难。为了实现间歇性饱和蒸汽的连续稳流控制，需要采用蒸汽蓄热器技术。

设计满足系统运行要求的蓄热器，可以将产汽高峰，即转炉吹氧期间富余的蒸汽储存起来，用于产汽低谷时向主蒸汽管道内补充蒸汽，以调平热力系统主蒸汽参数。蒸汽蓄热器的工作原理为：当汽包内蒸汽压力受生产影响而增大时，减小汽包至管网阀门开度，当汽包内压力大于蒸汽蓄热器中压力时，关闭蓄热器出汽阀，饱和蒸汽进入蒸汽蓄

热器中并凝结成饱和水，热量就储存于蓄热器中。当汽包中蒸汽压力受生产影响而降低时，蒸汽流量减小，打开蓄热器出汽阀，由于蓄热器中压力高于蒸汽管网压力，在压差作用下储存于蒸汽蓄热器中的饱和水汽化成饱和蒸汽进入蒸汽管网内。当产汽压力和流量满足额定参数要求时，蒸汽蓄热器不工作。当蒸汽蓄热器的热效率取为 1 时，其容积按式(9-2)计算：

$$V = \frac{G}{g_0 \varphi} \tag{9-2}$$

式中：V 为蒸汽蓄热器的容积，m^3；φ 为充水系数(一般为 0.75～0.95)；G 为蒸汽蓄热器的蓄汽量，kg；g_0 为饱和水比蓄汽量，即 $1m^3$ 饱和水从充热压力 P_H 降到放热压力 P_L 时产生的蒸汽量，kg/m^3。其中，g_0 可由表 9.1 查得。

表 9.1　饱和水比蓄汽量 g_0 与充热压力 P_H、放热压力 P_L 关系表[16]　(单位：kg/m^3)

P_L	P_H						
	0.8MPa	0.9MPa	1.0MPa	1.1MPa	1.2MPa	1.3MPa	1.4MPa
1.0MPa	—	—	—	8.177424	15.74771	22.78756	29.35774
0.9MPa	—	—	8.749896	16.80213	24.25552	31.18578	37.65267
0.8MPa	—	9.427379	18.03428	25.95371	33.28315	40.09692	46.45425
0.7MPa	10.25691	19.51823	27.97202	35.74933	42.94599	49.63533	55.87535
0.6MPa	21.37901	30.46021	38.74809	46.37128	53.42403	59.97827	66.09123
0.5MPa	33.68176	42.56375	50.66801	58.12075	65.01422	71.41912	77.39131
0.4MPa	47.72549	56.38007	64.27473	71.53286	78.2446	84.47891	90.29061
0.3MPa	64.59315	72.97456	80.61756	87.64191	94.1354	100.1649	105.7837
0.2MPa	86.54046	94.56641	101.8819	108.6022	114.8116	120.5747	125.9424

要实现饱和蒸汽参数的稳定，关键是保证蒸汽蓄热器在热力系统中的正常工作。转炉煤气全干法处理工艺具有灵敏的动态自动控制能力，可以及时获得系统内蒸汽管网的蒸汽压力、汽包温度和压力及蓄热器内的压力，从而能够根据这些参数对蒸汽蓄热器的运行做出相应的调整。

3. 煤气爆炸遏制技术

煤气爆炸遏制技术是影响转炉煤气全干法处理工艺安全运行的重要因素，当系统中 CO 与 O_2 浓度过高时，可能会发生爆炸。目前，气体爆炸的防护措施可分为隔爆、泄爆和遏爆三类，转炉煤气全干法处理工艺主要从泄爆和遏爆两方面对煤气爆炸的产生进行遏制。

1) 泄爆阀泄爆

为防止爆炸的发生，转炉煤气全干法处理工艺在系统的主要设备(管道与余热锅炉)

上方安装了弹簧自闭式泄爆阀(图 9.16)。

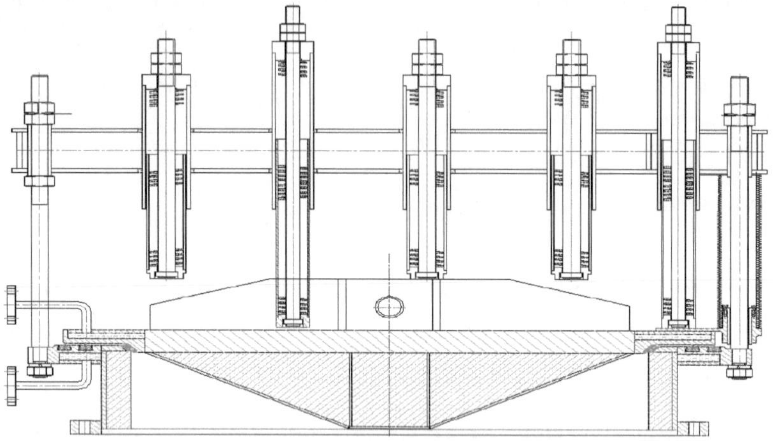

图 9.16 弹簧自闭式泄爆阀结构图

弹簧自闭式泄爆阀的弹簧装置分为三级，一级弹簧预压紧在阀盖上，起密封作用，通过调节高强度螺母的位置来调节一级弹簧的预紧力，即调节泄爆阀的开启压力；二级弹簧和三级弹簧处于自由状态，起缓冲作用，当压力达到泄爆阀开启压力时，泄爆阀阀盖推动一级弹簧运动，使阀盖打开，设备内部压力迅速降低。当爆炸剧烈时，阀盖会接着推动二级、三级弹簧，使爆炸压力得到充分释放，压力释放后泄爆阀阀盖会在弹簧作用下压回预压紧状态，实现阀体关闭。

2) 氮气遏爆

在转炉煤气全干法处理工艺投运过程中，设置氮气调节阀为一定开度，在转炉开始吹炼后向系统内充入氮气，在转炉停止吹炼适当时间后关闭氮气调节阀。在此过程中，通过自动向系统内注入氮气，可以有效降低系统内的氧含量，同时也对转炉煤气浓度起到稀释的作用。注入的氮气抑制了煤气的自燃，可以有效地杜绝爆炸现象的发生，详细的遏爆机理请参阅第 4 章。

4. 余热锅炉除灰控制技术

一般情况下，随烟气一起流动的灰尘颗粒，由于锅炉受热面的吸热而同煤气一起被冷却，若存在液态的渣粒，则在接近管壁前，将因为温度降低而凝固，当其附着在受热面管壁上时，将形成一层疏松的灰尘层，这种灰尘层在运行中通过吹灰很容易除掉[17]。当烟气温度较高时，一部分灰尘颗粒已经达到熔融或半熔融状态，若这部分灰尘颗粒在到达气体受热面前未得到足够冷却而达到凝固状态，则其将具有较高的黏结能力，容易黏附在受气体冲刷的受热面上，甚至达到熔化状态，这种黏附的熔融或半熔融状态的灰尘颗粒将使结渣不断发展，而这种渣黏性较大，极不容易清除[18]。

为使转炉煤气全干法处理工艺稳定持续运行，必须及时将余热锅炉内的积灰清除，否则将在烟箱内部受热面形成进一步结渣，堵塞锅炉内部煤气管道，造成余热锅炉出力下降，甚至被迫停炉进行清灰除焦。转炉煤气全干法处理工艺的余热锅炉除灰系统主要通过氮气吹扫及宽频清灰装置进行吹扫，见图 9.17。

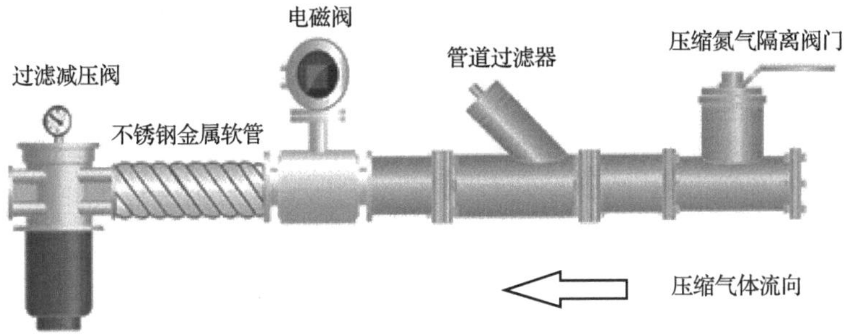

图 9.17 宽频清灰装置示意图

在锅炉烟箱内均匀地安装多根氮气吹扫管道，使氮气可以将烟箱内部全面覆盖。气源为高压氮气，在停止吹氧时进行吹扫可以有效减少余热锅炉管束积灰情况。另外，宽频清灰装置可防止积灰，该装置将压缩氮气流经音频发声器，由共振腔将声能转化为宽频的气体脉动，再由扩音器放大音频声能进入作业区。宽频声能在烟道、管束、筒仓内传播，使积灰黏结物发生共振，物料间保持疏松状态，从而预防物料间的黏结，达到清灰目的。

9.2.4 转炉煤气全干法处理工艺的集成控制技术

针对转炉煤气全干法处理工艺的集成控制，研发了数据采集与交换的关键硬件及软件(图 9.18)，开发了生产过程实时监视和远程控制软件，以实现对关键设备、工艺流程、生产过程的在线监视、异常和事故识别、紧急控制和恢复控制、远程控制和运行分析，及时完整记录系统事件并报警，并根据控制需求对现场设备进行远程控制与调节。将采集的能源数据进行归纳、分析和整理，通过计划管理指导系统按照计划组织生产，通过实绩管理跟踪能源计划执行情况，通过成本管理跟踪成本变化，通过设备管理制定设备

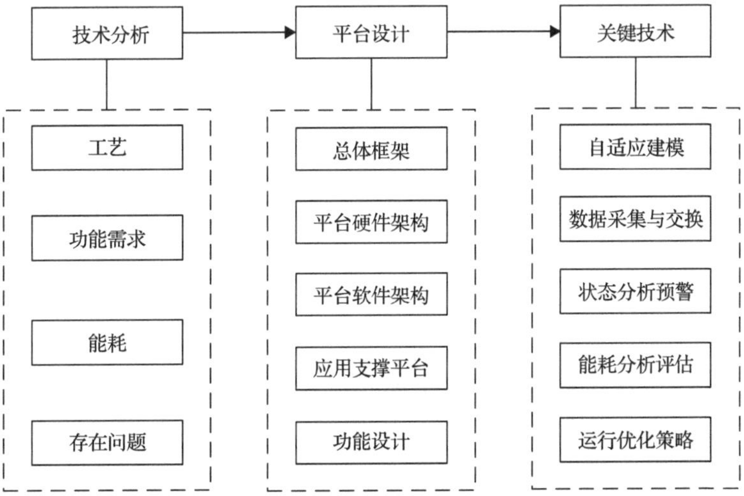

图 9.18 转炉煤气全干法节能降碳平台构建图

运行、维护、检修、停复役管理策略，通过质量管理维护能源介质质量标准。结合工艺的物质流与能量流情况，建立能耗分析评估体系，实现系统经济指标自动分析。

转炉煤气全干法处理工艺单独设有控制室，采用计算机集散控制系统(distributed control system, DCS)集中监控的方式(图 9.19)，实现转炉煤气全干法处理工艺过程监视、调节、控制、报警、连锁的功能。根据转炉煤气全干法处理工艺稳定、经济运行的要求，主要实现各容器水位与出口流量、容器补水流量、换热蒸汽温度与蒸汽压力等参数的自动调节，并对温度、压力、流量及液位等参数进行显示、打印和报警。

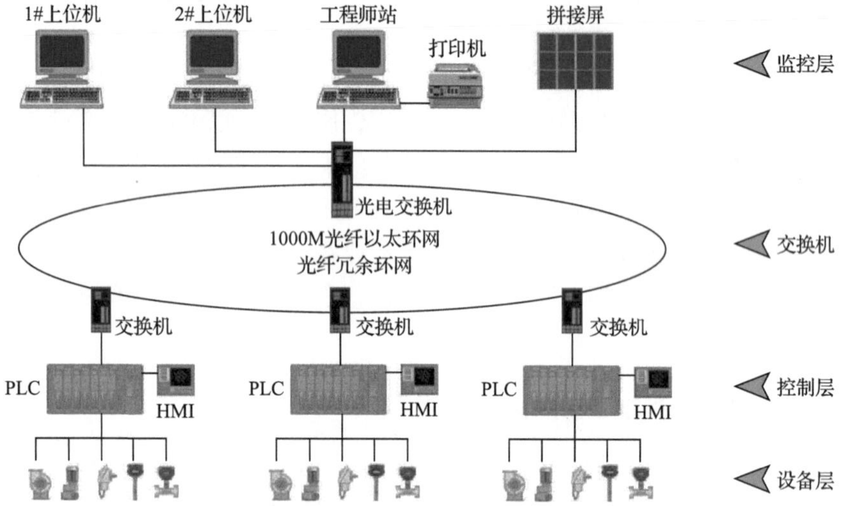

图 9.19　转炉煤气全干法余热回收集散控制系统图

DCS 采用国际上流行的客户机服务器结构，实现操作数据、历史数据快速实时备份、可靠调出，确保数据的一致性和安全性。系统具有完全的开放性，通过物联网可做到计算机客户端和手机客户端同时监控，并且与企业管理网络直接连接。DCS 为分层结构，由监控层、控制层和设备层构成，必要时可以连接到工厂管理网络。按工艺操作要求和系统可靠性要求，监控层设置两个操作员站、一个工程师站，主控层上位机采用工业级 32 位处理服务器，两台上位机采用互为冗余配置。

控制层配置有中央处理器(central processing unit, CPU)模块、输入/输出(input/output, I/O)模块、通信模块，其中 CPU 模块具有强大且稳定的数据处理能力，I/O 模块对现场设备状态实时信号，如工艺温度、压力、流量和液位等信号进行收集处理，通信模块提供传输控制协议/互联网协议(transmission control protocol/internet protocol, TCP/IP)、485 通信协议，用来和主控层上位机进行数据交换。控制层的功能最终由 PLC 控制系统实现。

集散控制系统软件具有极大的方便性和可靠性，软件全部采用模块化结构，操作站上位机全部采用实时操作系统，确保数据的可靠性和实时性，操作站上位机采用正版 Windows 10 操作系统，具有全汉化界面，操作方便，组态容易，学习简单。可支持动画技术、图形缩放技术、多级窗口技术，实现复杂美观的多层画面显示，其中包括系统总流程画面、分系统流程画面、系统实时报警画面、系统历史报警画面、系统历史趋势画面、系统数据报表画面、系统数据查询画面及系统数据修改画面等。系统软件可存储5年内的系统数据，方便查询各时间段数据，每日自动生成历史报表，方便打印存档，通过物联网权限设置可实现计算机、手机画面同步监控。

9.3 转炉煤气全干法显热回收工艺技术应用案例

在转炉煤气间歇性、多尘性及爆炸性研究成果的基础上，集成先进可靠的防爆技术、紧凑高效间歇性热源换热技术及高效除尘技术等，于2021年中国科学院力学研究所团队建成了首套转炉煤气全干法显热回收试验装置，最大煤气处理量为70000Nm^3/h[19]。该系统为原LT法系统的旁通工艺，系统主要设备为三通烟道、余热锅炉、泄爆装置、安全阀、灰尘冷却装置及储灰疏灰仓等，能够实现转炉煤气经汽化冷却烟道后850℃左右煤气显热的充分回收，将煤气温度降至200℃以下，实现转炉吨钢蒸汽产量翻番，现场装置如图9.20所示。

图9.20 转炉煤气全干法显热回收试验装置(28m×18m×60m)

该系统主要装置包括以下几部分。

1)汽化冷却烟道

汽化冷却烟道为转炉炼钢的重要设备(图9.21)，具有收集、冷却、输送烟气的作用。另外，汽化冷却烟道也是生产蒸汽的余热锅炉。在汽化冷却烟道内，冷却水吸收热量用于自身的蒸发，通过水的汽化潜热带走煤气的显热，使煤气冷却。汽化冷却烟道冷却效率高，通过蒸发吸热，可以大大减少冷却水的消耗量。该装置共分为三段，从车间到除尘段为第一段和第二段，余热锅炉前到烟箱为第三段。

图 9.21 汽化冷却烟道实物图

2) 余热锅炉

采用立式余热锅炉回收煤气显热来生产热水或蒸汽，实现煤气的冷却。这种直立烟道式炉体结构的特点之一为转炉高温煤气从炉体顶部进入，经炉体冷却后，从底部引出。如果转炉煤气在高温段遇到氧气发生燃烧，燃烧后生成的产物会在锅炉的低温区形成新的惰性煤气段，可以起到隔离空气的作用。因此，只要余热锅炉低温区密封性良好，余热锅炉爆炸的可能性就很小。此外，在余热锅炉顶部安装的泄爆阀工作原理为：当系统内部超压(内部气体达到爆炸极限遇火源发生爆炸)时瞬间泄压，阀盖弹起后可以在重力作用下复位，因此如果在运行中发生泄爆，系统很快就能恢复正常。

3) 蓄热器

余热锅炉负荷及参数随转炉冶炼负荷周期性变化，因此产生的蒸汽流量及压力波动较大。为解决这一问题，在汽包与蒸汽管网之间设置蓄热器，当转炉吹炼时，随着热负荷的增大，汽包在短时间内产生大量的高压蒸汽，其中一部分蒸汽被引入蓄热器，加热蓄热器中的水，并使蒸汽冷凝，使蓄热器里水的焓值升高到与引入蒸汽压力相对应的饱和水焓值，此时蓄热器中的水位随蒸汽的凝结而升高；当转炉不吹炼时，汽包产生的蒸汽量及参数减小，这时蓄热器中的压力下降，蓄热器中水的原有焓值比降压后相对应的饱和水焓值大，因此部分水被蒸发，通过汽水分离装置的分离，向管网输送饱和蒸汽。

参考文献

[1] 于洋. 专家系统在转炉氧枪枪位控制中的应用研究[D]. 沈阳：东北大学, 2005.

[2] 高闯, 宋蕾, 翟宝鹏. 基于孪生支持向量机的转炉炼钢终点控制技术[M]. 北京：冶金工业出版社, 2023.

[3] 吉利宏. 宣钢 150t 转炉智能炼钢关键控制技术优化[J]. 河北冶金, 2018, 40(6): 13, 39-43.

[4] 吴鸿妙. 转炉炼钢状态在线综合监测系统开发[D]. 杭州：浙江大学, 2018.

[5] 景琳琳, 周详. 转炉自动化炼钢技术应用分析[J]. 冶金与材料, 2019, 39(3): 74-75.

[6] 梅忠, 刘国平, 吴明, 等. 烟气分析动态控制炼钢技术的应用与改进[J]. 中国冶金, 2006, 16(8): 20-23.

[7] 刘宇. TDLAS 燃烧检测系统的研制与煤气燃烧过程的研究[D]. 北京：北京科技大学, 2021.

[8] Hsu P S, Patnaik A K, Gord J R, et al. Investigation of optical fibers for coherent anti-Stokes Raman scattering(CARS)

spectroscopy in reacting flows[J]. Experiments in Fluids, 2010, 49(4): 969-984.

[9] 李清源. 转炉煤气柜出口 CO 含量检测异常改进办法[J]. 冶金动力, 2019, 38(9): 34-36, 49.

[10] 王宏明, 叶亚兰, 马琳, 等. 基于煤气热值和烟气成分的转炉煤气成分软测量方法: 中国, CN107844682B[P]. 2022-02-01.

[11] 杜思光. 副枪在 300 吨脱磷转炉中的开发与应用[D]. 唐山: 华北理工大学, 2017.

[12] 刘双力, 齐利国. 副枪技术和烟气分析技术在自动化炼钢中的实践应用[J]. 冶金能源, 2021, 40(3): 57-60.

[13] 周木春, 赵琦, 陈延如, 等. 基于炉口辐射光谱支持向量机回归的转炉终点碳含量检测[J]. 光谱学与光谱分析, 2018, 38(6): 1804-1808.

[14] 蔡伟, 吴巍, 杨利彬, 等. 转炉炼钢自动控制技术发展及展望[J]. 中国冶金, 2024, 34(4): 10-23.

[15] 李冬庆, 张华, 米静, 等. 转炉饱和蒸汽发电系统及其参数选择[J]. 热力发电, 2008, 37(11): 5-9.

[16] 周根明, 姚寿广. 蒸汽蓄热器容积及蓄热量的计算方法[J]. 华东船舶工业学院学报, 1994, 9(1): 40-44.

[17] 金定安, 曹子栋, 俞建洪. 工业锅炉原理[M]. 西安: 西安交通大学出版社, 1986.

[18] Kleinhans U, Wieland C, Frandsen F J, et al. Ash formation and deposition in coal and biomass fired combustion systems: Progress and challenges in the field of ash particle sticking and rebound behavior[J]. Progress in Energy and Combustion Science, 2018, 68: 65-168.

[19] Zhao J, Li B, Wei X L, et al. New green and low-carbon technology for all-sensible heat recovery of converter gas[J]. Journal of Cleaner Production, 2024, 438: 140699.

第 10 章

转炉节能降碳新技术

随着国家对于冶金行业节能降碳的政策要求不断提高，转炉工序的节能降碳工作也在深入展开，出现了不少新技术，如能够增加废钢用量的转炉废钢预热技术、替代吹氧的转炉喷吹 CO_2 脱碳技术、转炉放散煤气化学链燃烧技术及转炉煤气催化氧化制碳氢燃料和乙醇燃料技术等，将为转炉工序的低碳化发展提供新的技术途径。

10.1　转炉废钢预热技术

10.1.1　转炉废钢预热技术介绍

近年来，随着我国社会经济的快速发展，钢铁产量迅速增加，社会整体钢铁蓄积量不断增加，废钢资源供给量也逐年提升。2020 年我国废钢产出量约为 2.1 亿 t，根据中国再生资源回收利用协会计算，我国废钢资源正以每年 2000 万 t 左右的速度增长，预计 2025 年废钢产出量可达 3.0 亿 t[1]。在钢铁冶炼过程中使用 1t 废钢，可减少 1.6t 碳排放，结合目前我国“双碳”的目标，以及钢铁行业有关碳排放政策的出台，可以预见废钢作为炼钢过程中的原料将变得越来越重要。

由于废钢具有节能环保、可重复利用的特性，现代钢铁工业对废钢的需求量逐渐增加。目前，废钢的来源主要有三种：自产废钢、社会废钢、进口废钢。

1) 自产废钢

自产废钢是钢铁企业在其生产过程中产生的废钢，这些返回废钢来自车间开坯、成品，以及炼钢车间的各种切头和废品等。加工废钢主要来源是钢料的料头、切屑和其他边角钢铁废料等，一般来自钢的冷加工和热加工车间，这类废钢中，除切屑外，几乎没有其他元素，经过简单的打包压块便可快速投入使用。另外，炼钢车间的注余钢水、包底残钢、汤道及废弃的钢锭等，也可作为返回废钢。随着钢铁行业的不断发展，冶炼技术和工业加工技术均得到长足进步，钢材良品率和收得率逐渐提高，自产废钢数量逐渐减少，在整体废钢中的占比也逐渐降低。

2) 社会废钢

社会废钢由折旧废钢和垃圾废钢组成，折旧废钢来源于报废的钢铁产品，如报废的机车、钢轨、汽车、船舶及工具等；垃圾废钢来源于日常生活产生的垃圾，如家具及罐头盒等。社会废钢一般掺杂多种其他元素，且形状尺寸多种多样，使得处理工作很难进行，往往需要经过几年才能得到利用。随着我国人民生活水平不断提高，社会废钢的数量不断增加，在整体废钢中的占比也不断增大，回收利用在未来有巨大的发展空间。

3) 进口废钢

以全球废钢贸易现状为基础分析得出，目前废钢的主要出口国为美国、日本、加拿大和欧盟国家等众多发达国家，而废钢的主要进口国为土耳其，以及亚洲部分钢铁工业发展迅速但历史较短而废钢资源供不应求的国家。

我国对于钢铁企业熔炼用的废钢有明确要求，具体见表 10.1。

表 10.1 熔炼用废钢要求[2]

项目	内容
成分要求	①碳含量(质量分数，下同)低于 2.0%，硫、磷含量不大于 0.05% ②非合金废钢中镍、铬、铜含量均不大于 0.3%；除硅、锰外，其他参与元素总和不大于 0.6%
技术要求	①分类存放 ②表面无严重及剥落状锈蚀 ③不应混入铁合金、炸弹等爆炸性武器和其他易燃易爆物品，以及放射性废物和有害废物(医药废物、农药废物、生活用废物等) ④废钢表面和器件、打包块的内部不应存在泥块、水泥、油脂、耐火材料、炉渣等杂质 ⑤废钢中不应有成套的机器设备和机构件 ⑥不应混有其浸出液中超过《危险废物鉴别标准 腐蚀性鉴别》(GB 5085.1—2007)中鉴别标准值的夹杂物和超过《危险废物鉴别标准 浸出毒性鉴别》(GB 5085.3—2007)中鉴别标准值的有害废物 ⑦曾盛装液体/半固体化学物的容器等，应经技术处理，清洗干净

电炉通常用于冶炼废钢，为了节约能源，国内外开发了多种电炉废钢预热技术。废钢预热一般有两种形式：一是炉内预热，该方法是通过喷吹煤粉、氧气、天然气或重油等来实现的，但是该方法会延长操作时间，降低炼钢效率；二是炉外预热，该方法为利用液体或者气体燃料，在炉外对废钢加热，由于加热在炉外进行，该方法不影响炼钢操作流程，不会延长操作时间且能有效消除预热废钢的非生产时间。

日本研发的料罐式废钢预热设备是世界上首套废钢预热装置，该装置利用电弧炉产生的高温烟气对装在料罐中的废钢进行预热，1980 年，在 50t 电弧炉上安装该装置进行工业应用，次年应用于 100t 电弧炉上。由于存在许多缺点，目前料罐式废钢预热技术已被淘汰。随后，从提升废钢预热效果和环境保护的角度出发，研发了配备专门废钢预热系统的电弧炉，如 Fuchs 竖炉电弧炉、Consteel 连续加料电弧炉等。目前，国内外采用废钢预热的电弧炉根据技术特点可以分为三类：双壳电弧炉、竖井式电弧炉和 Consteel 连续加料电弧炉，其具体优缺点见表 10.2。

表 10.2 不同类型电炉废钢预热参数对比

电炉废钢	预热温度/℃	平均节电 /(kW · h/t)	缩短冶炼周期 /(min/炉)	提高产率 /%	金属收得率 /%	缺点
料罐式	—	20～25	3	5	—	产生废气，污染环境，预热温度低，废钢黏结
双壳电弧炉	250～300	40～50	—	15～20	—	效率低，设备维护量大，排放二噁英等污染物

续表

电炉废钢	预热温度/℃	平均节电/(kW · h/t)	缩短冶炼周期/(min/炉)	提高产率/%	金属收得率/%	缺点
竖井式电弧炉	800	50～70	8～10	—	1.5	厂房高度高，竖井手指易黏结，手指易损坏，维护量大
Consteel 连续加料电弧炉	400～600	30～60	—	—	1～1.5	预热不充分，设备占地面积大，预热通道漏风量大，排放二噁英等气体

10.1.2 转炉废钢预热技术

除电炉冶炼废钢外，转炉也属于消耗废钢的关键设备，在提高转炉废钢消耗方面我国已有大量工业应用实践，常规铁水冶炼转炉吨钢废钢消耗可达 200kg 以上[3]。在废钢加入转炉之前对常温废钢进行加热，可以提高废钢物理热，补充转炉内部热量，有利于提升转炉废钢比。因此，废钢预热技术是一种提高转炉综合能耗的节能措施。

炉外预热操作简单，能有效保证生产效率，因此目前转炉多采用炉外预热方法，热源一般采用煤气加热，预热的容器则因方法的不同而多种多样[4]。图 10.1 为典型的废钢预热装置。

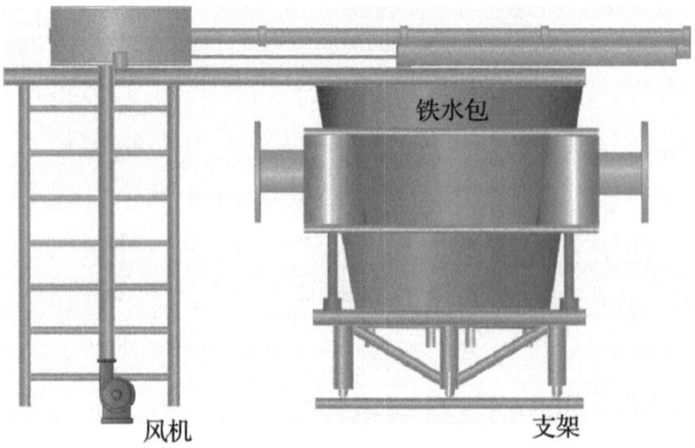

图 10.1　废钢预热装置

1. 铁水包加废钢预热技术[5]

铁水包在转炉兑铁完毕后，直接利用炼钢厂转炉加废钢的天车向铁水包中加入废钢，或使用抓钢机将废钢加入；铁水包返回炼铁厂的铁水包烘烤位进行烤包及废钢预热；预热达一定温度(如 800℃)后，前往高炉出铁口等待接铁水；利用高温铁水所具有的热能和势能熔化铁水包中的废钢。

该工艺的特点包括：①废钢预热速度快，废钢必须是合格打包废钢且须考虑吹氩搅拌；②废钢加入量取决于出钢温度，如果后续没有 LF(Ladle Furnace)钢包炉等升温设施，则不能加入太多废钢；③废钢与钢水混合后温度必须达到约 1540℃，高于钢种的液相线温度。

2. 回转窑废钢预热技术[6]

回转窑可以设置在转炉加料跨废钢工段。将破碎后的废钢碎料送入干燥窑进行干燥，在干燥窑中烘烤至 500～700℃，然后运输到回转窑中烘烤，当钢料温度达到 600～800℃后送入料仓，经过废钢槽送料到运输车，运输车将废钢送到吊运位置，通过车间吊车将废钢加入转炉，见图 10.2。

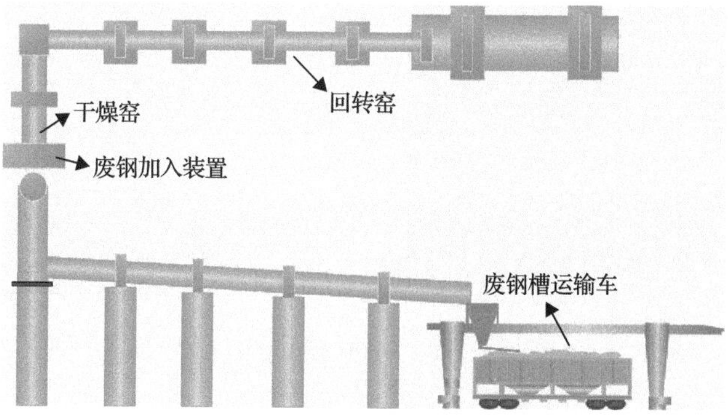

图 10.2 回转窑预热废钢示意图

该工艺的特点包括：①可以连续预热废钢，预热的废钢量大，必须采用废钢碎料；②预热温度容易控制，且预热均匀，热效率高；③占地面积大，费用投资高；④运输过程中，废钢散热快，实际运行中需要考虑此因素。

10.1.3 转炉冶炼废钢的过程与废钢用量

1. 废钢的熔化过程

废钢在钢水中的熔化过程是相变过程，该过程涉及传热、传质及传热传质联合作用的复杂过程，图 10.3 为废钢熔化过程中的温度和碳浓度分布示意图。在废钢熔化前期，废钢与液态熔体刚刚接触，表面存在温度梯度，这一阶段传热是控制环节。传热过程结束，当钢水中的碳含量高于废钢的碳含量时，废钢浸入钢水后，钢水中的碳不断向废钢表面转移，这一阶段传热传质联合作用，但碳传质起主要作用，控制整个熔化进程。当钢水的碳含量与废钢中的碳含量相近时，钢水与废钢之间的传质效果非常差，此时传热起作用，传质对废钢熔化的效果几乎可以忽略[7]。以废钢与熔池之间的热交换为前提条件，已提出的废钢熔化传热传质模型可以用于分析废钢在高碳铁水中的熔化行为，在熔化初期，废钢表面会形成凝固层，随着时间发展，凝固层在高温下熔化，这一阶段主要由传热控制；同时，随着碳不断从熔池中扩散至废钢表面，废钢的熔点也会不断降低，当废钢熔点低于熔池温度时，废钢开始熔化，该过程主要由传质控制[8]。通过对废钢熔化情况的分析得出，废钢熔化的过程可以分为凝固层生成、凝固层再熔化、废钢熔化这三个阶段，并依据熔化速率的变化可以进一步将废钢熔化阶段细分为废钢熔化速率增加—熔化速率不变—废钢变成环状后熔化速率突增三个阶段。

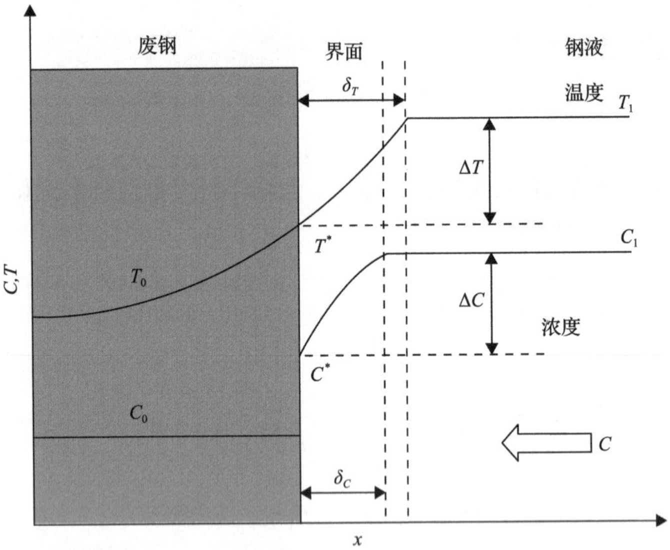

图 10.3　废钢熔化过程中的温度和碳浓度分布示意图[7]

2. 转炉剩余热和废钢用量计算[9]

剩余热指不加冷却剂的情况下转炉收入总热量与将金属精炼到终点温度和转炉热损失支出热量的差值，按照物料平衡和热平衡计算，得到转炉剩余热为

$$\begin{aligned}Q_{剩} = &10^3\left[(35-0.419R)w(\mathrm{Si})+6.7w(\mathrm{Mn})+15.9w(\mathrm{C})+8.38+0.0817T_{铁水}\right]\\ &-\left[(1.84-2.68R)w(\mathrm{Si})+0.71w(\mathrm{Mn})+3.29w(\mathrm{C})+85.476\right]T_{钢水}\end{aligned} \tag{10-1}$$

式中：$Q_{剩}$ 为转炉剩余热，kJ/100kg 铁水；$w(\mathrm{Si})$、$w(\mathrm{Mn})$、$w(\mathrm{C})$ 为铁液中该元素氧化的质量分数，%；R 为炉渣碱度(CaO)/(SiO_2)；$T_{铁水}$ 为铁水温度，℃；$T_{钢水}$ 为出钢温度，℃。

废钢比为废钢的装入量占金属料装入总量的百分比。在转炉剩余热确定后，若全部用废钢冷却，则废钢比 $G_{废}$ 为

$$G_{废} = \frac{Q_{剩}}{q_{废} + 0.01Q_{剩}} \tag{10-2}$$

式中：$q_{废}$ 为钢冷却效应，通常取 1390kJ/kg。

若废钢被加热，则转炉废钢用量将增加，废钢加热时废钢比 $G_{废加}$ 为

$$G_{废加} = \frac{Q_{剩}}{q_{废} + 0.01Q_{剩} - \Delta T \cdot C_{废}} \tag{10-3}$$

式中：ΔT 为废钢加热温度，℃；$C_{废}$ 为固体废钢热容，通常取 0.7kJ/(kg·℃)。

研究表明，废钢加热温度为 800℃左右时效果最好，当加热温度高于 900℃时，废钢

氧化速度会大大增加，造成金属损失，从而导致兑铁水时伴随强烈反应，加热时间延长，废钢中温度梯度加大。

3. 转炉废钢比

可以采用多种手段以提高废钢比[10]，如留渣操作、提高入转炉的铁水温度、实行少渣炼钢、降低出钢温度并动态调整 LP 炉温度补偿、扩大钢水出口、缩短出钢时间以及废钢预热、二次燃烧技术等。现阶段工业转炉炼钢原料为矿石和废钢两类，其中矿石属于自然资源，是不可再生资源，而废钢是可回收利用的资源，钢厂多用废钢少用铁水，提高废钢比可以有效减少矿石的使用，从而减少开采过程中对生态的破坏及熔炼矿石过程中的能源消耗，并减少氮氧化物、硫氧化物及灰尘的产生，对于绿色低碳具有重要意义。随着工业技术的发展，铁水的间歇性不足成为限制诸多转炉产能的重要因素，因此进一步提高废钢比，可以提升炼钢能力。

10.2 转炉喷吹 CO_2 脱碳技术

转炉炼钢通常采用 O_2 作为顶吹气体，但炼钢过程中灰尘产生量大、炉渣铁损高，单渣法冶炼时脱磷率不稳定。与纯氧相比，采用 CO_2 作为炼钢过程氧化剂时，体系氧化条件的改变为控制炼钢反应的选择性氧化创造了条件。当转炉顶吹 CO_2 时，CO_2 与 C、Fe 元素之间的反应为吸热反应，与 Si、Mn、Cr、V 元素之间的反应为放热反应，反应吸热大于反应放热，因此 CO_2 应用于炼钢过程会使熔池的温度降低，在实际转炉冶炼中喷吹 $O_2 + CO_2$ 混合气体可实现温度平衡。此外，CO_2 和 C、Si、Mn、Cr、V 等元素发生的氧化反应均可生成气体，产生大量气泡，而气泡会强化熔池的搅拌效果，为熔池反应提供更好的动力学条件，因此 CO_2 作为转炉底吹气体已在国内外得到应用。在转炉冶炼顶底复吹 CO_2 方面，我国朱荣教授在此领域做了很多重要研究工作[11]，该技术不但可以实现 CO_2 的循环利用，还可以改善转炉的熔池搅拌。

10.2.1 转炉喷吹 CO_2 脱碳的过程

1. 中高碳铁液中 CO_2 的炼钢脱碳过程

1) 喷吹 CO_2 的利用率[12]

假定转炉喷吹 CO_2 脱碳过程中的 Fe-C 合金为二元系，不考虑其他元素的影响，在通入 CO_2 后只会与钢水中的 C 和 Fe 发生反应。炉气的主要成分为保护气体 Ar、脱碳反应生成的 CO 和未反应的 CO_2 三部分。因为 Ar 为惰性气体，在反应中起保护作用，不参与反应，同时通入的气体流量和总气量是恒定的，所以通过炉气中 Ar 的体积浓度可以反推出炉气的总气量，再通过炉气中 CO、CO_2 的体积浓度计算就可得出炉气中 CO、CO_2 的总气量。

在整个过程中，CO_2 通入熔池与 C、Fe 均会发生生成 CO 的反应。以 x Nm^3 CO_2 与

[C]反应生成 CO，y Nm^3 CO_2 与[Fe]反应生成[FeO]为例进行说明。

$$CO_2+[C]=\!=\!=2CO \tag{R10-1}$$

$$CO_2+[Fe]=\!=\!=[FeO]+CO \tag{R10-2}$$

根据以上反应式，得到 CO 生成量为

$$2x+y=\frac{q_{Ar}\cdot t}{V_{Ar}}\cdot V_{CO} \tag{10-4}$$

而参加反应的 CO_2 量为

$$x+y=q_{CO_2}\cdot t-\frac{q_{Ar}\cdot t}{V_{Ar}}\cdot V_{CO_2} \tag{10-5}$$

式中：q_{Ar} 为 Ar 流量，Nm^3/min；q_{CO_2} 为 CO_2 流量，Nm^3/min；V_{CO}、V_{CO_2}、V_{Ar} 为炉气中 CO、CO_2、Ar 的体积浓度，%；t 为喷吹气体时间，min。

CO_2 利用率为

$$\eta_{CO_2}=\frac{\text{反应}CO_2\text{体积}}{\text{总}CO_2\text{体积}} \tag{10-6}$$

将式(10-5)代入式(10-6)进行联立求解，可得喷吹 CO_2 的利用率计算式：

$$\eta_{CO_2}=\frac{q_{CO_2}\cdot t-\dfrac{q_{Ar}\cdot t}{V_{Ar}}\cdot V_{CO_2}}{q_{CO_2}\cdot t}$$

因此有

$$\eta_{CO_2}=1-\frac{q_{Ar}\cdot V_{CO_2}}{V_{Ar}\cdot q_{CO_2}} \tag{10-7}$$

CO_2 利用率和熔池碳含量呈正相关关系，随着熔池中的碳含量降低，CO_2 利用率缓慢降低。当熔池金属液为中高碳时，碳含量对 CO_2 利用率的影响不大。在熔池碳含量较高时，CO_2 利用率与 O_2 利用率基本相同，该条件下 CO_2 与 O_2 均有较强的脱碳能力。但随着碳含量降低，CO_2 的脱碳能力逐渐减弱，CO_2 利用率也逐渐降低，与 O_2 利用率差距逐渐变大。

当初始状态熔池中碳含量较高时，在其他条件相同的情况下，随着冶炼温度的提高，CO_2 的利用率会逐渐提高。这主要是因为脱碳反应 $CO_2+[C]=\!=\!=2CO$ 是吸热反应，当熔池温度不断提高时，CO_2 脱碳反应的标准生成吉布斯自由能会不断降低，从而有利于反应的进行。因此，冶炼温度越高，熔池中 CO_2 的脱碳反应就越容易进行，使得 CO_2 利用率不断提高。为了避免熔池温度过高造成能量浪费，也为了防止脱碳反应不断吸热导致熔池温度降低而使 CO_2 利用率下降，需要根据实际冶炼情况将温度控制在合理的范围，从而保持较高的 CO_2 利用率。

2) 熔池搅拌能量密度[12]

炼钢过程中底吹 CO_2 气体，产生的大量 CO 气泡会对钢水产生强烈的搅拌作用，其熔池搅拌能量密度公式为

$$\varepsilon_{CO_2}=\frac{q}{M_L}\left\{\frac{1}{2}\rho_{CO_2}^{\ominus}\mu^2+\frac{RT_2}{22.4\times10^{-3}}\left[1+\eta_{CO_2}-\frac{T_1}{T_2}+2\left(1+\eta_{CO_2}\right)\cdot\ln\left(1+\frac{h}{1.48}\right)\right]\right\} \tag{10-8}$$

式中：ε_{CO_2} 为底吹 CO_2 熔池搅拌能量密度，W/t；q 为底吹气体换为标准状态下的体积流量，Nm^3/s；M_L 为钢水总质量，t；$\rho_{CO_2}^{\ominus}$ 为标准状态下 CO_2 气体密度，kg/m^3；μ 为喷口处气体线速度，m/s；R 为通用气体常数，8.314J/(mol·K)；T_1 为室温，K；T_2 为冶炼温度，K；η_{CO_2} 为 CO_2 利用率，%；h 为钢水深度，m。

随着碳含量的降低，中高碳条件下熔池搅拌能量密度缓慢降低，吹入相同体积的 CO_2 对熔池的搅拌作用也会缓慢降低。随着 CO_2 气体流量的增大，熔池搅拌能量密度呈线性增加，对熔池的搅拌作用逐渐增强。

2. 低碳铁液中 CO_2 的炼钢脱碳过程

1) 喷吹 CO_2 的利用率

当熔池中碳含量较低时，CO_2 利用率随碳含量的降低而下降，脱碳反应 $CO_2+[C]=\!=\!=2CO$ 中 C 元素的传质能力显著降低，进入铁碳熔体中的 CO_2 不能充分与碳反应，会有部分剩余，因此随着碳含量不断降低，CO_2 利用率也不断下降。随着冶炼温度的提高，CO_2 利用率的变化趋势与高碳含量条件时较为一致，即当熔池温度逐渐增大时，CO_2 利用率也随之增加；同时在相同的冶炼温度下，熔池初始碳含量较低时 CO_2 利用率也较低。

2) 熔池搅拌能量密度

当熔池碳含量降低时，熔池搅拌能量密度也随之降低。在冶炼过程低碳阶段，在相同 CO_2 吹入量的条件下，熔池搅拌能量密度随熔池碳含量的降低也逐渐降低。而在低碳阶段，熔池搅拌能量密度的变化趋势与中高碳条件时一致，都是随着冶炼温度升高，熔池搅拌能量密度不断增大。

在充分反应的条件下，一个体积的 CO_2 反应能够生成两个体积的 CO，而随着 CO_2 利用率的降低，一个体积的 CO_2 并不能完全反应生成两个体积的 CO，由于产生的 CO 体积逐渐减小，产生的气泡也随之减少，气体对熔池的搅拌作用也随之降低。

10.2.2 转炉喷吹 CO_2 技术

转炉通过喷吹 CO_2-O_2 气体，可以达到促进熔池搅拌、降低灰尘排放的目的，典型的转炉喷吹 CO_2 流程见图 10.4。

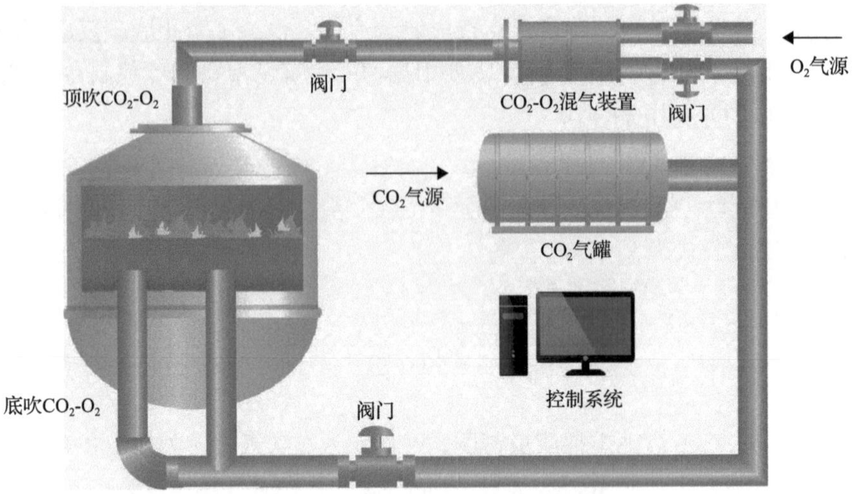

图 10.4 转炉喷吹 CO_2 流程示意图[13]

1. 转炉 CO_2-O_2 混合喷吹炼钢技术[13-15]

在转炉喷吹 CO_2-O_2 混合气体过程中，主要反应如下[15]：

$$[C]+CO_2 \xlongequal{} 2CO,\quad \Delta H^{\ominus}_{1773K}=11602.67\ (kJ/kg)$$

$$\Delta G^{\ominus}=34580-30.95T\ (J/mol) \tag{R10-3}$$

$$[Fe]+CO_2 \xlongequal{} (FeO)+CO,\quad \Delta H^{\ominus}_{1773K}=720.91\ (kJ/kg)$$

$$\Delta G^{\ominus}=11880-9.92T\ (J/mol) \tag{R10-4}$$

$$[Si]+2CO_2 \xlongequal{} (SiO_2)+2CO,\quad \Delta H^{\ominus}_{1773K}=-9299.21\ (kJ/kg)$$

$$\Delta G^{\ominus}=-3577967+357.27T\ (J/mol) \tag{R10-5}$$

$$[Mn]+CO_2 \xlongequal{} (MnO)+CO,\quad \Delta H^{\ominus}_{1773K}=-1512.40\ (kJ/kg)$$

$$\Delta G^{\ominus}=-261507.82+72.905T\ (J/mol) \tag{R10-6}$$

式中：$\Delta H^{\ominus}_{1773K}$ 为反应标准焓变，kJ/kg；$\Delta G^{\ominus}$ 为反应吉布斯自由能变化，J/mol。

CO_2-O_2 混合喷吹技术主要是将氧枪喷头的气源由 O_2 改为 CO_2-O_2 混合气体，CO_2 的反应过程会吸收热量，降低熔池温度，因此使用 CO_2-O_2 混合喷吹技术可以有效控制转炉终点温度从而更好地调控炼钢过程；同时由于 CO_2 在炉内发生反应后生成 CO，可以提高转炉煤气回收量。Han 等[13]和 Yi 等[15]通过研究，得到转炉 CO_2-O_2 混合喷吹技术的优势如下。

(1) 转炉煤气回收量和煤气的热值得到一定提升。在喷吹 CO_2 气体条件下，可增产转炉煤气 5.24m^3/t-钢，煤气中 CO 平均浓度增加 2.66%。

(2) 可以降低炼钢终渣的全铁量。与常规工艺相比，喷吹 CO_2 试验中渣中全铁量降低 12.7%。

(3) 随着 CO_2 喷吹比例的增加，转炉灰尘及铁损量持续降低。通过调控运行过程 CO_2 和 O_2 的比例，可以使灰尘从源头减少 12.5%。

2. CO_2 控温脱磷技术

磷是钢中的有害成分，过高的磷含量会使钢出现“冷脆”，降低其塑性、冲击韧性、焊接性能和冷弯性能[16]。脱磷是炼钢工艺中的重要环节，降低脱磷能耗也是优化炼钢工艺的重要方向。

脱磷反应需要满足的必要条件包括：保持低温、高氧化性和高碱度渣等工艺条件，同时还需要在炼钢的脱磷阶段强化熔池搅拌，增大反应界面面积，保证在整个过程中，熔渣能够顺畅流动。

在炼钢过程中，CO_2 表现为弱氧化性，在具有较高温度的熔池中，CO_2 和熔池中的[C]、[Fe]、[Si]和[Mn]都可以进行反应并产生 CO 气泡，从而增强熔池的搅拌能力，促进钢渣的反应及强化脱磷反应。但是若想使 CO_2 和[P]发生反应，则需要存在[Ca]和[O]。

李智峥等[17]分析了 CO_2 用于脱磷转炉冶炼过程的反应特性，基于脱磷炉的实际冶炼情况，研究了在脱磷炉中加入 CO_2 时对脱磷炉的半钢温度、气体消耗和炉气成分等产生的影响，结果如下。

(1) 由于喷吹 CO_2 后在熔池内发生的反应主要表现为吸热，对熔池的热量影响很大。相较于喷吹纯 O_2 的模式，在喷吹中加入 CO_2 可以降低半钢温度，同时随着 CO_2 喷吹比例的上升，半钢温度进一步降低。但是 CO_2 喷吹比例过高容易导致半钢温度过低，使半钢温度低于凝固点，从而无法满足脱磷终点对半钢温度的需求，同时也会使后续的脱碳工序热量不足。此外，随着 CO_2 利用率的提高，脱磷所需的最低半钢温度范围也会升高，使 CO_2 的喷吹浓度范围变大。

(2) 随着 CO_2 喷吹量增加，所需的 O_2 喷吹量将减少，但是 CO_2 喷吹的比例越大，CO_2 喷吹量的增加幅度和 O_2 喷吹量的降低幅度差值就越大，这是因为 CO_2 并不能完全参与熔池的氧化反应，所以不能完全替代 O_2。因为 CO_2 利用率无法达到 100%，所以必须补充额外的 O_2 来保证杂质元素的氧化量不变。可见，从熔池的热量和气体消耗的角度来看，CO_2 喷吹的比例不能过高。

(3) CO_2 反应会放出 CO，随着 CO_2 喷吹比例的增加，炉气体积、炉气中的 CO 体积和 CO 体积分数都会明显增加，因此使用 CO_2 进行脱磷可以增加煤气量，提高煤气品质。

总体而言，使用 CO_2 进行脱磷可以调控熔池温度，改变脱磷反应的控温方式，可使钢水中的磷质量分数降至 0.006%。同时这一方法减少了 O_2 的使用，提升了煤气中 CO 体积浓度，实现了 CO_2 的资源化利用，具有明显的优势和广阔的发展前景。

3. CO_2 吸附脱氮技术

N 元素是钢铁中的有害元素，是钢产生屈服点的主要原因，同时也会导致钢中的应变失效。CO_2 在转炉的熔池中会与钢水中的元素反应产生 CO 气泡，CO 气泡对于 N 元素来说相当于真空，是良好的载体，钢水中的 N 会扩散进入气泡并随之上浮，从而达到脱除的效果，因此 CO_2 可为脱氮提供帮助。

王雪亮[18]分析了钢水吸收氮和脱除氮的反应动力学方程，其中氮原子在钢水中的扩散过程为

$$[\mathrm{N}]^* \longrightarrow [\mathrm{N}] \tag{R10-7}$$

$$v = \frac{\mathrm{d}w[\mathrm{N}]}{\mathrm{d}t} = k_{\mathrm{N,l}} \cdot \frac{A}{V_{\mathrm{m}}} \cdot \left(w[\mathrm{N}]^* - w[\mathrm{N}]\right) \tag{10-9}$$

式中：v 为气体原子在钢水中的扩散速率，s^{-1}；$k_{\mathrm{N,l}}$ 为 N 在钢水中的传质系数，m/s；A 为反应界面面积，m^2；V_m 为钢水体积，m^3；$w[\mathrm{N}]^*$ 为钢水-气相表面（界面）的氮含量，kg/kg；$w[\mathrm{N}]$ 为钢水内部氮含量，kg/kg。

吸气过程中，在 0～t 及相应的 $w[\mathrm{N}]_0$～$w[\mathrm{N}]$ 区间内，对式（10-9）积分可得

$$\ln \frac{w[\mathrm{N}]_\mathrm{e} - w[\mathrm{N}]_0}{w[\mathrm{N}]_\mathrm{e} - w[\mathrm{N}]} = k_{\mathrm{N,l}} \cdot \frac{A}{V_\mathrm{m}} \cdot t \tag{10-10}$$

当熔池温度不变时，钢水中的氮含量主要由炉气中 N_2 的分压决定：

$$\mathrm{N_2} \longrightarrow 2[\mathrm{N}] \tag{R10-8}$$

$$w[\mathrm{N}] = K_\mathrm{N} \sqrt{P_{\mathrm{N_2}}} \tag{10-11}$$

式中：K_N 为平衡常数；$P_{\mathrm{N_2}}$ 为炉气中 N_2 的分压，atm。

反应的平衡常数 K_N 与冶炼温度 T 的关系式为

$$\lg K_\mathrm{N} = -\frac{518}{T} - 1.063 \tag{10-12}$$

相较于传统的 Ar 喷吹工艺，底吹 CO_2 工艺 CO_2 价格远低于 Ar，且脱氮速率更高，最高可达到底吹 Ar 工艺的 10 倍左右。同时 CO_2 为熔池带来了新的碳源，相较于底吹 Ar 工艺可以产生更多的 CO，降低 N_2 的分压，使 N 附着于产生的 CO 气泡而脱除。此外，CO_2 和 CO 气泡有利于打破表面活性原子的界面阻隔，最终可以实现转炉终点氮稳定降低至 0.0011%。

研究表明，随着转炉冶炼前期和中期顶吹 CO_2 比例的增加，转炉终点磷的质量分数先下降后基本不变，氮的质量分数逐渐下降；而碳氧浓度积与渣中全铁量均为先降低后

增加，但在转炉终点均下降[19]。总体而言，底吹 CO_2 在冶炼低磷、低氮和低氧钢方面具有独特优势，也有利于实现高品质钢的洁净化生产。此外，利用底吹 CO_2 具有的物理冷却和化学吸热作用，可以实现强搅拌下的底吹长寿[20]。

4. CO_2 处理转炉渣技术

从热力学角度分析，在高温条件下，转炉渣中的碱性成分较容易与 CO_2 发生如下反应：

$$CaO + CO_2 = CaCO_3 \tag{R10-9}$$

$$Ca_2SiO_4 + 2CO_2 = 2CaCO_3 + SiO_2 \tag{R10-10}$$

$$Ca_2Fe_2O_5 + 2CO_2 = 2CaCO_3 + Fe_2O_3 \tag{R10-11}$$

$$MgO + CO_2 = MgCO_3 \tag{R10-12}$$

Santos 等[21]通过原位热重分析(thermogravimetric analysis, TGA)、加压篮式反应器和常压反应器进行了转炉渣碳化实验。结果表明，CO_2 处理转炉废渣有利于碳酸盐的形成。对于 CaO 的碳化反应，其受到动力学控制的碳化和扩散控制的碳化。在碳化的开始阶段，CO_2 的吸收率成线性，而在线性区域外，碳化速度将会逐渐降低。这是因为在碳化过程中，CO_2 需要穿过原生的惰性层进入矿渣颗粒来实现进一步的吸收，而随着反应的进一步进行，CO_2 需要穿越已反应的矿渣，结合未反应的矿渣才能继续碳化，所以碳化速度会逐渐变慢。总体而言，CO_2 有利于处理钢渣中的游离 CaO，但不能保证 CaO 的转化率。

10.3 转炉放散煤气化学链燃烧技术

10.3.1 化学链燃烧的基本过程

化学链燃烧(chemical looping combustion，CLC)作为一种新型的燃烧技术，具有能够捕集 CO_2 的先天特性，还兼具 NO_x 排放少和能源利用效率高的优点[22]。CLC 系统如图 10.5 所示，主要由空气反应器、燃料反应器和载氧剂组成，其中载氧剂由金属氧化物与载体组成，金属氧化物是真正参与反应传递氧的物质，而载体是用来承载金属氧化物并提高化学反应特性的物质。CLC 的基本原理是将传统的燃料与空气直接接触的燃烧反应，借助于载氧剂(oxygen carrier，OC)的作用分解为两个气固反应，燃料与空气无需接触，由载氧剂将空气中的氧传递到燃料中。化学链燃烧的研究主要分为三个阶段：第一阶段是载氧剂的选择、测试与开发；第二阶段是化学链燃烧的小型固定床或流化床试验；第三阶段即化学链燃烧反应器系统中试验证及系统分析[23]。

化学链燃烧包括两个独立的反应：一个是氧化态载氧体与燃料的还原反应，此时氧化态载氧体中的晶格氧被“取出”而形成氧空穴，氧化态载氧体转化为还原态载氧体，而燃料(碳氢化合物)则与晶格氧结合转化为 CO_2 和 H_2O；另一个是还原态载氧体与空气中的氧发生再生反应，分子氧转化为晶格氧而“嵌入”氧空穴，还原态载氧体转化为氧化态载氧体[24]。

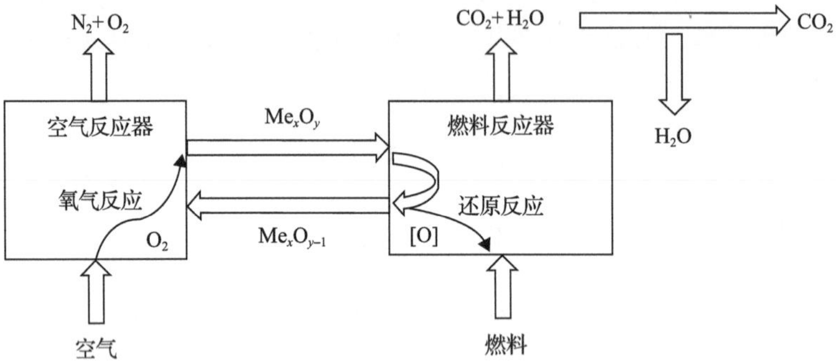

图 10.5　CLC 系统示意图

CLC 利用载氧体在气氛隔离的燃料反应器和空气反应器间循环来传递活性氧，把常规剧烈燃烧反应分解为多步氧化/还原反应，可见，CLC 的成功实施离不开高性能载氧体颗粒和串行流化床反应器，这是当前的研究热点。研究者也关注利用 CLC 来实现燃料的部分氧化(气化、重整、提质等)、污染物控制(抑制二噁英等)及其他新颖的功能应用。基于固体载氧体颗粒循环的化学链燃烧技术被认为是具有前景的碳捕集技术之一，它具有高能源利用效率、低 CO_2 捕集成本和污染物协同控制等综合优点。

10.3.2　放散煤气化学链燃烧

转炉煤气是炼钢生产中重要的副产能源，实现转炉煤气的有效回收对炼钢过程中的节能降碳和减少环境污染具有重要意义。在典型的转炉煤气回收过程中，符合回收标准的转炉煤气被送到煤气柜储存，而不符合回收标准的转炉放散煤气则通过火炬伴烧作为转炉尾气排放，以保证安全并保持储存在煤气柜中煤气的热值[22]。典型的冶炼周期吹氧时间若为 16min，则包括煤气切换排放约 2min 的初始阶段、回收转炉煤气 12min 的中间阶段，以及煤气切换排放约 2min 的最后阶段。从一次吹氧结束到下一次吹氧开始的尾气排放阶段为 14min，在此期间进行铁水取样、出渣、倒渣、兑铁水(图 5.1)。上述阶段组成了一个 30min 循环转炉冶炼周期[25]。在吹氧期内，转炉煤气中的 CO 浓度从初始阶段的 0%迅速上升到中期的 80%左右，最后下降到末期的 0%；另外，转炉煤气中的 O_2 浓度从初期的近 21%下降到中期的 0%，并在后期上升到 21%。

转炉煤气的回收判据取决于各炼钢企业，CO 浓度高于 35%，同时 O_2 浓度低于 2%为通用标准。转炉放散煤气是间歇性排放的，煤气成分波动性大，在实践中通常直接排放到空气中，造成空气污染和能源浪费[26]。钢厂一般安装点火系统(即火炬)作为转炉尾气的处理系统，为了使转炉尾气燃烧良好，通常还要添加一些热值较高的燃料作为辅助燃料。转炉尾气排放的间歇性与热量利用时需求的连续性之间存在矛盾，到目前为止，还没有适用于放散煤气热量利用的技术[27]。

关于气体燃料的化学链燃烧已有较多研究[28]，包括天然气、合成气和丙烷等。较大型的 CLC 系统一般采用两个循环流化床反应器，工作温度在 900℃以上；另一种反应器配置是基于两个固定床，适用于分布式中小型燃气锅炉[29]。在第一步 CLC 反应中，燃料被氧化态载氧体氧化为 CO_2 和 H_2O，载氧体被还原为还原态载氧体；在第二步 CLC 反应中，还原态载氧体通过空气被氧化，进行再生，进入一个新的循环。载氧体的性能是 CLC 应用的关键问题，其评价指标包括反应活性、载氧能力、机械强度(抗破碎、抗磨损能力)、抗烧结和抗团聚能力、抗积炭能力、成本和环境影响等。以 Cu 为基的有机碳材料因具有反应活性高、携氧能力强等优点而受到关注，该载氧体与 CO 的还原反应和与空气的氧化反应都是高度放热的。因此，可以通过 Cu 基载氧体的还原步骤和氧化再生步骤实现对用户的连续供热。

根据上述转炉尾气和 CLC 的特点，Wu 等[30]提出一种利用转炉尾气的新型 CLC 工艺，即把转炉尾气和空气交替引入充满 Cu 基载氧体的单一固定床反应器，如图 10.6 所示。

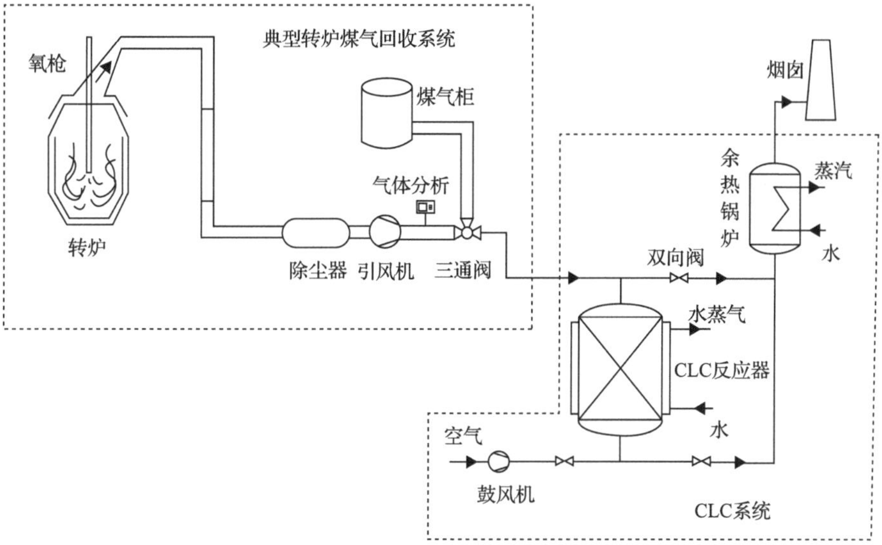

图 10.6　转炉尾气的 CLC 流程示意图[30]

转炉尾气排出后，作为 CLC 的燃料气体，下行引至 CLC 反应器。Cu 基载氧体与转炉尾气进行还原反应，尾气中 CO 通过与 CuO 反应转化为 CO_2，CuO 被还原为 Cu。将下行气体引入余热锅炉，然后通过烟囱排出。

$$CuO + CO = Cu + CO_2$$

$$\Delta H^{\ominus}_{523K} = -129.24kJ/mol \tag{R10-13}$$

式中：$\Delta H^{\ominus}_{523K}$ 为反应标准焓变。

转炉尾气排放完毕后，风机通过切换将空气作为上行气流引入反应器。还原型 Cu

基载氧体与空气进行氧化再生反应，其中 Cu 与空气反应被氧化成 CuO。空气流量取决于尾气排放时间、CO 浓度和转炉尾气流量。

$$Cu + 1/2O_2 = CuO$$

$$\Delta H^{\ominus}_{523K} = -154.40 kJ/mol \quad (R10\text{-}14)$$

因此，由所提出的 CLC 工艺可知，一个冶炼循环中存在两个氧化还原循环。第一还原步骤在吹氧初期进行，相应的第一氧化再生步骤在吹氧中期进行(此时煤气被回收)。第二还原步骤在吹氧的最后阶段进行，相应的第二氧化再生步骤在吹氧末期进行。通过向反应器中引入转炉尾气，向反方向引入空气，可以避免转炉尾气与空气混合，保持载氧体层温度。还原和氧化步骤的反应热通过反应器内的水套和余热锅炉回收产生蒸汽。在转炉尾气间歇排放的情况下，通过使用 Cu 基载氧体，可以实现对用户的连续供热。此外，在这个过程中，转炉尾气与空气不相互混合，CO、O_2 与载氧体单独反应，安全可靠。

Wu 等[30]研究了湿浸渍法合成的 Cu 基有机碳载氧体的氧化还原性能。结果表明，CuO/Al_2O_3 具有较高的反应活性和良好的转炉尾气适用性，在整个处理过程中，如果将反应温度提高到 350℃，还原反应的空速可达 $8000h^{-1}$(图 10.7)，由于操作温度较低，没有发生 CO 引起的积炭现象和 $CuAl_2O_4$ 的形成。

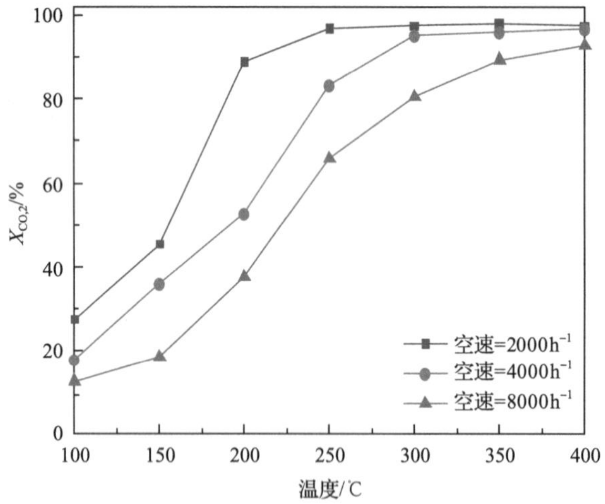

图 10.7　2min 时 CO 转化率($X_{CO,2}$)在不同空速下与模拟转炉尾气中 CuO/Al_2O_3 还原反应温度的关系[30]

Kang 等[31]针对炼钢尾气处理，通过实验比较分析了 Cu 基催化剂在催化燃烧(catalytic combustion, CC)和 CLC 反应中的演化行为及定量反应机理发现，Cu_2O-CC 比 Cu_2O-CLC 具有更高的活性和稳定性(图 10.8)。M-K 和 L-H 反应机理对 CC 和 CLC 反应的贡献度有所不同，其中通过体相和表面循环的反应，表现为 M-K 反应机理，而通过吸附反应，表现为 L-H 反应机理，结果表明，CC 对 Cu_2O 催化剂上的贡献度分别为 76.6%和 23.4%，CLC 对 Cu_2O 催化剂上的贡献度分别为 89.7%和 10.3%(图 10.9)。

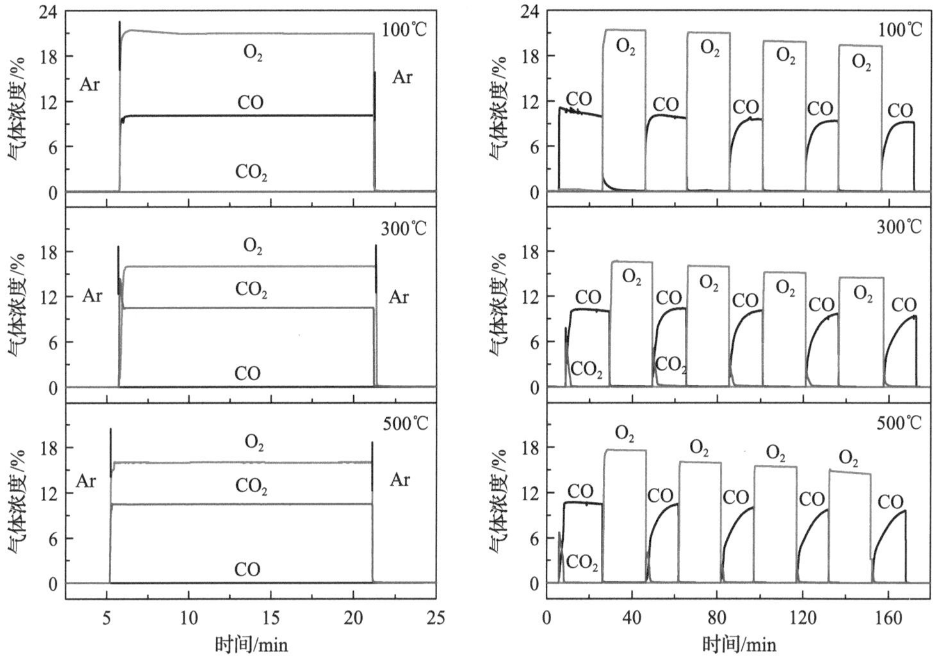

(a) 在Cu_2O-CC时通入10%CO+21%O_2/Ar平衡　　(b) 在Cu_2O-CLC时通入10%CO+21%O_2/Ar平衡

图 10.8　不同温度下随时间的气体摩尔浓度变化[31]

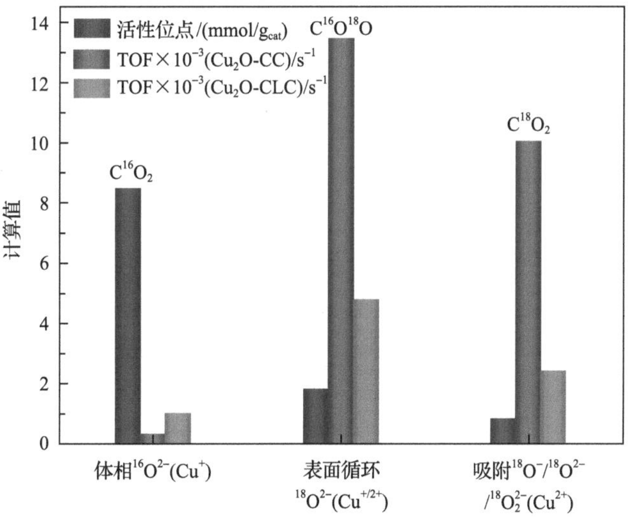

(a) 不同活性位点的数量和转换频率

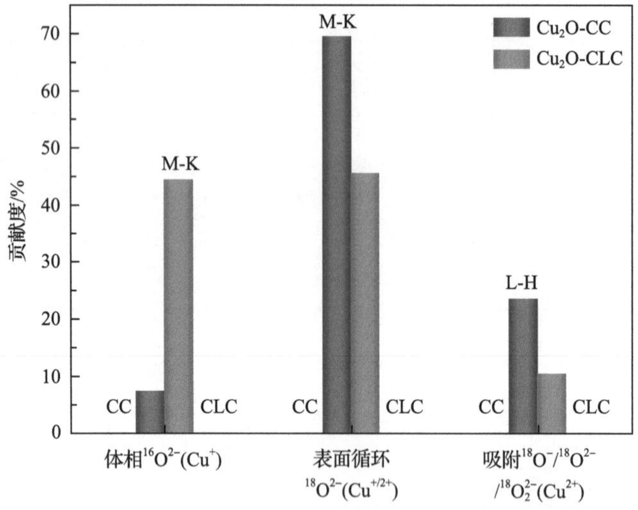

(b) Cu_2O-CC和Cu_2O-CLC的不同反应机理的贡献度

图 10.9　Cu 基催化剂的反应机理[31]

TOF 为单位时间内每个活性中心上所消耗的反应物分子数

10.4　转炉煤气催化转化制碳氢燃料

10.4.1　转炉煤气催化转化制天然气

甲烷是一种有机化合物，分子式是 CH_4，分子量为 16.043。甲烷是最简单的有机物，也是碳含量最小（氢含量最大）的烃。甲烷在自然界的分布很广，是天然气、沼气和坑气等的主要成分，俗称瓦斯。它可作为制造氢气、炭黑、一氧化碳、乙炔、氢氰酸及甲醛等物质的原料，而且甲烷作为燃料，如天然气和煤气等，也广泛应用于民用和工业中。

随着社会和经济的发展，能源需求不断增加，这是当今社会最关注的挑战之一。根据美国能源信息署（Energy Information Administration, EIA）的数据，2015～2040 年，世界能源消耗将增长 28%。尽管可再生能源不断发展，但化石燃料（石油、煤炭和天然气）仍是主要能源。在化石燃料中，天然气具有更大的潜力，被认为是煤炭和石油的替代品，是未来 20 年的主要能源来源。但近年来，由于天然气的枯竭和价格的上涨，合成天然气（synthetic natural gas, SNG）的生产引起了人们的广泛关注，特别是在天然气缺乏而煤储量丰富的地区，科学家开始寻找生成甲烷的途径。催化甲烷化一氧化碳（CO）为生产 SNG 提供了一种可持续的方法。

目前，国内的焦炉煤气（主要成分为 CO、H_2、CO_2 等）甲烷化已经实现了产业化，而转炉煤气（主要成分为 CO、CO_2）由于缺少 H_2 组分，需要先进行水煤气变换反应：

$$CO + H_2O \longrightarrow H_2 + CO_2, \quad \Delta H_{298K}^{\ominus} = -41.4 kJ/mol \qquad (R10\text{-}15)$$

然后煤气中的 CO 和 CO_2 与 H_2 可以发生以下甲烷化反应：

$$CO + 3H_2 \longrightarrow CH_4 + H_2O, \quad \Delta H^{\ominus}_{298K} = -206.28kJ/mol \qquad (R10\text{-}16)$$

$$CO_2 + 4H_2 \longrightarrow CH_4 + 2H_2O, \quad \Delta H^{\ominus}_{298K} = -165.08kJ/mol \qquad (R10\text{-}17)$$

显然，从热力学角度来看，CO 甲烷化属于高度放热的反应，而且在低温下有利于 CO 的转化反应。由于固定床反应器传热较差，在 CO 甲烷化中经常用 2～4 个固定床反应器，通过互相连接用于冷却或循环原料气，以控制反应的热量。浆态床反应器中的催化剂悬浮在惰性液体介质中，具有良好的吸热能力，因此可能成为 CO 甲烷化过程的理想反应器[32]。

此外，在 CO 甲烷化过程中，还存在以下生成碳的副反应：

$$2CO \longrightarrow C + CO_2, \quad \Delta H^{\ominus}_{298K} = -172.4kJ/mol \qquad (R10\text{-}18)$$

$$H_2 + CO \longrightarrow H_2O + C, \quad \Delta H^{\ominus}_{298K} = -131.2kJ/mol \qquad (R10\text{-}19)$$

$$2H_2 + CO_2 \longrightarrow 2H_2O + C, \quad \Delta H^{\ominus}_{298K} = -90.1kJ/mol \qquad (R10\text{-}20)$$

$$CH_4 \longrightarrow C + 2H_2, \quad \Delta H^{\ominus}_{298K} = 74.6kJ/mol \qquad (R10\text{-}21)$$

综上所述，CO 甲烷化是放热反应，较多反应热累积会引起反应器内的热点，从而缩短催化剂的使用寿命。此外，CO 甲烷化还伴随着其他副反应进行，这些反应会导致积炭现象，可能堵塞气孔和活性位点，从而降低催化活性，甚至在高温下引起催化剂失活。镍基催化剂具有价格低廉、活性高的优点，是 CO 甲烷化反应的常规催化剂。然而，金属烧结导致的快速失活和其对焦炭沉积的敏感性是限制该催化剂应用的主要因素，而贵金属基催化剂在工业规模应用时还受到经济性的制约。

SNG 是一种利用煤或生物质的合成气（$CO + H_2$）生成的天然气，该过程包括不同的步骤和合成气甲烷化，是煤制气过程中必不可少的反应步骤之一。常用的 CO 甲烷化催化剂载体一般有 SiO_2、Al_2O_3、TiO_2、ZrO_2、高岭土及铝酸钙水泥等，负载在催化剂上的金属包括 Ru、Pd、Ni、Fe、Co 等，活性各有不同。考虑到催化剂的活性及价格，常选用 SiO_2 为载体的镍基催化剂，同时为增强催化活性和热稳定性，常以 Cr_2O_3 和 CaO 为助剂。

尽管在过去几十年中，已经有大量的研究使用不同类型的催化剂来进行 CO 甲烷化，但甲烷化过程中存在一些影响催化活性的副反应，因此设计一种高效、高活性、热稳定的 CO 甲烷化催化剂是一个挑战。目前大多数 CO 甲烷化研究主要在金属基催化剂上进行，很少有在无金属催化剂上进行的 CO 甲烷化研究。

一些研究者尝试合成一种高效、活性强的 CO 甲烷化无金属催化剂。目前已经合成了一些具有理想形态性能的催化剂，其具有纤维状纳米结构和纤维状颗粒形态特性[33-35]。Lin 和 Yates[33]利用微乳液法合成了 Silicate-1 沸石，其形貌为不规则的新型棒状和不规则形状的纳米颗粒。Lee 和 Shantz[34]采用非离子微乳液法制备了血小板状和球形的 Silicate-1

沸石。因此，微乳液技术可以实现复杂沸石材料特殊的形态和层次特征。

Hussain 等[35]采用微乳液法成功合成了一种高活性、高效的无金属纤维硅丝光沸石（fibrous silica mordenite, FSMOR）催化剂，应用于 CO 甲烷化来合成天然气。得到的 FSMOR 呈现出独特的纤维状形貌，由于比表面积、氧空位和碱度的增强，CO 转化率、CH_4 选择性和 CH_4 生成率显著提高，分别达到 73%、71%和 0.0491μmol-CH_4/(m^2 · s)（图 10.10）。

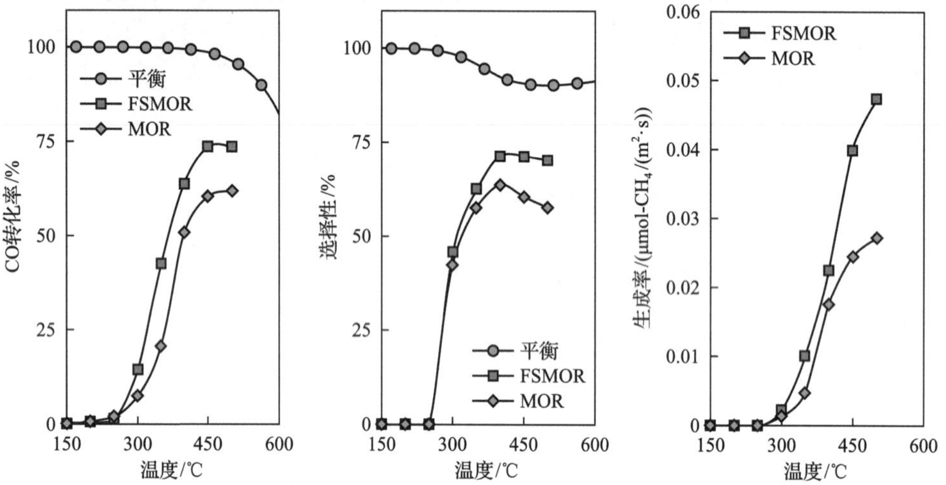

(a) CO转换率　(b) CH_4选择性　(c) MOR(mordenite, 丝光沸石)和FSMOR的生产率

图 10.10　FSMOR 催化剂对 CO 甲烷化的效果[35]

此外，原位电子自旋共振（electron spin resonance, ESR）和傅里叶变换红外光谱仪（Fourier transform infrared spectrometer, FTIR）观测结果表明，氧空位通过线性吸附 CO_{ads} 作为中间体，对 CO 和 H_2 分子的吸附和活化起重要作用，这些中间体通过氢化作用分解成吸附的 C^*，最终生成 CH_4。同时，TGA 和拉曼光谱结果表明，在 CO 甲烷化过程中，具有独特的纤维状的 FSMOR 延缓了焦炭沉积，抑制了不必要的副反应。Hussain 等给出了一种可能的 CH_4 生成路线[35]，这时吸附的 CO 先被原子氢解离形成吸附的表面碳，随后这些被吸附的表面碳与氢原子反应生成甲烷气体（图 10.11（d））。

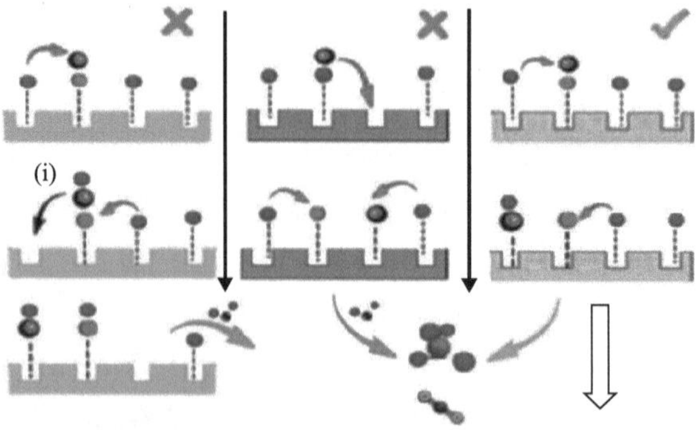

(a) 通过HCO的氢辅助CO解离　(b) CO直接分解　(c) 氢辅助CO分解

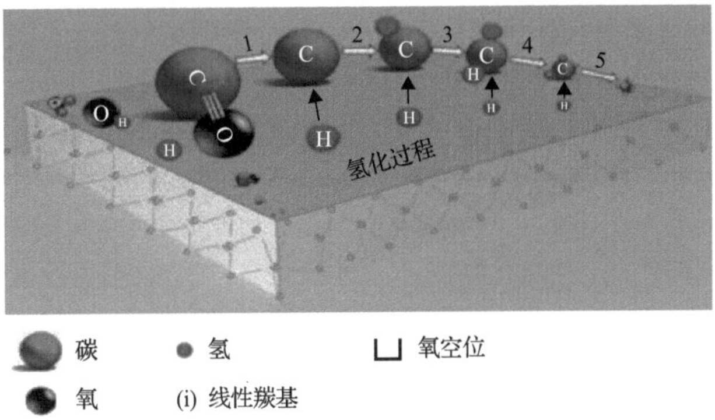

(d) 提出的新反应机理

图 10.11 可能的新反应机理示意图[35]

10.4.2 转炉煤气催化转化制取其他燃料

转炉煤气催化转化制取其他燃料的技术基础是合成气的费-托合成(Fischer-Tropsch synthesis, F-T 合成)。F-T 合成是将煤炭、天然气和生物质等非石油类含碳资源经合成气转化为高品质液体燃料和高附加值化学品的有效途径。在保证活性的前提下提高选择性是催化领域面临的一大挑战。而从合成气中高度选择性地生产汽油燃料的主要成分 C_5～C_{12} 烃，对 F-T 合成技术的应用具有重要意义。

F-T 合成催化剂的主要活性组分有 Fe、Co、Ni 和 Ru 等过渡金属[36]。其中，Ru 的本征活性最高，低温活性突出，但价格昂贵。而 Ni 基催化剂加氢能力很强，产物以甲烷为主，适合合成气的甲烷化。因此，Fe 和 Co 基催化剂一直受到学术界和工业界的关注。例如，南非萨索尔(Sasol)公司、中科合成油技术有限公司等均采用 Fe 和 Co 基催化剂作为煤炭间接液化中 F-T 合成的催化剂。F-T 合成技术生产的碳氢化合物遵循 ASF(Anderson-Schulz-Flory)分布，其产物分布广泛且无选择性，因此通过高选择性催化剂的 F-T 合成工艺来生产液体燃料仍是研究的热点[36,37]。

近年来，有学者研究通过不同的策略调整催化剂的结构来改变碳氢化合物的选择性，例如，采用纳米结构的合成催化剂，其中活性金属(Fe、Co 和 Ru)形成均匀的纳米颗粒或纳米反应器。在具有最高活性的 Fe、Co 或 Ru 催化剂的作用下，CO 气体被转化为烃类，但产品分布仍依赖于 F-T 合成的操作条件和所用催化剂的类型。可见特定产品的选择性合成仍然是 F-T 合成技术中最关键的问题之一。此外，钴是 F-T 合成催化剂生产重烃的首选活性组分，因为它对 CO 加氢的活性高，对 CO_2 的选择性低。随着钴的高负载和金属载体的低相互作用，在煅烧过程中很难避免钴纳米颗粒的团聚和大团簇的形成。因此，控制载体上金属纳米颗粒的尺寸是获得高耐热性催化剂的有效手段。

不同载体及其孔隙率对传统氧化物载体的影响已有很多研究。宽孔隙的支架可以加速形成更大的 Co_3O_4 颗粒，但钴颗粒尺寸越大，钴分散越少。传统的氧化物载体具有高度稳定和相对惰性的特点，但是它们与金属载体的相互作用仍然相对较强，与碳纳米管或石墨烯等碳材料载体相比，这些氧化物载体对沉积表面层的结构和化学性能有很大影响。因此，通过对支架的改进，可以在一定程度上调节金属与支架之间的相互作用。近年来，石墨烯在各种金属负载催化剂上表现出一定的优势和出色的可调节性，由于其独特的电子、热、结构和化学性质，已被认为是一种具有潜力的金属颗粒催化剂支撑材料。

Huang 等[38]采用溶胶-凝胶法制备了钴-石墨烯-二氧化硅纳米复合材料，通过 F-T 合成法生产重烃。结果表明，石墨烯的加入显著提高了钴-二氧化硅纳米复合材料在低温条件下的 CO 吸附量和稳定性(图 10.12)，从而提高了催化剂表面 CO 组分的浓度。此外，石墨烯可以减弱钴-硅相互作用，使钴氧化物的还原程度更高，H_2 的吸附量也更高。同时，石墨烯的引入导致钴颗粒尺寸减小，大大提高了 CO 的转化率。对甲烷的选择性从 8.1%下降到 4.2%，而对 C_5^+产物的选择性从 84.5%上升到 92.4%。随着石墨烯含量的增加，催化剂中重烃(C_{19}～C_{29})组分由 28.3%增加到 36.0%，汽油(C_5～C_{12})组分由 27.7%降低到 17.7%(表 10.3)。

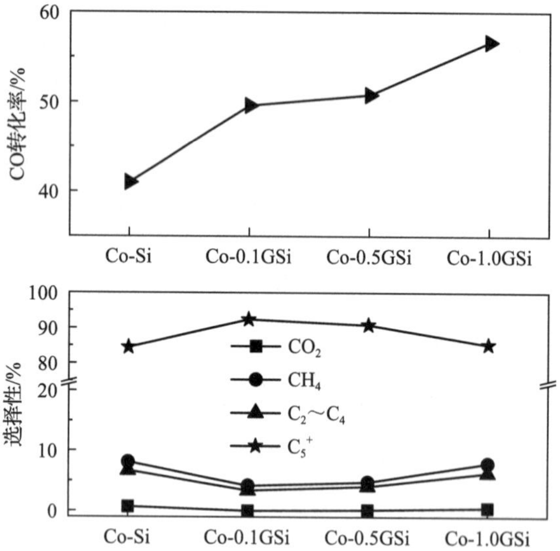

图 10.12　205℃下 CO 在 Co-*x*GSi(*x* 表示石墨烯质量分数，单位为%)催化剂上的转化率和产物选择性[38]

表 10.3　钴-石墨烯-二氧化硅催化剂在费-托合成反应中的性能和产品分布
(205℃，2.0MPa, H_2/CO = 2，50h 后，每克每小时空速 2800cm^{3}STP)[38]

样品 a	X_{CO}/%	产物选择性/%				WTY b	产物分布/%			
		CO_2	CH_4	C_2～C_4	C_5^+		C_5～C_{12}	C_{13}～C_{18}	C_{19}～C_{29}	C_{30}^+
Co-Si	41	0.7	8.1	6.7	84.5	5.1	27.7	23.0	28.3	21.0
Co-0.1GSi	49.6	0.0	4.2	3.4	92.4	5.7	25.4	22.9	29.7	22.0
Co-0.5GSi	50.8	0.2	4.8	4.1	90.9	6.3	23.6	21.7	31.5	23.2
Co-1.0GSi	56.7	0.5	7.9	6.3	85.3	6.6	17.7	20.2	36.0	26.1
Co-50C-SiO_2-空气	71	—	6.2	5.0	88.8	—	—	—	—	—
Co/石墨烯	～60	1.42	8.2	1.6	88.7	—	—	—	—	—

a. 催化剂质量为 1.0g。

b. 单位质量催化剂活性(质量-时间产率(weight-time yield，WTY))，μmol CO/(g_{cat}·s)。

此外，将酸性组分引入 F-T 合成催化剂中，如将活性金属负载在酸性载体上，使酸性壳膜包裹在 F-T 合成的金属周围[39,40]，并使用共催化剂作为 F-T 合成催化剂的酸性部分，可以实现较重的碳氢化合物加氢裂化。

聚甲醛(polyformalde-hydes, POMs)属于多金属氧簇，又称杂多酸(heterpolyacids, HPAs)，是一种由早期过渡金属(V、Nb、Ta、W、Mo)组成的金属氧化物簇合物，其最高氧化态由氧原子连接而成[41,42]。聚甲醛因其强酸性和结构可调而成为多相催化剂的研究热点。例如，POMs 用作有机化合物转化的固体酸催化剂。HPAs 在合成过程中可以很容易地调节其酸性，如在其结构中嵌入金属离子，它们将成为比沸石(或其他酸性材料)更好的催化剂，以提高产品对 F-T 合成的选择性。然而，它们的比表面积很小(<$10m^2/g$)，酸性位点利用率低，这限制了大块 POMs 的催化应用。由于 POMs 很容易溶于水或其他强极性溶剂中形成溶液，因此，可促进 POMs 在催化剂载体表面的分散，以增加 POMs 的表面积并修改支撑面。

Wang 等[43]研究了具有明确结构和酸度变化的 POMs，从而改变了 F-T 合成催化剂载体的表面酸度。采用水热法在磷钨酸($H_3PW_{12}O_{40}$, HPW)多金属氧酸盐改性氧化铝载体上制备了高度分散的 Ru 催化剂(Ru-PA)，通过 X 射线光电子能谱(X-ray, phetoelectron spectroscopy, XPS)、程序升温还原(tempreature programmed reduction, TPR)、核磁共振(nuclear magnetic resonance, NMR)和红外辐射(infrared radiation, IR)测试表明，Ru-PA 催化剂中 HPW、Al_2O_3 载体与 Ru 之间有良好的接触，保证在 Ru 上生成的重烃很容易被 HPW 的酸性部位捕获(图 10.13)，进行原位加氢裂化，从而可以打破产物典型的 ASF 分布(图 10.14)。与

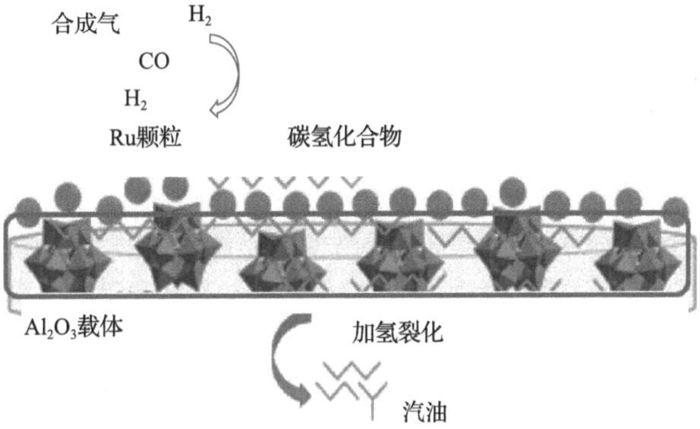

图 10.13 HPW 调优 Al_2O_3 载体用于 Ru 基催化剂[43]

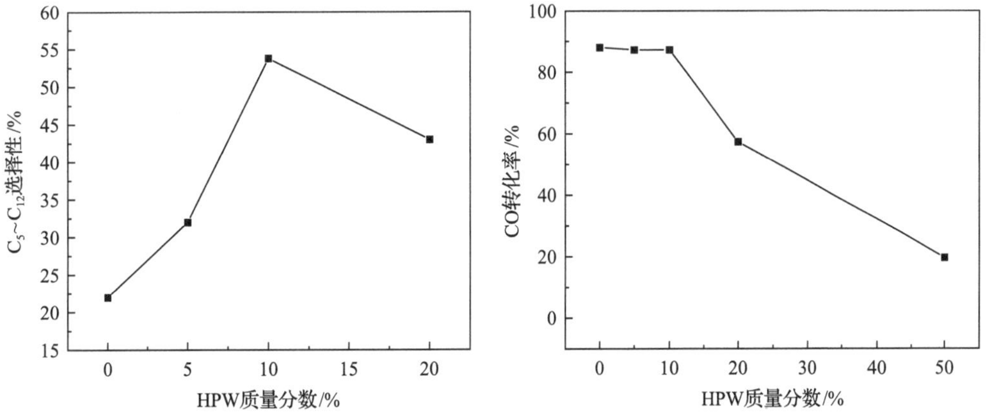

(a) C_5~C_{12}选择性与HPW质量分数的比较 (b) CO转化率与HPW质量分数的比较

图 10.14 Ru-PA 催化剂的催化性能[43]

没有多金属氧酸盐的 Ru-Al_2O_3 催化剂相比，C_5～C_{12} 烃选择性大幅提高，而且可以不降低 CO 转化率。

10.5 转炉煤气制取燃料乙醇副产蛋白质技术

10.5.1 煤气制取燃料乙醇的生化过程

煤气是钢铁企业生产过程中重要的副产品，如转炉煤气、高炉煤气、焦炉煤气。这些煤气是十分宝贵的能源，回收后主要作为燃料用于热风炉、加热炉等工业窑炉，以及自备电厂。在收集过程中，也存在一定量的低浓度煤气放散。钢铁企业生产过程中获得的煤气资源应该基于企业工艺需求与经济效益，确定最终利用方式。煤气的高值化利用是钢铁企业应考虑的一个重要方向。近年来，采用工业煤气生物发酵法生产燃料乙醇和蛋白质(副产品)成为一项新兴技术，逐渐获得企业界的认可[44]。

在人工条件下，利用天然存在的一氧化碳和氮源(氨)大规模生物合成蛋白质，长期受到国际学术界的高度关注。乙醇梭菌是由比利时科学家于 1994 年从兔肠道分离出来的可使一氧化碳产生乙醇的厌氧菌。不同科研领域科学家研究的侧重点不同。能源方面，科学家主要关注于利用一氧化碳生物发酵合成乙酸、乙醇、异丙醇等化学品，对菌体合成蛋白质及其功能性研究很少，菌体本身则被当作乙醇生产中的废弃物；蛋白研究方面，科学家主要关注于生产可食用菌种，如酵母、乳酸菌、微藻等。两方面的科研工作没有较好结合，因此乙醇梭菌蛋白在蛋白质领域没有得到足够重视。2021 年，中国农业科学院饲料研究所与北京首钢朗泽新能源科技有限公司通过六年多研究攻关，突破了乙醇梭菌蛋白制备关键技术，实现了工业化条件下万吨级一氧化碳气体一步生物合成蛋白质的成功，大幅提高了反应速率。

工业煤气生物发酵法生产燃料乙醇和蛋白质为连续厌氧发酵过程，以乙醇梭菌厌氧菌为发酵菌，以 CO 为碳源，以氨水为氮源，培养基由磷酸(H_3PO_4)、氢氧化钾(KOH)、硫酸镁($MgSO_4$)、硫酸亚铁($FeSO_4$)及少量维生素(维生素 B_1、维生素 B_2、维生素 B_5、维生素 B_6、维生素 B_{12}、烟酸、叶酸及生物素)组成。该工艺通过微生物菌体的生物代谢过程，将无机碳转化为有机碳，实现碳的固定。在发酵过程中，需要添加硫黄、铁、镍和锌盐等主要营养元素及金属酶，同时还需添加痕量对细菌有益的金属离子，如铜、钨、钼、锰等。维生素 B、磷酸盐、钴、pH 多种因素均可影响乙醇及蛋白质等代谢产物的产量。其工艺流程包括气体预处理、发酵、蒸馏脱水、菌体分离、喷雾干燥及污水处理等，最后产生乙醇等清洁能源及菌体蛋白。在蒸馏过程后，生成大量富含蛋白质的醪液，经过对其进行菌体分离、喷雾干燥等处理后可获得菌体蛋白。总之，人工合成乙醇梭菌蛋白技术，不仅可以得到蛋白产品，还会获得大量的乙醇，其中原料气中 90%的碳转化为乙醇，10%左右的碳转化为蛋白，即每生产 1t 蛋白的同时会产生 9～10t 乙醇。

厌氧菌利用合成气发酵过程是通过乙酰辅酶 A(acetyl-CoA)途径(图 10.15)，即 Wood-Ljungdahl 途径完成的，以 CO 或 CO_2 和 H_2 代谢合成醇、有机酸及其他产物[45]。辅酶 A

(CoA)是一种由泛酸、腺嘌呤、核糖核酸、磷酸等大分子组成的辅酶，与乙酸盐结合为乙酰辅酶 A，从而进入氧化过程。乙酰辅酶 A 是辅酶 A 的乙酰化形式，也可称作活化了的乙酸，在许多代谢过程中起关键作用，是能源物质代谢的重要中间代谢产物，在体内能源物质代谢中是枢纽性的物质。乙酰辅酶 A 途径包含两个分支：甲基分支和羰基分支，在乙酰-CoA 合成酶的催化下这两个分支得到的甲基和羰基与辅酶 A 结合，生成重要的中间产物乙酰辅酶 A，再由乙酰辅酶 A 进一步转化为乙酸和乙醇，其反应过程中 CO-脱氢酶是双功能酶，既能催化 CO 氧化成 CO_2 的可逆反应，又能催化甲基、CO 和辅酶 A 生成乙酰辅酶 A[46]。

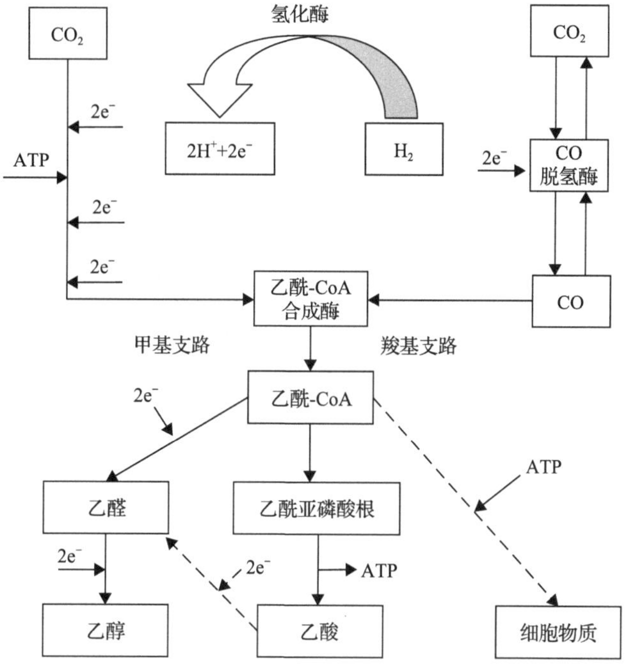

图 10.15 合成气发酵制乙醇的厌氧乙酰辅酶 A 途径[45]

ATP 为腺嘌呤核苷三磷酸

厌氧菌固碳反应可通过如下化学式简要表示[45]：

$$6CO+3H_2O \longrightarrow C_2H_5OH+4CO_2 \quad (R10\text{-}22)$$

$$2CO_2+6H_2 \longrightarrow C_2H_5OH+3H_2O \quad (R10\text{-}23)$$

$$4CO+2H_2O \longrightarrow CH_3COOH+2CO_2 \quad (R10\text{-}24)$$

$$2CO_2+4H_2 \longrightarrow CH_3COOH+2H_2O \quad (R10\text{-}25)$$

此发酵工艺既适用于纯转炉煤气原料气，也适用于混合原料气，如转炉煤气与高炉煤气或转炉煤气与焦炉煤气。为满足发酵过程顺利进行，对含有较少的苯、萘等有害物质的转炉煤气、高炉煤气原料气，主要进行脱氧处理；对含有较多的苯系物、焦油、氰化氢等有毒有害物质的焦炉煤气原料气，需经过净化及脱氧处理。当以转炉煤气、高炉煤气为原料时，由于 H_2 浓度较低，需通过生物水气转换过程，从水中夺取 H 来保证发酵过程乙醇等有机物的形成，同时部分 CO 会转化为 CO_2 放出，但高炉煤气中 CO 浓度较低，过量混入高炉煤气会降低混合气体中 CO 浓度，进而影响发酵罐效能。以转炉煤气与焦炉煤气为原料时，H_2 可降低 CO 向 CO_2 的转化，因 CH_4 浓度较高且保持较高的热值，仍可继续用于相关加热工艺，当 CO 比例较低时会因碳源受限而影响发酵过程。

梭菌菌体蛋白的制备过程分为六个步骤，如图 10.16 所示[47]。

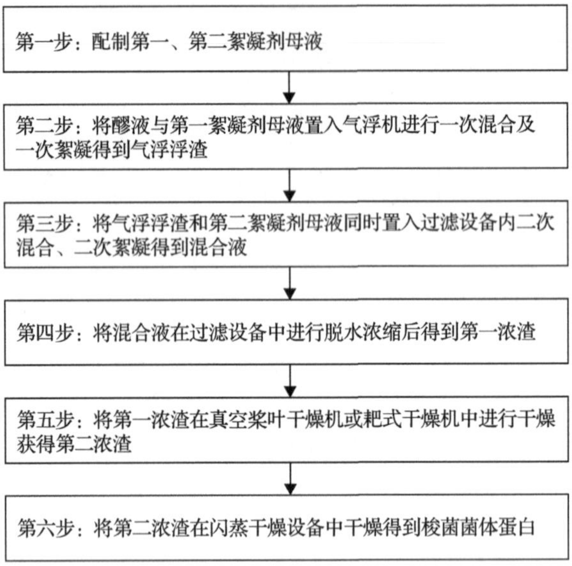

图 10.16　梭菌菌体蛋白的制备工艺步骤

第一步：配制第一、第二絮凝剂母液。常用的絮凝剂为聚丙烯酰胺、壳聚糖、羧甲基纤维素钠、聚合硫酸铝、聚丙烯酸钠等，通常用其中一种或几种。为保证梭菌菌体蛋白的品质及絮凝剂的最佳使用效果，在配制母液时，选取适量的絮凝剂，缓慢撒入水中；由于絮凝剂会与水中的带电离子(如钙、镁等)结合，影响其絮凝效果，故一般选用不含盐类或杂质的中性水。温度控制为 35～55℃，在此温度下溶解性能最优，且与醪液的温度相近，也可避免加入絮凝剂对醪液温度产生影响。选取第一絮凝剂母液的质量浓度为 0.05%～0.5%，第二絮凝剂母液的质量浓度为 0.05%～0.5%。

第二步：制备梭菌菌体蛋白通过絮凝与气浮技术相结合来实现。利用气浮机的气浮作用使醪液中的梭菌菌体蛋白与第一絮凝剂母液充分接触并絮凝，得到气浮浮渣，而后气浮刮板将其刮入缓冲槽内，其速度和高度根据醪液的浓度和絮凝团的大小适当调整，避免破碎梭菌菌体蛋白絮凝团。加入第一絮凝剂母液的体积为醪液的 3%～5%，温度控制为 30～50℃，压力控制在 0.7～0.8MPa，此时所得醪液温度为 55℃左右，此过程对醪液进行一次脱水，可以减轻后续过滤设备的脱水压力。

第三步：通过过滤设备对第二步所得的气浮浮渣与第二絮凝剂母液进行二次混合、二次絮凝。第二絮凝剂母液的体积为气浮浮渣体积的 2%～5%，温度控制为 30～50℃。

在该温度范围，气浮浮渣中的梭菌菌体蛋白絮凝效果较好，絮凝团结实且易分离，为进一步脱水做好了准备。

第四步：通过叠螺机或带式压滤机过滤设备将第三步中得到的混合液进行脱水浓缩后获得第一浓渣。此时，混合液中的大部分水分已经被除去，第一浓渣基本无流动性，已经具备进行干燥制备蛋白的条件。

第五步：将第一浓渣在真空桨叶干燥机或耙式干燥机中进行干燥获得第二浓渣。第二浓渣的含水量控制为 35%～55%(质量分数)，若其含水量过高，则造成后续闪蒸设备投资成本高、干燥热效率低；若第二浓渣含水量过低，则造成其在真空桨叶干燥机或耙式干燥机内停留时间长，容易造成部分物料与换热装置长时间接触，影响梭菌菌体蛋白的品质。

第六步：将第二浓渣在闪蒸干燥设备中进行干燥获得含水量≤12%(质量分数)梭菌菌体蛋白。

10.5.2 转炉煤气催化转化技术

当前转炉煤气的回收利用主要用于转炉煤气燃烧发电等。近年来随着高参数发电机组发电技术逐渐成熟，煤气燃烧发电成为最重要的方式，发电效率显著提高，但对于煤气的资源化利用仍有较大的优化空间。CO 是转炉煤气的主要成分，含量在 50%以上，纯度较高，因此利用 CO 制备有机化合物是一种更为有效的利用方式，而资源化利用首选微生物发酵生产燃料乙醇及蛋白质等，目前由煤气经生物发酵生产乙醇工艺受到关注。

转炉煤气催化转化制蛋白质技术的具体工艺流程如下[48,49]。

1）气体预处理

钢铁厂的原料气包括 CO 的纯气体，CO 和 H_2 混合气体，CO、CO_2、H_2 的混合气体，以及各种有害物质。煤气首先经过出口压力为 0.5MPa 的压缩机，进入精脱萘器(thermal shift assay, TSA)除去萘、苯等杂质，然后为保护脱氧剂，通过精脱硫塔进一步脱除原料气中的硫化氢到 10^{-7}%(体积分数)内，最后再经过除油除尘过滤器。这时原料气的温度为 80～120℃、油含量为 10^{-6}%(体积分数)，然后进入脱氧塔脱氧到 10^{-4}%以内。处理完成的气体温度较高，需降温到(37±2)℃，然后再进行气液分离，将其送到下一工段进行发酵(图 10.17)。

2）发酵

在菌体蛋白饲料的生产工艺中采用厌氧发酵工艺，由于需要控制整个系统的溶氧，在发酵时会注入消泡剂，使发酵菌体处在健康、稳定状态，并保证代谢产物乙醇及蛋白质的正常产出。发酵第一步，首先使处理完成的原料气，通过气体分布器进入一个小型的培养基，其称为种子罐，种子罐内注入氢氧化钠、硫化钠等组成的碱性营养溶液以便更好地生产细菌。种子罐在启用前先用热水清洗，然后加入培养液并充入氮气，菌体在种子罐扩培到所需的细胞密度后，通过气体分布器打入发酵罐。发酵工段可配备几条生产线并联运行，每条发酵生产线包括采用串联方式放置的两台发酵罐。启用发酵罐前，先用热水冲洗，然后加入培养液并充入氮气。当发酵罐中压力为 30～200kPa、温度为 30～

40℃时，由控制系统加入原料气体和所需的营养素，发酵液中的乙醇梭菌含量为3～50g/L，发酵液添加浓度为10%～35%的氨水，发酵液被不断循环，添加酸和碱控制其pH为4～7。发酵液经过二级发酵，通过膜过滤器的清液进入清液罐，菌体则回到发酵罐。种子罐和发酵罐排出的气体先经气液分离，再经过洗涤塔用培养液逆流清洗，其中残留的乙醇被吸收到培养液中并返回发酵罐，气体则送往尾气利用系统(图10.18)。

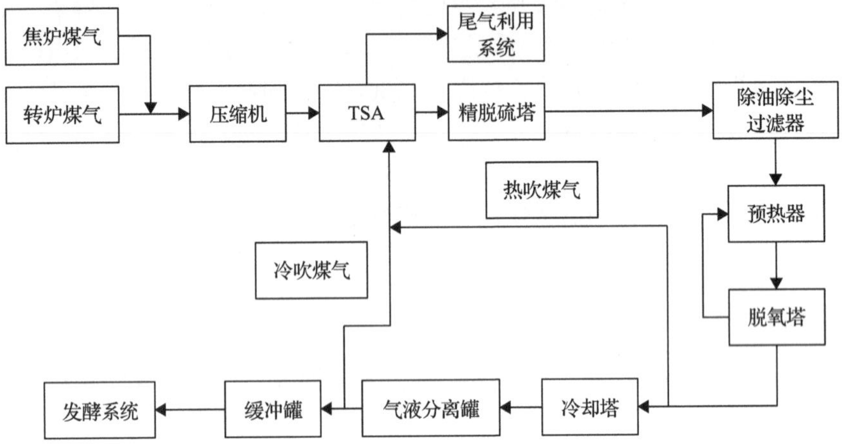

图10.17　气体预处理工艺流程简图

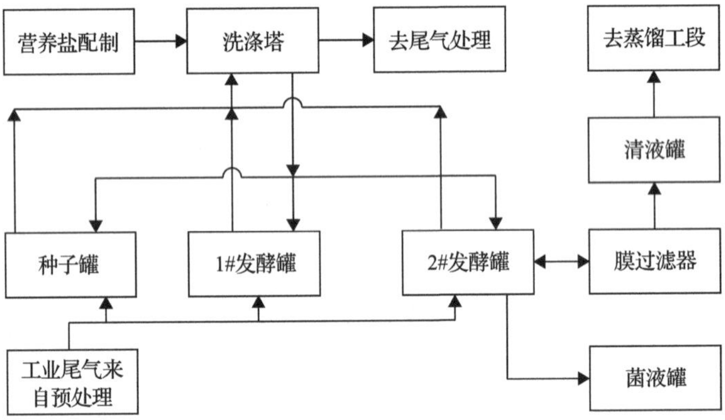

图10.18　发酵工艺流程简图

3)蒸馏及脱水

发酵成熟的醪液(未分离菌体蛋白)分为清液和浓液，醪液乙醇含量达62.5mL/L，先将清液和浓液分别通过两个不同的粗馏塔，使乙醇体积浓度提升至50%后，共同进入精馏塔进一步蒸馏，精馏塔在一定压力下工作。1#粗馏塔在微正压状态下工作，2#粗馏塔在负压状态下工作，不同的发酵醪液进入不同温度的粗馏塔，可降低蒸馏过程中高温导致蛋白质变性堵塞塔板，同时利用热耦合技术将精馏塔产生的乙醇蒸气作为热源带动1#粗馏塔工作，1#粗馏塔带动2#粗馏塔工作，热能逐级传递并冷凝乙醇蒸气，节约了热能和冷却水。从精馏塔产出浓度95%(体积分数)的乙醇气体输送至脱水装置，脱水后得到99.5%(体积分数)的燃料乙醇，达到企业内质量标准。按照《变性燃料乙醇》(GB 18350—

2013)加入变性剂和金属阻蚀剂后，产品为变性燃料乙醇。1#粗馏塔产生的残液送至污水处理厂进行处理回用，精馏塔产生的塔底液直接回用至发酵工段工艺配水(图 10.19)。

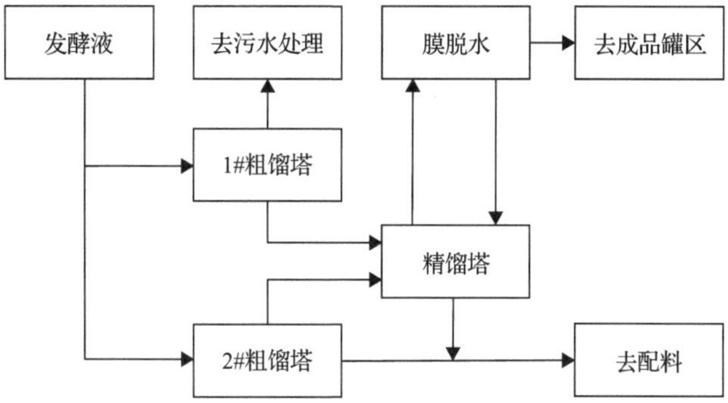

图 10.19　蒸馏及脱水工艺流程简图

4) 固液分离工段

提取乙醇后，对于蒸馏塔釜液，即乙醇梭菌蛋白原料液进行固液分离。固液分离的方法包括离心分离、板框过滤、带式真空过滤机、连续沉降槽或膜过滤等工艺方法，其中离心分离采用蝶式离心机较多。乙醇梭菌蛋白原料液通过固液分离后，轻相菌体含量少，直接排至污水处理车间进行处理，重相菌体含量较多，储存至浓液罐。浓液通过真空转鼓过滤机过滤得到滤饼及滤液(图 10.20)。

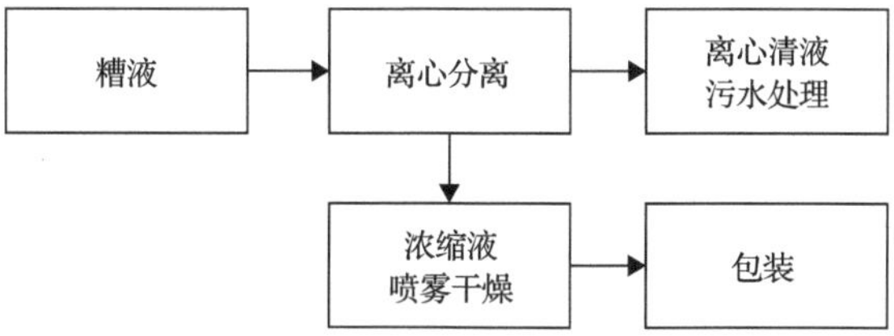

图 10.20　蛋白饲料工艺流程简图

5) 干燥工段

经过釜液固液分离后得到的浓液，通过列管式换热器预热后，对固体进行干燥处理。干燥的方法包括喷雾干燥、热风干燥、流化床干燥、真空干燥等，其中喷雾干燥使用较多。浓液选用喷雾干燥时，进入离心式喷雾干燥塔，干燥塔底部物料通过风送管道输送至旋风分离器分离。分离后的物料进入包装料仓，热风进入干燥塔内。气流干燥机干燥后，通过旋风分离器分离、管束干燥机干燥，产品水分控制为 10%。

6) 包装、检验工段

通过自动定量包装机包装料仓的物料，规格为 25kg/袋，使用自动折边缝包机缝口，全自动喷码机喷印生产批号，真空提升机码垛，后入库暂存，经过化验室抽样检验合格后出售。

7) 压缩天然气工段

污水处理厌氧反应器产生的沼气，其成分中 65%以上为 CH_4，其余为 CO_2、H_2S 和

H_2O，发热量为 20～25MJ/Nm^3，是良好的生物气体燃料。沼气经风机输送至脱硫装置脱硫，脱硫后的气体经过压缩机加压后变压吸附脱出 CO_2，经脱水后的干燥天然气进一步加压到 25MPa，生产压缩天然气（compressed natural gas, CNG），其可作为运输燃料，见图 10.21。

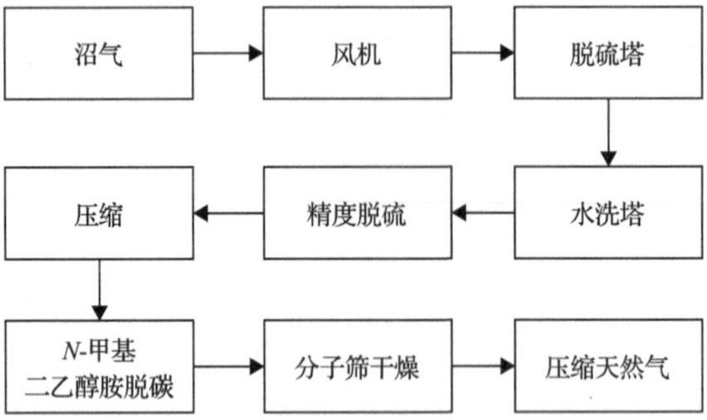

图 10.21　压缩天然气工艺流程简图

国外合成气生物发酵生产燃料乙醇技术的企业主要包括美国的塞纳达公司、克斯卡塔（Coskata）公司、生物工程（BRI）公司（1995 年）、阿里科（Alico）公司、巨鹏生物公司及新西兰的郎泽科技（LanzaTech）公司等[50]。国内首钢与朗泽科技公司合作开发此技术。

北京首钢朗泽新能源科技有限公司建设了我国首套钢铁工业煤气生物发酵法制燃料乙醇（副产蛋白质）工业化项目，其 CO 利用率达 85%以上，发酵乙醇浓度达 50g/L，大量工业试验验证了此技术连续运行的稳定性、可行性和经济性，已获得了实际应用。以发酵技术为核心，该公司设计技术包括气体预处理、发酵、蒸馏脱水、氧化、蛋白提取、污水处理等全系统工艺流程（图 10.22），形成了成套集成工艺技术体系[44]。

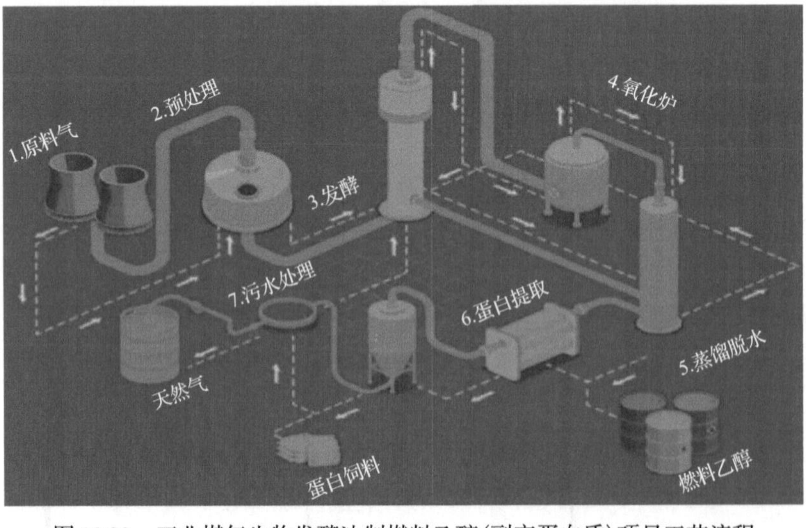

图 10.22　工业煤气生物发酵法制燃料乙醇（副产蛋白质）项目工艺流程

2016 年北京首钢朗泽新能源科技股份有限公司依托河北朗泽新能源科技有限公司，

建设钢铁工业煤气生物发酵法制燃料乙醇项目，该项目以首钢京唐钢铁联合有限责任公司富余的转炉煤气为原料，设计了年产燃料乙醇 4.5 万 t、副产蛋白粉 5000t、粗天然气 500 万 Nm^3 的工业系统。目前，该项目产出的燃料乙醇已进入中国石油天然气集团有限公司、中国石油化工集团有限公司销售体系，定向供给河北及山东等乙醇汽油市场。该项目产出的高价值乙醇梭菌蛋白产品粗蛋白含量在 80%以上，目前主要用于青岛、广州等地区高价值海产鱼类养殖，应用效果良好。该项目产出甲烷含量在 70%以上的高热值天然气，经过脱硫处理后供给首钢京唐钢铁联合有限责任公司，实现了良好的经济价值[51]。

2019 年，首钢朗泽控股子公司宁夏首朗吉元新能源科技有限公司在石嘴山市成立，开展冶金工业尾气发酵制燃料乙醇项目，此项目已于 2021 年正式投产。项目以硅锰合金矿热炉尾气为原料，年处理尾气 3 亿 m^3，年减少排放二氧化碳 18 万 t，可年产燃料乙醇 4.5 万 t、蛋白粉 5000t，实现产值 3.3 亿元。这是铁合金领域建成投产的首个示范项目。可见，煤气发酵制燃料乙醇项目可以为铁合金产业转型升级、绿色低碳发展、助力西北地区实现“双碳”目标起到示范引领作用。

参 考 文 献

[1] 方文, 杨宁川, 游香米, 等. 高效低耗转炉大废钢比技术路径研究[J]. 炼钢, 2020, 36(6): 8-13.

[2] 中华人民共和国国家质量监督检验检疫总局, 中国国家标准化管理委员会. 废钢铁: GB/T 4223—2017[S]. 北京: 中国标准出版社, 2017.

[3] 金磊, 司宇, 栗克建. 80t 转炉提高废钢比的生产实践与炉况维护[J]. 连铸, 2021, 40(1): 21-25.

[4] 陈亚团, 杨鑫, 朱青德. 低铁耗、高废钢比技术综述和建议[J]. 山东冶金, 2019, 41(1): 4-8.

[5] 杨光, 邓帅, 徐安军, 等. 多功能铁水包熔化废钢的计算及分析[J]. 中南大学学报(自然科学版), 2019, 50(5): 1021-1027.

[6] 孙建新, 张继强. 提高转炉废钢比的整体解决方案[J]. 炼钢, 2018, 34(5): 19-25.

[7] 习小军. 电弧炉熔池内废钢快速熔化机理[D]. 北京: 北京科技大学, 2021.

[8] 磯部浩一, 前出弘文, 小沢浩作, 他. 高炭素溶鉄中でのスクラップ溶解速度の解析[J]. 鉄と鋼, 1990, 76(11): 2033-2040.

[9] 戴云阁, 王文忠. 废钢加热及其对转炉废钢比的影响[J]. 辽宁冶金, 1994, 13(5): 20-23.

[10] 田春健, 臧喜民, 张利武, 等. 转炉高废钢比炼钢技术的发展状况与探讨[J]. 钢铁研究学报, 2024, 36(6): 692-706.

[11] 朱荣. 二氧化碳炼钢理论与实践[M]. 北京: 科学出版社, 2019.

[12] 李智峥. CO_2应用于炼钢的基础理论研究[D]. 北京: 北京科技大学, 2016.

[13] Han B C, Wei G S, Zhu R, et al. Utilization of carbon dioxide injection in BOF-RH steelmaking process[J]. Journal of CO_2 Utilization, 2019, 34: 53-62.

[14] 尹振江, 朱荣, 易操, 等. 应用 COMI 炼钢工艺控制转炉烟尘基础研究[J]. 钢铁, 2009, 44(10): 92-94.

[15] Yi C, Zhu R, Chen B Y, et al. Experimental research on reducing the dust of BOF in CO_2 and O_2 mixed blowing steelmaking process[J]. ISIJ Intenational, 2009, 49(11): 1694-1699.

[16] 周朝刚, 胡锦榛, 艾立群, 等. 炼钢转炉脱磷的研究进展及展望[J]. 钢铁研究学报, 2021, 33(3): 183-195.

[17] 李智峥, 朱荣, 朱益强. CO_2对脱磷转炉物料和能量的影响[J]. 工程科学学报, 2016, 38(S1): 232-237.

[18] 王雪亮. 300 吨转炉喷吹 CO_2炼钢工艺技术研究[D]. 北京: 北京科技大学, 2018.

[19] 董建锋, 魏光升, 朱荣, 等. CO_2顶吹比例对转炉终点控制的影响[J]. 工程科学学报, 2022, 44(9): 1476-1482.

[20] 武文合. 炼钢过程底吹 CO_2技术的基础理论及应用研究[D]. 北京: 北京科技大学, 2021.

[21] Santos R M, Ling D, Sarvaramini A, et al. Stabilization of basic oxygen furnace slag by hot-stage carbonation treatment[J].

Chemical Engineering Journal, 2012, 203: 239-250.

[22] 武永健. 化学链燃烧的特性及应用研究[D]. 北京: 北京科技大学, 2019.

[23] 李振山, 韩海锦, 蔡宁生. 化学链燃烧的研究现状及进展[J]. 动力工程, 2006, 26(4): 538-543.

[24] 武永健, 罗春欢, 魏琳, 等. 基于化学链燃烧的转炉放散煤气利用研究[J]. 化工学报, 2019, 70(5): 1923-1931.

[25] Wang A H, Cai J J, Li X P, et al. Affecting factors and improving measures for converter gas recovery[J]. Journal of Iron and Steel Research International, 2007, 14(6): 22-26.

[26] Maruoka N, Akiyama T. Exergy recovery from steelmaking off-gas by latent heat storage for methanol production[J]. Energy, 2006, 31(10-11): 1632-1642.

[27] Molitor B, Richter H, Martin M E, et al. Carbon recovery by fermentation of CO-rich off gases-turning steel mills into biorefineries[J]. Bioresource Technology, 2016, 215: 386-396.

[28] Diglio G, Bareschino P, Mancusi E, et al. Techno-economic evaluation of a small-scale power generation unit based on a chemical looping combustion process in fixed bed reactor network[J]. Industrial & Engineering Chemistry Research, 2018, 57(33): 299-311.

[29] Han L, Bollas G M. Chemical-looping combustion in a reverse-flow fixed bed reactor[J]. Energy, 2016, 102: 669-681.

[30] Wu Y J, Luo C H, Zhang X L, et al. Utilization of converter off-gas based on a chemical-looping combustion process[J]. Energy Sources, Part A: Recovery, Utilization and Environmental Effects, 2020, 42(17): 2090-2102.

[31] Kang R N, Huang J Q, Bin F, et al. Evolution behavior and active oxygen quantification of reaction mechanism on cube Cu_2O for CO self-sustained catalytic combustion and chemical-looping combustion[J]. Applied Catalysis B: Environmental, 2022, 310: 121296.

[32] Meng F H, Li X, Li M H, et al. Catalytic performance of CO methanation over La-promoted Ni/Al_2O_3 catalyst in a slurry-bed reactor[J]. Chemical Engineering Journal, 2017, 313: 1548-1555.

[33] Lin J C, Yates M Z. Altering the crystal morphology of silicalite-1 through microemulsion-based synthesis[J]. Langmuir: The Journal of Surface and Colloids, 2005, 21: 2117-2120.

[34] Lee S J, Shantz D F. Zeolite growth in nonionic microemulsions: Synthesis of hierarchically structured zeolite particles[J]. Chemistry of Materials, 2005, 17(2): 409-417.

[35] Hussain I, Jalil A A, Fatah N A A, et al. A highly competitive system for CO methanation over an active metal-free fibrous silica mordenite via in-situ ESR and FTIR studies[J]. Energy Conversion and Management, 2020, 211: 112754.

[36] 郝青青, 宋永红, 赵永华, 等. 费-托合成钴基催化剂研究进展[J]. 化工进展, 2019, 38(1): 291-303.

[37] Fang W, Wang C T, Liu Z Q, et al. Physical mixing of a catalyst and a hydrophobic polymer promotes CO hydrogenation through dehydration[J]. Science, 2022, 377: 406-410.

[38] Huang J, Qian W X, Ma H F, et al. Highly selective production of heavy hydrocarbons over cobalt-graphene-silica nanocomposite catalysts[J]. RSC Advances, 2017, 7: 33441-33449.

[39] Bao J, He J J, Zhang Y, et al. A core/shell catalyst produces a spatially confined effect and shape selectivity in a consecutive reaction[J]. Angewandte Chemie International Edition, 2008, 120(2): 359362.

[40] Li X G, He J J, Meng M, et al. One-step synthesis of H-β zeolite-enwrapped Co/Al_2O_3 fischer-tropsch catalyst with high spatial selectivity[J]. Journal of Catalysis, 2009, 265(1): 26-34.

[41] Pope M T. Heteropoly and Isopoly Oxometalates[M]. Berlin & New York: Springer-Verlag, 1983.

[42] Pope M T, Müller A. Polyoxometalate chemistry: An old field with new dimensions in several disciplines[J]. Angewandte Chemie International Edition, 1991, 30: 34-48.

[43] Wang C L, Yang J, Sun Y X, et al. Highly selective production of C_5～C_{12} hydrocarbons over efficient Ru/heteropoly-acid catalysts[J]. Fuel, 2019, 244: 395-402.

[44] 莫志朋. 钢铁工业煤气生物发酵法制燃料乙醇技术及其工业化应用[C]//2020 年全国冶金能源环保技术交流会, 唐山, 2020.

[45] Hurst K M, Lewis R S. Carbon monoxide partial pressure effects on the metabolic process of syngas fermentation[J].

Biochemical Engineering Journal, 2010, 48: 159-165.
[46] 宋安东, 冯新军, 谢慧, 等. 合成气制取乙醇 2 种技术比较分析[J]. 生物加工过程, 2012, 10(5): 72-78.
[47] 蔺兴法, 莫志朋, 佟淑环, 等. 一种梭菌菌体蛋白的制备方法: 中国, CN110577566A[P]. 2019-12-17.
[48] 王洪军, 赵泽东, 王永强, 等. 钢铁企业转炉煤气资源化高效利用途径研究[J]. 冶金动力, 2018, 37(5): 22-24, 31.
[49] 夏楠, 李龙伟, 王晓东, 等. 一种菌体蛋白饲料、生产工艺及其应用: 中国, CN109007257A[P]. 2018-12-18.
[50] 贺娜, 邵效云. 煤制合成气生物发酵生产燃料乙醇技术进展[J]. 煤炭与化工, 2018, 41(6): 142-144.
[51] 吴志连, 王辉, 杨培志, 等. 钢铁工业尾气制无水乙醇商业进展[J]. 中国新技术新产品, 2019, 27(13): 133, 134.